张新德 主编

家电维修工作手册

（第2版）

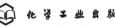
化学工业出版社
·北京·

内 容 简 介

本书通过双色图解＋视频讲解的形式，全面系统地介绍了常用家用电器的维修知识，内容包括：家电维修基础、电子元器件识别与检测，液晶电视、等离子电视、电冰箱、定频空调器、变频空调器、洗衣机、电磁炉、微波炉、热水器、电饭煲、电压力锅、电热水壶、饮水机、电风扇、扫地机器人、净水器、管线饮水机、空气加湿器、消毒柜、洗碗机、豆浆机、吸油烟机、吸尘器、洗脚器、空气净化器、手机等电器的维修实用技能，以及家电换板维修实用技能。

全书突出家电维修的维修基础和维修技能等共性知识，注重实用性和可操作性。为方便读者查阅，书中采用大量插图说明，并对重要的知识点予以着重提示，一看就懂。

本书适合家电维修人员学习参考使用，也可作为职业学校、培训学校的教学参考书。

图书在版编目（CIP）数据

家电维修工作手册/张新德主编. —2版. —北京：
化学工业出版社，2023.6
ISBN 978-7-122-42961-2

Ⅰ．①家⋯　Ⅱ．①张⋯　Ⅲ．①日用电气器具-维修-技术手册
Ⅳ．① TM925.07-62

中国国家版本馆 CIP 数据核字（2023）第 029762 号

责任编辑：耍利娜　李军亮　　　　　　　文字编辑：吴开亮
责任校对：边　涛　　　　　　　　　　　装帧设计：张　辉

出版发行：化学工业出版社（北京市东城区青年湖南街 13 号　邮政编码 100011）
印　　装：北京新华印刷有限公司
787mm×1092mm　1/16　印张 23¾　字数 600 千字　2023 年 9 月北京第 2 版第 1 次印刷

购书咨询：010-64518888　　　　　　　　售后服务：010-64518899
网　　址：http://www.cip.com.cn
凡购买本书，如有缺损质量问题，本社销售中心负责调换。

定　　价：99.00 元

前言

　　《家电维修工作手册》自 2016 年 2 月出版以来，得到了广大读者的肯定和厚爱，其间有些读者提出了宝贵的意见和建议，在此谨表谢意！随着新机型和新电器的不断推出，又出现了许多家电维修的新技能和新方法，为了方便读者快速掌握更多更新更全的家电维修实用技能，故对《家电维修工作手册》一书进行再版修订。

　　《家电维修工作手册（第 2 版）》在第 1 版的基础上删除了相对过时的旧家电（如显像管彩电）、旧机型以及参考量不大的维修技能；修订了第 1 版中发现的疏漏之处；增加了电子元器件识别与检测、电压力锅维修实用技能、电热水壶维修实用技能、饮水机维修实用技能、电风扇维修实用技能、扫地机器人维修实用技能、净水器维修实用技能、管线饮水机维修实用技能、空气加湿器维修实用技能等新内容；书末还增加了家电换板维修实用技能。

　　除了图书内容更加丰富实用，我们还在此基础上为部分重点章节配套了实用维修技能讲解视频，并通过二维码的形式置于书中，读者只需用手机扫描相应的二维码，就能观看操作视频，学习起来更加便捷。修订后，本书基本上涵盖了常用和新型家用电器的维修实用技能，希望该书的再版，能使广大读者有更多的新收获，从而为实际维修工作提供参考。

　　本书所测数据，如未作特殊说明，均采用 MF47 型指针式万用表和 DT9205A 数字式万用表测得。为方便读者查询对照，本书所用符号和部件名称遵循厂家实物标注（各厂家标注不完全一样），未按国标统一。

　　本书由张新德主编，刘淑华也参与了本书内容的编写、插图绘制、视频拍摄和文字录入工作，张泽宁在资料整理、实物拍摄、图片处理等方面提供了极大帮助。此外，在本书编写过程中，还得到了许多同行以及化学工业出版社各位领导和编辑的大力支持，在此一并表示感谢！

　　由于编者水平有限，书中疏漏之处在所难免，恳请广大读者不吝赐教。

编　者

第1版前言

我国正在形成"崇尚一技之长，不唯学历凭能力"的良好氛围，为培养大量具有家电维修一技之长的技能型人才提供了良好的机遇。目前家电服务维修行业的从业人数非常多，但维修行业总体水平不高，这种状况与家电服务维修行业急需较高维修技术的专业人员有较大差距；我国大批维修服务企业也处于小而散的状态，这些企业急需壮大产业规模，提高家电服务水平。为满足广大读者的需要，笔者编写了本书，希望本书能够为广大维修企业和维修人员提供一定的帮助。

本书体现了提炼理论知识、突出实用演练、强化技能训练、服务蓝领技工和技能鉴定的宗旨，系统地介绍家用电器维修基础知识和基本技能。全书先简要介绍家电维修的理论基础、元器件、读图方法、工具拆装与检修思路，再分类介绍各家用电器的结构原理与故障检修技能，既有维修基础训练，又有分类电器的具体维修操作，目的是为广大家电维修初、中级工提供与基础理论紧密结合的维修操作指导。

在内容的安排上，以理论基础、维修技巧、操作技能为重点，突出技能操作，着重实操实用。做到该详则详、该略则略，内容全面、形式新颖、图文并茂。本书所测数据，如未作特殊说明，均采用MF47型指针式万用表和DT9205A数字式万用表测得。

本书由陈铁山主编，刘淑华、陈金桂、张健梅、袁文初、刘晔、张新春、张云坤、王光玉、刘运和、陈秋玲、罗小姣、张新德、刘桂华、张美兰、周志英、刘玉华、刘文初、刘爱兰、王灿、张利平、胡红娟、胡清华、张玉兰、张冬生、张芙蓉等参加了相关内容的编写、资料收集、整理和文字录入等工作。

由于编者水平有限，书中不足之处在所难免，恳请广大读者批评指正。

编　者

目录

第一章　家电维修基础

第二章　电子元器件识别与检测

第三章　液晶电视维修实用技能

第四章　等离子电视维修实用技能

第五章　电冰箱维修实用技能

第六章　定频空调器维修实用技能

第七章　变频空调器维修实用技能

第八章　洗衣机维修实用技能

第九章　电磁炉维修实用技能

第十章　微波炉维修实用技能

第十一章 热水器维修实用技能

第十二章 电饭煲维修实用技能

第十三章 电压力锅维修实用技能

第十四章 电热水壶维修实用技能

第十五章 饮水机维修实用技能

第十六章 电风扇维修实用技能

第十七章 扫地机器人维修实用技能

第十八章 净水器维修实用技能

第十九章 管线饮水机维修实用技能

第二十章 空气加湿器维修实用技能

第二十一章 消毒柜维修实用技能

第二十二章 洗碗机维修实用技能

第二十三章 豆浆机维修实用技能

第二十四章 吸油烟机维修实用技能

第二十九章　家电换板维修实用技能

附录一　家电通用单片机 IC 内部框图及参考应用电路图

附录二　二维码视频讲解

第一章　家电维修基础

第一节　通用维修思路

一、家电维修思路

要排除电器的故障就要了解电器的工作原理，熟悉电器的结构、电路，知道电器的某部件出现故障会引起什么后果，产生什么现象。根据故障现象，联系电器的工作原理，通过逻辑推理分析，初步判断故障大致产生在哪一部分，以便逐步缩小检查目标，集中力量检查被怀疑的部分。下面具体说明电器维修的一般程序。

1. 判断故障的大致部位

（1）了解故障　在着手维修发生故障的电器前除应询问、了解该电器损坏前后的情况外，尤其要了解故障发生瞬间的现象。例如，是否发生过冒烟、异常响声、摔跌等情况，还要查询有无他人拆卸维修过而造成的"人为故障"。另外，还要向用户了解电器使用的年限、过去的维修情况，作为进一步观察要注意和加以思考的线索。

（2）试用待修电器　对于发生故障的电器要通过试听、试看、试用等方式，加深对电器故障的了解，并结合过去的经验为进一步判断故障提供思路。

维修顺序为接通电源，拨动各相应的开关、接插件，调节有关旋钮，同时仔细听音观图，分析、判断可能引起故障的部位。

（3）分析原因　将前面的观察和以前学的知识与积累的经验综合起来，再设法找到故障机的电路原理图及印制电路板布线图。若实在找不到该电器的相关数据，也可以借鉴类似机型的电路图，灵活运用以往的维修经验并根据故障机的特点加以综合分析，查明故障的原因。

（4）归纳故障的大致部位或范围　根据故障的表现形式，推断造成故障的各种可能原因，并将故障可能发生的部位逐渐缩小到一定的范围。其中尤其要善于运用"优选法"原理，分析整个电路包含几个单元电路，进而分析故障可能出在哪一个或哪几个单元电路。总之，对各单元电路在整个电路系统中所担负的特有功能了解得越透彻，就越能减少维修中的盲目性，从而极大地提高维修的工作效率。

2. 故障的查找、排除与还原调试

（1）故障的查找　对照电路原理图和印制电路板布线图，在分析电器工作原理并在维修思路中形成可疑的故障点后，即应在印制电路板上找到其相应的位置，运用仪器仪表进行在路或不在路测试，将所测资料与正常资料进行比较，进而分析并逐渐缩小故障范围，最后找出故障点。

（2）故障的排除　找到故障点后，应根据失效元器件或其他异常情况的特点采取合理的维修措施。例如，对于脱焊或虚焊，可重新焊好；对于组件失效，则应更换合格的同型号同规格元器件；对于短路性故障，则应找出短路原因后对症排除。

（3）还原调试

更换元器件后，往往还要或多或少地对电器进行全面或局部调试，因为即使新换入的元器件型号相同，也会因工作条件或某些参数不完全相同而导致电器特性差异，有些元器件本身则必须进行调整。如果大致符合原参数，即可通电试机，若电器全面恢复正常工作，则说明故障已排除，否则应重新调试，直至该故障机完全恢复正常为止。

二、家电维修的基本原则

家电维修时应遵循的几项原则如下。

1. 先调查后熟悉

当接到一台故障机时，不应急于动手，应先询问发生故障的前后经过及故障现象。例如：故障是逐渐变化的还是突然发生的；故障现象是有规律的还是无规律的；是正常接收过程中出现的故障还是在操作、控制、移动、连接过程中出现的故障。根据用户提供的情况和线索，再认真地对电路进行分析研究，从而弄通其电路原理和元器件的作用。

2. 先想后做

"先想后做"主要包括以下几个方面。

① 先想好怎样做、从何处入手，再实际动手。也可以说是先分析判断，再进行维修。

② 对于所观察到的现象，尽可能地先查阅相关的资料，看有无相应的技术要求、使用特点等，根据查问到的资料着手维修。

③ 在分析判断的过程中，要结合自己已掌握的知识、经验来进行判断，对于自己不太了解的，一定要先向有经验的人咨询，寻求帮助。

3. 先机外后机内

对于故障机，应先检查机外部件是否有明显裂痕、缺损，特别是机外的一些开关、旋钮位置是否得当，外部的引线、插座有无断路、短路现象等。当确认机外部件正常时，再对机内进行检查。

4. 先机械后电气

机械包括轴、传动带、外壳连接件、轴承等。应先确定机械零件无故障后，再进行电气方面的检查。检查电路故障时，应利用检测仪器寻找故障部位，确认无接触不良故障后，再有针对性地查看线路与机械的运作关系，以免误判。

5. 先软件后硬件

着手维修故障机时，应先分清故障是由软件方面引起的，还是由硬件方面造成的。须先判断是否为软件故障，确定软件无问题后，如果故障仍存在，则再从硬件方面着手检查。

6. 先静态后动态

静态一般指不通电、不运转情况。当确认静态检查无误时，再通电进行动态检查。如果在检查过程中，发现冒烟、闪烁等异常情况，应立即关机，并重新进行静态检查，从而避免不必要的损坏。

7. 先清洁后维修

对污染较重的电气设备，应先清洁机内各组件、引线、走线之间及按钮等。实践表明，许多故障都是由于脏污及灰尘等异物引起的，一经清洁，故障往往会排除。

8. 先电源后机器

电源是电气设备的心脏，如果电源不正常，就不可能保证其他部分的正常工作，也就无从检查别的故障。根据经验，电源部分的故障在整机中占的比例最高，所以先检修电源常能收到事半功倍的效果。

9. 先通病后特殊

根据电气设备的共同特点，先排除带有普遍性和规律性的常见故障，然后再去检查特殊的电路，以便逐步缩小故障范围。

10. 先外围后内部

先不要急于更换损坏的电气部件，在确认外围设备电路正常后，再考虑更换损坏的电气部件。例如：维修集成电路时，应先检查其外围电路，在确认外围电路正常后，再考虑更换集成电路。从维修实践可知，集成电路外围电路的故障率远高于其内部电路。

11. 先直流后交流

直流是指晶体管的直流工作点，交流是指变频、高压等回路。维修时，必须先检查直流回路静态工作点，再检查交流回路动态工作点。

12. 先检查故障后进行调试

对于"电路、调试"故障并存的电器，应先排除电路故障，然后再进行调试。因为调试必须在电路正常的前提下才能进行。当然，有些故障是由于调试不当而造成的，这时只需直接调试即可恢复正常。

13. 先主后次

在维修过程中要分清主次，即"抓主要故障"。在检查故障现象时，有时可能会看到一台故障机有两种或两种以上的故障现象（如启动过程中无显示，但电气设备在启动，同时启动完成后，有死机的现象等）。此时，应该先判断并维修主要的故障现象，当主要故障修复后，再维修次要故障，有时可能次要故障现象已不需要维修了（因为有可能在处理主要故障的同时就把次要故障修复了）。

14. 先普遍后特殊

因装配件质量或其他设备故障而引起的故障，一般占常见故障的 50% 左右。电气设备的特殊故障多为软故障，要根据经验和仪表来测量和维修。

第二节　家电维修方法

一、感官检查法

感官检查法又称感官法，就是利用人的感官检查电气设备故障，常采取顺藤摸瓜的检查方式找到故障原因及所在部位。感官检查法是维修判断过程中常用的一种方法，它贯穿于整个维修过程中。感官检查法包括眼看、耳听、手摸、鼻闻等形式，下面分别进行介绍。

眼看：看机内有没有故障痕迹（如电容爆裂及漏液），有没有烧焦的元器件，熔丝是否完好，机板有没有断裂，焊点有没有裂纹，按键开关、接口有无松动等。

耳听：听电器内部有没有异常声音。轻轻翻动机器或部件，摇摆摇摆，听听有无零件散落或螺钉脱落情况，是否有碰击声；开机后有无异常声音发出，根据声音来判断故障可能出现在哪些地方。

鼻闻：用鼻子闻闻有无烧焦气味，找到气味来源，故障可能出现在放出异味的地方。

手摸：手摸一些管子、集成电路等是否超过正常温度、发烫，无法触摸；调整管有无过热或冰凉不热现象。如果有这些现象，问题可能出现在这些地方。

※ 知识链接 ※　用手摸变压器外壳（断电后进行），不要触及接线端子，因为有时因充电电容存在，电压甚高，危及安全。

二、干扰法

干扰法有"人体干扰法"与"物体干扰法"两种。

"人体干扰法"以人体作为干扰源，这种方法不需要额外使用其他仪器和设备，只需要用手触碰或触摸电路，然后根据电路的反映状况来判断故障部位。业余条件下，人体干扰法是一种简单方便又迅速有效的方法。

"物体干扰法"以螺丝刀（即螺钉旋具）或镊子等物体作为干扰源，即手拿螺丝刀或镊子的金属部分碰触有关检测点，然后根据电路的反映状况来判断故障部位。例如：检测电视机无图像、无伴音故障时，拿螺丝刀碰一下中放基极，若屏幕有杂波反应，扬声器有"咔咔"声，说明中放以后电路正常，故障在高频头或天线部分。

三、温度检测法

温度检测法有加热法与冷却法两种，这两种方法主要用于电路中组件热稳定性变差而引发的软故障的维修。

"加热法"就是用工具（如电烙铁、热风枪、电吹风等工具）对可疑元器件进行升温，从而迅速判断出故障部位。例如：维修手机时用电烙铁加热 CPU，手机能够出现信号，故障可能就在 CPU 上；加热时钟晶体，有信号，故障可能就是由时钟晶体不起振引起的。

"冷却法"就是用蘸酒精的棉球给某个可疑组件降温，使故障现象发生变化或消失，以迅速判断出故障部位。此法适用于规律性的故障，如开机正常，但使用一会儿就不正常。同加热法相比，冷却法具有快速、方便、准确、安全等优点。例如：某电视机开机场幅正常，数分钟后场幅压缩，半小时后形成一条水平宽带。手摸场输出管有烫感，此时将酒精球放到场输出管上，场幅开始回升，不久故障消失，即可判定该故障由场输出管热稳定性差引起。

※ 知识链接 ※　采用升温或降温时要注意温度变化不要超过组件所允许的范围，不能升温过高或降温过低，否则会损坏元器件。

四、开路检查法

开路检查法又称开路法，它是将某个器件或电路中某个关键点从电路中断开后，观察故障现象，进行故障排除的方法。

开路法就是将某些接口或电路中某个关键点断开，通过观察其反应，从而确定故障范围或故障点的方法。例如：维修电视机时判断控制失效是否由按键短路或严重漏电导致时，最简单的方法就是将按键与 CPU 的接口电路断开，然后试机确定。

※ 知识链接 ※　对于一些电流过大的故障（如经常烧熔丝），用开路法检查更合适。

五、短路检查法

短路检查法又称短路法，它是用一只电容或一根跨接线来短路电路的某一部分或某一元器件，使之暂时失去作用，从而来判断故障的检测方法。使用短路法可使电路或晶体管停止工作或改变工作状态，例如要使晶体管停止工作，失去放大能力，可用导线或金属镊子将它的集电极或基极对地短路。这种方法主要适用于维修故障电器中产生的噪声、交流声或其他干扰信号等，对于判断电路是否有阻断性故障十分有效。

※ 知识链接 ※　电路和晶体管工作状况的检查：短路法应选在电压较低、电流较小的部位进行，不可在主供电线路上做短路试验，以免造成电源直接短路，损坏更多的元器件。

六、断路检查法

断路检查法又称断路法、断路分割法，它是通过割断某一电路或焊开某一组件、接线以便缩小故障检查范围的常用检测方法。如某一电器整机电流过大，可逐渐断开可疑部分电路，断开哪一级电流恢复正常，故障就出在哪一级。这种维修方法可以理顺思路，尽快压缩范围，迅速判断故障。断路法严格说不是一种独立的检测方法，而是要与其他的检测方式配合使用才能提高维修效率。

断路法依其分割方法不同有对分法、经验分割法及逐点分割法等。对分法就是把整个电路先一分为二，测出故障在哪一半电路中，然后将有故障的一半电路再一分为二，这样一次又一次一分为二，直到检测出故障为止；经验分割法就是根据维修人员的经验，估计故障在哪一级，然后将该级的输入、输出端作为分割点；逐点分割法是指按信号的传输顺序，由前到后或由后到前逐级加以分割。

※ 知识链接 ※　断路法在操作中要小心谨慎，特别是分割电路时，要防止损坏元器件及集成电路和印制电路板。

七、电阻检测法

电阻检测法简称电阻法，它利用万用表电阻挡测量电器的集成电路、晶体管各脚和各单元电路的对地电阻值，以及各元器件自身的电阻值来判断故障部位。它是维修故障最基本的维修方法之一。这种方法对于维修开路、短路性故障并确定故障组件最为有效。

电阻法一般采用"正向电阻测试"和"反向电阻测试"两种方式相结合来进行测量。习惯上，"正向电阻测试"是指黑表笔接地，用红表笔接触被测点；"反向电阻测试"是指红表笔接地，用黑表笔接触被测点。

另外，在实际测量中，也常用"在路"电阻法和"不在路"电阻法。在路电阻法就是被测元器件接在整个电路中，所以万用表所测得的阻值会受到其他并联支路的影响，在分析测量结果时应予以考虑，以免误判；不在路电阻法是将被测组件的一端或将整个组件从印制电路板上焊下后测其阻值，虽然较麻烦，但测量结果却更准确、可靠。

> ※ 知识链接 ※　①电阻法操作时一般先测试在线电阻的阻值；②为了测试准确和防止损坏万用表，在线测试时一定要在断电状态下进行；③在线测试元器件质量好坏时，万用表的红黑表笔要互换测试，尽量避免外电路对测量结果的影响。

八、电压检测法

电压检测法简称电压法，它通过万用表测量电子线路或元器件的工作电压并与正常值进行比较来判断故障。电压法也要先通电才能测量电路，但是不用断开电路，可直接在电路板上测量，是维修家用电器最基本、最常用的一种检查方法。

电压法分为直流电压法与交流电压法。直流电压法就是用万用表的直流电压挡对直流供电电压、外围元器件的工作电压进行测量；交流电压法就是用万用表的交流电压挡检测元器件的电压（一般电器电路中，因市电交流回路的支路较少，相对而言电路不复杂，万用表测量时较简单）。

> ※ 知识链接 ※　①检测时应了解被测电路的情况、被测电器的种类、被测电压的范围，然后根据实际情况合理选择测量挡位，以防止烧坏测试仪表；②测量前还必须分清被测电压是交流电压还是直流电压，确保万用表红表笔接电位高的测试点，黑表笔接电位低的测试点，防止因指针反向偏转而损坏万用表；③电压法检测中，要养成单手操作习惯，测高压时要注意人身安全。

九、电流检测法

电流检测法又称电流法，它是通过检测晶体管、集成电路的工作电流，各局部的电流和电源的负载电流，来判断电器故障的维修方法。电流法具体操作方法：将万用表置于合适的电流挡位，选择好要测试的电路（或元器件），然后断开此电路（可以用刀片隔断铜片，或者拆开跨接线）；给电器的电路板通电，然后用万用表的红表笔接电路的电流流入端，黑表笔接电流的输出端，所测的数据与正常值（可在另一块正常的电路板上测量）进行比较，如果此段电路电流不正常，则说明问题就在前级电路。

> ※ 知识链接 ※　①电流法对于电器烧熔丝或局部电路有短路时检测效果明显；②电流是串联测量，而电压是并联测量，实际操作时往往先采用电压法测量，在必要时才采用电流法检测。

十、信号注入法

信号注入法是将信号（用信号发生器产生的或其他正常的视、音频或射频信号）逐级注入到有可能存在故障的有关电路中，然后再利用示波器和电压表等仪器测出数据或波形，从而判断各级电路是否正常的检测方法。信号注入法对灵敏度低、声音失真等较复杂的故障检测十分有效。

信号注入法检测一般分两种：一种是顺向检查法，另一种是逆向检查法。其中，顺向检查法是把电信号加在电路的输入端，然后再利用示波器或电压表测量各级电路的波形、电压等，从而判断故障出在哪个部位；逆向检查法是把示波器和电压表接在输出端上，然后从后向前逐级加电信号，从而查出问题所在。

※ 知识链接 ※　①信号注入点不同，所用的测试信号不同。在变频级以前要用高频信号，在变频级到检波级之间应注入 465kHz 的信号，在检波级到扬声器之间应注入低频信号。②注入的信号不但要注意其频率，还要选择它的电平，所加的信号电平最好与该点正常工作时的信号电平一致。

十一、波形法

波形法就是利用示波器来观察电器的信号通路各测试点的波形，通过波形的有无、大小和是否失真来判断故障的维修方法。波形法可以直观地观察被测电路的波形，包括形状、幅度、频率（周期）、相位，还可以对两个波形进行比较，从而迅速、准确地找到故障原因。

应用波形法的基本步骤：首先要确定关键测试点，然后再依照信号流程的顺序，从前至后逐点进行检测。若前级电路信号的波形正常，而其后级测试点波形不正常，便可断定故障就在这两测试点之间，这样故障范围便可缩小到一个很小的区域内。

※ 知识链接 ※　①不能用示波器测量高压或大幅度脉冲部位，如电视机中显像管的加速极与聚集极的探头；②当示波器接入电路时，注意它的输入阻抗的旁路作用（通常采用高阻抗、小输入电容的探头）。

十二、敲击法

敲击法一般用在怀疑电器中某部件有接触不良的故障时，用工具（橡胶锤、螺丝刀柄、木锤等工具）轻轻敲击部件或设备的特定部件，观察情况来判定故障部位。此法尤其适合检查虚假焊和接触不良故障。例如：电视机图像伴音时有时无，用手轻轻敲击电视机外壳，故障明显，打开电视机后盖，拉出电路板，用螺丝刀柄轻轻敲击可疑元器件，敲到某一部位故障明显，故障就在这一部位。

十三、盲焊法

盲焊法实际上是一种不准确的焊接方法。在维修电器过程中，会发现有些故障现象与虚焊很相似，但一时找不到虚焊的元器件，此时不妨试一下盲焊法，可对怀疑的虚焊点逐一焊一遍。由于这种方法带有一定的盲目性，因此称为"盲焊法"。

※ 知识链接 ※ 一般不提倡使用盲焊法，只是在上门维修电器时，为了不使用户因维修时间太长而产生厌烦情绪才使用。

十四、替换检查法

替换检查法简称替换法（又称代换法），就是用好的元器件或电路代替某个怀疑而又不便测量的元器件或电路，从而判断故障的维修方法。采用替换法确定故障原因时准确性为百分之百，但操作时比较麻烦，有时很困难，对电路板有一定的损伤，故采用此法时要根据电器故障具体情况，以及维修者现有的备件和代换的难易程度而定。替换法一般在其他检测方法运用后，对某个元器件有重大怀疑时才采用。

※ 知识链接 ※ 采用替换法时应注意以下几点：①在使用替换法时，应本着由简到繁、先易后难的原则，如在维修带有集成电路的电子设备时，应先代换可能发生故障的外围元器件，再代换集成电路；②替换时所代换的组件要与原来的规格、性能相同，不能用低性能的代替高性能的，也不能用小功率电阻代换大功率电阻，更不能用大电流熔丝代替小电流熔丝，以防止故障扩大；③在代换元器件或电路的过程中，连接要正确可靠，不要损坏周围其他组件，从而正确地判断故障，提高维修速度，并避免人为造成故障。

十五、对比检测法

对比检测法简称对比法（又称比较法），它与替换法类似，通过相同型号正常电器的电压、波形等参数与故障机比较找出故障部位，是维修人员在元器件资料不详或印制电路板损坏的情况下维修家电的最好方法。在维修电路时以下所使用的几种方法统称为对比法，具体如下。

① 有些元器件因没有相关技术资料而难以判断好坏，遇到这种情况时，可以找同类（最好是同型号的）元器件进行测量比较，从而作出判断。

② 一台家电总有和其他电器相通的地方，特别是同类不同型号的电器，相通的地方很多，在找不到图纸时，可以找同类电器的图纸作为参考。

③ 若有两台同型号的家电，则可以用无故障的家电做比较。分别测量出两台家电同一部位的电压、工作波形、对地电阻、元器件参数等并相互比较，可方便地判断出故障部位。另外，平时要多收集一些小家电的各种数据，以便维修时做对比。

十六、篦梳式检查法

"篦梳式检查法"即像篦子梳头似的过密的检查方法，对电路的所有元器件及其焊点等，一个不漏地进行在线"篦梳式"检查，并从中发现异常元器件。该方法对一些疑难故障的检查（如开机即烧坏元器件故障；或在线已检查过一遍，但未查出异常元器件；或故障大致范围已确定，但就是找不到具体变质元器件等），往往达到意想不到的效果。

第三节　专用工具和仪表的使用

一、示波器

示波器是利用电子示波管的特性，将人眼无法直接观测的交变电信号转换成图像，显示在荧光屏上以便测量的电子测量仪器，它是电子测试中最基础、最重要的仪器。示波器通常被用于直接观察被测电路的波形（包括形状、幅度、频率、相位），还可以对两个波形进行比较，从而可以迅速、准确地确定故障的原因、位置。示波器可分为模拟示波器和数字示波器（图1-1）。

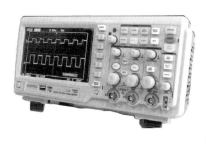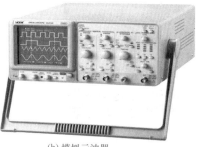

(a) 数字示波器　　　　　　　　(b) 模拟示波器

图 1-1　示波器外形

模拟示波器采用的是模拟电路（示波管，其基础是电子枪）电子枪向屏幕发射电子，发射的电子经聚焦形成电子束并打到屏幕上，屏幕的内表面涂有荧光物质，这样电子束打中的点就会发出光来。模拟示波器在显示高频信号时效果是最真实、最好的，但是显示低频信号能力较弱，另外受制于带宽的瓶颈，逐渐被数字示波器取代。

数字示波器则是通过数据采集、A/D转换、软件编程等一系列技术制造出来的高性能示波器。数字示波器一般支持多级菜单，能提供给用户多种选择、多种分析功能。还有一些示波器可以提供存储功能，实现对波形的保存和处理。

※ 知识链接 ※　数字示波器是有采样周期的，而模拟示波器相当于是实时采样的，对于连续周期性变化的波形来说，两者没有大的区别。数字示波器优势就在于方便显示及对波形的处理、抗干扰等，但是对于不连续的无规律信号，就要采用模拟示波器，如果使用数字示波器则有可能在一个周期内采样不全而把一些点漏掉，波形就失真了。做声音定位时的波形应该是复杂无序的，所以必须用模拟示波器来检测。

二、万用表

万用表是万用电表的简称，又称为复用表、多用表、三用表、繁用表等，是电子制作中必备的测量仪表，一般以测量电压、电流和电阻为主要目的。它是一种多功能、多量程的测量仪表，一般万用表可测量直流电流、直流电压、交流电流、交流电压、电阻和音频电平等，有的还可以测电容量、电感量及半导体的一些参数（如 β）等。

万用表按显示方式分为指针式万用表和数字式万用表（图1-2）。指针式万用表是以表头为核心部件的多功能测量仪表，测量值由表头指针指示；数字式万用表的测量值由液晶显示屏直接以数字的形式显示，读取方便，有些还带有语音提示功能。

万用表共用一个表头，是集电压表、电流表和欧姆表于一体的仪表。指针式万用表有3个表盘，分别是欧、伏和安，它们分别表示电阻、电压和电流。如要测量电阻，就把拨盘拨到欧姆的位置，然后用两个表笔进行测量，测量出来的数值乘上拨到挡位的单位就可以了。电流和电压测量方法相似，也可以测试出电流、电压、电阻中的两项，再用欧姆定律来进行计算。公式：电流 = 电压 ÷ 电阻。

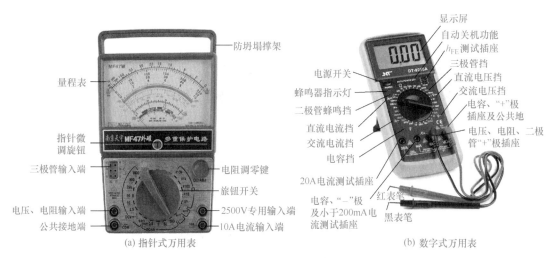

图 1-2   万用表外形

三、信号发生器

测量用信号发生器通常称为信号源，是输出各种电子信号的仪器，主要用于调试、测试电子电路、电子设备的参数。信号发生器的功用主要包括三个方面：一是激励源，产生某些电气设备的激励信号；二是信号仿真，在设备测量中，常需要产生模拟实际环境特性的信号，如对干扰信号进行仿真；三是校准源，产生一些标准信号，用于对一般信号源进行校准（或比对）。

信号发生器（图1-3）按输出波形可分为正弦信号发生器（产生正弦波或受调制的正弦波）、函数信号发生器（产生幅度与时间成一定函数关系的信号，如正弦波、三角波、方波等各种信号）、脉冲信号发生器（产生脉宽可调的重复脉冲波）和噪声信号发生器（产生各种模拟干扰的电信号）四大类，按输出频率又可分为低频信号发生器（包括音频200～20000Hz和视频1Hz～10MHz，输出波形以正弦波为主，或兼有方波及其他波形的发生器，可用来测量收音机、组合音响设备、电子仪器、无线电接收机等电子设备的低频放大器的频率）和高频信号发生器（频率为100kHz～30MHz的高频信号发生器、30～300MHz的甚高频信号发生器，高频信号发生器一般具有等幅正弦波、调幅波和调频波等几种输出，并可改变已调波的调幅度和频偏，主要用于无线电接收设备及相应频段的中频放大器、鉴频器、滤波器等的调试与检测）等。

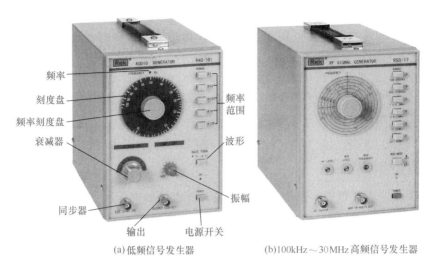

(a) 低频信号发生器　　　　(b)100kHz~30MHz 高频信号发生器

图 1-3　信号发生器外形

四、钳形电流表

钳形电流表也叫钳形表、钳表、卡表，有的地方还叫钩表。它是一种用于测量正在运行的电气线路的电流大小的仪表，可在不断电的情况下测量电流。钳形电流表按数值显示的方式可分为指针式与数字式两种（图 1-4），使用时只要按动活动手柄，使钳口打开，放置被测导线即可。钳形电流表由一个电磁式电流表和一个穿心式电流互感器组成，电流互感器的铁芯在捏紧扳手时可以张开，被测电流所通过的导线不必切断就可穿过铁芯张开的缺口，当放开扳手后铁芯闭合。

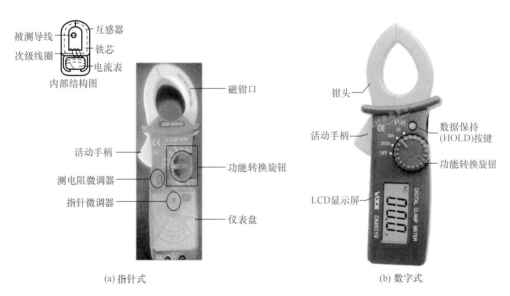

(a) 指针式　　　　　(b) 数字式

图 1-4　钳形电流表外形

钳形电流表是一种相当方便的测量仪器，它最大的特点就是不需剪断电线，就能测量电流值。一般用电表测量电流时，常常需要把线剪断并把电表连接到被测电路，但使用钳形电流表时，只要把钳形电流表夹在导线上便可测量电流。

使用钳形电流表应注意：①用钳形电流表检测电流时，一定要夹入一根被测导线（电线），夹入两根导线（平行线）则不能检测电流；②注意仪表指针是否在零位，若不在，需进行机械调零；③选择适当的量程；④注意钳形电流表的电压等级；⑤当导线夹入钳口时，若发现有振动或碰撞声，应将仪表活动手柄转动几下，或重新开合一次，直到没有噪声才能读取电流值。

五、家电维修电源

维修电源是能为负载提供稳定交流电源或直流电源的电子装置，包括交流稳压电源和直流稳压电源两大类。直流稳压电源的供电电源大都是交流电源，当交流供电电源的电压或负载电阻变化时，稳压器的直流输出电压都会保持稳定；交流稳压电源是把电压不稳定的交流电变成电压稳定的交流电。

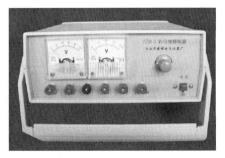

图 1-5　彩电维修电源

彩电维修电源（图 1-5），主要用来供应不同电压，维修后的电视机进行试机时，可分级供给不同等级的电源电压。由于开关电源调整不当会输出较正常值更高的电压，烧坏负载，利用可调稳压电源，则可事先输入较低的电压，再将电压慢慢升高，以免烧坏负载。

手机维修电源主要用于在维修过程中为手机提供稳定的直流供电电压，便于手机的测试和维修。手机维修中的直流稳压电源有指针式和数显式两种，维修中较常用的是指针式直流稳压电源（图 1-6），因为这种电源便于观察故障手机的电流变化情况，然后根据电流来圈定故障点，以达到速修的目的。

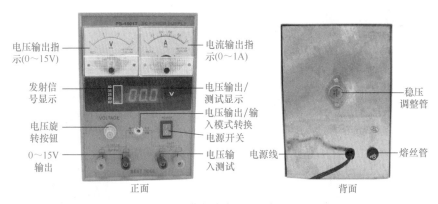

图 1-6　指针式直流稳压电源

六、液晶屏修复工具

热压机（图 1-7）是液晶屏修复工具，它的维修范围：可修液晶屏的黑屏、白屏、花屏、亮线、亮带、白带、缺线、缺划、横线、竖线、不显示等故障。液晶屏维修用热压机的工作原理：利用压力、温度、时间的调整，把排线和 LCD 间的 ACF 导电胶粒子爆破，形成排线和 LCD 电路导通的原理。

热压机的修屏步骤：①把不良品的液晶屏上的排线用专用设备拆取下来；②用 ACF 去除液把 TAB 和 LCD 上的残留 ACF 导电胶清洗干净；③在 TAB 或 LCD 上预贴 ACF 导电胶；④在热压设备上用 CCD 摄像系统进行产品对位；⑤启动设备进行热压工艺；⑥检测产品。

图 1-7　热压机

七、编程器

编程器又称烧录器（图 1-8），它实际上是一个把可编程的集成电路写上数据的工具。编程器主要用于单片机（含嵌入式）/ 存储器（含 BIOS）之类的芯片的编程（或称刷写）。编程器根据支持烧录器件的数量和性能，通常可分为通用编程器和专用编程器两大类。液晶专用编程器（如常见 ISP 编程器），主要用于驱动板代换时重写驱动板程序；通用编程器针对常用器件，适用面广，它主要用于驱动板软件故障的维修，如读写 EEPROM 存储器或 MCU 中的数据等。如图 1-9 所示为采用一款 USB 编程器为乐华 93A 液晶电视驱动板重新写码的操作图。

图 1-8　编程器

※ 知识链接 ※　采用编程器对液晶驱动板重新写码时，应调出随机附送光盘，其内部含有各品牌液晶电视数据库，该数据库只能在编程状态时才能被打开（如图 1-10 所示为液晶电视数据库和芯片写码示意图）。

接电脑

按键板

图 1-9　乐华 93A 液晶电视驱动板重新写码的操作图

第一章　家电维修基础 ｜ **13**

(a) 数据库

(b) 芯片写码

图 1-10　液晶电视数据库和芯片写码示意图

第四节　电子元器件的拆装和焊接

一、集成电路的拆卸

在电路维修中，如果集成电路损坏，必须先将损坏的集成电路从印制电路板上拆卸下来，才能更换新的集成电路。由于集成电路的引脚又多又密，拆卸时不但很麻烦，甚至还会损坏集成电路和印制电路板。下面介绍几种简便且行之有效的拆卸方法。

1. 吸锡器吸锡拆卸法

吸锡器吸锡拆卸法就是使用普通吸焊两用的电烙铁（图 1-11）来拆卸集成电路的一种常用的专业方法。具体操作方法：将电烙铁加热到一定程度后，将吸锡烙铁吸嘴前端部对准集成电路的焊点，待焊锡熔解后，按动吸锡按钮将焊锡吸入筒内，当将集成电路全部引脚上的焊锡吸完后，即可轻松拿下集成电路。

2. 空芯针拆卸法

空芯针拆卸法就是使用空芯针（针头的内径正好能套住集成电路引脚为宜）和电烙铁头来拆卸集成电路的一种方法。此法简单易行，也不损伤印制电路板，但费时较长。具体操作方法：如图1-12所示，将针头套入引脚，用电烙铁加热，然后松开电烙铁并旋转针头，等焊锡凝固后拔出针头，这时该引脚就和印制电路板完全分开了。将集成电路所有引脚都按上述方法做一遍后，集成电路就可以轻松被拿掉。

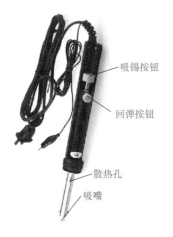

图1-11 吸焊两用电烙铁

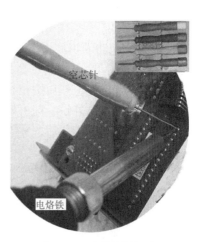

图1-12 空芯针拆卸法

3. 多股铜线吸锡拆卸法

多股铜线吸锡拆卸法就是使用铜线与电烙铁来拆卸集成电路的方法。具体操作方法：首先用钳子将铜线去除塑料外皮，然后将多股铜芯丝蘸上松香酒精溶液（铜芯丝上的松香不要过多，以免污染印制电路板）并晒干；将上述处理过的铜线压在集成电路的焊脚上，并压上电烙铁（一般以45～75W为宜），此时焊脚处焊锡迅速熔化，并被铜线吸附，吸上焊锡的部分剪去，重复几次就可将引脚上的焊锡全部吸走，最后用镊子或一字螺丝刀轻轻一撬，即可取下集成电路，如图1-13所示。

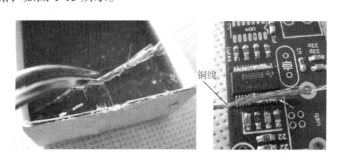

图1-13 多股铜线吸锡拆卸法

4. 熔焊扫刷拆卸法

熔焊扫刷拆卸法就是使用电烙铁与硬鬃毛刷来拆卸集成电路的方法。具体操作方法：将电路铁加热到一定程度后，将集成电路引脚上的焊锡熔化，并趁热用毛刷将熔化的焊锡扫掉（如果一次刷不干净可加热再刷，直至把焊锡清除掉为止），使集成电路的引脚与印制电路板分离，最后用尖镊子或一字螺丝刀撬下集成电路。该法简单易行，但要注意掌握电烙铁的温度，既要能熔化焊点使引脚与印制电路板分离，又不要加热过度，以防止损坏印制电路板。

5. 增焊拆卸法

增焊拆卸法就是在待拆卸的集成电路的引脚上再增加一层焊锡，使每列引脚的焊点连接起来，以利于传热，便于拆卸；然后再用电烙铁加热一列引脚，并在加热的同时用尖镊子或小一字螺丝刀轻轻撬动各引脚，一般每列引脚加热两次即可拆卸下来。此种方法最省事，但要注意，加热和撬动必须同时进行，如果在焊锡未熔化时猛撬可能会折断引脚。

6. 拉线拆卸法

对于贴片式集成电路的拆卸可采用拉线拆卸法。具体操作方法：取一根长度和粗细合适的漆包线，将其一端刮净上锡后（图1-14），从集成电路引脚的底部穿过，并将这一端焊在印制电路板的某一焊点上，然后按拉线穿过引线的顺序从头至尾用电烙铁对其加热，并在加热的同时用手捏起拉线向外拉，即可使引脚与印制电路板脱离。此法稳当可靠，但要注意的是，必须待所有焊锡完全熔化后，才能用力拉漆包线，否则会造成焊盘起泡，损坏引脚或印制电路板。

线表示拉线，
点表示拉线的
焊点

图 1-14　拉线拆卸法

7. 热风枪加热拆卸法

对于贴片集成电路可采用热风枪加热拆卸法。具体操作方法：首先用尖头电烙铁将松香加热后均匀涂在片状集成电路引脚的四周，以防止焊下时损坏焊盘；然后启动热风枪，待温度恒定后，将热风枪对集成电路的引脚进行加热，操作时速度要快，使各引脚焊盘均匀熔化；最后用镊子将集成电路推离焊盘，即可卸下集成电路。

※ 知识链接 ※　贴片集成电路的拆卸注意事项：①将电路板固定，仔细观察需拆卸集成电路的位置和方位，并做好标记，以便焊时恢复；②用小刷子将贴片集成电路周围的杂质清理干净，往贴片集成电路周围加注少许松香水；③调好热风枪的温度和风速，温度开关一般调至300～350℃，风速开关调节为2～3挡；④用针头或手指钳将集成电路掀起或镊走，切不可用力，否则极易损坏集成电路的锡箔。

二、集成电路的焊接

1. 焊接集成电路前的准备工作

① 工具：镊子、松香、电烙铁、焊锡。

② 清理印制电路板：焊接前用电烙铁对印制电路板进行平整，用小毛刷蘸上天那水（又称香蕉水）将印制电路板上准备焊接的部位刷净，仔细检查印制电路板印制电路有无起皮、断落。若有起皮，只需平整一下就可以了；若有断落，则需要用细铜丝连接好。

③ 引脚上锡：新集成电路在出厂时其引脚已上锡，不必做任何处理。如果是用过的集成电路，需清除引脚上的污物，并对引脚上锡和调整处理后才能使用。

2. 焊接集成电路的具体操作步骤

先将集成电路摆放在印制电路板上，将引脚对正，并将每列引脚的首、尾脚焊好，以防止集成电路移位，然后采用"拉焊"法施焊。所谓拉焊，就是在电烙铁头上带一小滴焊锡，将电烙铁头沿着集成电路的整排引脚自左向右轻轻地拉过去，使每个引脚都被焊接在印制电路板上。焊接完毕后，应对每个焊点进行检查，若某一焊点存在虚焊，可用电烙铁对其补焊，最后用纯酒精棉球擦净各引脚，除去引脚上的松香及焊渣。

3. 扁平封装集成电路的焊接

焊接前，先用电烙铁对电路板进行平整，用小毛刷蘸上天那水将电路板上准备焊接的部分刷净，再进行焊接。双列扁平封装和矩形扁平封装一般用电烙铁（最好）焊接，电烙铁头最好选用斜口扁头。具体焊接方法如下。

（1）定位　首先把集成电路平放在焊盘上（按照引脚编号把集成电路引脚与印制电路板相应焊盘对准，不能有错位现象），然后用手按住不动，接着在集成电路四面先焊一两个脚将集成电路固定在印制电路板上，如图 1-15 所示。

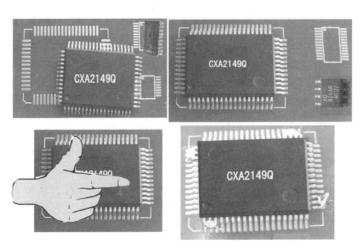

图 1-15　集成电路的定位

（2）堆焊　集成电路固定好后，用电烙铁在集成电路四周引脚上全部堆上焊镉丝（图 1-16），注意焊锡不要太多。

（3）取锡　操作时，既要保证集成电路良好地焊接在印制电路板上，也要避免引脚间短路。取锡时，首先将印制电路板倾斜，当电烙铁加热时，焊锡便会随电烙铁头的移动而向下流动，堆在引脚上多余的焊锡不断地积聚起来；接着把电烙铁头放入松香中，甩掉电烙铁头上多余的焊锡，把粘有松香的电烙铁头迅速放到斜着的 PCB 头部的焊锡部分；然后用电烙铁反复把积聚的焊锡取下，这样逐步地把焊锡取干净。电烙铁加热引脚时，电烙铁头不要停留在某一点上，应沿着集成电路的整排引脚自左向右迅速轻轻地拉过去（图1-17），使焊锡始终处于熔化状态，利于多余焊锡向下流动。

图 1-16　堆焊示意图

图 1-17　拉焊示意图

　　为了保证焊接质量，拉焊时应注意几点：①为了防止引脚与引脚之间粘连在一起，可在焊接前将松香制成粉末撒在集成电路引脚上，这样引脚与引脚的间隙处就不会留有焊锡；②拉焊时最好来回拉两次，以保证每个引脚不存在虚焊；③焊接完成后用小毛刷蘸少许天那水将松香刷干净，认真检查无误后，再通电试机。

　　※ 知识链接 ※　　①使用旧集成电路时应首先对集成电路进行适当的处理（如修正有偏差的脚位置，将每个引脚都调整到同一平面上；重新上薄锡），而新贴片集成电路引脚出厂时已上过锡了，并且各个脚位置很正，焊接时直接焊到印制电路板上即可；②焊接时必须细心谨慎，提高精度；③要认清方向，找准第一脚，不要倒插，所有集成电路的插入方向一般应保持一致，引脚不能弯曲折断。

三、二极管的拆装

二极管的拆装方法如下。

① 二极管有立式与卧式两种安装方式（图1-18），可视电路板空间大小来选择。二极管的安装位置要选择适当，不要使管体与线路中的发热组件靠近。

② 安装二极管时，首先用钳子夹住引脚根部，保持引脚根部固定不动，接着将引脚弯成所需的形状，然后插入印制电路板孔洞并加以弯曲，最后进行焊接，焊接完后剪掉接

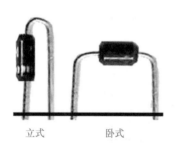

立式　　　卧式

图 1-18　二极管安装方式

线头，如图1-19所示。在弯折引脚时不要采用直角弯折，而要弯成一定的弧度，且用力均匀，防止将二极管的玻璃封装壳体撬碎，造成二极管损坏。

插入印制电路板孔　　焊接　　　　剪接线头
洞再加以弯曲

图 1-19　二极管的安装

③ 小功率二极管的引脚不是纯铜材料制成的，焊接时一定要注意防止虚焊。

④ 经过长时间存放的二极管，其引脚氧化发黑，必须先用刀子刮干净氧化层，并预先上锡，然后再往电路板上焊，以确保焊接质量。

⑤ 二极管焊接到印制电路板上应掌握焊接条件：温度 260℃，时间在 3s 之内。

⑥ 焊接时应用镊子夹住引脚根部以利散热，且焊接点要远离二极管的树脂包装根部，并勿使二极管受力，禁忌焊接温度过高和焊接时间过长。

⑦ 焊接时，在电路板相应焊点上涂上少量焊油（又称助焊剂），用电烙铁逐个加热焊点并由内向外移动，使每个焊点光滑。

⑧ 拆焊时，用热风枪垂直于电路板均匀加热，焊锡熔化时迅速用镊子取下；体积稍大的可用镊子夹住二极管并略向上提，同时用热风枪加热，当焊点焊锡刚一熔化时即可分离。

⑨ 取下二极管时应记住其方向，必要时要标在图上。

四、电阻器的拆装

1. 直插式电阻器的拆装

（1）拆焊方法　用电烙铁头在印制电路板的反面，轮流对被拆电阻器的引脚加热，使引脚上的焊锡全部熔化，然后用镊子夹住电阻器向外拉，把电阻器从印制电路板上取下来。

（2）焊接步骤

① 焊接前的准备工作（图 1-20）：将电阻器引脚进行校直（使用平嘴钳将电阻器的引线沿原始角度拉直，直至引脚没有凹凸块）；对引脚表面进行清洁（由于直插式元器件的引脚上通常都会形成氧化层而影响焊接质量，因此，在焊接前必须清洁电阻器引脚表面）；将引脚浸蘸焊油并镀上锡；根据焊盘插孔的设计要求，将电阻器引线加工成需要的形状（一般情况下，将电阻器引线折弯，使电阻器能迅速、准确地插入印制电路板的插孔内）。

② 直插式电阻器的焊接步骤（图 1-21）：左手拿焊锡丝，右手握经过预上锡的电烙铁，并用电烙铁给电阻器的引脚和焊盘同时加热，加热 1～2s 后，这时仍保持电烙铁头与它们的接触，同时向焊盘上送焊锡丝，随着焊锡丝的熔化，焊盘上的锡将会注满整个焊盘并堆积起来，形成焊点；焊接好一个引脚后，接着焊接另一引脚，操作方法同上，从而完成电阻器的焊接。

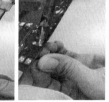

图 1-20　焊接前的准备工作　　　　图 1-21　直插式电阻器的焊接

※ 知识链接 ※　　加热时，电烙铁头要同时接触焊盘和引脚，尤其一定要接触到焊盘；电烙铁头的椭圆截面处要先上锡，否则不便于给焊盘加热；加热时，电烙铁头切不可用力压焊盘。

2. 贴片电阻器的拆装

（1）用电烙铁焊接　先用电烙铁加热一边焊点，然后用镊子将贴片电阻器夹上去对准焊点放平，等贴片电阻器固定后焊接另外一边即可，如图1-22所示。

（2）用热风枪拆焊　热风枪拆焊贴片电阻器时，调好热风枪的温度和风量，尽量使热气流垂直于电路板并对正要拆的电阻器加热，手拿镊子在电阻器旁等候，当电阻器两端的焊锡熔化时，迅速用镊子从电阻器的两侧面夹住取下，注意不要碰到相邻元器件以免使其移位。

热风枪焊接贴片电阻器时，首先在焊点上涂极少量的焊油，之后用镊子夹住电阻器，接着将电阻器的两端引脚蘸少许焊锡膏，并将电阻器放在焊接位置，然后用热风枪垂直对电阻器加热，当焊锡膏熔化后撤离热风枪，焊锡膏凝固后松开镊子并撤离即可，如图1-23所示。如果与焊点对得不正，可以在焊锡膏熔化的状态下拨正。

图1-22　贴片电阻器的焊接　　　　　　图1-23　热风枪焊接贴片电阻器

※ 知识链接 ※　焊接贴片电阻器不建议采用电烙铁，一方面，用电烙铁焊接时，由于两个焊点的焊锡不能同时熔化而可能导致焊斜；另一方面，焊第二个焊点时，由于第一个焊点已经焊好，如果下压第二个焊点可能会损坏电阻器或第一个焊点。

3. 拆焊的注意事项

① 使用热风枪焊接时，温度不要太高，时间不要太长，以免损坏相邻元器件或使电路板的另一面元器件脱落；②风量不要太大，以免吹跑元器件或使相邻元器件移位；③补焊时要在两焊点处涂少量焊油，用热风枪加热补焊或用电烙铁分别加热两个焊点补焊（对于体积特别小的电阻器，用电烙铁加热一端时另一端也会熔化，用针或镊子略下压即可补焊好）。

五、电容器的拆装

当电容器损坏后，拆卸前要辨认原电容器的规格与确认电容器正负极方向或者拆下电容器前记住其原本的方向，以免电容器装反。电容器焊接时应装入规定位置，并注意极性电容器的"+"与"-"极不能接错，电容器上的标记方向要易看得见。

1. 直插引脚式电容器的拆焊

直插引脚式电容器拆焊有以下两种方法。

第一种是采用空心针（医用针头和专用空心针）作为拆焊工具进行拆焊，其方法是：一边用电烙铁熔化焊点，一边把针头套在被焊电容器的引线上（图1-24），直至焊点熔化为止。然后将针头迅速插入印制电路板的孔内，使电容器的引线脚与印制电路板的焊盘分开。此种方法焊接后不需要清锡。

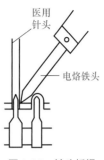

图 1-24　针头拆焊

另一种是加焊法，其方法如图 1-25 所示：将印制电路板翻至背面，找到电容器的脚位；对焊点进行加焊，直到两个脚都被盖住为止；手在背面抓住电容器轻拉（严禁硬拉），电容器即可拔下，然后用吸锡枪把电容器焊点的锡吸干净。

安装时注意电容器的正负极，将电容器引脚穿过印制电路板，然后给引脚上锡；若上完锡后焊点不光滑，则将电烙铁头蘸上焊油，来回修复焊点即可，如图 1-26 所示。

图 1-25　拆卸电容器

图 1-26　安装大电容器

2. 贴片电容器的拆焊

① 对于普通贴片电容器（表面颜色为灰色、棕色、土黄色、淡紫色和白色等），其拆焊、焊接与贴片电阻器相同，可参考贴片电阻器的焊接方法进行焊接。

② 对于上表面为银灰色、侧面为多层深灰色的涤纶电容器和其他不耐高温的电容器，不能用热风枪加热，而应用电烙铁进行焊接，以免损坏电容器，其具体拆焊与焊接方法如下。

图 1-27　焊接贴片电容器

a. 拆焊这类电容器时要用两个电烙铁同时加热两个焊点使焊锡熔化，在焊锡熔化状态下用烙铁尖向侧面拨动使焊点脱离，然后用镊子取下电容器。

b. 焊接这类电容器时首先在电路板两个焊点上涂上少量焊油，用电烙铁加热焊点，当焊锡熔化时迅速移开电烙铁，这样可以使焊点光滑（图 1-27）；然后用镊子夹住电容器放正并下压，再用电烙铁加热一端焊好，然后用电烙铁加热另一个焊点焊好，这时不要再下压电容器，以免损坏第一个焊点。

※ 知识链接 ※　采用上述方法焊接的电容器一般不正，如果要焊正，可以将电路板上的焊点用吸锡线将锡吸净，再分别焊接。如果焊锡少，可以用烙铁尖从焊锡丝上带一点儿锡补上。体积小的电容器不要把焊锡丝放到焊点上用电烙铁加热取锡，以免焊锡过多引起连锡。

③ 对于黑色和黄色塑封的电解电容器也可以和电阻器一样处理，但温度不要过高，加热时间也不要过长。塑封的电解电容器有时边角加热变色，但一般不影响使用。对于鲜红色的两端为焊点的扁形电解电容器，更要注意不要过热。

六、电感器的拆装

图 1-28　焊接三极管

两端为焊点的电感器的拆焊、焊接和补焊与电阻器相同，可参考电阻器的焊接方法进行焊接。塑封的电感器也不要过热。另外，电感器拆除时不可用电烙铁的尖端代替撬针去拨开线头，更不可猛拉线头，以免引线被抽出或内部松动导致接触不良。

七、三极管的拆装

（1）三极管的焊接工具、材料准备　电烙铁、镊子、斜口钳各一把，小刀或什锦锉一把，松香、焊锡丝若干。

（2）三极管的焊接　用小刀或什锦锉去除三极管引脚上的氧化物，用电烙铁蘸少许松香、焊锡给引脚搪上一层锡（这是影响焊接质量的关键）；将三极管插入需要焊接的位置；在焊点上用电烙铁熔化少许焊锡丝，使焊点圆润即可；先固定一个引脚，校正好再焊接其他两个引脚，焊完后用斜口钳剪去多余的引脚（图 1-28）。

※ 知识链接 ※　①按要求将 e、b、c（E、B、C）三个引脚装入规定位置，装配时注意极性，否则不能工作，以致烧毁。②焊接时间应尽可能短些（最好不要超过 3s），焊接时用镊子夹住引脚，以帮助散热。③焊接大功率三极管时，若需要加装散热片，应将接触面平整，打磨光滑后再紧固；若要求加垫绝缘薄膜片，千万不能忘记引脚与电路板上焊点连接时要用塑料导线。④元器件比较密集的地方应分别套上不同颜色的塑料套管，防止碰极短路。

（3）贴片三极管的焊接　贴片三极管有 3 个焊接引脚，焊接时先将一个焊盘上锡，然后固定住三极管的一个引脚，接着焊接另外两个引脚。贴片三极管的引脚比较细，很容易一起变形或折断，所以焊接时一定要小心，不要用力过大。

八、场效应管的拆装

1. 绝缘栅场效应管焊接方法

将电烙铁外壳接地，或使用带 PE 线的电烙铁；电烙铁加热后断开电源焊接；保留原塑料套管或保护铝箔，用一段细裸铜丝在引脚根部绕 3～4 圈，使引脚可靠地接在一起，然后将细裸铜丝两端拧好，去掉原保护层；把引脚剪至需要长度并弯成适当形状，然后可像焊普通三极管那样焊接，焊好完成后再拆去细裸铜丝即可。

2. 焊接拆卸时注意事项

① 焊接时，应将所有测试仪器、工作台、电烙铁、线路本身都良好地接地，以防场效应管栅极感应击穿；对于少量焊接，也可以将电烙铁烧热后拔下插头或切断电源再焊接；从

元器件架上取下场效应管时，应以适当的方式确保人体接地，如采用接地环等。

②用 25W 电烙铁焊接时应迅速，若用 45～75W 电烙铁焊接，应用镊子夹住引脚根部以帮助散热。

③在连入电路之前，场效应管的全部引线端保持互相短接状态，焊接完后才把短接材料去掉；将场效应管从电路板上插入拔出时，应关断电源。

④安装场效应管的位置要尽量避免靠近发热元器件；为了防止管件振动，有必要将管壳紧固起来；引脚引线，应当在大于根部尺寸 5mm 处进行弯曲，以防止弯断引脚或引起漏气等。

⑤焊接绝缘栅场效应管时，要按源极→漏极→栅极的先后顺序焊接，并且要断电焊接；MOS 器件各引脚的焊接顺序是漏极→源极→栅极，拆卸时顺序相反。

九、变压器、磁棒的拆装

对于较大的电源变压器，需要采用弹簧垫圈和螺钉固定；对于中小型变压器，将固定脚插入印制电路板的孔位，然后将屏蔽层的引脚压倒再进行焊接。变压器（电源变压器、电视机行输出变压器等）的焊接脚比较多，用一般电烙铁拆卸较困难，宜使用专用电烙铁（如吸锡电烙铁）。

磁棒安装时应首先将塑料支架插到印制电路板的支架孔位上，然后将支架固定，最后将磁棒插入。

十、行输出变压器的拆装

1. 高压帽的拆卸

行输出变压器直接连到显像管高压帽上，拆卸时，将机器电源关闭，然后将高压帽上的电放掉（利用万用表的表笔对高压帽进行放电，先把表笔短的一端的金属针接在显像管边沿的地线上，然后手握表笔的塑胶部分，将表针插入高压帽和显像管之间进行放电，如图 1-29 所示），然后用尖嘴钳夹住弹性卡钩，使卡钩收缩后取下高压帽。

2. 行输出变压器的拆卸

使用专用空心针（或用 16 号医用针头，行输出变压器引脚较粗用 18 号医用针头，用锉刀把尖端部分锉平，平的针头部分再锉薄一点儿，再找一段竹筷子镶进针头的套针筒处）与电烙铁来拆卸行输出变压器，其方法是：一手操作电烙铁，一手操作针头，用电烙铁把行输出变压器引脚处的焊锡熔化，把针头套进行输出变压器引脚后用力压进去，待焊锡冷却后，转动一下针头，然后拔出来，行输出变压器（图 1-30）引脚就与印制板分离了。

3. 高压帽的安装

在显像管的高压嘴边缘 2～3cm 的圆周范围涂上一层绝缘硅脂，防止日后潮气进入和漏电；按拆除高压帽的反向顺序，将高压帽连同卡子倾斜先装入一侧，再用钳子将卡子另一侧推入；左右旋转一下高压帽并压紧，使卡子与高压嘴充分良好接触。

※ 知识链接 ※　在拆卸前一定要对高压帽内的残存高压放电，否则容易发生危险；为了防止发生高压泄漏打火，要在高压帽的内侧涂上一层专用的灭弧灵硅脂；拆高压帽时不要齐根剪断，而是用刀片切开高压帽尾管，这样可避免高压线越换越短；装高压帽时，高压线用酒精擦洗干净（8～10cm），头部涂硅脂后再插入高压帽，这样可避免从尾管处漏电。

用表笔短的一端接显像管的地线，另一端接高压帽的边缘

图 1-29　行输出变压器放电

高压帽

高压包

图 1-30　行输出变压器

十一、滤波器的拆装

常见的滤波器有介质滤波器、陶瓷滤波器、石英晶体滤波器、声表面波滤波器、电感电容组合滤波器等。

介质滤波器为外表镀银的陶瓷体，底部和周围有焊点，焊下滤波器时可用热风枪均匀整体加热，当滤波器底部焊锡熔化时迅速用镊子夹住并向上垂直取下滤波器；焊上滤波器时，可在焊点处涂少量松香焊油，用镊子把滤波器放正并略向下压（注意侧面的信号线焊点对正），然后用热风枪均匀移动加热焊接（要注意信号线焊点处、滤波器上侧面的微带及孔内不要有焊油等污物）。

陶瓷滤波器一般为有引线焊片的塑料封装，不耐高温。拆下滤波器时可用镊子夹住一端略向上用力，用热风枪向焊点倾斜加热，当该端焊点锡熔化分离后迅速移开热风枪，以免烧坏元器件外壳，还要注意不要过度用力上拉，以免折断另一端引线；然后再拆另一端。

第二章　电子元器件识别与检测

第一节　电子元器件识别

一、常用电子元器件图形符号识别

常用电子元器件图形符号如表 2-1 所示。

表 2-1　常用电子元器件图形符号

电子元器件名称	对应的电子元器件图形符号	电子元器件名称	对应的电子元器件图形符号
普通二极管		整流器	
发光二极管		三极管（NPN 型）	
光电（光敏）二极管		三极管（PNP 型）	
隧道二极管			
变容二极管		光电（光敏）三极管	
稳压二极管（齐纳二极管）		普通晶闸管	
双向击穿二极管（双向稳压二极管）		P 型双基极单结型场效应管	
双向二极管（交流开关二极管）		N 型双基极单结型场效应管	
桥式全波整流器		P 沟道结型场效应管	

电子元器件名称	对应的电子元器件图形符号	电子元器件名称	对应的电子元器件图形符号
N 沟道结型场效应管		电容器	
增强型单栅 P 沟道和衬底无引出线的绝缘栅场效应管		电解电容器（极性电容器）	
增强型单栅 N 沟道和衬底无引出线的绝缘栅场效应管		可调电容器	
N 沟道增强型场效应管		电位器	
		普通刀开关	
P 沟道增强型场效应管		接地（机壳）	
N 沟道耗尽型绝缘栅场效应管		无噪声接地	
P 沟道耗尽型绝缘栅场效应管		保护接地	
耗尽型单栅 P 沟道和衬底无引出线的绝缘栅场效应管		接地（一般接地）	
电阻器		接地（热地）	

二、常用电子元器件新旧图形符号识别

电子元器件新旧图形符号对比如表 2-2 所示。

表 2-2 电子元器件新旧图形符号对比

新图形符号	旧图形符号	新图形符号	旧图形符号

新图形符号	旧图形符号	新图形符号	旧图形符号

三、常用元器件封装及实物识别

1. 常用二极管封装及实物识别

常用二极管封装及其实物识别图如表 2-3 所示。

表 2-3　常用二极管封装及其实物识别图

封装代号	实物识别图	封装代号	实物识别图
D61-8		DO-34、SOD68	
D61-8-SM		DO-35、SOD27	
D61-8-SL		DO-41	
DO-201		DOP31	
DO-201AD		DPAK、D²PAK、TO-252AA	
DO-203AA、DO-4		ISOTOP™	
DO-203AB、DO-5		M-235	
DO-204AR		SC79、SOD523	
DO-213AB		SCT595	

封装代号	实物识别图	封装代号	实物识别图
SMA、SMB		SOD81	
SMD		SOD93	
SOD100		SOT143	
SOD113		SOT23、TO-236AB	
SOD123		SOT323、SC-70	
SOD323		SOT404	
SOD57		SOT89	
SOD61		TO-220、TO-220AC	
SOD64			
SOD80C		TO-220IS	

封装代号	实物识别图	封装代号	实物识别图
TO-247AC		TO-262	

2. 常用三极管封装及实物识别

常用三极管封装及其实物识别图如表2-4所示。

表2-4　常用三极管封装及其实物识别图

封装代号	实物识别图	封装代号	实物识别图
MPAK		SOT23	
SOT143R		TO-126	
SOT343		TO-126ML	
SOT93、TO-218		TO-126MF	
SC-70、SOT323		TO-220	

封装代号	实物识别图	封装代号	实物识别图
TO-39、TO-205AD		TO-60	
TO-3		TO-92、SOT54、SC-43	
TO-5			

3. 常用场效应管封装及实物识别

常用场效应管封装及其实物识别图如表2-5所示。

表2-5　常用场效应管封装及其实物识别图

封装代号	实物识别图	封装代号	实物识别图
CMPAK-6		SMD-220	
D²PAK、TO-263		SM-8	
I²PAK		SO-8	
MSOP8		SOT143	
SC-70		SOT223	

封装代号	实物识别图	封装代号	实物识别图
SOT23		TO-220F	
SOT25		TO-220SD	
SOT26		TO-247	
SOT89		TO-251	
TSSOP8		TO-251AA、IPAK	
TO-204AE		TO-252、DPAK	
TO-220		TO-254AA	
TO-220AB		TO-262	

封装代号	实物识别图	封装代号	实物识别图
TO-263ANB	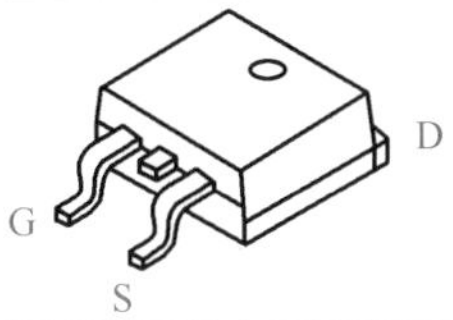	TO-50	
TO-264		TO-92	
TO-3		TSOP-6	
TO-39		T-Max™	
TO-3P	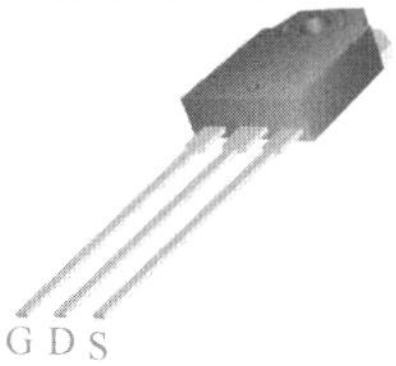		

4. 常用晶闸管封装及实物识别

常用晶闸管封装及其实物识别图如表 2-6 所示。

表 2-6 常用晶闸管封装及其实物识别图

封装代号	实物识别图	封装代号	实物识别图
D²PAK	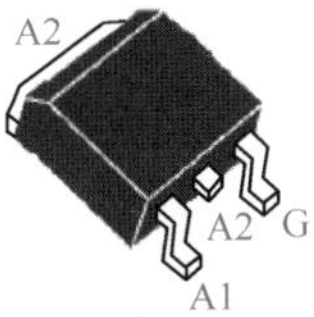	IPAK	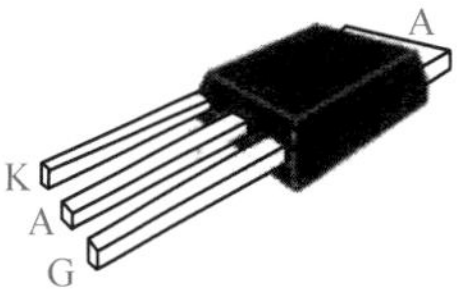
DPAK	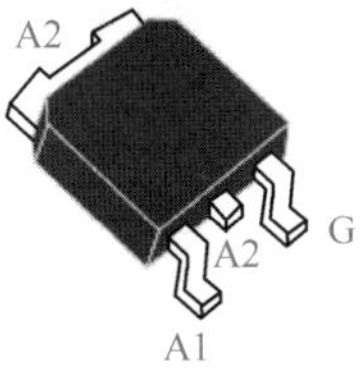	MP-3A	

封装代号	实物识别图	封装代号	实物识别图
SC260		SOT428、TO-252	
SC261		SOT82	
SC-59			
SOT143B		SOT-89	
SOT186A		TO-126、TO-225AA	
SOT223		TO-202	
SOT404		TO202-3	

封装代号	实物识别图	封装代号	实物识别图
TO-209AE、TO-118		TO-220FN	
		TO-220F	
TO-220AB		TO-92	
TO-200AC		TOP3	

四、常用元器件识别

（一）电阻器的识别

电阻器通常简称电阻，用字母 R 表示（R 是英文名称 Resistance 的缩写）。电阻器的工作特性符合欧姆定律，其电阻值定义为电压与电流相除所得的商数。在电路中，电阻器主要用来控制电压和电流，即起到降压、分压、限流、分流、阻尼、阻抗匹配以及信号幅度调节等作用。

电阻器的种类有很多，通常分为三大类：固定电阻器、可变电阻器、敏感电阻器。在电子产品中，以固定电阻器应用最多。敏感电阻器是指器件特性对温度、电压、湿度、光照、气体、磁场、压力等作用敏感的电阻器，它的符号是在普通电阻器的符号中加一斜线，并在旁边标注敏感电阻器的类型。电阻器的外观形状有圆柱状、管状、片状、块状、纽扣状等多种，目前常用的为圆柱形电阻器。普通电阻器的主要参数有标称阻值（简称阻值）、额定功率和允许偏差，敏感电阻器的主要参数还有温度系数、标称电压、最大电压等。电阻的常用单位为欧姆（Ω）。除此之外，还有千欧（$k\Omega$）、兆欧（$M\Omega$）、毫欧（$m\Omega$）。其换算关系是：$1M\Omega=1000k\Omega$，$1k\Omega=1000\Omega$，$1\Omega=1000m\Omega$。

1. 电阻器的主要参数

电阻器的主要参数有三个，即标称阻值、额定功率和允许偏差。

（1）标称阻值　标称阻值通常是指电阻体表面上标注的电阻值，简称阻值。阻值的基本单位是欧姆（简称欧），用字母"Ω"表示。

电阻器的标称阻值是按国家标准规定的，不同类型不同精度的电阻器，其标称阻值系列也不同，常用电阻器的标称系列如表 2-7 所示。电阻器的标称阻值应符合表 2-7 中所列数值之一再乘以 10^n，n 为正整数。

表 2-7　常用电阻器标称系列

系列代号	E6	E12	E24	E96
允许偏差	±20%	±10%	±5%	±1%
标称阻值	1.0	1.0	1.0	例如： 10、10.2、10.5、10.7 及其倍数 11、11.3、11.5、11.8 及其倍数 12、12.1、12.4、12.7 及其倍数 13、13.3、13.7 及其倍数 14、14.3、14.7 及其倍数 15、15.4、15.8 及其倍数 16、16.2、16.9 及其倍数 17.4、17.8 及其倍数 18、18.2、18.7 及其倍数 19.1、19.6 及其倍数 20、20.5 及其倍数 21、21.5 及其倍数 22、22.1、22.6 及其倍数 23.2、23.7 及其倍数 24、24.7、24.9 及其倍数 25.5、26.1、26.7 及其倍数 27、27.4 及其倍数 28、28.7 及其倍数 29.4 及其倍数 30、30.1、30.9 及其倍数 31.6、32.4 及其倍数 ……
			1.1	
		1.2	1.2	
			1.3	
	1.5	1.5	1.5	
			1.6	
		1.8	1.8	
			2.0	
	2.2	2.2	2.2	
			2.4	
		2.7	2.7	
			3.0	
	3.3	3.3	3.3	
			3.6	
		3.9	3.9	
			4.3	
	4.7	4.7	4.7	
			5.1	
		5.6	5.6	
			6.2	
	6.8	6.8	6.8	
			7.5	
		8.2	8.2	
			9.1	

（2）额定功率　额定功率是指电阻器在交流或直流电路中，在特定条件下（在一定大气压下和在产品标准中规定的温度下）长期工作时所能承受的最大功率（即最高电压和最大电流的乘积）。

电阻器的额定功率也有标称值，常用的有 1/8W、1/4W、1/2W、1W、2W、3W、5W、10W、20W 等。在实际应用中，阻值相同但功率相差较大的电阻器，一般不能直接互换。在电路图中，常用如图 2-1 所示的符号来表示电阻器的标称功率。选用电阻器时，要留一定的裕量，选标称功率比实际消耗的功率大一些的电阻器。

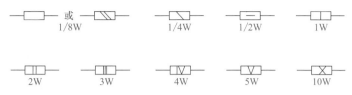

图 2-1　电阻器额定功率值在电路图上的符号

（3）允许偏差　电阻器的标称阻值，往往与其实际阻值不完全相符，有的阻值大一些，有的阻值小一些。电阻器的实际阻值和标称阻值的偏差，除以标称阻值所得的百分数，称为电阻的允许偏差（又称精度）。

2. 电阻器的标注方法

电阻器常用的标注方法有直标法、文字符号法、数标法和色标法四种。

（1）直标法　直标法就是用阿拉伯数字和单位符号在电阻器表面直接标出标称阻值，其允许偏差直接用百分数表示（若电阻器上未标注偏差，则均为 ±20%）。这种方法主要用于功率比较大的电阻器。如图 2-2 所示为采用直标法的电阻器。

（2）文字符号法　传统的电阻器文字符号标注是将电阻器的阻值、允许偏差、功率、材料等用阿拉伯数字和文字符号有规律地组合起来表示的。例如，电阻器表面上印

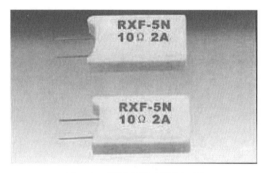

图 2-2　采用直标法的电阻器

有 RXYC-50-T-1k5- ±10%，其含义是耐潮被釉线绕可调电阻器，额定功率为 50W、阻值为 1.5kΩ、允许偏差为 ±10%。其中，RXYC 代表耐高温、防潮湿、外表被金属丝烧结成一层釉的电阻器，类似的还有 RY 代表氧化膜电阻器，RXQ 代表酚醛涂层线绕电阻器，RR 代表热敏电阻器。文字符号表示的允许偏差如表 2-8 所示。

表 2-8　文字符号表示的允许偏差

文字符号	D	F	G	J	K	M
允许偏差	± 0.5%	± 1%	± 2 %	± 5%	± 10%	± 20%

如图 2-3 所示为采用文字符号法标注的电阻器。

（3）数标法　随着电子组件的不断小型化，特别是表面安装元器件（SMC 和 SMD）的制造工艺不断进步，使得电阻器的体积越来越小，其组件表面上标注的文字符号也做出了相应的改变。一般仅用三位数字标注电阻器的数值，精度等级不再表示出来（一般小于 ±5%），具体规定如下。

① 组件表面涂黑颜色表示电阻器。

② 电阻器的基本标注单位是 Ω，其数值大小用三位数字标注。

③ 对于三个基本标注单位以上的电阻器，前两位数字表示数值的有效数字，第三位数字表示数值的倍率，即 0 的个数，单位为 Ω，偏差通常采用文字符号表示。例如：223 表示其阻值为 $22×10^3 Ω = 22kΩ$。

④ 对于三个基本标注单位以下的电阻器，第一位、第三位数字表示电阻的有效数字，第二位用字母"R"表示小数点。字母前面的数字表示整数阻值，后面的数字表示小数阻值。例如，3R9 表示其阻值为 3.9Ω。如图 2-4 所示为采用数标法标注的电阻器。

图 2-3　采用文字符号法标注的电阻器

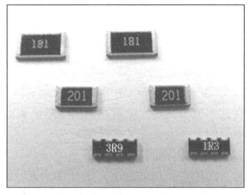

图 2-4　采用数标法的电阻器

⑤ 贴片电阻器的阻值误差精度有 ±1%、±2%、±5%、±10%，常用的是 ±1% 和 ±5%。

图 2-5　采用色标法的电阻器

±5% 的电阻器通常用三位数来表示，其中前面两位表示有效数字，第三位数表示有多少个 0，基本单位是 Ω，例如 512 表示阻值为 5100Ω。±1% 的贴片电阻器常用四位数来表示，其中前三位表示有效数字，第四位表示有多少个 0，基本单位是 Ω，例如 4531 表示阻值为 4530Ω。

（4）色标法　色标法就是用不同颜色的色环或色点在电阻器表面标出标称阻值和允许偏差的标注方法。这种方法主要用于小功率电阻器，如用量最大的色环电阻器。如图 2-5 所示为采用色标法的电阻器。

（二）电容器的识别

电容器也是组成电子电路的主要组件，与电阻器相似，通常简称为电容，用字母 C 表示（C 是英文 Capacitor 的缩写）。顾名思义，电容器就是"储存电荷的容器"，它广泛应用于各种高低频电路和电源电路中，起退耦（指消除或减轻两个以上电路间在某方面的相互影响）、耦合（将两个或两个以上的电路连接起来并使之相互影响）、滤波（滤除干扰信号、杂波等）、旁路（与某元器件或某电路相并联，其中某一端接地）、谐振（指与电感器并联或串联后，其振荡频率与输入频率相同时产生的现象）、降压和定时等作用。

依据所使用的材料、结构、特性等的不同，电容器的分类也不同。电容器按结构划分，可分为固定电容器、可变电容器和微调电容器。电容器按特性原理的不同，又可分为化学电容器和非化学电容器两大类。化学电容器是指采用电解质（如电解液、二氧化锰、有机半导体、导体聚合物、凝胶电解质等）作为阴极的一类电容器，它包括电解电容器和超电容器。超电容器一般采用活性炭、二氧化钌或导体聚合物等作为阳极，液态电解质作为阴极。根据使用材料的不同，超电容器可以分为电气双层电容器（以活性炭为阳极，以电气双层的机制存储电荷）和电化学电容器（以二氧化钌或导体聚合物为阳极，以氧化还原反应的机制储存电荷）两类。确切地说，超电容器是介于电容器和电池之间的储能器件，它既具有电容器可以快速充放电的特点，又具有电池的储能机理（氧化还原反应）。非化学电容器的种类较多，一般以其所选用的电介质命名，如陶瓷电容器、纸介电容器、云母电容器、半导体电容器等。

尽管电容器品种繁多，但它们的基本结构和原理是相同的。如图 2-6 所示是电容器的基本结构示意图，在两块靠得较近的极板（金属片）之间隔以绝缘介质，然后在两极板上分别引出一根引脚，就构成了电容器。无论哪种电容器，其基本结构都是这样。需要指出的是，应保证两极板之间是绝缘的，如果两极板之间相通，则不是电容器。

电容器的识别方法与电阻器的识别方法基本相同，可分为直标法、色标法和数标法三种。不同的电容器储存电荷的能力也不相同，规定把电容器外加 1V 直流电压时所储存的电荷量称为该电容器的电容量。电容的基本单位为法拉（F）。但实际上，法拉不是一个很常用的单位，因为电容器的容量往往比 1F 小得多，常用毫法（mF）、微法（μF）、纳法（nF）、皮法（pF）等，它们的换算关系是：1 法拉（F）$=10^3$ 毫法（mF）$=10^6$ 微法（μF）$=10^9$ 纳法（nF）$= 10^{12}$ 皮法（pF）。一般 1μF 以上的电容器均为电解电容器。电解电容器有一个铝壳，里面充满了电解质，并引出两个电极，作为正（+）、负（−）极。与其他电容器不同，电解电容器在电路中的极性不能接错。而 1μF 以下的电容器多为瓷片电容器，当然也有其他的，比如独石电容器、涤纶电容器、小容量云母电容器等，这些电容器则没有极性之分。

在电子产品中，电容器是必不可少的电子元件，其主要参数有标称电容量、额定电压（UR）、类别温度范围、损耗角正切、使用寿命、绝缘电阻等。由于电容器的类型和结构种类比较多，为了区别开来，也常用几个字母来表示电容器的类别（第一个字母 C 表示电容器，第二个字母表示介质材料）。例如：CC 表示瓷介电容器（图 2-7），CL 表示涤纶电容器（图 2-8），CB 表示聚苯乙烯电容器（图 2-9），CBB 表示聚丙烯电容器（图 2-10），MLCC 表示独石电容器（图 2-11），CY 表示云母电容器（图 2-12），CZ 或 CJ 表示纸介电容器或金属化纸介电容器（图 2-13），CD 表示铝电解电容器（图 2-14），CA 表示钽电解电容器（图 2-15）。

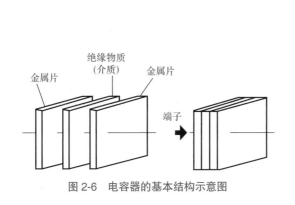

图 2-6　电容器的基本结构示意图

图 2-7　瓷介电容器（CC）

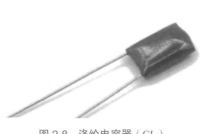

图 2-8　涤纶电容器（CL）

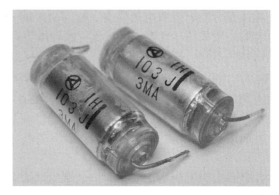

图 2-9　聚苯乙烯电容器（CB）

图 2-10　聚丙烯电容器（CBB）

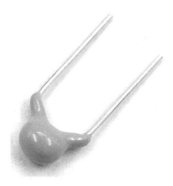

图 2-11　独石电容器（MLCC）

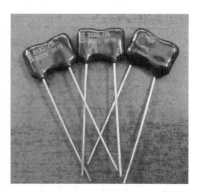

图 2-12　云母电容器（CY）

图 2-13　纸介电容器或金属
化纸介电容器（CZ 或 CJ）

图 2-14　铝电解电容器（CD）

图 2-15　钽电解电容器（CA）

（三）电感器的识别

电感器是由绝缘导线（如漆包线、纱包线等）一圈靠一圈地绕在绝缘管（绝缘管可以是空心的，也可以包含铁芯或磁芯）上，导线彼此相互绝缘而构成的元器件。电感器也称电感线圈或简称为电感，常用字母 L 表示。电感器在电路中的基本用途有扼流、交流负载、振荡、陷波、调谐、补偿、偏转等。

1. 普通固定电感器

具有固定电感量的电感器称为固定电感器（或称为固定线圈），它可以是单层线圈、多层线圈、蜂房式线圈以及具有磁芯的线圈等。这类线圈是根据电感量和最大直流工作电流的大小，选用相应直径的漆包线绕制在磁芯上，然后再用环氧树脂或塑料封装而成的，如图2-16所示。这种固定电感器具有体积小、重量轻、结构牢固、安装使用方便等优点，主要用在滤波、振荡、陷波和延迟等电路中。

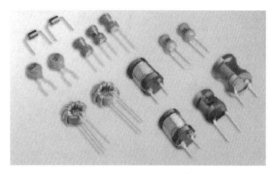

图2-16 固定电感器

国外最先采用的固定电感器的电感量标注方法同色环电阻器一样，是以色环或色点表示的，习惯上又称为"色码电感器"。国产固定电感器电感量的表示方法是直接在电感器上印出其数值。

固定电感器有密封式和非密封式两种封装形式，两种形式又都有立式和卧式两种外形结构。立式密封固定电感器采用同向型引脚，国产有LG1和LG2等系列电感器，进口有TDK系列色码电感器。卧式密封固定电感器采用轴向型引脚，国产有LGA、LGX等系列。

2. 普通可调电感器

可调电感器一般由两个线圈串联构成，其中一个线圈通过箱体上面的旋柄可绕轴转动，用来改变两个线圈之间的耦合情况，从而调整电感量。常用的可调电感器有收音机振荡线圈、电视机用行振荡线圈、行线性线圈、中频陷波线圈、音响频率补偿线圈、阻波线圈等，如图2-17所示。

图2-17 可调电感器

3. 特殊电感器——阻流器

在电路中，用来限制交流电通过的线圈称为阻流电感器，也称为扼流圈或阻流圈。它分为高频阻流线圈和低频阻流线圈。

（1）高频阻流线圈 高频阻流线圈又称高频扼流线圈（图2-18），是用来阻止高频信号通过，而让较低频率的交流信号和直流信号通过的一种线圈。高频阻流线圈一般工作在高频电路中，用于选频，这就要求其电感量不能太大，一般是微亨数量级。其作用是阻高频、通低频。因此，对高频电流，用电感量小的线圈，就可以起到阻碍的作用，同时对低频电流的阻碍作用较小，使低频电流可以通过，达到阻高频、通低频的目的。例如一些收音机用的高

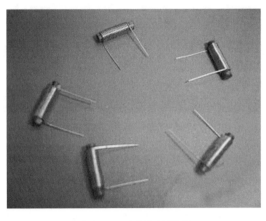

图 2-18　高频阻流线圈

频阻流线圈可以用直径 0.23mm 的漆包线绕 48 圈自制，使其直流电阻为 0.8Ω，电感量为 18.4μH ± 18.4μH × 5% 即可。

高频阻流线圈工作在高频电路中，多采用空心或铁氧体高频磁芯，骨架用陶瓷材料或塑料制成，线圈采用蜂房式分段绕制或多层平绕分段绕制。

（2）低频阻流线圈　低频阻流线圈又称低频扼流圈（图 2-19），它主要应用于阻流电路、音频电路或场输出等电路。它通常有很大的电感量，可达几亨到几十亨，因而对于交变电流具有很大的阻抗。

低频阻流线圈只有一个绕组，在绕组中顺插硅钢片组成铁芯（变压器中的硅钢片一般对插），硅钢片中留有气隙，以减少磁饱和。

低频阻流线圈一般采用 E 形硅钢片铁芯、坡莫合金铁芯（即铁镍合金）或铁氧体磁芯。为防止通过较大直流电流引起磁饱和，安装时通常采用堆叠法，并在铁芯中留有适当的空隙垫入非磁性材料（如绝缘纸等）。

低频阻流线圈可分为两类：一类是滤波阻流线圈，它主要用于电源滤波，通常用硅钢片作铁芯，其工作频率一般不超过电源频率的 6 倍；另一类是音频阻流线圈，它主要用于音频滤波，可采用的铁芯材料种类较多（如硅钢片、铁氧体、坡莫合金等），其工作频率在 20Hz ～ 20kHz 之间。

4. 特殊电感器

（1）印制式电感器　在高频电子产品中，印制电路板上一段特殊形状的铜皮也可以构成一个电感器，通常把这种电感器称为印制式电感器或微带线。微带线在电路原理图中通常用图 2-20 所示的符号来表示，如果只是一根短粗黑线，则称为微带线；如果是两根平行的短粗黑线，则称为微带线耦合器。在电路中，微带线耦合器的作用类似变压器，用于信号的变换与传输，有时也称为互感器。

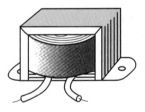

图 2-19　低频阻流线圈

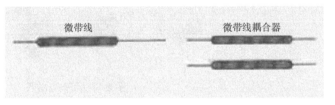

微带线　　　　微带线耦合器

图 2-20　印制式电感器

（2）片式电感器　片式电感器又称表面贴装电感器，它与其他片式元器件（SMC 及 SMD）一样，是适用于表面贴装技术（SMT）的新一代无引线或短引线微型电子组件，其引出端的焊接面在同一平面上。根据线圈形成方法，片式电感器可分为绕线型和叠层型两类。前者是传统绕线电感器小型化的产物；后者则是多层印刷技术和叠层生产工艺相结合的产物，体积比绕线型片式电感器还要小，是电感组件领域重点开发的产品。

① 绕线型片式电感器。绕线型片式电感器（图 2-21）是对传统电感器进行了技术改进，将细导线绕在软铁氧体磁芯上，并缩小体积，将引线改为适合表面贴装的端电极结构，外层

一般用树脂封固。这种电感器的工艺继承性强，但体积小型化有限。

绕线型片式电感器包括小电感量、高频率特性的小型片式电感器和耐大电流低电阻的功率型片式电感器。小型片式电感器是将陶瓷或铁氧体材料制成特定的芯架，利用自动化绕线设备在特定芯架上绕制线圈，经自动焊接和封装而成的。小型

图 2-21　绕线型片式电感器

片式电感器主要应用于高频通信领域，如寻呼机、手机等整机产品中。功率型片式电感器的品种、规格和形状较多，但从其电极的形式来划分基本可分为镀银型和基座型，主要应用于小型通信电器、手提电脑、液晶电视和数码照相机等整机产品之中。

② 叠层型片式电感器。叠层型片式电感器（图 2-22）采用厚膜工艺，将铁氧体浆料（或陶瓷浆料）和导体浆料交替进行叠层印刷形成电感图形，再进行烧结形成一条螺旋式导电带，导电带外围的铁氧体（或陶瓷）使磁路闭合，导电带之间通过连接点贯通，导电带两端有引出端与端电极连接，再经过镍、锡（或铅）电镀而成。

图 2-22　叠层型片式电感器

根据特性，叠层型片式电感器又可分为高频型、高 Q 值型、高损耗型、低噪声型等几种。其中，高频叠层型片式电感器通常可以采用低介电常数的陶瓷材料并抑制杂散电容的方式来获得较高的自谐振频率，其内部导体采用高频特性优异的银，以降低导体的电阻，从而获得高 Q 值。

叠层型片式电感器是一种用得较多的表面贴装组件，也是电感类组件的发展方向，在电子信息领域，特别是在移动通信产品中有着广阔的应用前景。然而，由于磁介质材料的限制，叠层型片式电感器只能局限于工作频率在 200MHz 以下、电感量较小的组件系统。

（四）变压器的识别

变压器是电能传递或信号传输的重要组件，在电子线路中常用英文字母"T"或"B"表示。变压器的种类繁多，按用途不同分为电源变压器、调压变压器、音频变压器、中频变压器、高频变压器、脉冲变压器等，按结构分为双绕组变压器、三绕组变压器、多绕组变压器及自耦变压器，按铁芯或线圈结构分为壳式变压器、芯式变压器（插片铁芯、C 形铁芯、铁氧体铁芯）、环形变压器、金属箔变压器，按相数分为单相变压器、三相变压器和多相变压器，按冷却方式分为干式（自冷）变压器、油浸（自冷）变压器、氟化物（蒸发冷却）变压器，按防潮方式分为开放式变压器、灌封式变压器和密封式变压器。

常用的变压器主要有电源变压器、中频变压器和脉冲变压器三种，下面详细介绍电源变压器。

电源变压器主要由铁芯、线圈（绕组）、骨架及固定座等构成，如图 2-23 所示。

铁芯是电源变压器的基本构件，大多采用硅钢材料制成。根据制作工艺不同，硅钢片可分为冷轧硅钢片和热轧硅钢片两类，用前者制作的变压器的效率要高于用后者制作的变压器。一般来说，硅钢片越薄，功率损耗越小，效率越高。整个铁芯是由许多硅钢片叠加而成的，每片之间形成绝缘层。一般硅钢片的表面有一层不导电的氧化膜，有足够的绝缘能力。

电源变压器按铁芯形式分 E 型电源变压器、C 型电源变压器、O 型电源变压器和 R 型电源变压器。

（1）E 型电源变压器　E 型电源变压器是最常见、应用最广的变压器，其外形如图2-24 所示。这种电源变压器的缺点是磁路中的气隙较大，效率较低，且工作时有较大的电磁噪声。

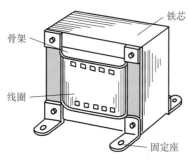

图 2-23　电源变压器结构示意图

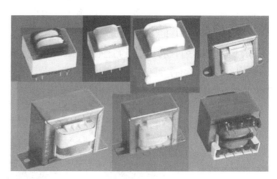

图 2-24　E 型电源变压器

（2）C 型电源变压器　C 型电源变压器是事先把一定宽度的硅钢带卷成一定厚度，然后经过热处理粘接好，再切割成两部分，形成 C 型以便插入线圈中。与 E 型电源变压器相比，C 型电源变压器磁路中的气隙较小，性能有所提高，且体积小、重量轻，装配方便，但由于成本高，因此没有 E 型电源变压器应用得广泛。

C 型铁芯一般又分为 CD 型和 ED 型两种。

①CD 型电源变压器。CD 型电源变压器外形如图 2-25 所示，其铁芯为由个 C 型铁芯组成一套铁芯（图 2-26），这种铁芯可装入两个线圈。变压器线圈可分配在两个线圈上，每个线圈平均匝长较短，因而直流功耗较小。

②ED 型电源变压器。ED 型电源变压器外形如图 2-27 所示，其铁芯为由四个 C 型铁芯组成一套铁芯（图 2-28）。这种铁芯只装入一个线圈，绕制简单，线圈装在铁芯中间，因而漏磁小，且对整机干扰也小。由于一个线圈平均匝长较长，因而直流功耗较大。

图 2-25　CD 型电源变压器

图 2-26　CD 型铁芯

图 2-27　ED 型电源变压器

（3）O 型电源变压器　O 型电源变压器又称为环形电源变压器，其外形如图 2-29 所示。

O 型电源变压器的铁芯是用优质冷轧硅钢片（片厚一般为 0.35mm 以下，如图 2-30 所示）无缝卷制而成的，这就使得它的铁芯性能优于传统的叠片式铁芯。O 型电源变压器的线圈均匀地绕在铁芯上，线圈产生的磁力线方向与铁芯磁路几乎完全重合，磁路中不存在气隙，理论上漏磁很少，也不存在线圈辐射。

图 2-28　ED 型铁芯

图 2-29　环形电源变压器

图 2-30　O 型铁芯

（4）R 型电源变压器　R 型电源变压器外形如图 2-31 所示，它可简单看成横截面呈圆形的环形电源变压器，但在线圈绕制手法上有区别，散热条件远比环形电源变压器要好，铁芯展开为渐开渐合型。

R 型电源变压器是采用高磁导率的取向硅钢带制成的，采用无切割环形截面的 R 型铁芯是变压器的一个技术突破，如图 2-32 所示。R 型电源变压器具有体积小、重量轻和漏磁少等特点，与 E 型、C 型和 O 型电源变压器相比有着更高的效率和可靠性。

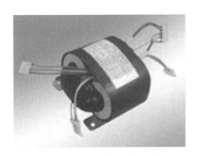

图 2-31　R 型电源变压器

图 2-32　R 型铁芯

（五）二极管的识别

1. 普通二极管

普通二极管外形如图 2-33 所示。从图中可以看出，普通二极管共有两个引脚，两个引脚轴向伸出。有的普通二极管外壳上会标出二极管电路符号，在整机电路中比较容易识别。

普通二极管的文字符号为 VD 或 D，在电路中常用如图 2-34 所示符号表示。

多个二极管可组成二极管组，如整流桥。整流桥一般用在全波整流电路中，其常见外形如图 2-35 所示，根据内部结构又可分为半桥组件与全桥组件。

图 2-33　普通二极管

①　半桥组件是一种把两个整流二极管按一定方式连接起来并封装在一起的整流器件。根据内部结构的不同，半桥组件有四端和三端之分，如图 2-36 所示。四端半桥组件内部的两个整流二极管各自独立，而三端半桥组件内部的两个整流二极管的负极与负极相连或正极与正极相连。用一个半桥组件可以组成全波整流电路，用两个半桥组件可组成桥式全波整流电路。

②　全桥组件是由四个整流二极管按桥式全波整流电路的形式连接并封装为一体构成的。图 2-37 所示是全桥组件的电路符号。

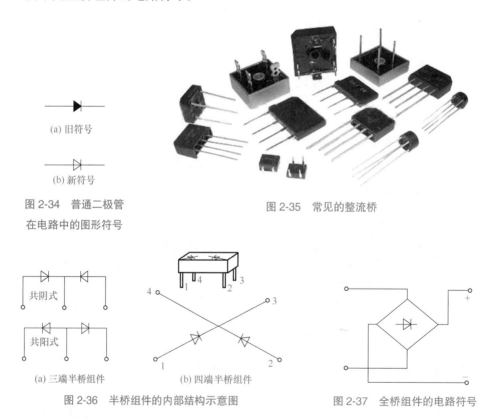

(a) 旧符号

(b) 新符号

图 2-34　普通二极管
在电路中的图形符号

图 2-35　常见的整流桥

(a) 三端半桥组件　　共阴式　　共阳式

(b) 四端半桥组件

图 2-36　半桥组件的内部结构示意图

图 2-37　全桥组件的电路符号

2. 稳压二极管

稳压二极管（图 2-38）一般用在稳压电源中作为基准电压源，或用在过压保护电路中作为保护二极管，它在电路中常用 "VZ" 或 "ZD" 加数字表示（如 VZ5 表示编号为 5 的稳压二极管），其电路符号如图 2-39 所示。

3. 发光二极管

发光二极管属于电流控制型半导体器件，其电路符号和外形如图2-40所示。它与普通二极管一样也具有单向导电特性。也就是说，将发光二极管正向接入电路时才导通发光，而反向接入电路时则截止不发光。

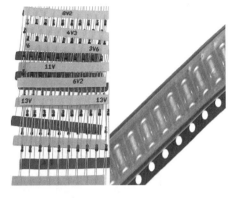

图 2-38　稳压二极管

（六）三极管的识别

1. 普通三极管

普通三极管常见的封装形式有三种：第一种是金属封装（金属外壳一般是铁制的，外表电镀一层不易生锈的金属或喷漆，并在上面印上型号）；第二种是玻璃封装（在玻璃外壳上喷上黑色或灰色漆，再印上型号）；第三种是塑料封装（型号印在塑料外壳上）。

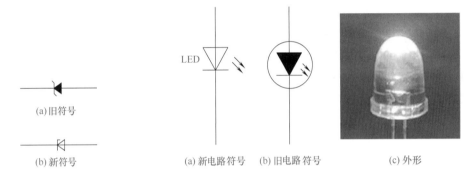

(a)旧符号

(b)新符号

图 2-39　稳压二极管的电路符号

(a)新电路符号　(b)旧电路符号　(c)外形

图 2-40　单色发光二极管的电路符号和外形

三极管引脚的排列方式具有一定的规律，如图2-41所示。对于小功率金属封装三极管，按底视图位置放置，使三个引脚构成等腰三角形的顶点，从左向右依次为e、b、c；对于中小功率塑料三极管，使其平面朝向自己，三个引脚朝下，则从左到右依次为e、b、c；对于只有两个引脚的大功率金属封装三极管，按底视图位置放置，两个引脚在左侧，底座是集电极c、基极b在下面、发射极e在上面；对于三个引脚的大功率三极管，按底视图位置放置，两个引脚在右侧，则下面的引脚为发射极e，按逆时针方向分别为e、b、c。

普通三极管有三个引脚的，也有四个引脚的。四个引脚的三极管有一个突出的定位销，分辨各引脚时，将管底朝上（引脚朝上），从定位销顺时针方向各引脚依次为e、b、c和d。其中，d引脚为接外壳的引脚。

国产的锗管多为PNP型，硅管多为NPN型。不论是PNP型三极管还是NPN型三极管，它们的工作原理是一样的，只不过在使用时它们的电源电压的连接方式是不同的。在电路中，三极管的电路符号如图2-42所示。

2. 光电三极管

光电三极管有塑封、金属封装（顶部为玻璃镜窗口）、环氧树脂封装、陶瓷封装等多种封装结构，引脚也分为两脚型（受光面为基极）和三脚型（如光电耦合型），如图2-43所示。由图可见，光电三极管的外形与普通三极管相差不大，一般光电三极管只引出两个电极，即发射极e和集电极c，基极b不引出。需要注意的是，在使用光电三极管时，不能从外形来区别是二极管还是三极管，只能用型号来进行判定。

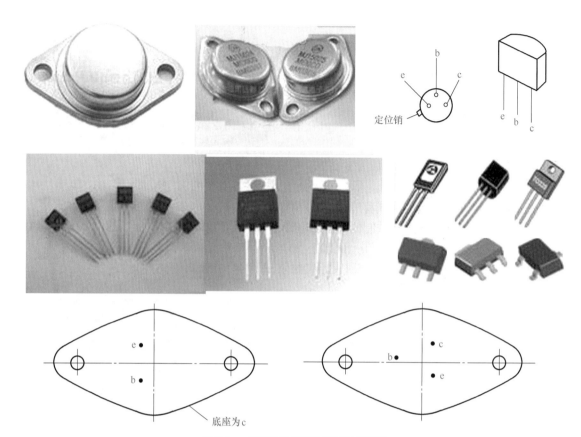

图 2-41 三极管的常见外形和引脚排列

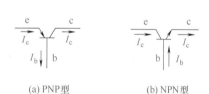

(a) PNP型   (b) NPN型

图 2-42 三极管的电路符号

光电三极管的文字符号与普通三极管相同，也用 VT 表示，其电路符号如图 2-44 所示。光电三极管也有 PNP 和 NPN 两种类型，且有普通型和达林顿型之分。其中，达林顿光电三极管又称为光电复合晶体管，它的输入端是光电三极管、输出端则是普通三极管。目前，普遍使用的是 NPN 型硅光电三极管。

图 2-43 光电三极管

3. 达林顿晶体管

达林顿晶体管（Darlington Transistor，DT）亦称复合晶体管（图 2-45），它采用复合过接方式，将两个或更多个晶体管的集电极连在一起，而将第一个晶体管的发射极直接耦合到第二个晶体管的基极，依次连接而成，最后引出 e、b、c 三个电极。

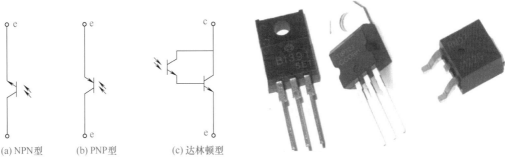

(a) NPN型　　　(b) PNP型　　　(c) 达林顿型

图 2-44　光电三极管的电路符号

图 2-45　常见达林顿晶体管

如图 2-46 所示，是由两个 NPN 或 PNP 型晶体管构成达林顿晶体管的基本电路。假定达林顿管晶体由 n 个晶体管（VT1 ～ VTn）组成，每个晶体管的放大系数分别为 h_{FE1}、h_{FE2}、…、h_{FEn}，则总放大系数约等于各管放大系数的乘积。因此，达林顿晶体管具有很高的放大系数，其 h_{FE} 值可以达到几千倍至几十万倍。利用它不仅能构成高增益放大器，还能提高驱动能力，获得大电流输出，构成达林顿功率开关管。在光电三极管中，也有用达林顿晶体管作为接收管的。

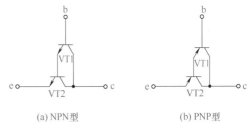

(a) NPN型　　　　　　(b) PNP型

图 2-46　普通型达林顿晶体管的基本电路

（七）场效应管的识别

场效应晶体管也称场效应晶体三极管，简称场效应管（Field Effect Transistor，FET）。它是利用电场效应来控制半导体中电流的半导体器件，如图 2-47 所示。场效应管是一种电压控制器件，只依靠一种载流子参与导电，故又称为单极型晶体管。与双极型晶体管相比，它具有输入阻抗高、噪声小、热稳定性好、抗辐射能力强、功耗小、制造工艺简单和便于集成化等优点，因而广泛应用于各种电子电路中。

场效应管有两大类，即结型场效应管和绝缘栅型场效应管。其中结型场效应管又分为 N 型和 P 型两种，如图 2-48 所示。绝缘栅型场效应管可分为耗尽型场效应管和增强型场效应管，如图 2-49 所示。但结型场效应管均为耗尽型场效应管。

图 2-47　场效应管

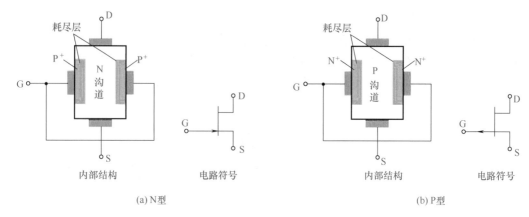

(a) N型　　　　　　　　　　　　　　　　　　　(b) P型

图 2-48　结型场效应管的内部结构与电路符号

(a) N沟道耗尽型　　　　(b) P沟道耗尽型　　　　(c) N沟道增强型　　　　(d) P沟道增强型

图 2-49　绝缘栅场效应管的电路符号

（八）晶闸管的识别

晶闸管是晶体闸流管（Thyristor）的简称，旧称可控硅，如图 2-50 所示。晶闸管是一种大功率开关型半导体器件，在电路中用文字符号"V""VT"表示（旧标准中用字母"SCR"表示）。晶闸管有阳极、阴极和门极，其内有四层 PNPN 半导体，三个 PN 结。门极不加电压时，阳极、阴极间加正向电压不导通，阴极、阳极间加反向电压也不导通，分别称为正向阻断和反向阻断。阳极、阴极加正向电压，门极、阴极加一电压触发，晶闸管导通，此时门极去除触发电压，晶闸管仍导通，称为触发导通。要想关断（不导通），只要电流小于维持电流即可，去除正向电压也能关断。目前晶闸管元件在电力、电子自动控制电路中得到了广泛的应用。

常用的晶闸管有单向晶闸管和双向晶闸管。

单向晶闸管结构如图 2-51（a）所示。它是由 PNPN 四层半导体材料构成的。它有三个 PN 结（即 J1、J2、J3），对外引出三个极，其中从 P1 层引出阳极（A），从 N2 层引出阴极（K），从 P2 层引出门极（G）。从图 2-51（a）可以看出，它是一种四层三端的半导体器件。

双向晶闸管由 NPNPN 五层半导体材料构成。其基本结构及电路符号如图 2-52 所示，对外引出三个电极（即 T1、T2、G），T1、T2 为主电极，G 为门极，它可以等效为两个单向晶闸管组合而成。

双向晶闸管的两个主电极 T1、T2 没有阳极和阴极之分，即无论在两个主电极间加何种极性电压（如交流电），只要在门极加上一个触发脉冲，均能使其导通。因此，它是一种理想的交流开关器件。

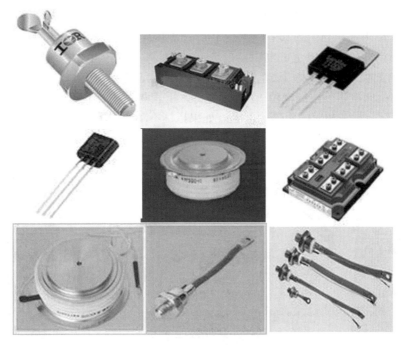

图 2-50　晶闸管

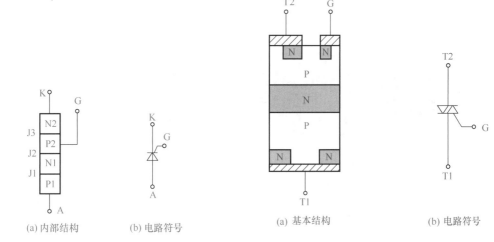

(a) 内部结构　　(b) 电路符号

图 2-51　单向晶闸管的内部结构和电路符号

(a) 基本结构　　(b) 电路符号

图 2-52　双向晶闸管的基本结构、电路符号

第二节　电子元器件检测

一、电阻器的检测

1. 普通电阻器的检测

（1）用指针式万用表检测普通电阻器　如图 2-53 所示，首先将挡位旋钮置于电阻挡

（Ω 挡），然后按被测电阻器标称值大小选择量程（一般 100Ω 以下电阻器可选 R×1 挡，100Ω ～ 1kΩ 电阻器可选 R×10 挡，1 ～ 10kΩ 电阻器可选 R×100 挡，10 ～ 100kΩ 电阻器可选 R×1k 挡，100kΩ 以上的电阻器可选 R×10k 挡），再接着对万用表电阻挡位进行零欧姆校正（方法为：将万用表两表笔短接，观察指针是否指到 0 位。如果不在 0 位，调整调零旋钮使指针指向电阻刻度的 0 位），最后再将万用表两表笔（不分正负）分别和电阻器的两端相接，指针应指在相应的阻值刻度上。如果指针不动或指示不稳定或指示值与电阻器上的标示值相差很大，则说明该电阻器已损坏。

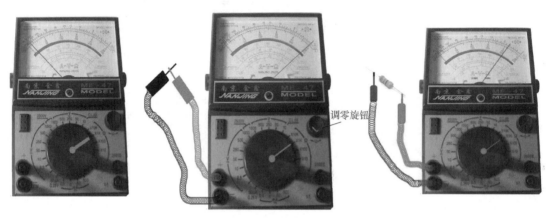

图 2-53　指针式万用表检测电阻器

（2）用数字式万用表检测普通电阻器　如图 2-54 所示，将万用表的挡位旋钮置于电阻挡（Ω 挡），然后按被测电阻器标称的大小选择量程（一般 200Ω 以下电阻器可选 200 挡，200Ω ～ 2kΩ 电阻器可选 2k 挡，2 ～ 20kΩ 电阻器可选 20k 挡，20 ～ 200kΩ 电阻器可选 200k 挡，200kΩ ～ 2MΩ 电阻器可选 2M 挡，2 ～ 20MΩ 电阻器可选 20M 挡，20MΩ 以上电阻器可选 200M 挡），再将万用表的两表笔分别和电阻器的两端相接，显示屏上显示一个稳定的数字，然后交换万用表表笔再次测量，第一次测得的值与第二次测得的值应相同或相近，若相差很大则说明该电阻器已损坏。另外，若测试时显示屏上显示 "1." 或显示屏上显示的数字一直不停变动，也说明该电阻器已损坏。

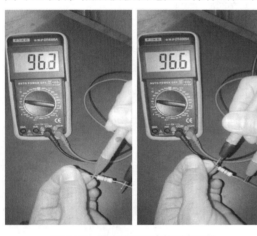

图 2-54　数字式万用表检测电阻器

※ 知识链接 ※　注意：①无论是使用指针式万用表还是使用数字式万用表，在设置量程时尽量选择与待测值相近的量程以保证测量值准确，如果设置的量程范围与待测值之间相差过大，则不容易测出准值；②测试时应将被测电阻器从电路上焊下来，至少要焊开一个脚，以免电路中的其他元器件对测试产生影响；③测试几十千欧以上阻值的电阻器时，手不要触及表笔和电阻器的导电部分，否则会造成误差；④色环电阻器的阻值虽然能以色环标志来确定，但在使用时最好用万用表测试一下其实际阻值。

2. 特殊电阻器的检测

（1）压敏电阻器的检测　如图 2-55 所示，首先将万用表挡位调整到电阻挡，接着根据压敏电阻器的标称阻值调整量程，然后进行零欧姆校正（调零校正），最后将万用表表笔分别接在压敏电阻器两引脚上。若测量压敏电阻器两引脚之间的正、反向绝缘电阻均为无穷大，说明该压敏电阻器正常；若测得压敏电阻器的阻值很小，说明压敏电阻器已损坏。

注意：压敏电阻器的阻值一般很大，因此在进行检测时，应尽量选择指针式万用表的较大量程（如 R×1k 挡）。

图 2-55　压敏电阻器的检测

（2）湿敏电阻器的检测　如图 2-56 所示，首先将万用表置的 R×1k 挡，接着将两表笔分别接在湿敏电阻器两引脚上测其阻值，一般为 1kΩ 左右，若阻值远大于 1kΩ，说明湿敏电阻器损坏。然后用湿棉签加湿湿敏电阻器，再次测量湿敏电阻器，若测得的阻值比正常湿度时测得的阻值大，说明该电阻器工作正常；若加湿后阻值不变化或变化很小，则说明湿敏电阻器损坏或性能差。

(a) 正常湿度检测

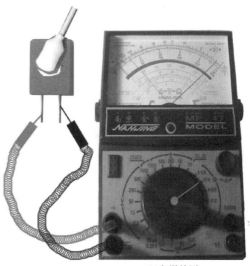
(b) 加湿检测

图 2-56　湿敏电阻器的检测

（3）光敏电阻器的检测　光敏电阻器具有电阻值随入射光线的强弱发生变化的特性，因此在使用万用表对光敏电阻器进行检测时，要进行遮光与不遮光测试，其方法如下。

① 不遮光法检测（即把光敏电阻器放在一般光照条件下进行检测）。首先将万用表调至 R×1k 挡，然后进行零欧姆校正（调零校正），最后把两表笔分别接在光敏电阻器两引脚上进行检测。若万用表的指针可以读出一个固定电阻值，说明该电阻器工作正常；若测得的电阻值趋于零或无穷大，说明该电阻器损坏。如图 2-57 所示为光敏电阻器不遮光法检测。

② 遮光法检测。将光敏电阻器盖住（使其处于完全黑暗的状态下），将万用表调至 R×1k 挡，然后进行零欧姆校正（调零校正），最后把两表笔分别接在光敏电阻器两引脚上进行检测。此时万用表的指针基本保持不动，阻值接近无穷大（此值越大，说明光敏电阻器性能越好），说明该电阻器正常；若此值很小（或接近于零）或与一般光照条件下的阻值相近，说明该电阻器已损坏。如图 2-58 所示为光敏电阻器遮光法检测。

图 2-57　光敏电阻器不遮光法检测

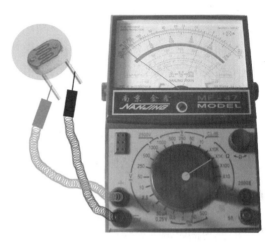

图 2-58　光敏电阻器遮光法检测

（4）热敏电阻器的检测　当外界温度变化时，热敏电阻器的阻值也会随之变化，因此在使用万用表对热敏电阻器进行检测时，要进行常温与加温测试。热敏电阻器有正温度系数（NTC）热敏电阻器与负温度系数（PTC）热敏电阻器两种。它们的测试方法如下。

① 常温检测法（室内温度接近 25℃）。将指针式万用表挡位调至电阻挡，根据电阻器上的标称阻值（热敏电阻器的标称阻值通过直接标注方法标注在电阻器的表面）选择万用表的量程（如 R×1k 挡），进行调零校正，然后将万用表红黑表笔分别接在热敏电阻器两引脚上测其阻值，正常时所测的电阻值应接近热敏电阻器的标称阻值（两者相差在 ±2Ω 内即为正常）；若测得的阻值与标称阻值相差较远，则说明该电阻器性能不良或已损坏。如图 2-59 所示为热敏电阻器常温检测法。

（a）NTC 热敏电阻器检测

（b）PTC 敏电阻器检测

图 2-59　热敏电阻器常温检测法

② 加温检测法。在常温测试正常的基础上，即可进行第二步测试——加温检测。将一热源（如电烙铁、电吹风等）靠近热敏电阻器对其加热，同时观察万用表指针的指示阻值是否随温度的升高而增大（或减小），若是则说明热敏电阻器正常；若阻值无变化，说明热敏电阻器性能不良。如图 2-60 所示为热敏电阻器加温检测法。

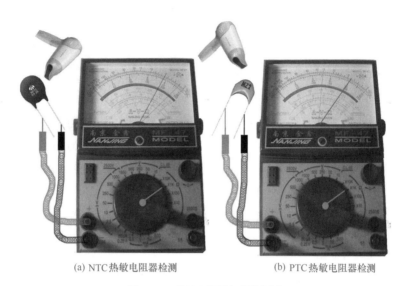

(a) NTC热敏电阻器检测　　　　　　　　(b) PTC热敏电阻器检测

图 2-60　热敏电阻器加温检测法

※ 知识链接 ※　提示：①进行加温检测，当温度升高时测得的阻值比正常温度下测得的阻值大，则表明该热敏电阻器为 NTC 热敏电阻器；如果当温度升高时所测得的阻值比正常温度下测得的阻值小，则表明热敏电阻器为 PTC 热敏电阻器。②加热时不要使热源与热敏电阻器靠得过近或直接接触热敏电阻器，以防止将其烫坏。

二、电容器的检测

利用带电容挡的数字式万用表可以直接测出电容器的容量值。将数字式万用表调至测量电容挡的相应量程上（选比电容标称值大的挡位），万用表的黑表笔插在 COM 挡，红表笔插在 CX 指向的 mA 挡，用万用表的表笔分别接触电容器的两引脚，从液晶显示屏上可直接读出所测电容器的电容值。

三、电感器的检测

检测电感器主要是检测电感器的好坏，使用万用表的电阻挡即可进行检测，通过测量电感器的通断及电阻值大小，可以对其好坏作出判断。具体测试方法如图 2-61 所示，将万用表置于 R×1 挡，红黑表笔各接电感器的任一引出端，此时指针应向右摆动，并指示一定的阻值。若为无穷大，或阻值为 0，则说明该电感器已损坏。

四、变压器的检测

变压器的检测分为绝缘性能检测和通断检测两个方面。

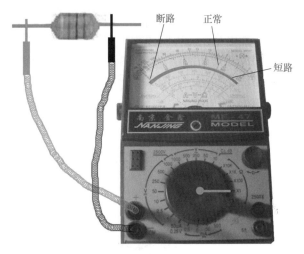

图 2-61　检测电感器的好坏

※ 知识链接 ※　被测电感器直流电阻值的大小与绕制电感器线圈所用的漆包线径、绕制圈数有直接关系，只要能测出电阻值，则可认为被测电感器是正常的。如果被测电感器电阻值为零，则说明其内部有短路性故障。反之，若被测电感器电阻值为无穷大，则说明电感器内部的线圈或引出脚与线圈接点处发生了断路性故障。

1. 绝缘性能检测

电源变压器各绕组之间，以及各绕组、屏蔽层对铁芯之间，均应有良好的绝缘性能。变压器绝缘电阻的大小，与其本身的温度高低、绝缘材料及潮湿程度、所加测试电压的高低及时间长短均有较大关系。

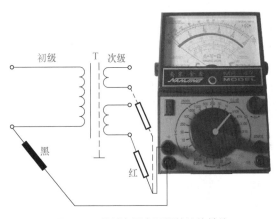

图 2-62　检测电源变压器的绝缘性能

变压器的绝缘电阻通常要用500V绝缘电阻表（又称兆欧表，俗称摇表）进行测试，绝缘电阻值应大于100MΩ。如果没有绝缘电阻表，也可用万用表对其进行粗测，如图2-62所示。

将万用表的挡位开关拨至R×10k或R×100k挡，进行调零校正，用一个表笔与变压器的任一绕组端子相接，另一个表笔分别与各绕组的一个端子、屏蔽层引出线、铁芯相接触，所测阻值就是变压器这一绕组与各绕组、屏蔽层及铁芯之间的绝缘电阻值。正常情况下，万用表指针均应指在"∞"处不动。通常各绕组（包括屏蔽层）间、各绕组与铁芯间的绝缘电阻只要有一处低于10MΩ，就应确认变压器绝缘性能不良。当测得的绝缘电阻小于几百欧到几千欧时，往往表明已经出现匝间短路或铁芯与绕组间的短路故障了。

2. 绕组通断的检测

检查绕组的通断时，应使用精确度较高的万用表。特别是那些直流电阻值达到欧姆级甚至小于1Ω的绕组，检测时应仔细读数，尤其注意万用表调零准确和保证表笔与绕组端头接触良好。

如图2-63所示（以测初级绕组为例），

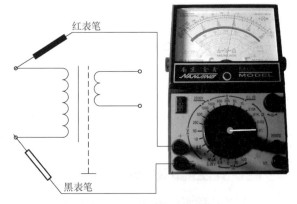

图 2-63　检测绕组的通断

用万用表R×1挡分别测量变压器次级各个绕组的电阻值，或用万用表两表笔测量变压器初级各个绕组的电阻值。一般次级绕组电阻值为几欧到几千欧，电压较高的次级绕组电阻值较大。初级绕组电阻值一般为几十欧至几百欧，变压器功率越小（通常相对体积也小），则电阻值越大。如果在测试中测得某个绕组的电阻值为无穷大，则说明此绕组有断路性故障。

五、二极管的检测

1. 普通二极管的检测

检测方法如图 2-64 所示，将万用表置于 R×100 或 R×1k 挡，测量二极管的正、反向电阻值。正常时，锗点接触型二极管的正向电阻在 1kΩ 左右、反向电阻在 300kΩ 以上，硅面接触型二极管的正向电阻在 7kΩ 左右、反向电阻为无穷大。一般来说，二极管的正向电阻越小越好，反向电阻越大越好。如果测得的正向电阻太大或反向电阻太小，则说明被测二极管检波与整流效率不高。如果测得正向电阻为无穷大，则说明被测二极管的内部断路。如果测得的反向电阻接近于零，则表明被测二极管已经击穿。

2. 稳压二极管的检测

稳压二极管具有单向导电性，利用 R×1k 挡测出正向电阻较小，反向电阻很大（一般正向电阻为 10kΩ 左右，反向电阻为无穷大）。如果测得稳压二极管的正、反向电阻均为零，则说明该稳压二极管已击穿短路。如果正、反向电阻均为无穷大，说明稳压二极管内部开路。如果正向电阻与反向电阻相差不多，则说明稳压二极管已失效。

由于稳压二极管工作在反向击穿状态下，所以用万用表可以测出其稳压值大小，具体检测方法如图 2-65 所示。将指针式万用表置于 R×10k 挡，红表笔接稳压二极管的正极，黑表笔接稳压二极管的负极，待指针摆到一定位置时，从万用表直流 10V 电压刻度上读出其稳定的数据 U'（注意不能在电阻挡刻度上读数），然后用公式 $U=(10-U')×1.5$，即可准确地计算出稳压值。此法只适合稳压值小于 9V 的稳压二极管。

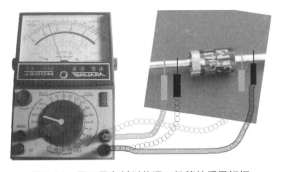

图 2-64　用万用表判别普通二极管的质量好坏

图 2-65　用万用表检测稳压二极管的稳压值

稳压值大于 9V 的稳压二极管则不宜采用此法测量，可采用在线检测二极管电压值来判断稳压二极管的稳压值。方法是：在稳压二极管在路加电状态下，将数字式万用表打到直流电压挡，用万用表的红表笔接稳压二极管的阴极，黑表笔接稳压二极管的阳极，此时的电压值即为稳压二极管的稳压值。

六、三极管的检测

1. 普通三极管的检测

对于一个型号标示不清或无标示的普通三极管，要想判别出其三个电极，可用万用表进行测试。将万用表置于电阻挡，红表笔任意接触三极管的一个引脚，黑表笔依次接触另外两引脚，分别测量它们之间的电阻值。若测出阻值均为几百欧的小电阻，则红表笔接触的引脚为基极 b，此管为 PNP 管；若测出阻值均为几十千欧至上百千欧的大电阻，则红表笔接触的引脚也为基极 b，此管为 NPN 管。

2. 光电三极管的检测

一般来说，光电三极管引脚较长（或靠近管键）的是发射极，另一引脚是集电极，光源接收管就是基极，如图 2-66 所示。

图 2-66　光电三极管引脚较长（或靠近管键）的是发射极

检测光电三极管时，首先用一块黑布遮住光电三极管外壳上的透明窗口，并将万用表置于 R×1k 挡，两表笔任意接两引脚，此时测得的阻值应为无穷大（万用表指针不动）。然后移除黑布，并使受光窗口朝向某一光源（如白炽灯泡），同时注意观察万用表指针的指示情况，正常时指针向右偏转至 15～35kΩ。一般来说，偏转角度越大，则说明其灵敏度越高。如果受光后，光电三极管的阻值较大，即万用表指针向右摆动的幅度很小，则说明其灵敏度低或已经损坏。

3. 达林顿管的检测

由于达林顿管的 e-b 极之间包含多个发射结，所以必须选择万用表 R×10k 挡进行检测，该挡可提供较高的测试电压。用红表笔接任意引脚、黑表笔分别接触其他引脚时，均测得小阻值，则说明红表笔接的电极为基极 b，且被测管为 PNP 型达林顿管。同理，用黑表笔接任意引脚、红表笔分别接触其他引脚时，测得的阻值均较小，则说明黑表笔接的电极是基极 b，且被测管为 NPN 型达林顿管。

七、场效应管的检测

1. 结型场效应管的检测

将万用表置于 R×10 或 R×100 挡，测量结型场效应管的源极与漏极之间的电阻，通常在几十欧到几千欧范围。若测出的阻值大于正常值，则说明内部接触不良；若测出的阻值为无穷大，则说明内部断极。然后将万用表置于 R×10k 挡，再测栅极与栅极、栅极与源极、栅极与漏极之间的电阻值，当测得其各个电阻值均为无穷大，则说明该管是正常的；若测得上述各阻值太小或为通路，则说明该管已损坏。

2. 绝缘栅型场效应管的检测

绝缘栅型场效应管通常有四个电极，即栅极（G）、漏极（D）、源极（S）和衬底（B），通常将衬底（又称衬极）与源极（S）相连，所以从外形上看还是一个三端电路组件。绝缘栅型场效应管的引脚排列与结型场效应管的引脚排列类似，一般采用 G、D、S 的排列形式。其检测好坏的方法也与结型场效应管类似。

绝缘栅型场效应管的引脚判别方法如下：将数字式万用表置于二极管挡，首先确定栅极，若某脚与其他脚的电阻都是无穷大，表明此脚就是 G 极。交换表笔重新测量，S-D 之间的电阻值应为几百欧至几千欧，其中阻值较小的那一次，红表笔接的为 D 极，黑表笔接的是 S 极。S 极与管壳接通，据此很容易确定 S 极，如图 2-67 所示。

※ 知识链接 ※　以上方法也适用于测量绝缘栅型场效应管中的 MOS 管。由于 MOS 管容易被击穿，测量之前先把人体对地短路，才能摸触 MOS 管的引脚。焊接用的电烙铁也必须良好接地，最好在手腕上接一条导线与大地连通，使人体与大地保持等电位，再把引脚分开，然后拆掉导线。MOS 管在每次测量完毕时，GS 结电容上会充有少量电荷，建立起电压 U_{GS}，再接着测量时指针可能不动，此时将 GS 极间短路一下即可。

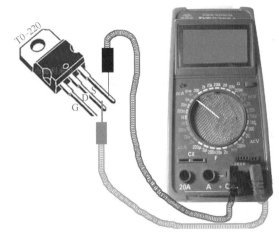

图 2-67　判别绝缘栅型场效应管引脚

八、晶闸管的检测

1. 单向晶闸管的检测

将万用表置于 R×10 挡，用红黑两表笔分别测量任意两引脚之间的正反向电阻直至找出读数为数十欧的一对引脚，它们分别就是 G、K 端，剩下的一引脚即为阳极（A）。

再用万用表测量 G、K 之间正反向电阻，其中阻值较小的一次测量中（正反向电阻相差可能不大）黑表笔所接电极为门极（G），红表笔所接电极为阴极（K），如图 2-68 所示。

将万用表置于 R×10 挡，黑表笔接晶闸管的 A 端，红表笔接 K 端，此时万用表指针应不动，如有偏转，说明晶闸管已被击穿。用短线瞬间短接阳极（A）和门极（G），若万用表指针向右偏转，阻值读数为 10Ω 左右，说明晶闸管性能良好。

2. 双向晶闸管的检测

使用万用表 R×1 挡，将红表笔接 T2，黑表笔接 T1，用导线将 T2 与 G 短接一下，若万用表指针发生偏转，则说明此双向晶闸管双向控制性能完好；如果只有某一方向良好，则说明该晶闸管只具有单向控制性能，而另一方向的控制性能已失效，如图 2-69 所示。

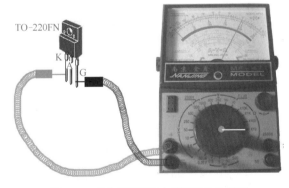

图 2-68　单向晶闸管三个引脚极性的判别

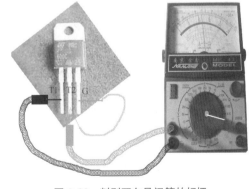

图 2-69　判别双向晶闸管的好坏

第三章　液晶电视维修实用技能

第一节　液晶电视的结构组成与工作原理

一、液晶电视的内部结构组成

液晶电视（一般指液晶电视机）内部主要由液晶屏、驱动板、高压板、电源板、逻辑板、按键板、遥控板等组成，如图 3-1 所示。另外，有些液晶电视还带有 TV 板（也称高频板）、USB 处理板、侧 AV 板、功放板等。

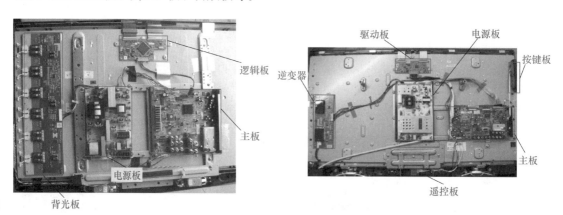

图 3-1　液晶电视内部结构

1. 液晶屏

液晶屏是液晶电视的核心部件。不同类型的液晶屏的制作材料不尽相同，但其基本结构大致一样，都是在两片玻璃基板内夹着彩色过滤片、偏光板、配向膜等材料，灌入液晶材料（液晶空间一般为 5×10^{-6} m），最后封装成一个液晶盒。液晶屏有软硬之分，软屏硬屏各有各的好，耐用方面还是首选硬屏。

2. 驱动板

驱动板为 A/D 转换板（又称为数字板、液晶主板、解码板、信号板），其作用是将输入的模拟信号转换成驱动液晶屏的数字信号。

3. 高压板

高压板为 DC/AC 转换板（又称升压板、逆变器、行输出变压器、背光板），它其实是一个电子整流器，将输入的 DC24V 升压至 AC1000V 或更高供给 CCFL 灯管点亮背光，即：将电源输出的低压直流电压（12V 或 25V）转变为液晶板（Panel）所需的高频 600V 以上高压交流电，点亮液晶面板上的背光灯。高压板由高频变压器（又称高压变压器、升压变压器）、高压开关管、高压输出管（接灯管）、振荡 IC 集成电路、供电滤波电容、供电接口等组成。液晶电视的高压板与电源板一样，也有两种形式，即独立式和电源、高压一体式两种。

4. 电源板

电源板为液晶电视提供稳定的直流电压，即：将输入的 100 ～ 240V 交流电压变成液晶电视所需的直流电压。电源板供电输出一般为 DC24V、DC12V、DC5V 三组和待机 5V。还有一种是在开关电源板上集成了高压电路，构成了电源高压二合一板，其电源的构造与内部专设的开关电源板基本相同，只是多了一个高压电路。

5. 逻辑板

逻辑板用于控制液晶屏像素显示。其作用是将上屏信号进行处理，变成液晶屏的行列驱动信号，供驱动板使用。驱动板与逻辑板往往构成一个整体，驱动液晶屏的行列显示，往往与液晶屏也构成一个整体。逻辑板最终将行列信号送往液晶晶体，并对液晶晶体进行控制。

6. 按键板

按键板是为实现液晶电视开关机、菜单调整（如亮度、对比度、颜色、图像位置等）等功能而设置的。按键电路安装在按键板上，另外指示灯一般也安装在按键板上。按键电路的作用就是使电路通与断，当按下开关时，按键电子开关接通；手松开后，按键电子开关断开。

7. 遥控板

遥控板由工作指示灯和遥控接收头构成，完成工作状态的指示及遥控编码信号的接收。

二、液晶电视原理概述

液晶电视包括 CPU 系统控制电路、遥控接收电路、AV 和 VGA 接口电路、信号接收电路、视频和音频信号解调解码电路、视频信号数字转换电路、伴音功放电路、电极驱动信号放大电路和背光灯自举升压电路。

液晶电视显示系统是通过电极驱动信号放大电路和背光灯自举升压电路来实现的。它是在两片玻璃基板之间的液晶内加入电压，通过分子排列变化及曲折变化再现画面，屏幕通过电子群的冲撞制造画面，并通过外部光线的透视反射来显示画面。

玻璃基板与液晶材料之间采用透明的电极，电极分为行电极和列电极，在行与列的交叉点上，通过改变电压来改变液晶晶体的发光状态。液晶材料的周边设计有控制电路和驱动电路，并根据信号电压来控制单色图像的形成。液晶上的每一个像素都是由三个液晶单元格构成的，其中每个单元格前面分别有红色过滤片、绿色过滤片和蓝色过滤片，光线经过滤片的处理后照射到每一个像素中不同色彩的液晶单元格上，利用三基色合成原理（图 3-2）组合出不同的色彩。

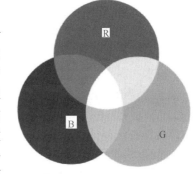

图 3-2　三基色合成原理

三、液晶电视的具体成像原理

液晶电视的液晶屏是在两片具有导电特性的玻璃基板之间充入一层液晶材料，即液晶。液晶具有加热时为液态、冷却时为固态的特性，当外界环境变化时，它的分子结构也会发生变化，从而能实现通过或阻挡光线的目的。

由于被充入的液晶晶体内含有超过二百万个红、绿、蓝三色液晶光阀，当液晶光阀被低电压驱动激活后，位于液晶屏后的背光灯发出的光束从液晶屏通过，并产生 1024×768 点阵（点距为 0.297mm）和分辨率极高的图像。同时，先进的电子控制技术使液晶光阀产生 1677 万种 R、G、B（256×256×256）颜色，还原真实的亮度、色彩度，并再现真实的图像。

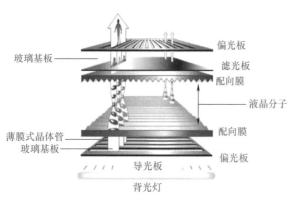

图 3-3 液晶电视的成像原理示意图

简单地说：液晶电视的成像原理就是在玻璃基板内充有液晶，屏内有许多交错成格状的微线路，以电极控制液晶分子的走向，从而折射光线产生颜色和画面，相关结构原理如图 3-3 所示。LCD 背光源 CCFL 荧光灯管投射出光线，光线先经过导光板均匀分布在整个屏幕上；然后光线通过一个偏光板，再经过液晶分子；液晶分子的排列方式会随着控制电压的不同而变化，进而改变穿透液晶的光线角度；所有的光线再经过前方的彩色滤光板与另一块偏光板，才能呈现出各种颜色。

除液晶屏外，液晶电视的核心部件还有主板和逻辑板。搞清楚了液晶屏、主板和逻辑板的工作原理，液晶电视的工作原理也就基本了解了。

第二节 液晶电视的故障维修技能

一、液晶电视的维修方法

（一）液晶电视故障的诊断方法

随着液晶电视的不断增多，液晶电视出现的故障愈显复杂。发生故障后，选用合适的诊断方法是顺利排除故障的关键。液晶电视故障的诊断方法很多，但就其过程而言，还是比较复杂的，因此维修人员在掌握基本方法的同时，应努力钻研新技术，以适应不断高速发展的高新技术的需要。

液晶电视故障的常用诊断方法如下。

1. 感观检查法

感观检查法包括问、看、听、闻、摸等几种方法。

① 问是指维修人员在接修液晶电视时，要仔细询问有关情况，如故障现象、发生时间等，尽可能多地了解和故障有关的情况。

② 看是指维修人员在接修故障液晶电视后，拆开机壳，对内部各部分进行仔细观察。

此方法是应用最广泛且最有效的故障诊断法。

③ 听是指仔细听液晶电视工作时的声音。正常情况下，液晶电视无伴音，若有不正常的声音，通常是变压器等电感性元器件故障。

④ 闻是液晶电视通电时闻机内的气味，若有烧焦的特殊气味，并伴有冒烟现象，通常为电源短路引起，此时需断开电源，拆开机器进行维修。

⑤ 摸是指通过用手触摸液晶电视组件的表面，根据温度的高低进行故障诊断。液晶电视组件正常工作时，应有合适的工作温度，若温度过高或过低，意味着有故障。

2. 经验法

经验法是凭维修人员的基本素质和丰富的经验，快速准确地对液晶电视故障作出诊断。

3. 短路法

短路法是当低压电路开路时，用导线或螺丝刀等将某一线路或局部短路，以检验和确定故障部位。对于液晶电视而言，应慎用短路法来诊断故障，以防止短路时因瞬间电流过大而损坏液晶电视。

4. 机件更换法

对于难以诊断且故障涉及面较大的故障，可利用更换机件的方法来确定或缩小故障范围。如高压火花弱，怀疑是电容器故障，可换用良好的电容器进行试火，若火花变强，说明原电容器损坏，否则应继续查找。

5. 仪表检测法

利用万用表、集成电路测试仪等仪表，对液晶电视组件进行检测，以确定其技术状况。对现代液晶电视来说，仪表检测法有省时、省力和诊断准确的优点，但要求操作者必须具备熟练应用仪表的技能，以及对液晶电视组件的原理、标准资料能准确地把握。

6. 拆除法

在维修液晶电视时拆除法也是一种常用的维修方法，该方法适用于某些滤波电容器、旁路电容器、保护二极管、补偿电阻等元器件击穿后的应急维修。

7. 人工干扰法

人工干扰法主要在液晶电视出现软故障时，采取加热、冷却、振动和干扰的方法，使故障尽快暴露出来。

（1）加热法　加热法适用于检查故障在加电后较长时间（如 1 ~ 2h）才产生或故障随季节变化的液晶电视，其优点主要是可明显缩短维修时间，迅速排除故障。常用电吹风和电烙铁对所怀疑的元器件进行加热，迫使其迅速升温，若随之故障出现，便可判断其热稳定性不良。由于电吹风吹出的热风面积较大，通常只用于对大范围的电路进行加热，对具体元器件加热则用电烙铁。

（2）冷却法　通常用酒精棉球敷贴于被怀疑的元器件外壳上，迫使其散热降温，若故障随之消除或减轻，便可断定该元器件失效。

（3）振动法　振动法是检查虚焊、开焊等接触不良引起的软故障的最有效的方法之一。通过直观检测后，若怀疑某电路有接触不良的故障时，即可采用振动或拍打的方法来检查，使用工具（螺丝刀柄）敲击电路或用手按压电路板、搬动被怀疑的元器件，便可发现虚焊、脱焊及印制电路板断裂、接插件接触不良等故障的位置。

（二）液晶电视的实用维修方法

1. 分段维修法

该维修方法是在了解液晶电视电路原理的基础上，根据电路板块逐步分解至某个微小的区域，然后再进行测量，直至检测出损坏的元器件。

液晶电视大多采用多板制，不同的电路安装在不同的电路板上，这为分段修理法创造了条件。

2. 信号注入法

该维修方法是将外接信号输入被怀疑的故障部位，根据信号的有无、大小、波形进行判断，然后进一步缩小范围找到故障元器件。此方法适合缩小故障部位查找故障元器件，不过，使用信号注入法时需要较多的设备。

3. 轻轻敲击法

该维修方法适用于维修电视机长时间观看时不定时出现的故障。通过轻微敲击判断出故障的部位，然后缩小到某个具体元器件，直接判断出损坏元器件。该方法能够快速维修液晶电视的一些软故障。

4. 升温降温法

该维修方法主要针对液晶电视冷开机故障与热机故障。冷开机时通过加热某个元器件正常开机或热机出现故障后直接用纯酒精或冷风吹某个部位，当故障修复时，则可判断出故障部位，找到故障元器件。

5. 元器件代换法

该维修方法主要是针对液晶电视的故障不明确，不能确定损坏元器件而采用的一种方法。当无专用工具，或者怀疑元器件损坏而测量未发现异常时，可进行代换，以判断元器件的损坏。

6. 等量对比法

该维修方法利用万用表等工具对电路进行详细测量，直至测量出损坏的元器件。它是维修液晶电视最常用方法，主要对一些疑难的故障进行电压、电流、电阻、波形等测量，直至判断出损坏元器件。

7. 对比测量法

该维修方法常在资料较少而又有正常液晶电视可作比较的情况下使用，如比较总线电压，R、G、B 的电压等。采用该方法是比较快捷的，可采用两台同型号电视机对比测量电压、阻值等，从而判断出故障部位和故障元器件。

8. 软件写入法

该维修方法是针对液晶电视的某些软件故障在不确认数据值的状况下写入程序，以达到维修目的的方法。可采用写码机擦写液晶电视存储器来达到目的。

9. 经验维修法

该维修方法是液晶电视维修人员总结常见故障而进行的维修方法。该方法修理速度快，维修方法简单，但不适用于新的产品。需要维修人员多写维修日记，多看液晶电视方面的维修书籍。

10. 直观目测法

该维修方法是目测液晶电视异常部位，发现元器件烧黄、爆裂或虚焊等情况直接更换或重新焊接，以完成简单维修的方法。注意：更换损坏元器件后，不要直接开机，应在检测相关电路技术参数正常后再开机，以免故障排除不彻底而产生新的故障。

11. 批量换件法

该维修方法是维修时判断出故障部位，但测量不出哪个元器件损坏，需要大区域地更换元器件，以达到维修目的的维修方法。很多新手经常使用该方法，但维修费用较高。建议不断提高维修技术，以降低维修费用。

（三）实用的液晶电视上门维修方法

1. 液晶电视上门维修前的准备

接到液晶电视上门维修单时，首先要登记以下信息：用户姓名、地址、联系电话、品牌型号、购买日期、故障现象、故障发生时间、有无异味或特殊表现、用户对维修的时间的紧迫性等。

确定以上信息后，根据故障现象大致判断故障可能出在哪一部分，上门维修是否能完成，若能完成，根据液晶电视的品牌和型号，确定需要带哪些工具和备件。

根据故障现象，若上门维修没有把握在短时间内完成，要向用户道歉、说明原因，征得用户同意与用户改约时间，或采用取货后坐店维修的方式。

若用户时间要求紧迫，则可考虑是否需要提供周转机，若需要，应直接带周转机上门。

2. 液晶电视上门维修方法

先准备好各种维修工具、备件、保修记录单、收据、收费标准、留言条、上岗证等，特别注意带上垫布，以免弄脏用户的东西。不要漏带工具或备件，切记在出发前要将上门工具包自检一遍。

上门维修与坐店维修有比较大的区别，操作的每一步都要小心仔细，不能受用户的干扰，不得手忙脚乱。应根据故障现象，先简单后复杂，按平时维修的方法进行操作。

3. 液晶电视上门维修技能

① 根据故障现象判断故障所在时，应在确定某个元器件已损坏时才拆下来，给用户一个好的印象，切忌东拆西拆，拆了又装。

② 对于不能确定的故障元器件，可通过试机确定。试机时，注意减少周围的干扰。

③ 确定损坏元器后，但手头又没有同型号的元器件，可变通处理，也就是将本机上其他电路中不重要的同型号元器件与已损坏的元器件进行替换。先试机，待确定后，可让用户买同型号新件后更换。若其他元器件不重要，也可不买新件。

④ 对于不能一下子修好的疑难杂症，可与用户协商摘板回店维修，以便于彻底查清故障产生的原因，根治故障。

⑤ 液晶电视上门修好后，要用自备的封条封上，写上故障现象、更换元器件、保修时间等信息，封条上要留下自己的电话号码，以方便联系。

二、液晶电视常见故障维修方法

（一）背光灯常见故障维修

背光灯常见故障如下。

① 开机瞬间屏幕亮一下就熄灭，但伴音、遥控、面板按键控制均正常。此故障一般是背光灯升压板供电异常引起背光灯电路保护所致。主要检查背光灯是否开路（如高压板上的灯管插座开焊或未插紧）或某根灯管是否存在断裂现象。

※ 知识链接 ※　有时灯管没有完全断开，或者灯管没有断而是背光驱动板上的某个升压变压器故障，这时背光灯电路保护就不会自动启动，此时看到液晶屏上某个部分亮度明显比其他地方暗，但是图像整体显示正常。

② 背光灯时亮时不亮。此故障一般是由背光灯升压板的灯管插座与灯管接触不良、背光灯供电电压高或低造成的（空载或带载时电源板上输出的 24V 电压都应该稳定）。

③ 开关机时背光灯均无变化，但伴音、遥控、面板按键控制均正常。当出现此故障时，应检查背光灯的以下工作条件是否符合要求。

a. 从电源送往背光灯升压板电路的供电电压（常见大屏幕为 24V，极少数用 120V，小屏幕一般为 12V）。

b. CPU 控制电路输出给背光灯升压板电路的开关（ON/OFF）控制电压。常见为高电平（多为 3 ~ 5V）背光灯点亮。

c. 背光灯亮度调光电压（此电压一般只影响背光灯的亮暗程度）。

若检查以上工作条件均具备，则可以代换背光灯升压板。如果代换背光灯升压板后故障依旧，则是背光灯本身损坏。

④ 屏幕图像发黄或发红，亮度降低。此故障多为 CCFL 老化所致，用同规格新产品替换即可。

⑤ 屏幕闪烁。此故障一般是由背光灯老化引起的，极少数是因为高压电路不正常所致。

（二）液晶屏常见故障维修

液晶电视液晶屏是直接显示图像的，当液晶屏有故障时其会一直存在。若液晶电视在 TV、AV 等各通道下故障都存在，在各通道下故障现象也都一样，那么基本可以判定是液晶屏故障。在确定是液晶屏故障后，要根据不同的故障现象维修相应的故障部位。液晶屏故障大致有白屏、花屏、黑屏、屏暗、发黄、白斑、暗斑、黑斑、黑影、亮线、暗线、外膜刮伤等，这些故障中相对较容易维修的是屏暗、发黄、白斑、外膜刮伤。

1. 白屏

白屏分为两种情况：一种是有信号输入，整个屏幕是白的，看不清图像，这是由主板故障引起的（主要查 LVDS 芯片）；另一种是能够看到图像，但图像仿佛被一层雾罩住，这是由于屏线或屏的成像系统本身损坏引起的。当怀疑故障因液晶屏引起时，可拆开屏框，在开机加电状态下测屏线插口上屏的供电电压和各信号线电压是否正常，如屏的供电电压和各信号线电压不正常，则查相关线路；如屏的供电电压和各信号线电压都正常，则判定屏的成像系统有问题，此时可检查 LCD 控制芯片是否虚焊或损坏。当怀疑屏的成像系统有问题时，可用一块正常屏代换原屏以作进一步判断。

2. 花屏

花屏故障主要是因液晶屏或逻辑板有问题造成的。机芯板造成花屏现象一般也会在整个屏上存在，但是可能会在某个特定的颜色下表现较轻。最常见的是由于液晶屏从内部碎裂，造成花屏，且这种花屏一般都是由局部造成的，面板未损坏的地方还可以正常显示。如果外接显示正常，而液晶屏有花屏或缺色故障，这一般是由屏线中有断线或虚接、虚焊现象引起的。此时可拆开屏框，先用对地测阻值的方法看屏线中是否存在断线故障，若屏线已断，则可用"飞线"解决；若屏线中没有断线，则加电开机测试各信号线电压是否正常；如各信号线电压不正常，则查相关线路，若各信号线电压正常，则一般是屏本身损坏，应更换液晶屏。

3. 黑屏

外接显示正常，但液晶屏黑屏。此故障说明屏的背光系统和成像系统都没有正常工作，应检查主板上的屏线插头是否虚插或屏线是否存在断线。此时可拆开机子的开机面板，将屏线插头重新插拔一下看故障是否排除；若不能排除，则加电测试屏线插口、高压板供电电压和信号线电压是否正常；若不正常则查相关线路。

逻辑板引发的黑屏故障表现为开机后无显示，但从液晶电视的后盖散热孔或拆开后盖可以看到背光灯亮着。有背光说明逆变器板工作正常，则应重点检查液晶屏的控制板（逻辑板）是否有问题（如查控制板上5V供电电路中熔丝、保护二极管等元器件）。

高压板（逆变器电路板）黑屏故障表现为以下方面。

① 开机后伴音正常，强光下可以隐约看到图像影子，但为无背光的黑屏。此故障一般发生在逆变器电路板上。

② 开机瞬间闪黑屏。闪黑屏故障一般都发生在逆变器电路板上，如某个与背光灯相连的连接器插头接触不良、松脱或插针歪斜。

※ 知识链接 ※ 有的液晶屏有两个逆变器电路板，有的仅一个，它们的功能都分成两部分，分别控制液晶屏的上半部分和下半部分。若出现开机瞬间有一部分显示LOGO、一部分保持黑屏，随即显示消失，呈黑屏故障，说明部分逆变器电路板是好的，此时仔细观察不良的现象，并借助万用表来检查逆变器电路板的电压，准确判断故障部位。

4. 暗屏

暗屏主要是由背光灯老化造成的，直接更换即可，但极少数是因为高压板或高压板的供电电路以及控制信号电路有问题。维修时可拆开屏框，用一根正常灯管接在高压板上看开机后能否点亮。若能点亮则说明背光灯损坏；若不能点亮，则加电测试高压板的供电电压和控制信号电压是否正常；若电压不正常，则查相关线路，若电压正常，则检查高压板是否有问题。

5. 发黄和白斑

发黄和白斑均是背光源的问题，通过更换相应背光片或导光板可解决。若屏幕在图像的白底处颜色略为发黄，这种情况多为液晶屏背光灯老化造成灯管发出的光线不是纯白色的光线所引起。

6. 黑斑

此故障的表现有两种：一种是在开机一段时间后黑斑会消失，不影响收看节目，一般是由单元格不良引起的；另一种是固定不变的，有时遍布整个屏幕，有时仅在屏幕的某个区域。遍布整屏的黑斑通常是液晶长时间使用，其光扩散板发黄所致，更换新的光扩散板可以排除故障。而局部区域的黑斑若是由液晶屏的反射板靠近背光灯一面有污渍与灰尘引起的，则更换反射板可以解决；若是由单元格引起的，则无法处理，只有更换屏。

7. 暗斑

此故障表现为屏幕四周出现暗斑，多为液晶屏进灰所致，一般条件下不建议拆卸液晶屏组件。还有一种情况是液晶屏本身损坏造成暗斑。

8. 屏幕亮线、暗线

此故障一般是液晶屏的故障，因维修价格太高，故没有维修价值。亮线故障一般是连接液晶屏本体的排线出现问题。暗线故障一般是因屏的本体漏电。

9. 黑影

此故障表现为开机后图像显示正常，但有一弧形的黑影。这是由单元格与光扩散板之间的橡胶垫脱落引起的。只要将橡胶垫复位固定好，并用专用清洁剂将留在光扩散板和单元格上的污渍清除即可。

10. 外膜刮伤

外膜刮伤是指玻璃基板表面所覆的偏光膜受损，更换就行了。更换时应注意的事项：更换偏光膜要避免撕膜时把屏压伤，有灰尘更是大忌，一旦在覆膜时有灰尘进入，则会产生气泡，基本就要报废一张膜重新再更换了。

※ 知识链接 ※　由于液晶屏没有图纸以及比较娇贵，所以最好不要带电维修，宜采用电阻测量维修法。

（三）高压板常见故障维修

高压板（背光灯驱动板）常见故障有以下几种。

1. 瞬间亮后马上黑屏

该故障一般是由背光灯、背光板不良所造成的。维修时主要检查背光板上高压过高导致保护、背光板反馈电路有问题（导致无反馈电压和反馈电流过大）、某个灯管损坏、背光灯驱动板输出接口与灯管连接不良、逆变电源控制 IC 输出过高、输出变压器有问题等。

※ 知识链接 ※　①若将背光灯灯管取出来单独维修逆变器，可先观察开机瞬间是哪个灯管不亮或亮度异常，再检测对应的变压器和驱动 IC，则会很快找到失效元器件。

②如果是高压输出元器件损坏（包括接触不良），需断电后查找。

③当怀疑输出电路中的输出变压器性能不良时，可用示波器检测波形判定其好坏。如没有示波器时要想对输出变压器进行性能判定，那么只能采用替换法。如果判定故障在输出变压器，但变压器并没有完全损坏，在买不到原型号配件的情况下，可采取改变过压保护取样电容的容量的方式应急处理。

2. 通电后背光灯瞬间不能点亮

当背光板上无高压产生时，就会引起此故障。维修时，检测 12V 与 24V 电压是否正常、是否有控制电压（CPU 控制电路输出给背光灯升压板电路开关控制电压）加入、IC 振荡信号与输出是否正常、自激振荡电路是否有问题等。

※ 知识链接 ※　若检查时发现熔丝电阻烧断，不要马上更换熔丝电阻，应检查熔丝电阻的一端有无短路（多为驱动管击穿损坏或升压变压器漏电短路等）。

3. 黑屏，但电源指示灯能由红色变为绿色

出现此故障时，应检查背光灯启动信号电平是否变化、高压板供电是否正常等。若检查正常，则用金属工具尖端碰触高压变压器输出端，看是否有蓝色放电火花。若有火花，则检查代换 CCFL、高压输出电容；若无火花，则检查高压逆变电路。

4. 无光栅，有伴音

出现此类故障时，首先检查背光灯驱动板中的功率放大器供电电路中的熔断电阻是否正常。若熔断电阻开路，则检查背光灯驱动板中的功率放大器及相关联的二极管与电阻是否有问题；若熔断电阻完好，二次开机后测得开关电源和信号处理电路送往背光灯驱动板的电源电压和开 / 待机电压正常，开机瞬间测背光灯驱动板的高压输出接口上无脉冲信号输出，

则说明故障出在背光灯驱动板上。

※ 知识链接 ※　① 背光灯驱动板输出的是正弦脉冲信号，一般通过示波器进行测量，但无示波器时，可使用数字式万用表进行测量，其方法是：将数字式万用表置于交流200V挡，若背光灯驱动板有高压脉冲信号输出，在输出接口上可测到150V左右的电压（注：电压高低与表笔和输出接口的位置及距离远近有关）。

　② 判定该故障是否发生在激励脉冲形成电路的方法是：二次开机瞬间测量激励脉冲输出专用集成电路信号输出脚的电压有无变化。若有变化，则故障与激励脉冲形成电路无关；若无变化，则故障在激励脉冲形成电路上。

5. 使用一段时间后黑屏，关机后再开机可重新点亮

此故障一般是高压逆变电路末级或者供电级元器件发热量大，长期工作造成虚焊所致。

※ 知识链接 ※　通过轻轻拍打机壳观察屏幕是否恢复点亮可以辅助判断，找到故障点后补焊即可。

6. 亮度偏暗

此故障一般是亮度控制电路有问题，如查12V与24V电压是否偏低、IC输出是否偏低、高压电路是否有问题。

※ 知识链接 ※　① 出现上述故障后，有时可能伴随着加热几十秒后保护，无显示故障。

　② 高压电路有一个亮度调节接口，这个接口受MCU发出的亮度调节PWM脉冲控制。此接口电压改变，会改变高压输出值，也就会改变CCFL的亮度，实现液晶电视的亮度调节。若此电路正常，调整亮度时该接口电压会有平滑的高低变化。

7. 开机后屏幕亮度不够或随后黑屏，且高压板部位有"嗞嗞"响声

此故障是在背光灯驱动板的输出电路上，主要是输出变压器性能不良所致。维修时，只有采用对存在响声的输出变压器进行代换的方式来排除故障。

※ 知识链接 ※　如从市场上很难购买到同型号高压变压器配件，不同型号的配件性能不匹配，所以不能代用，一般需要更换整个高压板来解决。

8. 屏幕存在干扰（如出现水波纹干扰、画面抖动、星点闪烁等）

此故障主要发生在高压线路上，但液晶屏有问题也会引起此故障。

9. 背光灯不闪亮，背光板上的熔丝熔断

此故障一般是功率放大电路的元器件、MOS管或互补MOS模块有问题所致。维修时，首先观察检查高压板上MOS管、MOS管驱动模块等元器件是否存在异常现象（一般背光板上有几组相同的驱动电路，可以对比外观发现故障大致部位）。若外观无异常，则采用万用表对比检测来判断故障（如对功率模块检测：在背光板不通电的情况下，分别对比检测每个功率模块各脚对地电阻值，如果有阻值明显偏低的某个模块，即说明其有故障）。

※ 知识链接 ※ ①熔丝熔断说明背光板有严重的过流、短路（轻度过流一般不会熔断熔丝），已经有元器件短路损坏，此时不要贸然换一个熔丝通电开机，否则故障会进一步扩大，甚至影响到整机的其他电路的安全。

②若检查该故障为功率模块损坏，更换功率模块后应通电观察液晶屏的亮度，并注意背光板是否有过热、冒烟的现象，否则，还应该检查升压变压器本身是否短路。

10. 背光灯不亮，背光板上的熔丝完好

出现此类故障时，首先应检查背光板的供电、控制接口端的直流供电、背光开关信号以及亮度控制电平是否正常。若以上检查均正常，则考虑对背光板的维修。液晶电视背光灯不亮的维修流程如图3-4所示。

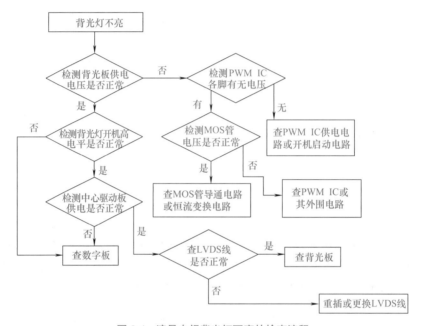

图3-4 液晶电视背光灯不亮的检查流程

※ 知识链接 ※ 实际维修中，此故障为背光灯控制 IC 损坏的案例极其少见，多为保护检测电路的问题。

（四）逻辑板常见故障维修

逻辑板故障表现也较多，很多软故障都是逻辑板的问题。逻辑板造成的故障现象有花屏、黑屏（背光灯亮）、白屏、灰屏、负像、噪波点、竖带、图像太亮或太暗等。下面介绍几个逻辑板常见故障。

1. 花屏

逻辑板造成的花屏故障一般表现为：整个屏上都存在，或者有规则地从上到下在整个区域都显示不正常。花屏是整个屏幕有杂乱的彩色条纹，通常是由控制板上的 LVDS 连接器的插座不良、连接线松脱或 LVDS 线本身质量有问题引起的。如开机时左上方出现瞬间花屏，通常是由 BLON 控制电压异常引起的，重点检查与此电压相关电路即可排除故障。

※ 知识链接 ※　若是不规则的花屏现象，则故障一般不在逻辑板上。

2. 白屏

当出现白屏故障时，应首先检查三个关键电压，然后再检查屏线是否装到位或是否存在接触不良，最后检查 DC 变换电路中滤波电容、IC 等元器件是否有问题。若以上步骤全部检查后还不能排除故障，可直接更换逻辑板。

※ 知识链接 ※　三个关键电压：第一个电压是由 5V（或 3.3V）的屏供电电压经过一个简单升压后产生的电压，为 10V 或 12V；第二个电压是由 DC-DC 电路输出的电压，为 25V 或 30V；第三个电压是由 DC-DC 电路输出的电压，为 -7V。若这三个电压都正常，则检查主芯片是否虚焊以及是否损坏等。

3. 黑屏

逻辑板故障造成的黑屏不会影响机芯，故遥控和按键待机都可以正常作用；逻辑板故障一般不会影响背光灯，所以整机背光灯可以正常点亮（但是个别液晶屏的控制方式不同，可能会出现逻辑板不工作而造成背光板工作不正常）。

如果机芯板输出至逻辑板的供电电压正常，LVDS 信号输出也正常，则基本可以确定是逻辑板故障；如果黑屏（背光灯亮）而机芯板输出至逻辑板的供电电压正常，有可能是逻辑板上的熔丝熔断了，此时直接更换熔丝即可。

※ 知识链接 ※　①逻辑板因电压较低，元器件不良故障不多见，黑屏故障最重要的原因就是电路连接不正常，所以应对排线进行重点检查（排线因引脚多易出现虚焊或者连接不实）。
②一般 32in（1in=25.4mm）以上的屏在逻辑板没有供电电压时会黑屏，26in 以下的屏则是白屏。

4. 无图像，屏幕垂直方向有断续的彩色线条，也无字符

出现此类故障时，首先检测上屏电压（5V 或 12V）是否正常。然后再检测 LVDS 输出接口上的静态电压与动态电压是否变化，若不变化则可判断故障在逻辑板上。

※ 知识链接 ※　当判断故障出在逻辑板上时，有条件的话用规格一样的逻辑板进行代换最为可靠，只要上屏电压一样都可以代换测试。连接逻辑板的 LVDS 信号线都有一定规律，边上红色的是电源，绞在一起的是 LVDS 信号线。现在的逻辑板和屏是连在一起的，由于配件及技术和精密等特点一般不好维修，售后也是换板或者连屏一起更换。有时候有图无声也是逻辑板有问题，重点检查逻辑板上的电容。

5. 屏幕出现规则的垂直或水平亮线、亮带、彩线、彩带、黑带等

此故障一般发生在液晶屏上的逻辑板和行、列驱动电路上。首先检查信号处

理板送往逻辑板的供电电压是否正常，若电压正常，则检查电源稳压电路是否有问题。

屏幕出现竖线、竖带或左右半屏异常，则是 T-CON 部分的输出数据线附近的问题。有一部分液晶电视为了维修判断的方便，设置了测试图信号，当有显示故障出现时，可用示波器观察 T-CON 芯片测试图卡的方式来判断故障范围。若测试图卡显示不正常，则问题出在后端的 T-CON 部分；若测试图卡显示正常，则检查前面的信号处理部分。对于黑带，要先判断液晶屏周边驱动集成电路的供电电压是否正常。

※ 知识链接 ※　①逻辑板不是由开关电源直接供电，一般由信号处理板上稳压电路提供。

　　②若测得逻辑板上集成电路的工作电压正常，更换逻辑板后故障依旧，则需要更换液晶屏才能排除故障。

　　③判断 T-CON 部分故障时应配备一台较高的能定量分析波形的示波器和一块精度较高的数字电压表，很多时候都是由数字处理电路的供电不正常而引发故障的。

（五）主板的常见故障维修

1. 有伴音，无光栅

出现此故障时，应检测 24V 电压和开 / 待机控制电压是否正常。若 24V 电压正常，但开 / 待机控制电压不正常，则故障一般发生在主板（又称信号处理板）上。此时应更换信号处理板或对主板进行器件级维修才能排除故障。

※ 知识链接 ※　若检测 24V 电压和开 / 待机控制电压正常，则故障出在高压板上。

2. 图像出现花屏

此故障一般发生在主板上，故障点主要在格式变换电路和帧存储器之间的电路上。维修时可对格式变换电路和帧存储器以及它们间的电路进行逐个检查，也可采用直接更换整块主板的方法进行维修。

3. 图像不稳定或色彩不正常

此故障一般发生在主板上，因为液晶电视的图像信号处理电路全部安装在主板上。

4. 伴音正常，屏幕无图像，有字符

有字符且有伴音，说明液晶主板中控制系统电路在工作，逻辑板及液晶屏正常，故障应在主板上隔行转逐行及 SCALER 处理芯片电路上或者解码电路上，可输入不同信号源用示波器进行判定。

5. 自动开关机

当主板上 DDR 部分工作异常、主芯片内核电压异常、主芯片复位电路与晶振有问题、主芯片 I^2C 总线控制的 IC 出现通信异常（比如挂在 I^2C 总线上的某个 IC 与主芯片通信的线路过孔不良引起通信中断）、软件方面有问题等时，均会造成自动开关机故障。

※ 知识链接 ※　①对于主板 DDR 部分电路，首先应检测 DDR 的供电电压、参考电压是否正常；然后再检查 DDR 与主芯片通信是否畅通，同时还应注意对 DDR 和主芯片进行补焊，检查通信的排阻是否不良。

②由于主芯片内核电压（不同的主板该电压可能会有差异，一般为 1.1 ～ 1.3V，因主芯片方案稍有差别）、电流较大，且对纹波要求较严，一般均由单独的 DC-DC 电路生成。这个电压偏低，或是过高，亦或是纹波过大，都易引起此类故障。必要时可以加大该电压输出端的滤波电容，或是在一定范围内改动 CORE 电压 DC-DC 电路的反馈电阻以小幅提高该电压。

③机器软件不良，可以通过升级，代换 Flash 及用户存储器来验证。

6. 不开机

在确认电源板正常的前提下，可检测主板上 CPU、存储器、I/O 芯片供电是否正常。若均正常，则从软件入手，首先代换用户存储器，若故障依旧，此时可升级本机的 Flash 程序存储器试一试。一般主板上影响不开机的原因有 CPU 的工作条件（包括供电、晶振、复位、SDA/SCL、存储器通信、Flash 程序存储器通信）、Flash 程序存储器的工作条件、用户存储器工作条件不符合要求。

三、液晶电视维修注意事项

① 不可以使用与本机不相同的适配器，否则会造成着火或者损坏。

② 移动显示器之前拔掉电源接线。

③ 运输和搬运时要特别小心，剧烈的振动可能导致玻璃屏破裂或者驱动电路受损，因此运输和搬运时一定要用坚固的外壳包装。

④ 液晶屏背后有许多的部件连接线，维修或搬动时注意不要碰到或划伤。这些连接线一旦损坏，将导致屏无法工作，且无法维修。

⑤ 储存时要放在一个环境可控的地方，避免温度和湿度超过说明书规定的范围。如果要长时间放置，则应罩上防潮袋集中统一堆放。

⑥ 不要在不良环境中进行操作或安装，如潮湿的浴室、洗衣房、厨房，及靠近火源、发热设备，或者暴露在阳光下等类似环境，否则将会产生不良的后果。

⑦ 不要改变主板的原先设置。

⑧ 液晶电视中大部分电路是由 CMOS 集成电路组成的，要注意防止静电。因此，维修液晶电视前，一定要采取防静电措施，保证各接地环节充分接地。

⑨ 不同型号的液晶屏存在差异，不可直接代用，务必用原型号更换。

⑩ 即使在关闭了很长时间，背景照明组件中的 CFL 换流器依旧可能带有大约 1000V 的高压，这种高压能够导致严重的人身伤害。

⑪ 液晶屏的工作电压在 700 ～ 825V，如果要在正常工作状态对系统进行测试操作或者刚断电时操作，必须采取合适的措施以保证人身和机器的安全，不要直接触摸工作模块的电路或者金属部分，在断电 1min 后方可进行相关操作。

⑫ 对液晶屏操作、安装时不要使液晶屏组件受到弯曲、扭曲，或者对显示表面挤压、碰撞，以防发生意外。

⑬ 如果一些异物（如液体、金属片或其他杂物）不慎掉进驱动模块中，必须马上断电，

并且不要挪动模块上的任何东西，因为可能导致碰到短路或者高压，从而导致火灾或电击。

⑭ 如果驱动模块出现冒烟、异味或异常声响，应马上断电。同样，如果上电以后或者操作过程中发现屏不工作，也必须马上断电，并且不要在同样条件下继续操作。

⑮ 不要在驱动模块工作或刚刚断电时，拔插模块上的连接线。这是因为驱动电路上的电容仍然保持较高的电压，如要拔插连接线，应在断电后至少等待 1min。

⑯ 指针式万用表的 R×10k 电阻挡具有 9～15V 直流电压，这是一个高阻挡，可以查出影响显示的各种通断情况。但是由于万用表输出的是直流电压，故最好在检测时不要拖长时间，以免发生电化学反应。可以用以下窍门减少直流成分的破坏作用，即将一支表笔握于手中，然后用手指捏住液晶显示背电极，再用另一支表笔探测其余段电极，此时外电源内阻会大大增加，从而减少了直流成分的破坏作用。

⑰ 避免手机对液晶电视的影响。

第四章 等离子电视维修实用技能

第一节 等离子电视的结构组成与工作原理

一、等离子电视的结构组成

等离子电视主要由等离子屏与电路组成，其电路包括主板、电源板、Y 驱动板（扫描）、X 驱动板（维持）、地址接口板等。如图 4-1 所示为等离子电视组成框图，如图 4-2 所示为等离子电视电路组成实物图。

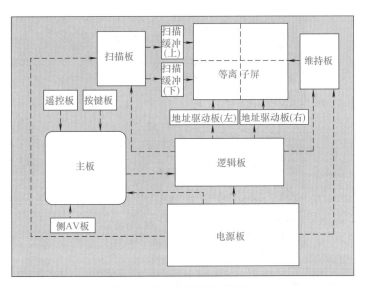

图 4-1 等离子电视组成框图

1. 主板

主板是等离子电视中信号处理的核心部分，在系统控制电路的作用下承担着将外部输入信号转换为等离子屏能识别的数字信号的任务。从高频头输入的 CVBS、AV/S、VGA、

HDMI、HDTV（YPbPr）信号都在主芯片中进行 8 位（或 10 位等）的信号处理，最终产生 LVDS 信号送给屏上组件——逻辑板。包含电路如下：图像方面（A/D 转换、视频解码、格式变换、画质增强等所有图像信号处理电路等）、控制系统方面（MCU 及控制电路）、伴音方面（音频信号切换、HDMI 数字音频分离及音效处理电路等）。如图 4-3 所示为三星等离子电视主板组成实物图。

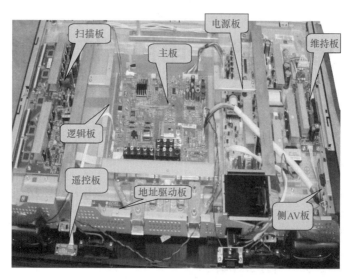

图 4-2　等离子电视电路组成实物图

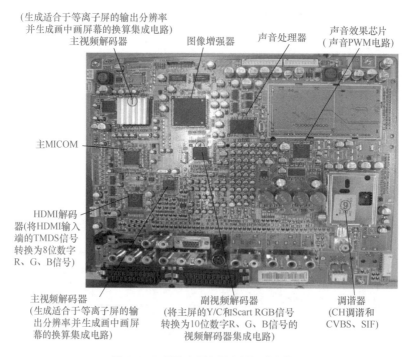

图 4-3　三星等离子电视主板组成实物图

2. 电源板

电源板是等离子屏中最重要的部件之一，其主要作用是给整个等离子电视提供电源，不但提供给等离子屏，也提供给和等离子屏相配套的各种小信号处理板。供屏上的电压有VS、VA等，这些电压在屏基板上都有标识（不同型号的等离子屏，其电压也不同，以屏上标识为准）。

3. 逻辑板

逻辑板处理由主板送来的图像低压差分（LVDS）信号后，在微处理电路的控制下产生寻址驱动信号以及为 X、Y 驱动板提供驱动信号。逻辑板是等离子屏的大脑，对主板送来的信号进行处理并分配到其他组件上，同时控制其他屏上组件进行有序的工作。如图 4-4 所示为三星 PS50Q7H 等离子电视逻辑板实物图。

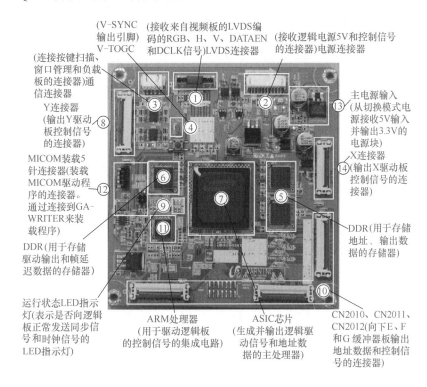

图 4-4　三星 PS50Q7H 等离子电视逻辑板实物图

4. 地址驱动板（左、右）

地址驱动板对逻辑板输出的信号进行缓冲，向地址驱动器 IC（COF 模组）传送数据信号和控制信号。

5. 驱动板（X/Y 驱动板）

其作用与普通显像管电视的扫描电路基本相似。如图 4-5 所示为等离子电视印制电路板基本组成实物图。X 驱动板的作用是：按照逻辑板上送来的时序信号，产生并为 X 电极提供驱动信号。Y 驱动板的作用是：按照逻辑板上送来的时序信号，产生并为 Y 电极提供驱动信号。

6. 扫描缓冲板

接收驱动板（X/Y 驱动板）的驱动信号，通过扫描缓冲板的扫描驱动 IC 依次向面板（Panel）的扫描电极提供扫描波形。扫描缓冲板一般由扫描驱动缓冲板（上）和扫描驱动缓冲板（下）两块板组成。

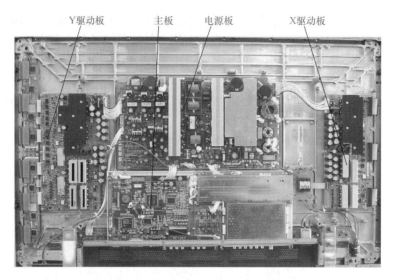

图 4-5　等离子电视 X/Y 驱动板实物图

7. 维持板

维持板将逻辑板提供的维持信号经 FET 转换后生成维持驱动波形，并通过连接器向面板的维持电极提供维持驱动波形。

8. 遥控板

遥控板由工作指示灯、蜂鸣器和遥控接收头构成。用户使用遥控器可以方便地对等离子电视进行各项功能操作，通过指示灯指示整机开关机状态，通过蜂鸣响声提示按键操作的有效性。

9. 按键板

按键板一般有 7 个感应式按键，用户通过该组件可以方便地对等离子电视进行操作。

10. AV 板

AV 板主要由调谐器（有主与子之分）和耳机输出及一些外围处理电路组成。主调谐器将 RF 信号解调为 IF 信号，子调谐器则产生 CVBS 信号，所有信号通过转接后送入主板做相应处理，耳机端子可直接连接耳机输出，并可进行输出音量调整。

11. 等离子屏

等离子屏用以将来自主板经处理后的图像信号进行图像显示。

二、等离子电视的成像原理

等离子电视屏是一种利用气体放电显示的装置，这种屏幕采用等离子管（类似荧光灯）作为发光元器件，如图 4-6 所示。

大量的等离子管排列在一起构成屏幕，每个等离子管对应的每个小室内都充有氖氙气体。在等离子管电极间加上高压后，封在两层玻璃基板之间的等离子管小室中的气体会产生紫外线，从而激励等离子屏上的红绿蓝三基色荧光粉发出可见光（相当于荧光

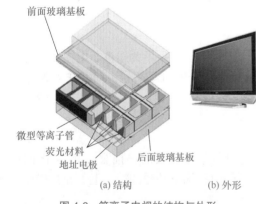

(a) 结构　　　　(b) 外形

图 4-6　等离子电视的结构与外形

管）。每个等离子管作为一个像素，由这些像素的明暗和颜色变化组合，通过空间混色后产生各种灰度和色彩的图像。

三、等离子电视的显示原理

等离子电视的显示屏内部结构和发光原理如图 4-7 所示。等离子电视上排列有数百万个密封的小低压气体室——等离子管（一般是氙气和氖气的混合物），在等离子管电极之间加上高压后，电流激发气体，使其发出肉眼看不见的紫外线，这种紫外光撞击面板玻璃基板的红、绿、蓝三色荧光体，再发出在屏幕上所看到的可见光。其具体工作过程可分为四个阶段：一是 X 电极和 Y 电极在气态下放电，二是 Y 电极诱使 Z 电极放电，三是在放电过程中形成的真空紫外线使 R、G、B 荧光粉发光，四是 R、G、B 三基色组合发光形成多种颜色。每个等离子管作为一

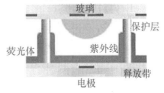

图 4-7　等离子电视的显示屏内
部结构和发光原理

个子像素，由这些像素的明暗和颜色的变化组合使之产生各种灰度和色彩的图像。

等离子电视的显示原理与普通电视的显像管很相似，其机理类似普通荧光灯，图像由各个独立的荧光粉像素发光综合而成，只是以紫外线代替显像管的电子枪。正因为取消了电子枪，所以，其屏幕的厚度及重量得以大大降低。

第二节　等离子电视的故障维修技能

一、等离子电视的维修方法

等离子电视的维修方法有以下几种。

1. 感观检查法

感观检查法通过视觉、嗅觉、听觉和触觉查找故障范围和有故障的元器件。电器出现故障后，导线和电气组件可能产生高温、冒烟，甚至出现电火花、焦糊气味等，可依靠视觉和嗅觉（闻气味）来发现较为浅显的故障部位。

看：观察各种开关、接插件、按键有无明显的损坏或不到位（松脱）；熔丝是否熔断发黑；电阻等元器件有无烧焦、变色迹象；电解电容有无漏液、胀裂、变形；各焊点有无开裂、焊锡沙化现象；各元器件之间有无碰极；印制电路板是否出现黑点或起泡；塑料件是否变形等。

听：在通电状态下，听机内有无异常声响。比较常见的有高压放电声、扬声器哼声、机内尖叫声、跳火声以及开关电源在保护状态下发出的"嗞嗞"声或其他部位出现的声响等。

摸：让待修机工作片刻，再切断电源，用手去触摸机内各元器件，感觉其冷热程度，从而判断被检查元器件有无过热现象，以此推测故障部位。

闻：用鼻子闻机内有无气味。如开机后有焦糊味，可能是大功率电阻或大功率晶体管烧坏所产生的气味；若出现鱼腥味（臭氧味），一般是高压部件绝缘击穿或逆程电容容量变小、开路，造成高压打火。

2. 敲击法

此方法多用于电视机长时间观看或不定时出现的故障。通过用小橡皮锤或其他绝缘物敲击印制电路板某一部分，根据屏幕或扬声器表现情况确定是否存在虚焊、隐性裂纹等接触不良现象。若敲击某部位时屏幕或扬声器反应剧烈，则说明故障可能发生在被敲击部位。

3. 电阻检测法

利用万用表电阻挡测量电路中的可疑元器件及集成电路各引脚的对地电阻，将所测得的数据与正常值进行比较，即可判断元器件的好坏。此法对维修开路或短路性故障及确定故障元器件最有效，等离子电视的大部分元器件均可用此法做定性检查。实际操作时，电路应断开电源，通常有两种方法，即"在路电阻测量法"和"脱焊电阻测量法"。

"在路电阻检测法"就是在印制电路板上直接测量元器件的电阻值。由于被测元器件接在整个电路中，所以测得的数值有时偏差较大，还得通过分析电路才能作出大致判断。

"脱焊电阻检测法"就是将元器件从印制电路板上焊下来，再进行电阻值测量。此法虽然操作比较麻烦，但测量的结果准确可靠。如集成电路取下后，通过测量相应引脚的电阻值及各脚与地脚之间的正、反向电阻，也可以大致判断其是否有故障。

4. 电压检测法

利用万用表测量电路或电路中元器件的工作电压，将测得数值与正常值进行比较，如相差较大，则说明存在故障。检测方法也有两种，即静态测量法和动态测量法，在实际维修中，可根据具体情况采用。

静态测量法是在电视不接收信号（将电子调谐器置于无电台的频道）的情况下进行测量；而动态测量法是在电视正在接收电视节目信号时进行测量。相对而言，由于静态测量法不受接收信号强弱的影响，其准确性要高一些。

5. 电流检测法

电流检测法是利用万用表测量待修机关键部位的工作电流以及各局部电路的电流和电源负载电流来判断故障。电流检测既可直接测量，也可间接测量，一般采用间接测量，即通过测量回路中某一电阻上的电压降估算出电流量，再通过电流流程的推测，即可找到故障点。

6. 信号检测法

就是利用示波器检测行场逆程脉冲信号、色度信号、字符信号、行场同步信号等。利用示波器直接观察信号的波形、幅度、频率、相位或检测电路是否发生寄生振荡，是否存在干扰杂波等现象，再根据示波器显示的波形与图纸标注的正常波形进行比较，分析故障产生的原因和部位，便能很快得出正确的结论。因此，波形检测是维修中尤其是疑难故障维修中，广为运用且行之有效的方法之一。

7. 升温降温法

升温降温法就是对被怀疑的元器件进行升温或降温处理，使那些热稳定性差的元器件或击穿电流大的晶体管等所存在的软故障充分暴露出来。此方法检测时间较长，也针对一些特殊故障。

升温：就是当故障出现时，用电烙铁靠近被怀疑元器件，或用电烙铁头直接接触该元器件，或用电吹风对着被怀疑元器件吹热风，然后根据荧光屏、扬声器的反应或观察万用表读数确认。采用电烙铁加热升温时，电烙铁不要紧靠被加热的元器件，同时，其温度变化不得超过元器件的允许范围，否则会烧坏元器件。

降温：该方法是在确定故障的大致部位后开机，待故障出现后用镊子夹住蘸有无水酒精的棉球轻擦被怀疑元器件，借助酒精挥发散发热量使元器件降温，持续时间 1～2min 即可。其顺序是先集成电路，后晶体管和阻容元器件。经轻擦后若故障消失或显著变轻，则说明该元器件热稳定性不良。

8. 信号注入法

信号注入法是指用专用测试信号或人体感应信号注入被怀疑有故障的放大器输入端，然后根据荧光屏或扬声器的反应来确定故障点的方法。

9. 软件写入法

针对某些软件故障，在不确认数据值的状况下写入程序，以达到维修目的。软件故障是高端产品经常遇到的故障。

10. 替换检查法

对于难以诊断且故障涉及面较大的故障，又无专用工具进行替换确认损坏元器件，或者怀疑元器件损坏而测量未发现异常，可利用更换机件的方法以确定或缩小故障范围。

11. 批量换件法

维修时判断出故障部位，但测量不出哪个元器件损坏，则进行大区域的元器件更换，以达到维修目的。批量换件法是等离子电视常见的维修方法。

等离子电视实际维修中，只需要判断出有故障的部件板或印制电路板即可，而不需要对部件板上的元器件进行维修和更换。因为：第一，等离子电视印制电路板中的元器件大多为进口的，国内无法购买到或等离子屏的制造方不提供；第二，目前国内所生产的等离子电视，除影像板（视频信号数字处理板）、电视信号处理板等是自主研发生产外，其他的如 PDP 屏印制电路板、开关稳压电源板都是由国外 PDP 屏厂家绑定生产的，并且没有提供配套的维修材料；第三，等离子电视中的各种印制电路板都是多层结构，非工厂条件下的维修，很容易因拆装不良而给印制电路板制造新的故障。所以，目前等离子电视、液晶电视的维修都是板级维修，也就是更换整块部件板。

12. 分段检测法

对涉及范围较大的故障，拔掉部分接插件和印制电路板，或将印制电路板上的某个元器件断开来缩小故障范围。此法适用于大电流短路性故障的检测，如开机即烧断熔丝管就可以采用分段检测法进行检查，当切断某电路时短路现象消失，则可判断故障出在该电路。

13. 原理维修法

主要是通过电视机电路原理逐步分解至某个微小的区域，然后再进行测量，直至检测出损坏元器件。实际维修中，应根据故障现象，结合电视机各单元的功能，沿信号流程分析哪几部分电路是正常的，故障可能在哪些单元电路中，然后根据元器件各自的特点和常见失效现象，确定重点怀疑的部位或元器件，这样经过反复检测和分析就能找出故障元器件，最终将故障排除。

14. 对比检测法

此方法是借助一台与故障机同机芯的正常电视，参考其资料，并让两台电视同时工作，通过测量正常电视的有关数据（或波形）并与故障机对应数据（或波形）对照，从而查找故障电视损坏的元器件。

15. 短路检查法

短路检查法是将某一部分电路或某个元器件短路，同时观察电压、电流、电阻的数据变化或电视机图像、伴音、光栅的变化，从而对故障进行分析与判断的方法。它分为导线短路法、电容短路法和电阻短路法三种。实际应用时一般将短路线、电容和电阻两端连接到两个鳄鱼夹上，组成短路线夹。但对于元器件密集的电路和对外界信号敏感的电路不宜采用短路线夹，最好采用焊接法。

16. 经验维修法

经验维修法是维修人员总结常见故障而进行维修的方法。该法维修速度快，维修方法简单，但不适用于新的产品。

二、等离子电视常见故障维修

1. 等离子电视开机问题的维修方法

等离子电视出现开机问题涉及范围大，如电源电路、数字信号板电路、逻辑板电路及PDP屏的X、Y驱动板电路中有问题均会导致不开机故障。另外，数字板电路与逻辑板电路之间的连线和排插接触不良后开路也会造成此故障。

维修时，首先观察电源指示灯状态，若指示灯显示为红色，则没问题，按待机键开机即可；若指示灯不亮，则是电源板供电问题；若指示灯显示为蓝色，则检查主芯片的供电和晶体以及总线是否有问题。若有问题，就更换晶体、维修总线；若没有问题，就检查LVDS连接线是否有问题。若LVDS连接线有问题，则重新连接；若LVDS连接线没问题，就检查Flash是否有问题。若Flash有问题，就升级或更换；若Flash没问题，就检查LVDS驱动板。这样一步步下来即可检查出问题并解决掉。

2. 等离子电视图像问题的维修方法

图像问题表现为：无图像或图像异样、水平亮线等。

当出现无图像或图像异样时，应首先检查其他通道是否正常，若有问题就更换LVDS电路或PDP模块；若其他通道正常，则是图像的哪路输入有故障，对输入通道中的各元器件进行逐步排查。若以上检查均正常，则可能是电视信号问题，可以检查高中频电路和主芯片是否有问题。

当出现呈水平一条亮带或亮线以及呈水平一条暗带或暗线时，多为选址电路和驱动电路有故障。维修流程如图4-8所示。

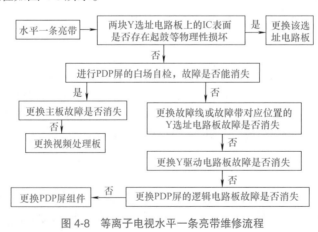

图 4-8　等离子电视水平一条亮带维修流程

3. 等离子电视声音问题的维修方法

声音问题表现为：无声音或伴音小等。维修时，首先检查扬声器或耳机是否有问题，耳机有问题则检查耳机功放及外围元器件是否有问题，扬声器有问题则更换扬声器。若扬声器、耳机均正常，则检查电源板的供电回路是否正常；若供电回路正常，则检查静音电路或查看伴音激励信号输出是否有问题。

三、等离子电视维修注意事项

① 等离子电视维修前的准备事项如下。

a. 维修前应先认真地弄清其工作的电路原理，才能分析判断故障发生原因，找出故障点，少走弯路，快速准确地维修等离子电视。同时，因等离子电视为高科技的产物，其通过软件来控制硬件的工作，不同的硬件组合其软件的版本也不同，当软件控制硬件出现错误时也会产生故障。所以只有了解硬件的工作原理和软件的识别使用才能修好等离子电视。

b. 等离子电视因由大规模集成电路、精密元器件组合构成，其本身带有脆弱性的一面，容易被静电击穿，维修时稍不留神就会造成元器件的损害或软击穿留下质量隐患，故在维修时要做好静电防护的准备方可动手维修。

c. 等离子电视维修以更换部件板为主。

② 拆机时一定要小心轻放，记好各排插的准确位置，避免恢复时插错造成新的故障。

③ 装机恢复时要注意螺钉的使用，不要因为用错长螺钉将屏顶坏或将面框打穿。

④ 在水平搬动等离子电视时，一定要注意四角均匀用力，不要对角用力。因为等离子屏的重量比较大，以防把等离子屏掰裂。

⑤ 在维修时，一定要记住电路中有的电阻或者电容是倒在一边安装的，不要把它扶正，有的扶正后反而会影响到其他组件安装。

⑥ 调换组件板时一定要校对好是否与屏配套，是否同版本，以免烧掉组件板，造成更大的损失。新出厂的组件板和以前的组件板是不能通用的。在更换 Y 驱动板的同时要把逻辑板、X 驱动板一起换掉。如果不同时换掉，不会烧坏组件板，但是会出现屏幕上有亮点干扰的问题，并且图像的清晰度也不是很好。

⑦ 等离子电视部件板在更换时要校对好板的软件、屏线接口是否和坏板相同。显示屏的生产厂家不同，其控制软件、屏线接口也不同。即使部件板的接口全部相同，但也会因软件的不同出现问题，必须升级相应的匹配软件才可使用。

⑧ 不同型号的等离子屏存在差异，不可直接代换，最好使用原型号更换。

⑨ 等离子电视部件板在排插接口上有点胶，不可直接将胶撬掉，否则可能产生人为损坏。正确的操作是用酒精涂抹在胶的四周，待胶软化后再进行拆卸，可以保证拔出排插线而不使排插受损。

⑩ PDP 模块（包括等离子屏、驱动电路、逻辑电路和电源模块）工作电压大约为 350V。当在正常工作时或刚断电时对 PDP 模块进行操作，不要直接触摸工作模块的电路或者金属部分及拔插模块上的连接线，应当采取合适的措施避免电击（因断电后驱动部分的电容仍然短时保持较高的电压）或断电几分钟以后再进行相关操作。

⑪ 等离子屏的四周分布了很多连接线，维修或搬动时注意不要碰到或划伤。这些连接线一旦损坏，将导致等离子屏无法工作，且无法维修。另外，运输和搬运时要特别小心，剧烈的振动可能导致玻璃基板破裂或者驱动电路受损，因此运输和搬运时一定要用坚固的外壳包装。

⑫ 连接器插拔时注意事项如下。

a. 连接器插拔之前应先关电，如在通电状态下插拔连接器，PDP 组件的电路可能损坏。

b. 连接器插拔时，切勿对 PDP 组件的连接器施加强的压力，强压力可能损伤 PDP 组件的内部连接。

c. 将 PDP 组件平放在防静电平台上，护着 PDP 组件上的连接器后端，然后将连接器插入。必须确认连接器的插入是正确的，方可通电。

⑬ 荧光灯电缆线、柔性印制电路板操作时注意事项如下。

a. 按工艺操作要求，理顺荧光灯电缆线，消除存在的应力，切勿使劲拉扯或弄伤荧光灯电缆线，以免损伤荧光灯电缆线和电缆线的焊接部分。

b. 切勿使劲拉扯或弄伤柔性印制电路板。

⑭ 软件升级注意事项如下。

a. 应更根据机型、等离子屏和工厂菜单中的软件版本，选择相对应的软件进行升级。不可随意进行软件升级，软件升级错误将会使等离子电视出现故障。

b. 软件升级必须按照操作指导进行操作，升级过程中不要中途断电、断信号，否则可能造成 Flash IC 的损坏。

第五章　电冰箱维修实用技能

—————　第一节　电冰箱的结构组成与工作原理　—————

一、电冰箱的结构组成

电冰箱主要由箱体、门体、制冷系统、电气系统等组成。

1. 箱体、门体

箱体、门体主要由侧板、背板、门端盖、门搁架、玻璃搁架、门内胆、门封、门铰链等组成，如图 5-1 所示。

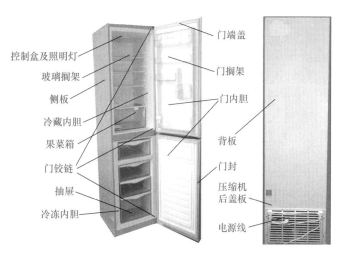

图 5-1　箱体、门体结构

2. 制冷系统

制冷系统由压缩机、冷凝器、除露管、毛细管、蒸发器、干燥过滤器、制冷剂、控制阀（电磁阀）、连接管路等组成。制冷系统是电冰箱的重要部位，其作用是：利用制冷剂的循环进行吸热与放热的热交换，将箱内的热量转移到箱外介质（空气）中，从而达到制冷降温的目的。其制冷循环过程是：制冷剂经压缩机进入除露管、冷凝器，再经干燥过滤器到毛细管节流减压，进入冷藏蒸发器，再进入冷冻蒸发器，然后制冷剂再回到冷藏蒸发器，最后回到压缩机，如图 5-2 所示。

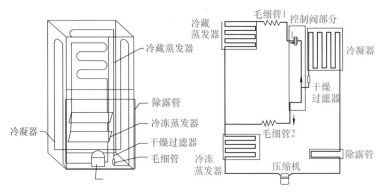

图 5-2　制冷循环透视图

① 压缩机用来补充能量，把蒸发器中低温低压的制冷剂蒸气压缩为高温高压的过热蒸气，并送入冷凝器中。

② 冷凝器用来把高温高压的蒸气冷凝成为高温电压的液体，并放出大量的热量。

③ 蒸发器是制冷系统制取冷量的地方，是液态制冷剂蒸发汽化为气体并吸收大量汽化热的场所。

④ 干燥过滤器用来吸收制冷剂中的水分，防止冰堵，并过滤制冷系统中的杂质，防止脏堵。

⑤ 毛细管有两种用途：其一是节流，控制制冷系统的制冷剂循环量；其二是降压，保证冷凝器中的压力满足冷凝压力，蒸发器中的压力满足蒸发压力。

⑥ 电磁阀是双温双控电冰箱中控制制冷剂的装置。

3. 电气系统

电冰箱的电气系统用于控制制冷系统的工作状态，主要由温控器、电磁阀、照明灯、灯座、补偿加热器、开关、线束、电脑控制器、化霜加热器、化霜温控器、温度熔断器等组成。普通直冷电冰箱、电控冰箱、风冷冰箱的电气系统组成略有不同。

① 普通直冷电冰箱电气系统主要由 PTC 启动器、过载保护器、运行电容、启动电容、温控器、补偿加热器（开关）、照明灯（开关）等组成。其电路如图 5-3 所示。

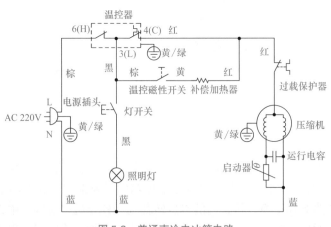

图 5-3　普通直冷电冰箱电路

② 电控冰箱电气系统主要由主板、显控板、调节按钮、电磁阀、温度传感器等组成。其电路如图 5-4 所示。

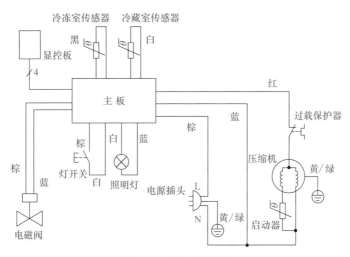

图 5-4　电控冰箱电路

③ 风冷冰箱电气系统主要由风扇电动机、除霜加热器、除霜温控器、除霜熔断器、定时器等组成。其电路如图 5-5 所示。

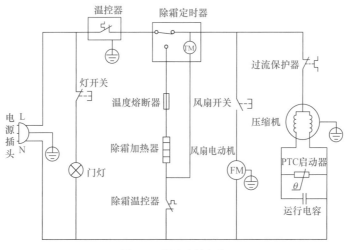

图 5-5　风冷冰箱电路

二、电冰箱的工作原理

1. 普通电冰箱（柜）制冷系统的工作原理

制冷系统和绝热箱体组成了电冰箱（柜）。而制冷系统又是由一系列制冷部件和管路构成的。要达到制冷目的，必须有制冷剂（或冷媒）能在一定压力条件下（特定环境中）吸热蒸发成气体，并能被回收重新液化，再吸热蒸发。通常反复循环地进行变化才能连续制冷。蒸发成气体的制冷剂不能自然回收、液化、再蒸发，必须借助于制冷系统各个部件的作用（如制冷压缩机、蒸发器、冷凝器等）。

普通电冰箱的制冷系统如图 5-6 所示，其采用压缩机作为制冷动力。系统工作时，气态制冷剂从压缩机低压管吸入，被压缩后形成高压蒸气从高压管排出，经冷凝器后将热量散发到空气中，再将高温高压气态制冷剂变为高温中压的液态制冷剂，经干燥过滤器送入毛细管，再经毛细管节流限压后送入蒸发器进行汽化扩散，蒸发器将湿蒸气变成干燥饱和蒸气，吸收箱内空气的热量后变成低温低压气态制冷剂，经低压管再次被压缩机吸回，通过这一循环过程，实现了制冷。

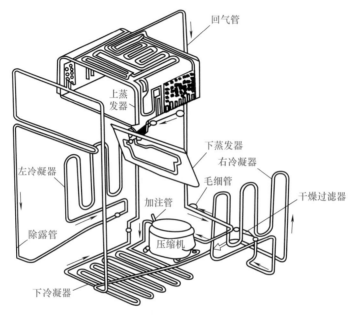

图 5-6　普通电冰箱的制冷系统

※ 知识链接 ※　制冷剂在制冷管路中反复循环，需经过四个步骤不断由液体变成气体，再由气体变成液体，连续制冷。其四个步骤具体如下。

步骤一：压缩过程。在常温下制冷剂是易液化的物质。制冷剂在蒸发器内吸热蒸发成低温低压蒸气。为使制冷剂蒸气变成高温高压蒸气，便于在常温下液化，必须经过压缩机压缩。经过压缩后的高温高压蒸气再经管路输送到常温环境中进行液化。

步骤二：冷凝过程。经过压缩后的高温高压制冷剂蒸气在冷凝器内被空气（或冷却水）冷却放出热量而被冷凝成液体。前面已经提到，制冷剂产生制冷效果的前提是从液体变成气体，因此冷凝作用十分重要。

步骤三：膨胀过程。制冷剂被液化后先进行节流膨胀，使之减压并调节流量后进入蒸发器。冷凝后的高压液体在膨胀阀的作用下，压力突然下降，液体急剧膨胀，而转化成低温低压的雾状进入蒸发器。根据冷藏温度的要求，可调节其流量，从而控制蒸发温度在要求范围内稳定。因此，膨胀过程有两个作用：一是减压与调节制冷剂流量，二是保证蒸发温度。在家用电冰箱的制冷系统中，通常用毛细管代替膨胀阀，其作用是相同的。

步骤四：蒸发过程。制冷剂吸热蒸发，成为气体。经过膨胀后的雾状制冷剂进入蒸发器后，吸收热量而汽化，使周围温度在要求的低温范围下降，从而达到制冷目的。

2. 定频电冰箱（柜）的工作原理

定频电冰箱（柜）是利用制冷剂在制冷循环中物态的周期性变化来实现制冷的。制冷剂在蒸发器里由低压液体汽化变为气体，吸收电冰箱内的热量，使箱内温度降低。变成气态的制冷剂被压缩机吸入，靠压缩机做功把它压缩成高温高压气体，再排入冷凝器。在冷凝器中制冷剂不断向周围空间放热，逐步凝结成液体。这些高压液体必须经毛细管节流降压后，才能缓慢流入蒸发器，维持在蒸发器里继续不断地汽化，吸热降温。

就这样，电冰箱利用电能做功，借助制冷剂的物态变化（如图5-7所示为制冷剂工作流向示意图），把箱内蒸发器周围的热量"搬送"到箱后冷凝器里放出，如此周而复始不断地循环，以达到制冷目的。

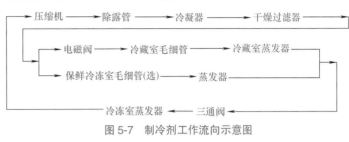

图 5-7　制冷剂工作流向示意图

3. 变频电冰箱（柜）的工作原理

变频电冰箱（柜）制冷系统主要由变频压缩机、冷凝器、过滤器、电磁阀、毛细管、蒸发器及控制器等构成。除变频器外，其他系统与定频电冰箱相似。管路系统中，在能够反映制冷剂状态的关键部位设置了温度传感器，用以检测其温度。电冰箱压缩机采用改变频率间接改变压缩机转速的方式，调节压缩机的制冷能力和压缩机的工作效率。

冷藏室和冷冻室的温度设定由环境传感器所感受的当前温度确定，温度显示区分别显示冷藏室、冷冻室温度。工作时冷冻室优先制冷，直到冷藏室达到停机点温度（或冷藏室连续工作3h不停机而关闭冷藏室，或压缩机连续工作5h不停机而关机）才取消冷冻室优先制冷。温度传感器降到2℃或系统设定进入速冻状态、传感器出现故障时，系统取消冷冻室优先制冷。

在速冻状态下，补偿加热丝一直处于加热状态（但是当冷藏室蒸发器传感器高于20℃时则停止加热）。当环境温度高于8℃时，冷藏室蒸发器传感器停机点固定在-23℃；当环境温度低于8℃（含8℃）时，冷藏蒸发器传感器停机点固定在-25℃。在速冻设定时间内，压缩机的开机仍由冷藏蒸发器传感器控制。退出速冻状态后，冷藏室温度设置由退出速冻时环境温度所对应的传感器温度来决定，冷冻室温度设置保持不变。每次压缩机停机，并不退出速冻状态。当冷藏室蒸发器传感器温度高于开机点时，压缩机重新开始运转，待达到了速冻设定时间后，才自动退出速冻状态，进入正常温度控制状态。速冻状态下，不能进行冷藏室温度的设置，冷冻室温度可以进行调节。

第二节　电冰箱的故障维修技能

一、电冰箱的维修方法

（一）电冰箱维修的一般程序

电冰箱（柜）的一般维修程序如下。

1. 了解电冰箱的情况

了解电冰箱的情况主要包括两个方面：一是向用户询问电冰箱的运输、使用工况及是否维修过等情况；二是向用户了解电冰箱的故障现象，并根据具体的故障，询问电冰箱发生故障时及之前有无异常响声、气味等。

通过用户的自述或对用户的询问，判断出电冰箱出现的问题属于哪种类型，是启动类、制冷类或者其他类，并初步确定故障发生在制冷系统、电气系统还是保温系统。对于上门维修，要先根据对用户的询问，确定需要携带的器件和工具。

2. 通电试机，掌握电冰箱的基本情况

在了解电冰箱的故障现象及工作环境后，接下来要对电冰箱加电试机，并通过"望、听、摸、试"进一步判断故障属于哪类，可能发生在哪个系统。

（1）望　用眼睛观察电冰箱各部分的情况，包括观察门灯是否亮、是否结霜及结霜多少；遇到制冷差的故障，通过观察压缩机工艺管口及附近的其他焊口处及地面有无油污，大致判断电冰箱是否存在外漏故障。

（2）听　用耳朵听电冰箱运行的声音，如电动机是否运转、压缩机工作时是否有噪声、蒸发器内是否有气流声、启动器与热保护继电器是否有异常响声等。对于噪声大的机型，则要听噪声发生在哪个部位，噪声是电动机交流运转声、共振声、金属碰撞声还是制冷剂流动声。若有"嗒嗒嗒"响声（压缩机内部金属的撞击声），则说明压缩机内部运动部件因松动而碰撞；若有"当当当"响声，则说明压缩机内吊簧断裂、脱钩；若听不到蒸发器内的气流声，说明制冷系统堵塞或泄漏。

（3）摸　用手触摸电冰箱各部分的温度。电冰箱正常运转时，制冷系统各个部件的温度不同，压缩机的温度最高，其次是冷凝器，蒸发器的温度最低。

① 室温在 +30℃以下时，若用手摸压缩机感到烫手，则属于压缩机温度过高，应停机检查原因。

② 干燥过滤器表面正常温度应与环境温度差不多，手摸有微温的感觉。若出现显著低于环境温度或结霜的现象，说明其中滤网的大部分网孔已被阻塞，使制冷剂流动不畅，而产生节流降温。

③ 排气管的温度很高。正常的工作状态时，夏季烫手，冬季较热，否则说明不正常。

④ 摸蒸发器的表面。正常情况下，将蘸有水的手指放在蒸发器表面，会有冰冷、粘连的感觉。如果手感觉不到冷，则为不正常。

⑤ 一台正常的电冰箱在连续工作时，冷凝器的温度为55℃左右，其上部最热，中间稍热，下部接近室温。

⑥ 摸吸气管的表面温度，正常情况下其温度应与环境温度差不多，感觉在稍凉或稍热的范围内。若比环境温度高出5℃以上，或温度过低有冰凉感，或吸气管表面结露甚至结冰，均为不正常（但夏季环境湿度较大时也属正常）。

（4）试　有针对性触摸或调节温控器、化霜定时器等。对门灯亮但不启动的故障，通过扭动温控器至"速冻"位置或启动速冻开关，初步判断温控器是否正常；遇到低温（冬季）不启运或启动困难的故障时，试着打开低温补偿开关来判断电冰箱电气系统是否有问题。

3. 分析故障可能发生的部位

经"望、听、摸、试"之后，就可进一步分析故障所在部位及故障程度。由于制冷系统彼此互相连通又互相影响，因此要综合起来分析，一般需要找出两个或两个以上的故障现象，由表及里判断其故障的实际部位，以减少维修的麻烦。

采用相应的维修方法对怀疑有问题的系统进行检查。检查的第一步是证实故障是否发生在怀疑有问题的系统，之后再对有问题的系统进行具体的检查，以查到导致故障的具体器件或部位。

4. 更换损坏的元器件或修复导致故障的部位

如果维修的是电气系统，在更换或修复故障元器件后，电冰箱的故障即被排除，电冰箱就可以正常工作。如果维修的是制冷系统，应依次进行抽空、加注制冷剂、观察制冷效果，并在制冷效果达到要求后，对制冷系统进行封口处理。

（二）电冰箱的常用检测方法

电冰箱（柜）的常用检测方法有以下几种。

1. 观察法

根据故障类型而有针对性观察某个器件的工作情况或外部表现，往往观察的结果与故障密切相关，也有助于很快地判断出故障发生的系统或部位。观察法又分为目视法和听力法，应多次采用观察法，可在维修前和维修过程中分别进行。

（1）目视法　观察制冷系统管道是否有裂痕，制冷管路系统各焊接点是否有油渍（如有则说明有外漏现象），蒸发器和回气管结霜是否正常，用温度计测量电冰箱内的温度变化速度，观察照明灯的工作状态、电冰箱主板的各种显示状态及门封、箱体、台面、保温情况是否良好。

（2）听力法　电冰箱通电运转时，压缩机是否会发出"嗡嗡"的声音。如出现"咚咚"声，说明压缩机内有大量制冷剂或冷冻油进入汽缸；如出现"当当"声，则说明压缩机内运转部件松动；或打开箱门，靠近蒸发器，能听到"嘶嘶"声并伴着流水声，则说明干燥过滤器或毛细管未发生堵塞。同时，听温控器、启动继电器、主板继电器、电磁阀的换向声是否正常。

2. 触摸法

触摸法就是用手触摸电冰箱制冷系统管道各段的温度来进行故障诊断。部件正常工作时，应有合适的工作温度，若温度过高过低，意味着有故障。

（1）用触摸法维修制冷系统　电冰箱运行十几分钟后，手摸制冷系统，压缩机吸气管温度接近室温，排气管有烫手感；手摸蒸发器表面应结均匀实冰一层，当手指蘸水摸蒸发器时，应有明显的黏手感；若手摸蒸发器表面结霜不匀或前半边结霜后半边结露，则说明系统内充入制冷剂不足，或制冷系统发生局部堵塞；手摸蒸发器表面为露水状态或无露水，则说明制冷剂已泄漏掉，或系统发生堵塞。

（2）用触摸法维修压缩机　正常运行的电冰箱，手摸压缩机壳为 $80 \sim 85℃$，排气管的温度小于 $85℃$。从压缩机排气管至干燥过滤器接口，温度逐渐由烫手降至接近室温，干燥过滤器接口温度一般高于环温 $8 \sim 15℃$。

（3）用触摸法维修冷凝器　冷凝器前三、四道管与后一道管，有明显的阶梯降温感，则说明系统内有空气；若整个冷凝管都发热烫手，则说明充入制冷剂过多；手摸制冷系统，除毛细管与蒸发器连接处外，其他管道不应有明显降温分界线，更不能发生结霜、结露现象，否则说明从此处发生堵塞；手摸制冷器件、管道、接口、焊接头，若有油迹，则说明此处发生泄漏；正常情况下，压缩机排气管端的冷凝器温度略高于另一侧的冷凝器，但温差不是很大。

（4）用触摸法维修干燥过滤器　摸干燥过滤器的冷热程度时，手会有微热感，比所处环境的温度略高。

3. 调试法

调试法是指通过调节电冰箱上各种器件来确定电气系统是否有问题。调节的器件一般有温控器、化霜定时器、门灯开关、温度补偿器及用户家庭使用的电冰箱保护器和稳压器。

4. 测量法

测量法就是测量电冰箱的电流、温度、压力、开停机比以及其直流电阻等，从而判断故障部位。

（1）电流的测量　就是使用万用表或钳形电流表测量电冰箱相关部位的电流值，从而来判断故障点。

① 启动电流。启动电流大多在 3 ~ 8A 之间，若检测的电流值大于或等于 8A 时为启动电流过高，其故障主要原因是电动机启动绕组短路；若电冰箱启动电流值滞后一段时间，再下降至额定电流值，说明制冷导管内有局部堵塞（一般情况下，接通电源，在 0.2 ~ 0.5s 内瞬间完成电冰箱从启动到正常运行，进入额定电流值）。

② 运行电流。家用电冰箱运行时正常工作电流一般在 1A，若运行电流过小（相对于额定电流），则可能是制冷导管发生堵塞或制冷剂缺少等故障；若运行电流过大（相对于额定电流），则可能是充入制冷剂过多或系统内有空气等故障。

※ 知识链接 ※　电冰箱采用交流电，普通指针式万用表没有测量交流电流的功能。只有数字式万用表能测，可以在插头前端（用插座连接）串联电流表来测量。专业维修人员都是使用钳形电流表测量电流，只要将电源线中一根卡入钳形电流表即可读出电流值。

（2）测量工况温度　在 18 ~ 38℃的环境温度下，在温控器上能找到一挡使冷藏室几何中心平均温度在 0 ~ 10℃之间，冷冻室的最高温度在 -18℃以下，压缩机温度不大于 85℃，压缩机的排气温度不大于 90℃。

（3）测量开停机比　电冰箱的开停机比是一个主要参数，它与温控器的温差、温度范围调整有直接关系。若调整不当，电冰箱维修得再好，制冷也会不正常。电冰箱运行时，通常将温控器旋钮置于"4"挡，为测量参考点。达到稳定状态后，电冰箱开停比：夏季为（3 : 1）~（1 : 1）；冬季为（1 : 3）~（1 : 5）。

（三）电冰箱制冷部件更换时应遵循的原则

电冰箱维修中，当制冷部件需要更换时，应使用原型号更换，若没有原型号的，应用参数近似的部件代换；若使用参数差异较大的部件替代，会对制冷循环产生不良的影响。在更换制冷部件时应遵循以下原则。

1. 全封闭式压缩机的更换原则

选用全封闭式压缩机要考虑以下几个方面。

① 功率。看原压缩机的功率（或制冷量，表示压缩机制冷能力），若没有相同功率的压缩机更换，应选择功率不超过原压缩机功率 ±10% 的压缩机更换。若选用制冷量（功率）较小的压缩机，则应适当截短毛细管的长度；若选用制冷量（功率）较大的压缩机，则应适当加长毛细管的长度，同时也要减少或增加制冷剂的充注量。

② 制冷剂。更换后压缩机的制冷剂应与原压缩机的相同，否则容易损坏制冷部件。因

为不同制冷剂对润滑油的性能要求及电动机漆包线绝缘层的作用均不一样。例如采用 R12 的制冷压缩机就不能随便改用 R134a。

③ 节流装置。节流装置有毛细管和膨胀阀两种类型，前者适用于负变化不大、对控制要求不高的设备。一般 100W 左右的全封闭式制冷压缩机均属于毛细管型。

④ 电参数。电参数主要是压缩机所需电源的电压等级、频率和相数。国内家用电冰箱都采用 220V/50Hz 的单相交流电。

2. 冷凝器的更换原则

电冰箱的冷凝器有内藏式和外置式两类。其中外置式有钢丝管式和百叶窗式两种；内藏式冷凝器安装在电冰箱的左右侧或后侧，与箱体发泡保温层连成一体。

① 钢丝管式冷凝器代换时，只要选用换热面积等于或稍大于原型号的即可；若代换的冷凝器偏小，则传热效率降低、冷凝压力升高、制冷效果下降。

② 内藏式冷凝器出现泄漏时，开背焊补效果不理想，应将其改装成外置式冷凝器为妥，最好选择较大（以不超过电冰箱后背尺寸为准）的钢丝管式冷凝器。

3. 蒸发器的更换原则

电冰箱蒸发器的类型多种多样，有吹胀式、翅片管式等。而这些蒸发器绝大部分是铝制品，故泄漏故障率很高。有些蒸发器（如翅片管式）较易拆卸更换，而镶嵌在发泡层内的蒸发器（如吹胀式）拆卸更换就比较麻烦，因此若该类蒸发器损坏时，应废弃不用，另外找一个热面积类似的蒸发器代替。

4. 毛细管的更换原则

毛细管是制冷系统中重要的部件，它是一根细长紫铜管，安装在干燥过滤器和蒸发器之间。毛细管内径很小（一般为 0.4～1mm），不易测量，内壁表面粗糙度难以确定。

毛细管易发生堵塞故障，无法用气流排出堵塞物时应更换新毛细管。换新毛细管时应注意原毛细管的内径和长度，不得随意改变其内径和长度。更换后还必须试机观察，若效果不佳，应根据具体情况进行处理。

若更换毛细管后，蒸发器结霜不满，应改用更细内径的毛细管或增加毛细管的长度；若更换毛细管的等效长度太长，则在运行中蒸发器不能结满霜、吸气压力偏低，即使多充入一些制冷剂也无明显的效果，可改用略粗的毛细管或减少毛细管的长度来解决。

5. 干燥过滤器的更换原则

干燥过滤器是用来吸收制冷剂中的杂质和水分的，所以更换时应注意，在打开其包装袋后应尽快地焊接，以防空气中的水分进入，影响制冷效果。

二、电冰箱常见故障维修方法

1. 电冰箱冰堵的维修方法

电冰箱冰堵的故障表现为压缩机排气阻力增大，导致压缩机过热，运转电流增大，热保护器启控，压缩机停止运转，约 30min 后冰堵部分冰块融化，压缩机温度降低，温控器及热保护器触点闭合，压缩机启动制冷。所以，冰堵和脏堵有明显的区别，冰堵具有周期性，从蒸发器可见到周期性结霜和化霜现象。看工艺管上的压力表指针指示负压，手摸高压管由热逐渐变凉。

引起冰堵的原因：冰堵是制冷系统进入水分所致。因制冷剂本身含有一定的水分，加之维修或加制冷剂过程中抽空工艺要求不严，使水分、空气进入系统内，在压缩机的高温高压作用下，制冷剂由液态变为气态，这样水分便随制冷剂循环进入又细又长的毛细管。当每千克制冷剂含水量超过 20mg 时，干燥过滤器水分饱和，不能将水分滤掉，当毛细管出口处温度达到 0℃时，其水分从制冷剂中分解出来，结成冰，形成冰堵。

※ 知识链接 ※　当电冰箱制冷过度或温控器损坏，引起冷藏室、冷冻室结厚霜而堵塞箱内冷凝水下水口时，也会形成电冰箱箱内下水口的冰堵现象。此时可采用关机一两天自然融冰或关机用电吹风吹下水口的冰块，使冰块快速融化的方法来解决此类故障。

2. 电冰箱脏堵的维修方法

电冰箱脏堵的故障表现为在电冰箱使用过程中，常出现不制冷或制冷不良的现象。根据脏堵程度不同，可分成全堵或半堵两种情况。

如发现冷冻室、冷藏室温度不容易降低（冷却性能差），蒸发器表面不结霜或结霜不满，冷凝管后部温度偏高，压缩机过热保护停机，用手摸干燥过滤器或毛细管入口处，感到温度和室温几乎相等，有时甚至低于室温，则可判定为有半堵存在的可能；如切开工艺管有大量制冷剂喷出或制冷剂不能进行循环，但压缩机吸气口不停地吸气，导致压缩机机壳内部、吸气管等处于一种真空状态，即可诊断为全堵故障。

※ 知识链接 ※　由于脏堵与冰堵差不多，可采用加热融冰的方法加以区别，当使用该方法听不到液体流动声时即说明是脏堵。

引起脏堵的原因：脏堵是制冷系统清洗不彻底，有杂质（氧化皮、铜屑、焊渣），或电冰箱使用一段时间，压缩机发生磨损，制冷系统内有污物时，这些污物极易在毛细管或干燥过滤器内发生堵塞。蒸发器内听不到制冷剂的流动声，蒸发器不结霜，若将毛细管与干燥过滤器连接处剪断，制冷剂喷出，即可判断为毛细管"脏堵"。

3. 电冰箱油堵的维修方法

电冰箱油堵的故障表现为电冰箱开机后不能制冷或制冷效果差，蒸发器不结霜，手摸冷凝器会有温热感，冷藏室温度或冷冻室温度下降慢，整机电流比额定电流略有增加。

引起油堵的原因：油堵是由于电冰箱在搬运过程中过度倾斜，使压缩机内的冷冻油从吸气管流进低压室。当开启压缩机制冷时，冷冻油就会被吸入气缸内，不但使压缩机的负荷短时间内急剧增加（气缸内的压缩比是按气体体积设定的，而液体不易被压缩），更重要的是当冷冻油进入冷凝器后，再通过干燥过滤器进入较细的毛细管，形成管道堵塞。

4. 电冰箱不制冷的维修方法

引起电冰箱完全不制冷的原因有：电源异常（停电、电源电压过低、电源熔丝熔断、电源插头松动或脱落）；过载保护器断路或启动继电器触点不良；温控器旋钮控制在"0"的位置；制冷剂泄漏或毛细管堵塞、干燥过滤器脏堵；压缩机卡死或电动机故障。

维修时，首先检查电源插头是否与插座接触良好。若电源插头与插座接触良好，则检查电冰箱箱内灯泡是否良好；若电冰箱箱内灯泡良好，则检查电源电压是否在 180V 以上。若电源电压低于 180V，则提高室内配线容量或用交流稳压电源；若电源电压在 180V 以上，则检查压缩机是否转动。

若压缩机不能运转，则将温控器两端短路，观察压缩机是否转动。若压缩机能运转，则检查温度传感器部分是否漏电或触点是否接触不良；若压缩机不运转，则将定时器设定在冷却运行侧时，观察压缩机是否转动；若仍不转动，则检查温度熔丝是否熔断，化霜加热器是否导通，双金属开关是否导通；若能运转，则检查 PTC 热敏电阻是否正常；若 PTC 热敏电阻正常，则检查接插件是否接触良好；若接插件接触良好，则检查压缩机的线圈导通是否良好。

若压缩机能运转，则检查冷凝器是否结霜；若冷凝器表面未结霜，则检查制冷系统是否泄漏；若制冷系统未泄漏，则检查制冷系统是否堵塞；若制冷系统未堵塞，则检查压缩机的低压管道是否吸气良好。

※ 知识链接 ※　对于直冷式电冰箱，当出现压缩机运转正常但不制冷的故障时，应打开冷冻室门，听有无毛细管节流后的"嘶嘶"流动声。如果没有听到流动声，则说明制冷回路堵塞或内部无制冷剂，应对制冷系统进行检查。对于间冷式电冰箱，除了听制冷剂的流动声外，还应留意冷冻室风扇是否运转。若风扇不运转，则说明风扇及风扇开关有问题。

5. 电冰箱制冷效果差的维修方法

电冰箱出现制冷效果差时应检查以下原因：电冰箱放置的环境温度是否过高；箱内食品是否太多或放入热的食品；箱门是否开关频繁或开门时间是否过长；门封是否不严、老化破损；箱内照明灯关门后是否不熄灭；温控器旋钮是否调得过小；蒸发器表面霜层是否太厚；蒸发器积油是否过多；冷凝器散热效果是否不好；制冷剂是否轻度泄漏或充灌过量；制冷系统是否脏堵或冰堵；压缩机效率是否降低。

实际维修时，首先检查用户操作是否不当；若用户操作正常，则检查环境温度是否过高（环境温度高于 43℃，制冷效果差属于正常现象）；若环境温度正常，则检查箱内食品是否太多或放入热的食品；若箱内食品无异常，则检查打开箱门的次数是否过多；若打开箱门的次数正常，则检查箱门是否关闭不严（如磁性条失去磁性、老化变形及箱门翘曲变形等）；若箱门关闭良好，则需检查制冷剂或压缩机是否异常，其步骤如下。

① 首先观察外露制冷管路的焊接口是否有油污，若有，则说明该部位可能存在外漏。此时，可切开压缩机工艺管，灌入适量的制冷剂，再次启动运转。若运转正常，制冷效果变好，则判断为制冷剂部分泄漏所致。

② 若外露制冷管路的焊接口没有油污，则在停机并使箱内温度接近室温的状态下，检查是否为冰堵或脏堵。若开机时制冷正常，蒸发器结霜良好，在电冰箱上能听到气流声和水流声，但一段时间后制冷效果变差，只能听到轻微的气流声和水流声，则说明为部分冰堵；若开机时制冷效果差，用耳朵贴近电冰箱上部听不到气流声和水流声，则说明为脏堵或压缩机内部故障，需进行下一步检查。

③ 切开工艺管，灌入适量的制冷剂，并接入压力表，启动压缩机。若压力表所示气压值在正常值（0.06 ~ 0.08MPa）以下，则说明为管路部分脏堵；若压力表的指示值在正常值以上，则说明压缩机内部有故障，需拆开压缩机查修或换新。

6. 电冰箱不工作 / 不启动的维修方法

出现此类故障时，首先检查电源是否有问题（如电源是否接通、电源电压是否过低）；若电源正常，则检查温控器是否在强制停机"0"挡位；若温控器调节的挡位正常，则检查环境温度是否过低，若环温低于 16℃，则看电冰箱温度补偿开关是否打开、加热补偿装置是否能正常工作；若温度正常，则检查电路是否处于通路状态（如查各插接头是否插牢、各电气元件是否正常）。若以上检查均正常，则检查压缩机是否有故障；若压缩机正常，则检查制冷管路是否存在冰堵或脏堵（断电停机 10min 后，再给电冰箱上电看其压缩机是否运转）。

7. 电冰箱不停机或开停比过大的维修方法

出现此类故障时，首先检查电冰箱附近是否有热源或受阳光直射及电冰箱周围有无散热空间；若正常，则检查食品是否放置过多过于拥挤及有否放入过多热的食品；若食品放置正常，则检查温控器挡位是否合适；若挡位调节合适，则检查温度补偿开关是否关闭；若温度补偿开关正常，则检查箱门的开关是否过于频繁或箱门是否未关好。若以上检查均正常，则检查门封条是否有损伤或变形；若门封条正常，则检查相关电气开关件是否失灵（如温控器常导通等）；若电气开关均正常，则检查制冷剂是否有泄漏。

8. 电冰箱出现异常噪声的维修方法

出现此类故障时，检查电冰箱是否放置平稳、电冰箱是否碰到其他物体、电冰箱内附件是否放置于正常位置、压缩机上的接水盘是否脱落、压缩机舱内制冷管路是否有互碰。

> ※ 知识链接 ※ 电冰箱出现以下几种声音属于正常声音：①电冰箱内有流水声，则是制冷剂在管路内流动时产生的正常声音，电冰箱开机过程中或停机时都会产生这种声音，另外化霜水也会产生此种声音；②电冰箱内有清脆破裂声，箱体或箱内附件在收缩或膨胀时会发出此种声音；③压缩机运转声，压缩机内电动机运转的声音在夜深人静时或开停机时显得稍大一些。

三、电冰箱维修注意事项

在电冰箱维修过程中，应避免闲杂人员靠近，并牢记和遵循操作规程和注意事项，这对确保人和电冰箱的安全及提高维修人员素质都是非常重要的。

① 电冰箱维修时应注意附近的烟火，尤其在使用燃气工具进行焊接后，必须先将燃气火焰熄灭后，方可进行其他维修作业。切勿在通风不良和密闭房间内进行焊接。

② 排放冷媒（制冷剂）时，务必使房间通风，才能进行其他作业。

③ 切断压缩机回气管和排气管时，应注意系统内的冷媒和内压。

④ 无论维修哪个部位，当需要拆卸、分解部件时，必须先切断电源，避免意外发生。

⑤ 应先将电源切断。若必须在通电状态下检查电路，应小心触电，且勿触到带电部位。维修时发现电源线老化、破损，应予以及时更换。

⑥ 检测时应参照产品说明书或维修手册，查阅电路与制冷系统配件图表。

⑦ 必须使用电冰箱专用的工具、仪表，遵守操作规程进行维修。当使用工具不当或工具磨损严重时，将造成接触不良或紧固不牢而发生事故。

⑧ 维修时切断的导线在装配后若在连接处外露铜线，必须及时用绝缘胶带或用空端子连接，确保接触良好，以防漏电。

⑨ 维修时所更换的零部件必须同型号、同规格，不可随便更换其他型号或其他品牌的零部件，更不要将零部件进行改造维修。

⑩ 电冰箱修复后，必须用绝缘电阻表对压缩机电动机绝缘电阻进行测量，其阻值通常大于 $1M\Omega$（若不合格，应逐项检查）。

⑪ 维修后必须检查接地是否良好，接地不良或不完整应及时处理，并定期对电冰箱的接地进行检查，确保接地完整。

⑫ 电冰箱维修完后，应对电冰箱进行必要的清洁，并告知用户应注意的事项。

⑬ 电冰箱换板维修应注意以下事项。

a.定频电冰箱换板维修注意事项。定频电冰箱换板后，通电前应检查照明灯是否点亮、压缩机是否运转等。换板后严禁不观察直接通电试用。若换板后电源灯亮、冷藏室灯不亮、电冰箱不工作，将电路板和变压器换到其他电冰箱上。若正常，则检查电路板的插接孔是否接触不良。

※ 知识链接 ※ 如更换主板后出现持续报警故障，则将主板 CN6 端子上最右端白色线（图 5-8）拔出即可（此为微动开关报警提示，由于该电冰箱无微动开关）。

主板CN6端子上最
右端白色线的位置

图 5-8 主板 CN6 端子上最右端白色线

b.变频电冰箱换板维修注意事项。变频电冰箱换板时，需注意区分主板的编号，不同的主板有不同的编号（例如 0064000385 则是海尔一款变频电冰箱主板的编号），一定要注意同板更换。当更换新板后，需使用电冰箱变频板专用测试仪进行检测，如图 5-9 所示为电冰箱变频板专用测试仪实物图。

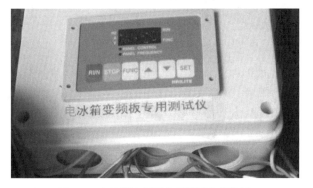

图 5-9 电冰箱变频板专用测试仪实物图

※ 知识链接 ※ 为提高变频电冰箱的能效，有时也可以通过更换主板来达到此目的。当使用改进后的新款变频板（少 1 个两插的插件）时，若自身带有变压器，则老款变频板的变压器的插件可直接舍弃。

第六章 定频空调器维修实用技能

—— 第一节 定频空调器的结构组成与工作原理 ——

一、分体壁挂式空调器的结构组成

1. 室内机结构组成

挂壁式空调器室内机主要由前面板、导风板、驱动电动机、蒸发器、贯流风扇、电器盒、显示板（屏）、主板（又称电脑板、控制板）、空气过滤网、传感器、连接管路和遥控器等部分构成。典型挂壁式空调器室内机内部结构实物组成图如图6-1所示。

图6-1 典型壁挂式空调器室内机内部结构实物组成图

2. 室外机结构组成

挂壁式空调器及柜式空调器室外机组通常由压缩机、换热器、系统管道（如截止阀、毛细管、四通阀、单向阀等）、电器箱体、轴流风扇及电动机等部件组成。其中压缩机是空调器制冷系统的动力核心，它可将吸入的低温、低压制冷剂蒸气通过压缩提高温度和压力，让制冷剂动起来，并通过热功转换达到制冷的目的。典型空调器室外机内部结构实物组成图如图 6-2 所示。

图 6-2　典型空调器室外机内部结构实物组成图

二、分体柜式空调器的结构组成

1. 室内机结构组成

柜式空调器室内机主要由室内换热器、贯流式风扇电动机、电气控制系统等组成。通常室内换热器安装于机壳内回风进风栅的后部，即机壳内上部；贯流式风叶和风扇电动机装于机壳内送风栅的后部，即机壳内下部；电气控制系统装于贯流式风扇电动机的上部和下部。典型柜式空调器室内机内部结构实物图如图 6-3 所示。

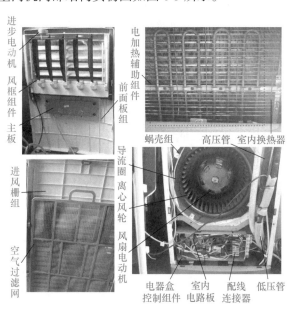

图 6-3　典型柜式空调器室内机内部结构实物图

2. 室外机结构组成

柜式空调器室外机的结构组成与挂壁式空调器一样，此处不再叙述。

三、空调器的基本组成

空调器主要由制冷（制热）循环系统、空气循环系统、电气控制系统和箱体四大部分组成。

1. 制冷循环系统

一般采用蒸气压缩式制冷，系统内充以 R22 制冷剂。与电冰箱一样，由全封闭式压缩机、风冷式冷凝器、毛细管和肋片管式蒸发器及连接管路等组成一个全封闭式制冷循环系统。有的制冷系统还设有储液器，用来防止液击。

2. 空气循环系统

它主要由离心风扇、轴流风扇、电动机、空气过滤器、风门、风道等组成。

3. 电气控制系统

它主要由温控器、启动器、选择开关、过载保护器、中间继电器等组成。热泵冷风型还采用四通阀及除霜温控器。

4. 箱体部分

箱体部分主要由外壳、面板、底盘及若干加强筋、支架等组成。制冷系统、空气循环系统均安装在底盘上，而整个底盘又靠螺钉固定到机壳上。

四、空调器的系统组成

空调器的形式有很多，不同类型、不同品牌的空调器外形结构、功能有所差异，但其内部组成、原理都基本相同，一般由制冷（制热）循环系统、电气控制系统和空气循环系统等组成，其中每个系统又由若干不同的元器件组合而成。

1. 制冷（制热）循环系统

空调器制冷（制热）系统有压缩机、换热器（冷凝器、蒸发器）、二通阀（细管阀）、三通阀（粗管阀）、毛细管、四通阀（又称换向阀，制热空调器用）、储液器（又称气液分离器）等部件，这些部件通过管道连接形成一个封闭的系统。系统中充注着制冷剂，在电气控制系统的控制下由压缩机压缩制冷剂循环。如图 6-4 所示为制冷、制热系统组成示意图。

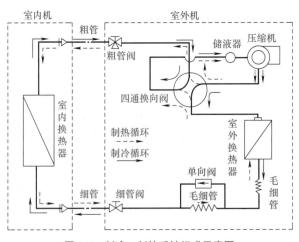

图 6-4　制冷、制热系统组成示意图

2. 电气控制系统

控制器的主要作用是通过采集一些输入信息，经过微控制单元的分析和处理，结合电控功能的要求控制相应负载工作，从而达到制冷、制热目的。通过逻辑控制技术使空调器电气控制系统具有自动调整的智能特性，将传感器测定的实际环境状态与人们所期望的设定状态进行比较，得出最佳的动态控制参数，并对空调器中的各项执行单元实施控制，从而使空调器的工作状态随着用户要求和环境状态的变化而自动变化，迅速、准确地达到用户的要求，并使空调器运行和保持在最合理的状态下。目前新型空调器通常采用电脑控制系统，典型空调器电脑控制系统结构框图如图6-5所示。

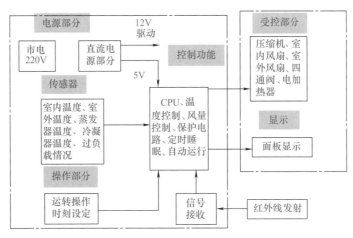

图 6-5 典型空调器电脑控制系统结构框图

空调器的电气控制系统一般由电动机、温控器、继电器、电容、熔断器及开关、导线和电子元器件等组成。它的主要作用是控制和调节空调器的运行状态，并且具有多种过载保护功能，使各种零部件具有良好的运转性能。

空调器电气控制系统接线图如图6-6所示，除冷/热选择开关、四通阀和交流接触器因空调器种类不同而不同外，其他器件都是必备件。当冷/热选择开关置于"冷"的位置时，交流接触器不工作，其常闭触点接通，空调器制冷；当冷/热选择开关置于"热"的位置并设定好温控器温度时，交流接触器动作，其常开触点吸合，使四通阀动作，改变制冷剂的流向，从而进入制热状态。

分体式空调器室内机电气控制系统主要由室内显示部分、室内机电器盒、接收器、控制器、风摆电动机、室内机风扇等部件及外围线路（如室外检测板）

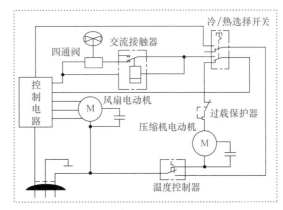

图 6-6 空调器电气控制系统接线图

组成；分体式空调器室外机电气控制系统主要由室外配管传感器、四通阀线圈、压缩机、室外机风扇、过载保护器等部件及外置线路组成。分体式空调器电气控制系统示意图如图6-7所示。

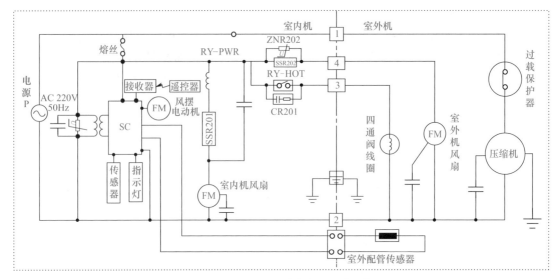

图 6-7　分体式空调器电气控制系统示意图

3. 空气循环系统

空气循环系统（又称通风系统）一般由空气过滤器、风道、风扇、出风栅和电动机等组成。它的主要作用是将室内空气吸入空调器内，经滤尘净化后，强制室内、室外热交换器进行热量交换，再将制冷或制热后的空气吹入室内，以达到房间各处均匀降温（升温）的目的。

对室内机而言，吸入室内的空气，排出制冷或制热的空气，迫使空调的空气在房间流动，以达到设定的温度；对室外机而言，采用排风扇将冷凝器散发的热量快速排向室外，提高热交换能力。空气循环系统由室内侧风扇电动机、室外侧风扇电动机和过滤网等组成。空调器的风扇电动机是由风扇与电动机两部分组成的，空调器中使用的风扇电动机是低噪声风扇电动机，它的转速是 750～1300r/min。室内侧的风扇电动机分为高速、中速、低速三挡。

五、定频空调器的工作原理

1. 空调器制冷工作过程

空调器是由压缩机、冷凝器、蒸发器、毛细管和节流阀等部件构成的，它们通过管道连接形成一个封闭系统，系统中充注着制冷剂，由压缩机进行压缩。

制冷时，从室外进入室内的液态制冷剂，进入室内换热器（蒸发器）中与房间内的空气进行热交换。液态制冷剂由于吸收房间空气中的热量由液体变成气体，其温度、压力均不变化，而房间内的空气由于热量被带走，温度下降，冷气从出风口吹出。

液态制冷剂在室内被汽化后，进入室外侧压缩机中，由压缩机压缩成高温高压的气体，然后排入室外换热器（冷凝器）中，高温高压的气体制冷剂在冷凝管中与室外空气进行热交换，被冷却成中温高压的液体。室外空气吸收热量后，将热量排到外界环境中。

由冷凝管出来的中温高压液体必须经过节流装置减压降温，使其温度、压力均下降到原来的低温低压状态。一般小型空调器采用毛细管节流。在制冷过程中，蒸发器表面的温度通常低于被冷却的室内空气的露点温度，凝结水不断从蒸发器表面流出，所以空调器需要有凝结水排出管。

空调器的制冷基本工作过程示意图如图 6-8 所示。通电后，制冷系统内制冷剂的低压蒸气被压缩机吸入并压缩为高压高温蒸气后排至冷凝器，同时轴流风扇吸入的室外空气流经冷凝器，带走制冷剂放出的热量，使高压制冷剂蒸气凝结为高压液体，经过滤器、截流毛细管后喷入蒸发器，压力和温度急剧降低，并在相应的低压下蒸发，吸取周围热量，同时贯流风扇使室内空气不断进入蒸发器的翅片间进行热交换，并将放热后变冷的空气送向室内，如此室内空气不断循环流动，达到降低温度的目的。

2. 空调器制冷、制热原理

空调器制热、制冷原理（图 6-9）是利用氟利昂液化放热、蒸发汽化吸热的特性，即是通过氟利昂的液化和汽化过程，热量在蒸发器处吸取，转移到冷凝器处释放，从而实现热量的转移，达到制热、制冷的目的。

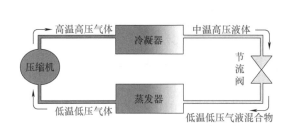

图 6-8　空调器制冷的基本工作过程示意图

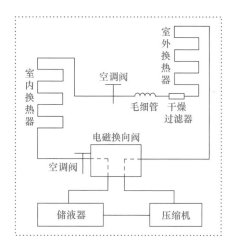

图 6-9　空调器制热、制冷原理示意图

（1）制热原理　空调器制热时，压缩机将气体制冷剂加压成高温高压气体后，再送入冷凝器（室内换热器），冷凝液化放热，成为液体，同时将室内空气加热，以达到提高室内温度的目的。液体制冷剂经节流装置减压，然后进入蒸发器（室外换热器），蒸发汽化吸热，成为气体。由于此时吸取室外空气的热量，致使室外空气变得更冷。接下来，成为气体的制冷剂再次进入压缩机，开始下一个循环。

制热运行时，四通阀动作，制冷剂在室内换热器中放出热量，在室外换热器中吸收热量，进行热泵制热循环，从而达到制热的效果。

（2）制冷原理　空调器制冷时，压缩机将气体制冷剂加压成高温高压气体，再进入冷凝器（室外换热器）冷凝液化放热，成为液体，同时向大气释放热量。液体制冷剂经节流装置减压，然后进入蒸发器（室内换热器），蒸发汽化吸热，成为气体。由于此时吸收室内空气的热量，致使室内温度降低。接下来，成为气体的制冷剂再次进入压缩机，开始下一个循环。

制冷运行时，被压缩机压缩成高压高温的气体在轴流风扇的作用下，与室外空气进行热交换而成为中温中压的制冷剂液体，经过毛细管的节流降压、降温后进入蒸发器，在室内机贯流风扇的作用下，与室内需要调节的空气进行热交换而成为低压低温的制冷剂气体，如此周而复始地循环，以达到制冷的目的。

3. 空调器送风循环原理

空调器可以将室外机压缩机和风扇电动机全关，只开室内送风风扇电动机进行强制循环送风。空气循环系统的作用一方面是强迫室内空气对流；另一方面是将室内空气排出，并从室外吸入新鲜空气。它包括室内空气循环系统和室外空气循环系统两部分。其中，室内空气循环系统通常由空气过滤器、风扇、内风道、风栅等组成，室外空气循环系统主要由轴流风扇和百叶窗等组成。

窗式空调器的室外轴流风扇与室内离心风扇共用一台双轴单向异步电动机，室内外循环空气通过隔板隔开，如图6-10所示。分体式空调器的室外轴流风扇由独立的电动机驱动。有些柜式空调器的室外机还采用两个轴流风扇，室外空气由空调器两侧（或后部）的百叶窗吸入，经轴流风扇吹向室外换热器，将其热量或冷气排出到室外机组。

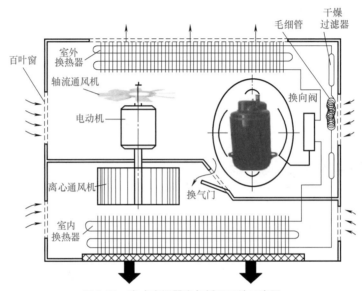

图6-10　窗式空调器空气循环系统示意图

───────　第二节　定频空调器的故障维修技能　───────

一、空调器的维修方法

（一）空调器故障的基本判断方法

对家用空调器常见故障的基本判断方法是：看、听、摸、测、析。

1. 看

仔细观察空调器外形是否完好，各个部件的工作情况是否正常，重点观察制冷循环系统、电气控制系统、空气循环系统三部分，判断它们工作是否正常。

① 观察制冷循环系统各管路有无断裂、破损、结霜与结露等情况，各焊接处有无制冷剂漏出的油渍，各连接铜管位置是否正确，铜管是否碰到壳体等。

② 观察电气控制系统熔丝是否熔断，电气导线的绝缘是否良好，电路板有无断裂，接线螺钉是否松动，电气元件上的插片有无松脱造成接触不良等。

③ 观察空气过滤网、换热器盘管和翅片是否积尘过多，进风口、出风口是否畅通，风

扇电动机与扇叶运转是否正常，风力大小是否正常等。

2. 听

通电开机，仔细听整机运转的声音是否正常，有无异常声音，风扇运转有无杂音，噪声是否过大等。空调器在运行中，正常情况下振动轻微、噪声较小，一般在 50dB 以下。引起振动和噪声过大的原因主要有以下几个。

① 支架尺寸与机组不相符、固定不紧或未加减振橡胶（泡沫垫）等造成安装不当。

② 底座安装不良，支脚不水平，防振橡胶或防振弹簧安装不良或防振效果不佳，压缩机内部发生故障，如阀片破碎、液击等造成压缩机不正常振动或有异常声音。

③ 风扇叶片安装不良或变形，风扇与壁壳、底盘相碰，风扇叶片失去平衡，风扇内有异物等都会发生碰撞而发出声音。

3. 摸

压缩机正常运行 20 ～ 30min 后，用手触摸空调器的蒸发器、冷凝器及管路各处，感受其冷热、振颤等情况，有助于判断故障性质与部位。正常情况下，将蘸有水的手指放在蒸发器表面，会有冰冷粘住的感觉，且各处的温度相同；冷凝器的温度是自上而下逐渐下降的，下部的温度稍高于环境温度，若整个冷凝器不热或上部稍有温热，或虽较热但上下相邻两根管有明显差异，则均不正常；干燥过滤器、出口处毛细管应有温热感（与冷凝器末段管道温度基本相同）；距压缩机 200mm 处的吸气管温度应与环境温度差不多，若感到比环境温度低或表面有露珠凝结及毛细管各段有温差等均不正常。

4. 测

即用检测仪表对相关部位和元器件进行测量。例如用万用表测量电源电压是否正常；用钳形电流表测量运行电流是否符合要求；用绝缘电阻表测量电路或电动机绕组的对地绝缘电阻是否符合要求；用温度计测进出风口温度；用卤素检漏仪或电子检漏仪测量系统有无泄漏或泄漏程度等。通过上述检测，对故障的性质和部位作出准确的判断。

5. 析

即对家用空调器的故障作全面精密的分析。由于家用空调器的制冷循环系统、电气控制系统和空气循环系统彼此之间存在着相互的联系和影响，而看、听、摸、测检测方法，只能反映某种局部状态，不能确定故障的真正原因，只有通过分析才能作出正确的判断。

分析的原则是：从简到繁，由表及里，突出特征，按系统为段，综合比较。整个分析过程必须按照家用空调器的结构和工作原理进行。

如空调器不启动，其故障的可能原因有电源问题、控制电路问题和压缩机本身问题。首先应检查电源供电是否正常，熔丝是否完好。若电源和熔丝都正常，再检查启动继电器是否有故障。若启动继电器完好，再检查过载保护器、温控器、电容是否有故障。若以上检查均正常，最后就要检查压缩机是否烧坏，这样就可以找到故障的真正原因。

（二）空调器维修的基本思路

维修空调器故障时，维修人员应熟悉制冷（制热）循环系统的功能和电路原理。在空调器的故障中，主要有两类故障：一类为机器外部故障或人为故障，另一类就是机器本身的故障。其中，机器本身的故障又可分为制冷（制热）循环系统故障和电气控制系统故障两类。在分析处理故障时，应首先排除机器的外部故障。排除机器的外部故障后，再排除制冷（制热）循环系统故障（例如制冷（制热）循环系统是否漏制冷剂、管路是否堵塞、冷凝器是否散热等）。在排除制冷（制热）循环系统故障后，再进一步检查是否为电气故障。在电气故障方面，首先要检查电源是否有问题，然后再检查其他电气控制系统有无问题（例如电动机绕组是否正常、继电器是否接触不良）。按照上述的思路和维修程序，便可逐步缩小故障范围，从而迅速排除故障。

空调器电路故障维修思路是：先电源后负载，先强电后弱电；先室内后室外，先两端后中间；先易后难。维修时如能将室内电路与室外电路、主电路与控制电路故障区分开，就会使电路故障维修简单化和具体化。判断空调器电路故障的几种维修思路如下。

1. 判断室内与室外电路故障

空调器实际维修中，判断室内与室外电路故障应按以下思路进行。

① 对于有故障显示的空调器，可通过观察室内与室外故障代码来区分故障部分。

② 对于采用串行通信的空调器电路，可测量信号电压或用示波器测量信号线的波形来判断故障部位。

③ 对于有输入与输出信号的空调器，可采用短接方法来进行判断。若采用上述方法后，空调器能恢复正常，则表明故障在室外机；若故障未能排除，则表明故障在室内机。

④ 测量室外机接线端上有无交流或直流电压来判断故障部位。若测量室外接线端子上有交流或直流电压，则表明故障在室外机；若测量无交流或直流电压，则表明故障在室内机。

⑤ 对于热泵型空调器不除霜或除霜频繁，则多为室外主控电路板故障。

⑥ 有条件也可通过更换电路板来区分室内外机故障。

2. 判断控制电路与主电路故障

判断控制电路与主电路故障应按以下思路进行维修。

① 测量室内与室外保护元器件是否正常，来判断故障区域。若测量保护元器件正常，则表明故障在控制电路；若测量保护元器件损坏，则表明故障在主电路。

② 对于空调器来说，可以通过空调器的故障指示灯进行判断，例如 EEPROM 故障、功率模块故障、通信故障等。

3. 判断保护电路与主控电路故障

判断保护电路与主控电路故障应按以下思路进行。

① 可通过检测室内外热敏电阻、压力继电器、热保护器、相序保护器是否正常来判断故障部位。若保护元器件正常，则表明故障在主控电路；若不正常，则表明故障在保护电路。

② 采用替换法来区分故障点，若用新主板换下旧主板，故障现象消除，则表明故障在主控电路；若替换后故障仍存在，则表明故障在保护电路。

③ 利用空调器"应急开关"或"强制开关"来区分故障点，若按动"应急开关"后空调器能制冷或制热，则表明主控电路正常，故障在遥控发射与保护电路；若按动"强制开关"后，空调器不运转，则表明故障在主控电路。

④ 观察空调器保护指示灯亮与否来区分故障点，若保护指示灯亮，则表明故障在保护电路；若保护指示灯不亮，则表明故障在主控电路。

⑤ 对于无电源不显示故障，首先检查电源变压器、压敏电阻、熔丝管是否正常，若上述元器件正常，则表明故障在主板。

⑥ 测量主板直流 12V 与 5V 电压正常，而空调器无电源显示也不接收遥控信号（遥控器与遥控接收器正常情况下），多为主控电路故障。

（三）空调器主板的维修方法

家用空调器主板控制系统俗称为电脑板（简称主板），是空调器的神经中枢。当它出现故障时，会造成不制冷或制冷效果差等现象。主板控制系统一般由电源电路、微处理器（CPU）、感温电路（热敏电阻）、接收电路（接收头）、受控电路（继电器）、复位电路与晶振电路、显示电路（发光管）等组成。其工作原理是：CPU 根据操作指令和对环境温度及机内工作状态的检测判断，发出控制指令，使各有关电路、压缩机、风机等按照预先设计的程序进行工作，同时将各种工作状态通过显示器显示出来。空调电脑板各电路维修故障的检测方法如下。

1. 电源电路

当怀疑问题出在电源电路时，首先观察熔丝管是否完好来判断故障；若熔丝管完好无损，则用万用表交流电压挡测量变压器初级及次级是否有 220V 和 13V 电压；若有电压，则测三端稳压块（7805、7812）是否有 12V 和 5V 电压来区分故障部位。若一开机就烧熔丝管，则用万用表电阻挡进行阻值检测，以判断电路的短路部位；另外还可采用分割法来进行检测，如断开变压器初级绕组后依旧烧熔丝管，则检查压敏电阻或瓷片电容是否存在短路，若压敏电阻或瓷片电容正常，则短路点可能在变压器或整流管上。

2. 感温电路

热敏电阻是空调器感温电路的核心元器件，当热敏电阻的阻值变大或变小时，会造成 CPU 误动作，出现不停机或不运转、制冷异常的故障现象。维修时，可用万用表电阻挡测量其电阻值判断好坏，如果所测量的电阻值为无穷大或很小，说明热敏电阻已损坏。

※ 知识链接 ※　这里的热敏电阻是一个负温度系数的热敏电阻，即温度越高，电阻越小，温度越低，电阻越大，250℃时阻值约为 15kΩ（因机型而异）。

3. 受控电路（继电器）

该电路由集成功率驱动模块、继电器及相关元器件组成，是将 CPU 发出的指令转化成控制压缩机、风机、四通阀等强电元器件的开停的电路。该电路故障多为集成功率驱动模块损坏、继电器线圈烧坏、触点粘连等，从而造成空调器不制冷或制冷异常。维修时，首先区分故障在驱动模块还是在继电器，可开机按遥控器后观察故障现象：若蜂鸣器有响声，但整机不工作，则问题可能出在功率驱动模块；若开机后只有一部分功能不正常，则问题可能出在继电器上，此时可断开电源，用万用表电阻挡测继电器线圈电阻值是否正常（正常值应有几百欧），若阻值无穷大或为零说明继电器损坏；然后再测触点，触点电阻值为零，则表明触点粘连。

※ 知识链接 ※　继电器是线圈烧坏或是触点粘连，可通过听继电器是否有吸合声来判断，继电器线圈烧坏时没有吸合声。

4. 接收电路

红外接收器是接收电路的核心部件，其故障表现为：手动开机正常，按遥控器时，整机无反应，蜂鸣器没有响声。维修时，可用万用表直流挡测接收头供电端及信号端对地电压（正常值应为供电极电压 +5V，信号极电压 +2.5V），若电压失常，则可能是接收头损坏或电容击穿。

5. 复位电路

该电路故障表现为：指示灯亮，按遥控器，蜂鸣器无响声，整机不工作。维修时可用万用表直流电压挡检测复位电压（延迟上升的电压）或用示波器观察。若示波器上看不到基线的抖动（正常时有一条基线在抖动，然后变为高电平，这就是复位电压的启动过程），则说明复位电路有故障。

6. 晶振电路

该电路的核心元器件是晶振，其故障表现为整机不工作。维修时，可用万用表检测晶振两脚电压是否正常（正常时电压为2.2V左右）；若电压小于1.5V，则为电路停振。另外还可拆下晶振，用万用表电阻挡进行判断，若晶振呈开路状态，说明晶振管是好的；若晶振呈短路状态，则说明晶振已损坏。

7. 微处理器（CPU）

空调器CPU是整个电脑板的核心，CPU三要素（电源电压5V、复位电压、时钟振荡电路）是CPU正常工作的前提。如果CPU不能正常工作，故障表现为整机不工作。维修时，用万用表检测其工作电压，若电压值正常，整机不工作，即可判断CPU芯片损坏。

8. 显示电路

显示电路一般由发光管、荧光管发光，由系统控制电路驱动，以显示系统的各种工作状态。此电路一般不会出现故障。

（四）空调器制冷系统堵塞的判断方法

空调器制冷系统堵塞分为冰堵、脏堵（又称污堵）、油堵等，其中脏堵最常见，油堵在空调器中几乎不会出现。堵塞的共同表现是：手摸冷凝器不热、蒸发器不凉；听不到蒸发器的过液声；压缩机的运转电流比正常值小；测量低压管路压力指示偏低或为负压；室外机的运转声轻，很快过热或高压保护动作而停机等。下面分别介绍堵塞的判断方法。

1. 冰堵

制冷系统内由于水蒸气的存在，当制冷剂的蒸发温度低于0℃时，水蒸气被聚集在毛细管的出口处结成冰珠，把毛细管堵塞，称为"冰堵"。准确识别与判断冰堵的方法如下。

① 听声音：含有水分的制冷系统，在开机后管道里会有忽大忽小的沙砾流动声响，且十分明显。这是因为水结成冰后随制冷剂高速流动撞击管壁，这种声音与制冷剂的正常流动声截然不同。

② 看压力：水分超标的制冷循环系统在工作时高、低压力忽高忽低，且变化幅度很大。混有空气的系统，高、低压力也有变化，但有一定规律（以某一值为中心等幅抖动）。而油堵或脏堵的制冷系统，往往高、低压力缓慢变化而不是发抖。

③ 观察结霜部位：含有水分的制冷系统中的水析出后，便会堵塞毛细管或过滤网，一般还会在这两处结霜（这个结霜部位时而发生转移）。脏堵或油堵故障也会发生在这两处，但此时结霜点是固定的。

2. 脏堵

空调器制冷系统中最易发生脏堵的部位是毛细管、干燥过滤器，由于脏物而堵塞称为"脏堵"。"脏堵"的原因：制造时系统内残存脏物，系统管道内金属氧化物脱落，修理过程中将脏物封入系统，干燥过滤器中的分子筛或硅胶粉末进入毛细管等。判断制冷系统管路是否脏堵的最好方法是测量高压部分和低压部分的压力值，因为管路堵塞后会使高压升高、低压降低。如在制冷运行时，若低压表指示为零，则制冷循环系统已处于半堵状态；若低压表指示为负压，则制冷循环系统已处于全堵状态。

※ 知识链接 ※　毛细管脏堵时，在毛细管处听不到制冷剂的流动声，此时压缩机在运转，而冷凝器不热、蒸发器不冷；毛细管的"脏堵"多出现在进口端，把毛细管的外露部分全部换掉，多数情况下很有效。干燥过滤器发生不完全堵塞时，则进出口之间的温差较大，在出口处可能有凝霜的出现，因为制冷剂在此被堵塞物节流后汽化使温度剧降。无论任何情况下，清理毛细管的同时都应该更换过滤器。

3. 油堵

油堵的原因是润滑油进入制冷剂中堵塞管路，一般发生在毛细管或干燥过滤器内。若接压力表测量系统中的压力，一般一直维持在 0MPa 以上（不为负压），就说明毛细管或干燥过滤器处于半堵状态。空调器油堵时可利用制冷剂的正反流向反复开机的方法把润滑油吸回来，排除油堵；如果是在室温较高的夏季，利用冰水给室温传感器降温法（将室温传感器放入冰水中）或是在传感器上并联一只 $20k\Omega$ 的电阻制热运行（图 6-11），经反复几次制冷与制热运行，把润滑油抽回到压缩机中，再开机制冷即可。若此故障不能排除，则更换新毛细管。

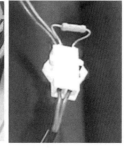

图 6-11　油堵的排除

（五）空调器制冷系统泄漏的检查方法

空调器制冷循环系统检漏包括压缩机、冷凝器、蒸发器、干燥过滤器、毛细管或膨胀阀等部件的检漏和制冷管路组成的封闭系统的检漏。检漏的方法主要有以下几种。

1. 目测或手触油污检漏

空调器的制冷剂多为 R22，R22 与冷冻油有一定的互溶性，当 R22 有泄漏时，冷冻油也会渗出或滴出。用目测或手摸制冷系统各管路接头有无油污来判断该处有无泄漏。当泄漏量较少，用手指触摸不明显时，可戴上白手套或用白纸接触可疑处，也能查到泄漏处。另外，压缩机轴封处微量的油迹属于正常现象。

2. 肥皂水检漏

肥皂水检漏方法是上门维修中最常用的一种检漏方法，其操作方法是：将肥皂切成薄片，浸于温水中，使其溶成稠状肥皂水，然后将肥皂水涂于被检部位，若有白色泡沫或气泡鼓出，则说明该处有泄漏。

3. 充压检漏

充压检漏法就是通过加压来观察蒸发器、冷凝器及连接管路是否有油迹，有油迹则为泄漏。充压检漏法是判断制冷循环系统是否泄漏的有效方法，分为氮气加压和制冷剂加压两种。

（1）氮气加压　氮气加压就是给制冷循环系统充入一定量的高压氮气（充氮量一般为 1～1.5MPa）增加系统压力，然后配合检漏方法进行检漏，其操作方法如图 6-12 所示。

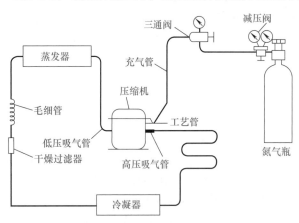

图 6-12　氮气加压法示意图

对于采用往复式压缩机的空调器，先将氮气瓶接上减压阀，再断开压缩机工艺管，在工艺管上焊接或用快速接头连接一个带真空压力表的三通阀，三通阀的一端与氮气瓶的减压阀连接。对于采用旋转式压缩机的空调器，充气管应接冷凝器出口处的充气管端（或三端干燥过滤器抽真空端）。分体式空调器可将真空压力表的三通阀直接与室外机组低压阀的充气接头连接。

加压检漏通常采用高、低压段分别进行加压。其高、低压段的充氮量和操作方法分别是：低压部分加压时，将压缩机低压吸气管的焊管割开，在低压吸气管上焊接一个带真空表的三通阀（修理阀），割开毛细管与干燥过滤器之间的焊接口，封住毛细管端口，从三通阀充入 0.5～0.98MPa 的氮气，观察蒸发器等部位有无泄漏现象；高压部分加压时，应在低压部分加压处理的基础上，将压缩机的低压吸气管及干燥过滤器与毛细管的焊接口焊封，再在压缩机工艺管上焊接三通阀，从三通阀充入 1.2～1.6MPa 的氮气，观察冷凝器等部位有无泄漏现象。

（2）制冷剂加压　制冷剂加压是向制冷循环系统内充入一定量（一般为 0.2～0.4MPa）的制冷剂，增大系统内的压力来观察制冷系统有无泄漏。制冷剂加压的连接方式与氮气加压基本相同，操作时只要将三通阀所接的氮气瓶换成制冷剂瓶即可。

4. 水中检漏

水中检漏法用于对压缩机、蒸发器、冷凝器等部件的检漏。其操作方法是：将蒸发器或冷凝器充入氮气（蒸发器应充入 0.8MPa 氮气，冷凝器应充入 1.9MPa 氮气；对于热泵型空调器，两者均应充入 1.9MPa 氮气），浸入 50℃左右的温水中，仔细观察有无气泡产生。

5. 卤素灯检漏

卤素灯以酒精为燃烧剂，通过其火焰颜色来判断制冷循环系统是否泄漏及泄漏程度。其操作方法是：点燃卤素灯，手持卤素灯上的空气管，靠近需检测部位缓慢移动，观察火焰的变化，若火焰颜色呈浅蓝色，则制冷剂无泄漏；若火焰颜色呈微绿色（浅绿），则制冷剂有较小的泄漏；若火焰颜色呈深绿色或紫绿色，则制冷剂泄漏量较大。卤素灯是一种很轻便的检漏工具，常用于上门维修。

6. 电子卤素检漏仪检漏

利用电子卤素检漏仪，首先打开电源开关，然后用探头对着被检部分移动（探头与被检部位保持3～5mm的距离、移动速度不大于50mm/s），当卤素检漏仪发出警报时，即表明此处有大量的泄漏。

（六）空调器制冷系统的排空方法

1. 利用空调器本身的制冷剂排空

拧下高低压阀的后盖螺母及充制冷剂口的密封铜帽；再打开高压阀阀芯，等待约10s后关闭；与此同时，从低压阀充制冷剂嘴螺母处用内六角扳手向上顶开充制冷剂顶针，使空气排出；当手感到有凉气冒出时，即可停止排空，如图6-13所示。

拧下高、低压阀的后盖螺母　　　　　空调器高压阀内置阀芯

图6-13　空调器本身的制冷剂排空方法

2. 利用真空泵排空

利用真空泵进行排气的操作步骤（图6-14）：首先关紧高、低压阀，再将歧管阀充注软管一端连接于低压阀充注口，另一端与真空泵连接，并完全打开歧管阀低压手柄。接着打开真空泵抽真空（开始抽真空时，略微松开低压阀的接管螺母，检查空气是否进入，然后拧紧此接管螺母），抽真空完成后，关紧歧管阀低压手柄，停下真空泵。最后打开高、低压阀，

从低压阀充注口拆下充注软管，再拧紧低压阀螺母即可。

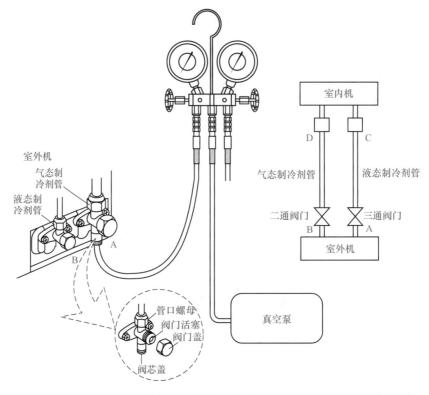

气态制冷剂管

液态制冷剂管

二通阀门

三通阀门

室内机

室外机

真空泵

室外机
气态制冷剂管
液态制冷剂管

管口螺母
阀门活塞
阀门盖
阀芯盖

图 6-14　利用真空泵排空方法

3. 外加制冷剂排空

首先将制冷剂罐的充注软管与低压阀充制冷剂口连接，并略微松开室外机高压阀上接管螺母。接着松开制冷剂罐阀门使制冷剂充入，2～3s 后关紧阀门。当制冷剂从高压阀门接管螺母处流出 10～15s 后，拧紧接管螺母。然后从充制冷剂口拆下充注软管，用内六角扳手顶开充制冷剂阀芯顶针，使制冷剂放出。当听不到噪声时停止排空，恢复上述零部件即可。

（七）空调器制冷循环系统抽真空的方法

空调器制冷循环系统在完成检漏工作后要对系统抽真空，将系统中的水分与不凝性气体排出，以保证制冷循环系统的正常工作。抽真空操作所用器材有带真空压力表的三通修理阀、连接铜管、真空泵、气焊设备、连接软管、快速接头等。抽真空的常用方法有低压单侧抽真空、二次抽真空和高低压双侧抽真空、加热抽真空等。

1. 低压单侧抽真空

低压单侧抽真空是利用压缩机上的工艺管进行的，具体操作方法如图 6-15 所示。

将焊好的工艺管（直径 6mm、长 100～150mm）、连接软管、带真空压力表的三通修理阀、真空泵连接好，注意真空压力表始终接制冷循环系统，如图 6-16 所示。

开动真空泵，把三通阀沿逆时针方向全部旋开，抽真空 2～3h（根据真空泵抽真空能力和设备的规格而定）。当真空压力表指示值在 133Pa 以下，且真空泵排气口没有气体排出或负压瓶内的润滑油不翻泡时，则说明真空度已到，可关闭三通阀，停止真空泵工作。保压

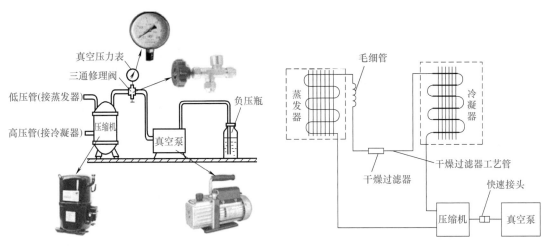

图 6-15　低压单侧抽真空的操作方法　　　　　图 6-16　低压单侧抽真空的连接示意图

12h（实际就是真空试漏），注意真空压力表上的压力是否随时间推移而升高。若压力有回升，则说明制冷循环系统中有泄漏现象，仍要进行检漏。如果系统中没有泄漏，再打开三通阀重新抽真空。

2. 二次抽真空

二次抽真空是指将制冷循环系统抽真空到一定真空度后，充入约20g的气体（含有少量制冷剂的氮气），使系统内的压力恢复到大气压力后，再进行第二次抽真空的方法，从而达到更为理想的真空度。

3. 高低压双侧抽真空

高低压双侧抽真空是使用真空泵对制冷循环系统的高低压侧同时抽真空的方法，其连接示意图如图6-17所示。

在干燥过滤器的入口处加焊一工艺管，采用耐压胶管分别将干燥过滤器的工艺管和压缩机的工艺管与带真空压力表的三通修理阀（歧路阀）相连，将三通修理阀的公用接头通过耐压胶管与真空泵相接。抽真空时，只需打开三通修理阀左右两个阀，开启真空泵就可对系统抽真空了。一般抽真空的时间为30min左右。

如图6-18所示，低压侧（实线）抽真空由压缩机的工艺管完成，高压侧（虚线）抽空由干燥过滤器的工艺管完成。

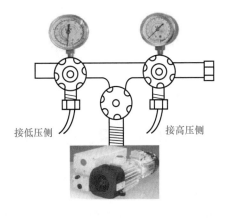

图 6-17　高低压双侧抽真空连接示意图

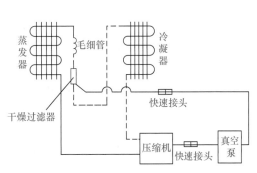

图 6-18　高低压双侧抽真空的示意图

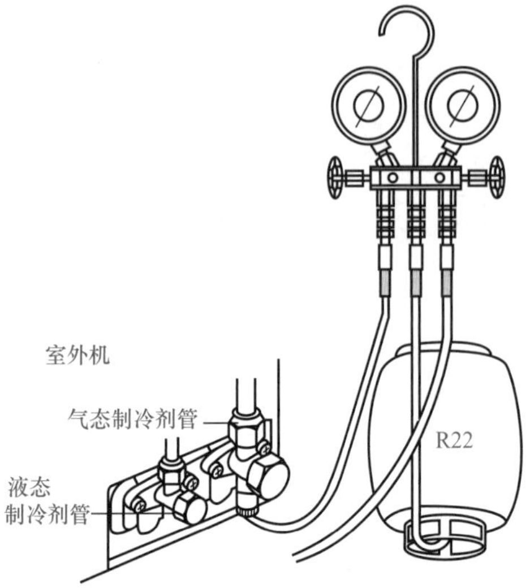

室外机

气态制冷剂管

液态
制冷剂管

R22

图 6-19　充注制冷剂的基本方法

4. 加热抽真空

将压缩机的工艺管螺旋式串气管和三通阀与真空泵相连接，在启动真空泵时，同时启动压缩机。当压缩机温度上升到 50℃ 左右时，再用红外线电热器或电吹风对冷凝器、蒸发器、干燥过滤器及高、低压管进行加热，使系统内的水分蒸发，并通过真空泵排出。此种抽真空方法，对于没有经过冲洗的制冷系统有比较好的效果。

（八）空调器制冷剂充注方法

制冷循环系统经过检漏、抽真空后，应尽快地充注制冷剂，制冷剂的充注量应满足空调器铭牌上的要求。

1. 充注制冷剂的基本方法

充注制冷剂的基本方法如图 6-19 所示。

① 顺时针关闭气态制冷剂阀门，将压力表连接到低压阀门端，然后重新打开气态制冷剂阀门。

② 接上制冷剂罐。

③ 启动制冷操作。

④ 检查压力表读数，低压端应为 $4.5 \sim 5.5\text{kgf/cm}^2$（室外机温度 35℃）。

⑤ 打开制冷剂罐充灌制冷剂至正常气压。要注意检查压力表指示。

⑥ 停止操作，关闭气态制冷剂阀门，取下压力表，再次打开气态制冷剂阀门。

⑦ 用工具拧紧阀门盖。

2. 充注制冷剂和判断制冷剂充注量的方法

准确地充注制冷剂和判断制冷剂充注量是否准确的方法主要有以下几种。

（1）称重法　该法是采用小台秤称量制冷剂加注量的方法（图 6-20）。其加注量也是以理论数为依据。操作时，将制冷剂钢瓶倾斜倒放在秤盘上，通过干燥过滤器、加液管与三通阀相连，并用制冷剂顶出连接管内的空气。称出制冷剂钢瓶的总重量，减去需充注的重量后，调好秤砣位置，然后打开三通阀和制冷剂钢瓶的阀门，使制冷剂流入制冷循环系统。当秤杆上移平衡时，关掉三通阀即可。

在充注过程中，注意观察台秤的指针，当制冷剂钢瓶内制冷剂减少量等于空调器铭牌上标注的制冷剂充入量时，关闭制冷剂钢瓶阀门。

（2）定量充注法　定量充注法就是利用定量加液器，按空调器铭牌上规定的制冷剂注入量充注制冷剂。按如图 6-21 所示将管道连接好，先将阀 4 关闭，打开阀 5，让制冷剂钢瓶中的制冷剂液体进入定量加液器中。选择合适的刻度，使制冷剂液面上升到铭牌规定的刻度，关闭阀 5。若定量加液器中有过量

图 6-20　小台秤称量制冷剂

的气体致使制冷剂液面无法上升到规定刻度时，可打开阀6，将气体排出，使制冷剂液面上升。再启动真空泵进行抽真空，达到要求后关闭阀2、阀3。然后打开阀4，使定量加液器中的制冷剂进入制冷系统中。

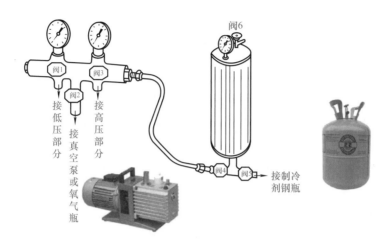

图 6-21　定量充注法的管路连接示意图

（3）综合观察法　空调器在充注制冷剂（以 R22 为例）时不宜过猛，以防止压力变化过快。同时，还应用钳形电流表监测工作电流，不可让其超过额定工作电流值。

① 将空调器设置在制冷或制热高速风状态（变频空调器设置于试运转状态）下运转，在低压截止阀工艺口处充注制冷剂（图 6-22），同时观察钳形电流表变化，当接近空调器铭牌标定的额定工作电流值时，关闭制冷剂钢瓶阀门。此时，让空调器继续运转一段时间，当制冷状态下室温接近 27℃（或制热状态下室温接近 20℃）时，微调制冷剂的充注量。当钳形电流表的指示值达到额定工作电流值时，即表明制冷剂充注量合适。

图 6-22　充注制冷剂示意图

② 将空调器置在制冷高速风状态（冬季制热需要加制冷剂时，将空调器设置于强制制冷状态）下运转，在低压截止阀工艺口处边充注制冷剂边观察真空压力表的低压压力，当低压在 0.5MPa（夏季）或 0.3MPa（冬季）时，关闭制冷剂钢瓶阀门。然后微调制冷剂的充注量和表压力，当制冷系统的高压压力和低压压力符合规定的压力值时，即表明制冷剂充注量合适。

（4）经验加注法　经验加注法是根据自己以往的经验，通过观察家用空调器的制冷情况结合表压法来确定加注量的一种方法，一般情况下不能一次成功。其操作方法是：充注制冷剂使真空压力表压力为 0.45 ～ 0.50MPa 时，关闭三通阀，通电使压缩机运转 30min，观察制冷系统的工作情况。若蒸发器结满霜，冷凝器发热，低压管发凉，则说明充注的制冷剂合适；若蒸发器结霜不满，冷凝器不热，则说明充注的制冷剂过少，应再充灌一些；若蒸发器及低压管接头均结霜，冷凝器过热，压缩机运转电流加大，则说明充注的制冷剂过量，应放掉一些。

空调器冬季加注制冷剂的技巧如下：①冬季加注制冷剂与夏季不同，加注时很难达到正常的工况值，因为冬季不能制冷。故冬季加注制冷剂时先采用制冷剂压排空法，即在快速接头上接好加注制冷剂的管道和压力表，松开液管接头，打开制冷剂瓶阀门。十几秒后闻到制冷剂的气味时即拧紧液管接头。开机制热，在制热状态下拔掉四通阀的线圈，空调器处于强制制冷状态，在强制制冷状态下关掉液阀，制冷剂将从气管强制进入系统。再结合额定电流法或额定压力法判断所加注的制冷剂量是否准确。②冬季加注制冷剂时，应对照相应温度下的压力和电流值，看看出风口的温度是否合适（应在20℃以上）。一般情况下，在加制冷剂过程中观察低压压力接近加制冷剂前停机时平衡压力的一半偏低一点儿，高压压力不超过1.5MPa（即15kgf/cm^2），此时压缩机的电流将接近制冷时的电流。

二、空调器常见故障维修方法

（一）空调器压缩机常见故障快修方法

空调器压缩机是家用空调器的核心部件，它与电动机组合为一体，其结构精密，故障率较低。但由于使用不当和压缩机的正常老化，常出现压缩机卡缸、抱轴和电动机烧坏等故障。

维修时，通电后如压缩机不运转，但出现"嗡嗡"声，则重点检查压缩机有否卡缸和抱轴现象，如开机后压缩机无任何反应，检查压缩机电源电压正常，则重点检查压缩机定子线圈（图6-23）绝缘电阻和线圈的直流电阻值是否正常。当检查压缩机已严重损坏时，必须更换压缩机。值得注意的是，如果压缩机损坏，只更换压缩机，往往不能完全排除故障。同时更换压缩机、储液器、毛细管和翅片。更换压缩机时，必须根据故障状况，更换连带的零件及压缩机冷冻油。如冷冻油呈暗黑色烧焦状，必须更换冷冻油，并对冷冻系统进行清洗。

更换压缩机及连带件时，先应缓慢放出残留的制冷剂，如泄放速度太快，则容易把压缩机内的润滑油放掉。拆焊导入管和导出管时，防止烧坏隔热材料。更换新压缩机后，导入管与导出管应弯曲整形，用扩口器将一端扩成杯形口（图6-24），将另一端插入杯形口内。对管道进行焊接时，应严格操作每一步，保证焊接的质量。

方法：①将调节好火焰的焊枪对准要焊接的铜管焊口来回移动均匀加热；②当焊接口加热成暗红色时，将焊条放在焊接口处，用焊枪的亮蓝色火焰（中焰）将焊条熔化（图6-25），待焊条熔化且均匀地包围在焊接口后，将焊条移开，冷却后用洗涤剂涂抹在焊接口上检查气泡，等加压后检查是否焊接牢固。

压缩机定子线圈

测试接线端之间的直流电阻及与铁芯之间的绝缘电阻

图6-23 检查压缩机定子线圈

图6-24 扩成杯形口

焊枪

焊条

焊接口

中焰

图6-25 管道焊接

※ 知识链接 ※　压缩机吸、排气性能的检查方法是：先焊开压缩机上的吸、排气管，然后接通电源让压缩机启动运转。再用手指使劲堵住压缩机的排气口，若手指堵不住压缩机的排气口，则说明压缩机的排气性能良好。放开排气口后，用手指轻轻堵住压缩机的吸气口，若堵住吸气口的手指很快就有被内吸的感觉，而且此时压缩机运转噪声降低，则说明压缩机的吸、排气性能正常。若不是上述结果，则应判定该压缩机的吸、排气性能不良。

（二）空调器压缩机"液击"故障维修方法

1. 回液引起液击

回液是指压缩机运行时，蒸发器中的液态制冷剂通过吸气管路回到压缩机的现象或过程。对于使用膨胀阀的制冷循环系统，回液与膨胀阀选型和使用不当密切相关。膨胀阀选型过大、过热度设定太小、感温包安装不正确或绝热包破损、膨胀阀失灵均可能造成回液。对于使用毛细管的小制冷循环系统而言，加液量过大会引起回液。

※ 知识链接 ※　需注意的是，回液不仅会引起液击，还会稀释润滑油，造成机件磨损。对于回液较难避免的制冷循环系统，安装气液分离器较好。

2. 带液启动引起液击

压缩机在启动时，曲轴箱内的润滑油剧烈起泡的现象称为带液启动。带液启动的根本原因是：润滑油中溶解的以及沉在润滑油下面的制冷剂，在压力突然降低时突然沸腾，并引起润滑油起泡。起泡持续的时间长短与制冷剂量有关，当泡沫通过进气道吸入气缸后，泡沫还原成液体，很容易引起液击。对于此类现象，停机前让压缩机抽干蒸发器中液态制冷剂（称为抽空停机），可以从根本上避免制冷剂迁移。而回气管路上安装气液分离器，可以增加制冷剂迁移的阻力，降低迁移量。此外，通过改进压缩机结构，可以阻止制冷剂迁移，进而控制起泡的程度和泡沫进入气缸的量。

3. 润滑油过多引起液击

润滑油过多时，高速旋转的曲轴和连杆大头就可能频繁撞击油面，引起润滑油大量飞溅。飞溅的润滑油一旦窜入进气道，带入气缸，就可能引起液击。

（三）空调器主板常见故障快修技巧

1. 主板交流部分的维修方法和技巧

当空调器接通电源后，用遥控器开机，室内机、室外机都不运转，且听不到遥控开机时接收红外信号的"嘀、嘀"声，说明电源部分有故障。

2. 室内机主板的维修方法和技巧

室内机主板故障有以下几个方面，应根据故障现象，结合本机的电路，利用故障代码和自诊断功能，进行判断和维修。

① 供电电源正常，遥控和手动开机无效，蜂鸣器不响，所有指示灯不亮。此种情况是主板的5V供电电路、MCU复位电路或晶振电路有故障。

② 外电源供电正常，但整机不工作。此种情况可能是由过流误保护引起的。常见的故障原因是过流预置保护器不良。检查时，可将穿过过流保护检测互感器的线不穿过互感器进

行试验，若空调器能正常运转，则可判断是过流预置保护器有故障，应更换。

※ 知识链接 ※ 过流预置保护器必须更换原型号的保护器，否则会失去保护作用。

③ 制冷或制热时自动停机，制冷、制热效果差。自动停机故障一般是传感器输入电路开路或短路，也可能是传感器因长期使用后，其阻值特性发生了变化，造成MCU感温不准，使空调器失控。

④ 室内机风扇电动机能启动，但旋转10s停30s，反复几次后，便停止转动。此种故障是由检测室内机风扇电动机转速的霍尔元件损坏造成的。检查时，用手拨动风扇电动机使之旋转，用万用表100V/10V挡测量霍尔元件的反馈线，正常时应有电压脉冲输出。若无电压脉冲输出，MCU收到反馈脉冲信号，便发出指令，使室内机风扇电动机停机保护。只要更换检测风扇电动机转速的霍尔元件，故障即可排除。若是测速用的磁铁脱落，将其粘好即可。

⑤ 开机后，电源指示灯和运转指示灯均亮时，有相应的状态显示，但空调器不能正常工作，也无故障代码。此种情况是MCU输出控制电路有故障。造成MCU输出控制电路故障的主要原因一般是控制执行元器件不良。应检查继电器触点是否粘连、结炭或烧损而造成接触不良；检查与继电器并联的保护二极管或电容是否短路；检查光电耦合器、晶闸管是否被击穿。发现元器件损坏，更换损坏的元器件即可。

⑥ 注重集成电路外部元器件的检查。通常主板中集成电路损坏的概率较小，大多表现

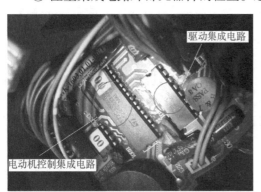

为因使用时间过长而出现的引脚氧化虚焊。主板中集成电路常用的集成电路有CPU、电动机控制集成电路和驱动集成电路（图6-26）。维修时主要检查集成电路是否存在虚焊现象。

实际维修中发现，集成电路外部元器件及连线不良而引起的故障较多，特别要注意对集成电路外围晶振的检测。

图 6-26 主板中的集成电路

（四）空调器换热器故障的快修方法

换热器出现故障时，表现为空调器制冷效果差或根本不制冷。其原因是：由于蒸发器或冷凝器表面粘满灰尘，失去了散热作用，或其盘管穿孔泄漏，造成制冷剂不足而影响制冷（制热）。其排除方法如下。

① 首先清除蒸发器、冷凝器表面的灰尘，接着用钢刷和毛刷刮去翅片上的污物，然后用清水冲洗干净。若故障不能得到排除，则可能是由制冷剂泄漏引起的。

② 蒸发器和冷凝器泄漏部位一般在管道的接头连接部位和焊接处。由于泄漏使制冷系统内气体过少或根本没有气体，采用检漏仪检测时，应先充气，然后用检漏仪进行检测，即可找到泄漏点。

③ 对于漏点微小的蒸发器可采取焊补的方法，焊补时漏洞处应加贴铝片。铝蒸发器的漏点也可以用耐高温、耐高压的胶（如SR102、CH3）来粘补。粘补前应将被粘接面处理干净，粘补后经固化24h即可使用。

④ 对于漏点较大的蒸发器，可采用与原蒸发器规格相近的铜管重新盘绕来替换。

（五）空调器四通阀动作不正常的快修方法

四通阀仅仅在制热状态时动作、制冷状态时释放，但是少数空调器的四通阀在制冷状态动作、制热时释放。在制热过程中，如果室外换热器表面的温度低于-5℃，四通阀会自动释放，转换到制冷状态进行除霜。四通阀应该动作而不动作的情况有两种。一种是四通阀加电后不动作，此种一般是四通阀损坏。另一种是四通阀驱动绕组没有加220V的交流电源，此时检查以下部分：继电器是否损坏；驱动、倒相集成电路及其外围电路是否有问题（主要检测驱动集成电路和倒相集成电路有关的输出脚与输入脚电压是否正常）；微处理器以及有关电路是否有问题。

（六）空调器室内机贯流叶轮损坏的维修方法

分体式空调器室内机贯流叶轮由ABS塑料或尼龙注塑成型。在制造时，先注塑一节叶轮，其形状就像一个整体式离心风轮。厂家采用超声波焊接法，把多节（一般8～11节）叶轮按室内机长度逐一焊接起来，组成一个细长的贯流叶轮。叶轮上的叶片间距离不等。叶片相对于叶轮中心不呈对称排列，并且叶片数为单数。空调器工作时，室内机带动贯流叶轮旋转，冷空气从叶轮边缘的一侧进入筒内，又从另一侧排出，形成连续的流动空气。

1. 风机轴碗损坏

贯流叶轮由电动机带动，若两端轴碗润滑油磨干或损坏，运转时将发出"嗞嗞"声，其具体排除方法是：先拧下左、右两侧固定螺钉，卸下右侧电器盒，把电动机和叶轮一起卸下。再用大拇指压出轴碗，拿出风轮轴碗。若轴碗润滑油干涸，可先用煤油清洗轴碗，再抹上凡士林；若检查轴碗磨损严重或损坏，则更换新件（组装时，按拆卸叶轮的反顺序组装）。

2. 叶片裂损

叶片裂损或断裂，风机叶轮噪声将会加大。将叶轮卸下，洗净断裂处，对尼龙制叶轮可用塑料补焊。将洗涤灵空瓶剪成0.5cm宽的长条，并将风叶断裂处用电烙铁烫化，剪成的塑料条当焊料，进行塑焊。焊好后待自然冷却，用铁锉或砂纸将叶片打磨平整即可。

3. 叶轮打滑

叶轮打滑时，将导致风机无风吹出，通常由于风叶紧固螺钉松动，脱离了电动机轴的半圆面，造成叶轮打滑，使叶轮不随轴转动。此时，可用螺丝刀对准电动机轴的半圆面，将紧固螺钉拧紧，即可排除故障。

4. 手感风量小

风量小的原因一般是因为叶片灰尘太多或有杂物进入。用刷子清洗叶片灰尘，清除杂物，风量小故障即可排除。

5. 抖动厉害

叶片抖动原因是左侧叶轮轴裂损。此时，可将其拆下，用砂纸将裂损处打磨干净。用C31型AB胶按1：1比例在硬纸板上拌匀，并涂在裂损处，待2h后组装复原即可。

（七）空调器遥控器故障的判断方法

空调器遥控器故障常用的判断方法：电压法、电流法、收音机检查法、示波器观察波形法等几种。

1. 电压法

检测遥控器主要工作点的静态电压，然后依次测量晶振两端对地电压、集成电路的输入和输出端电压、驱动三极管和红外发射管各极电压是否符合规定的要求。在按下遥控器按键时，晶振两端至少有一端电压跳变较大，表明按键电路工作，且振荡器能产生脉冲信号。反之，应检查振荡电路和按键。

2. 电流法

遥控器在不按下任何按键时，静态总电流极小，约几微安。如果按下某键后，总电流约为 3mA，表明遥控器能正常启振，工作基本正常。如果按下某键后，总电流偏离较大或仍是几微安，则说明遥控器存在故障。

3. 收音机检查法

先将一台半导体收音机频率调到中波 455～650kHz，再将遥控器靠近收音机，按下任一按键时，收音机发声；若持续按键，则收音机发出"哒、哒、哒⋯"声音，说明遥控器振荡电路和键盘电路正常，但不能说明红外发射管是否正常；如果按键时没有上述声音，则表明遥控器工作不正常。

4. 示波器观察波形法

用示波器观察振荡波形和发射波形来判断故障部位。当按下某一键时，遥控器 IC 芯片的驱动信号输出脚应有幅度为 2.5V 左右、周期为 2.2μs 的正弦波，红外发射管的正极应有幅度约 1.5V 的串行脉冲，可用示波器直接观察到。

（八）空调器管路结霜故障的维修方法

管路结霜是家用空调器常见的故障，其中缺制冷剂是较为多见的原因。其次，管路堵塞、室内机热量交换不良等均可能出现结霜故障。可依运行电流、回气压力、结霜位置不同等，来判断故障所在。

若回气管结霜、运行电流偏小、回气管压力偏低，应首先检查管路有无泄漏。对于使用三年以上无维修史的空调器，若其管路无泄漏痕迹，则说明系统缺制冷剂。若管路无泄漏，但将低压保护器的触点短接时又出现高压保护，则说明毛细管或干燥过滤器存在堵塞故障。若低压极低（甚至为负压）、运行电流偏大，而且干燥过滤器相对于毛细管有明显的温差，则可判断为毛细管堵塞。

若回气管结霜，而且压缩机壳体也有露霜，测量运行电流有摆动现象，压缩机产生沉闷的液击声，则应立即停机。引起此类故障的原因主要是蒸发器热交换不良，如滤网严重堵塞、风扇电动机不良以及冷水机供水/回水管堵塞等。另外，加制冷剂过多，也会使压缩机回气管处出现结霜现象，此时运行电流较大，冷凝器外表会出现明显的发烫现象。

（九）空调噪声故障的快修方法

空调噪声是维修中最常见的故障，噪声可能来自室内机与室外机，其声音有摩擦噪声、风声、气流声、电磁声等。装配工艺问题、结构设计问题、零部件质量问题、空调器安装问题等均可能造成噪声。在维修噪声故障时，应先查清声音来自室内机还是室外机，然后细听声音类别，最后对产生原因进行有针对性处理。

1. 室内机噪声

引起室内机噪声的原因如下。

① 壁挂式安装固定的挂墙板松动不牢固或墙面不平整。重新固定挂墙板或处理墙面，使挂墙板或墙面保持平整。

② 室内机塑料件注塑时毛刺未清理干净，与贯流风叶摩擦产生噪声；室内机塑壳面板松动未扣紧，或自锁开关松动，室内机运行时面板与中框碰撞产生噪声；室内机塑料件变

形，塑封电动机移位导致风叶与塑料底座摩擦产生噪声；塑料件热胀冷缩产生噪声。

③ 室内风扇电动机与室内风叶固定螺钉松动。

④ 室内风扇电动机窜轴、同心度不好、转子与定子摩擦；导风电动机、导风门（连接机构摩擦声）有异声；步进电动机、导风电动机内部齿轮损坏产生噪声；导风门连接机构缺少润滑油，摩擦产生噪声；导风门打开角度不够、出风不畅产生"呼呼"风声。

⑤ 室内风扇电动机与贯流风轮及风扇电动机轴承装配不到位，产生摩擦响声。维修时可将贯流风轮取下，若噪声消失，则更换贯流风轮（其原因一般是贯流风轮不平衡或变形）；若噪声依旧，则说明室内风扇电动机有故障，此时更换室内风扇电动机即可。

图 6-27　电动机引出线处与室内机底座或电动机盖相碰

⑥ 塑封电动机安装时，电动机引出线处与室内机底座或电动机盖相碰，运行时共振产生噪声，如图 6-27 所示。

⑦ 贯流风叶破损、左侧风叶轴承套磨损（图 6-28）、间隙增大或无润滑油导致风叶转动时跳动大，轴承与轴承套摩擦产生噪声；室内风叶同心度不好、风叶破损造成气流混乱产生噪声；贯流风叶装配时太靠左（图 6-29），使风叶轴承与左侧风叶轴承套橡胶间产生摩擦发出噪声；室内机底座靠风叶两端的密封贴条脱落（图 6-30），与贯流风叶摩擦产生噪声。

⑧ 风叶平衡性不好或蒸发器本身有问题发出啸叫声。

⑨ 柜式室内机分液毛细管未扎紧（图 6-31），毛细管之间相互碰撞产生噪声。

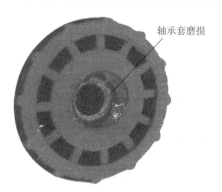

图 6-28　轴承套磨损

图 6-29　贯流风叶装配时太靠左

图 6-30　密封贴条

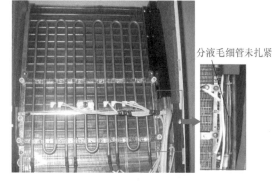

图 6-31　分液毛细管未扎紧

⑩ 系统堵塞。室内机蒸发器配管微堵、分液毛细管微堵、连接配管弯扁等造成节流，室内机发出"咝咝"气流声；风道系统堵塞（如过滤网脏造成进风不畅）发生噪声。

※ 知识链接 ※ 一般来说空调器在刚开机几分钟内，气流声很大（因制冷循环系统高低压差未正常建立），逐渐慢慢变小至恢复正常，此现象应属正常。若工作很久后仍存在很大的气流声，则应检查是否为安装不当造成连接管弯扁产生二次节流或室内机蒸发器接口被焊渣堵住（此时更换蒸发器）。

2. 室外机噪声

引起室外机噪声的原因如下。

① 安装时产生的噪声：如室外机支架安装不水平（或因组合支架各固定螺钉紧固不到位变形），造成室外机底脚不平；室外机底脚螺钉紧固受力不均匀；室外机安装位置（选择墙壁结构）不当，墙体有空洞使室内产生回旋环绕声、窗子玻璃的共振声等；空调器管路有弯扁的地方、连接管松动或相互碰撞；室外机共振，特别是取消电动机架的小室外机。

② 室外风扇电动机或轴流风叶装配不良，室外风叶动平衡不好。将室外机轴流风叶取下试机，如噪声消除，则更换轴流风叶，反之更换室外风扇电动机。

③ 压缩机质量有问题。压缩机本身噪声大；压缩机橡胶垫磨损（图6-32），导致压缩机底座与室外机底座摩擦碰撞产生噪声。

④ 室外机内部部件及机壳固定螺钉松动；轴流风扇电动机和风叶、压缩机没加隔音棉（图6-33）。

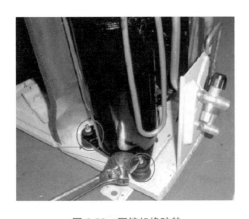

图6-32 压缩机橡胶垫

隔音棉

图6-33 加隔音棉

⑤ 室外机配管离压缩机、钣金件太近（图6-34），运行时抖动碰撞产生噪声。

⑥ 室外机轴流风叶破损产生啸叫声；室外机风叶电动机架固定螺钉松动（图6-35），电动机架振动或风叶位移与出风网罩或室外机钣金件相碰产生噪声。

⑦ 室外机风叶碰钣金件、冷凝器或出风网罩；室外机出风网罩与室外机钣金件固定螺钉松动，相互碰撞产生噪声，如图6-36所示。

⑧ 隔风立板卡扣脱出、松动，与室外机底座相碰摩擦产生噪声，如图6-37所示。

⑨ 整机的风道设计不合理，空调器室外机易发生振动。

⑩ 制冷循环系统的冷媒流动，会发出类似水流的"哗哗"声，这是正常现象。

图 6-34　配管

图 6-35　室外机风叶电动机架螺钉

图 6-36　室外机出风网罩与固定螺钉

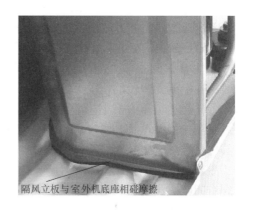

图 6-37　隔风立板与室外机底座相碰摩擦

※ 知识链接 ※　当不能确定噪声是压缩机噪声还是室外机噪声时，可先断开压缩机，听室外机是否有噪声，如没有则可以断定为压缩机噪声；当不能判断是室内机噪声还是系统制冷剂流动声音时，可先断开室外机，只开室内机，如声音还有，则可排除是系统问题。

（十）空调器不制冷的维修步骤

引起空调器不制冷的原因有：压缩机不工作；管路系统无制冷剂；管路系统堵塞；室内风扇电动机不转；压缩机阀片损坏；四通阀窜气。

维修时首先检查电源电压是否正常；若正常，则检查空调器设置是否正确；若正常，则开机观察空调器室内外机运转是否正常；若室内外机均没有工作，则说明故障出在电路系统；若室内外机能运转，则说明故障发生在管路系统。

维修不制冷故障时可检测空调器的运行电流（如图 6-38 所示，将钳形电流表挡位设置在最高挡，然后检测空调器中一根导线的运行电流是否正常）和管路系统的工作压力来初步判断故障部位。

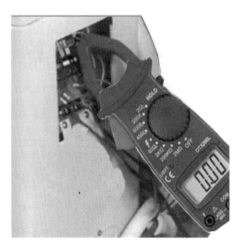

图 6-38 检测空调器的运行电流

若空调器室内外机运行均正常，则可用钳形电流表检测空调器整机运行电流来判断故障所在。

若测得空调器整机运行电流偏小（不到额定电流的一半以上），说明压缩机负荷较轻，此时应检查管路系统是否缺少制冷剂或空调器室外机四通阀是否存在窜气现象。区分管路系统缺少制冷剂还是四通阀窜气，可通过测量管路系统的均衡压力来判断，方法是：在空调器停机状态下，测量管路系统的均衡压力。若均衡压力正常，说明四通阀窜气；若均衡压力偏低，说明管路系统缺少制冷剂。

若测得空调器整机运行电流偏大，但空调器不制冷，这时可用压力表来测量室外机的工艺口的运行压力进行进一步判断。测量空调器管路系统运行压力的方法是：采用一端带顶针的工艺管，无顶针端连接压力表，有顶针端连接空调器室外机的工艺口（图 6-39），就可直观地在压力表上读出系统运行压力。

若测得空调器整机运行电流正常但不制冷，此时可在空调器运转的情况下测量室外机工艺口的压力，当运行压力很小甚至为负压时，说明管路系统存在堵塞点，此时应重点检查毛细管、单向阀以及连接管路是否堵塞（一般在堵塞部位有结霜现象）；若测得的运行压力偏大，则说明四通阀有问题（如四通阀窜气或四通阀已转换为制热状态）。

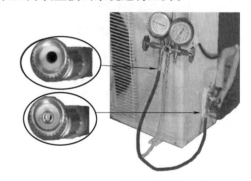

图 6-39 用压力表测量管路系统

（十一）空调器制冷效果差的维修步骤

引起空调器能制冷但制冷效果差的原因有：室外机有障碍物造成散热效果差；房间太大或房间门窗未关好；温度调节开关所设温度不当；管路系统制冷剂不足；管路系统轻微堵塞；室内机空气过滤网堵塞；温控电路有故障；室内外风扇电动机转速太慢；制冷剂注入太多。

维修时，首先检查设置是否正确、室内机空气过滤网是否堵塞、室内外风扇电动机是否转速过慢或不转、室外机散热是否良好。若以上均正常，则检测空调器的运行电流与系统工作压力。

用钳形电流表测量空调器的运行电流明显小于标准值，说明管路系统缺少制冷剂（加注制冷剂前应检查缺制冷剂的原因）。

若运行电流明显偏大，则接上压力表检测空调器系统运行压力。若压力偏小，则说明系统有轻微堵塞点；若压力偏大，则说明室外机散热不好或系统充入制冷剂过多。

若运行电流正常，则接上压力表检测空调器系统压力，若压力偏小，则说明系统微堵；若压力正常，则观察压缩机是否动作。若压缩机时动时停，则检查电源电压是否正常或空调器的温控电路是否有问题；若压缩机一直运转，则检查室内风扇电动机是否有问题（如查室内风扇电动机运转过慢）。

※ 知识链接 ※　对于从未修过的空调器出现此类故障，一般是由室外机散热不良或室外风扇电动机不转引起的；而对于已修过的空调器，则一般是由充入制冷剂过多（如回气管有明显结霜，如图 6-40 所示）引起的。

图 6-40　回气管结霜

（十二）空调器不制热的维修步骤

空调器出现不制热时应检查以下原因：空调器温度设定及工作方式是否不符合要求；空气开关或启动开关是否不良；压缩机运行电容是否漏电；温控器或四通阀是否有故障；压缩机是否有问题；开关电源变压器是否损坏；接触器、电热器是否存在不良现象；稳压电路、风速控制电路或过热报警电路是否有问题；信号连接是否有问题；通风量是否过少；系统是否存在泄漏或堵塞。

实际维修时，首先检测电源电压是否正常；若正常，则检查空调器的遥控设置是否正确；若不正常，则观察显示窗是否有故障代码显示，空调器管路接头处是否有漏油。若以上均正常，则开机制热，观察压缩机是否启动。若压缩机不启动，则空调器属于开机不工作，说明故障出在电气控制部分；若空调器开机制热后，压缩机运转正常，则检测空调器的运行电流（图 6-41）来判断故障大致部位，其步骤如下。

① 若空调器运行电流偏小，则检查空调器是否缺少制冷剂（但也有少数空调器是由压缩机有故障与四通阀窜气造成的，这两种现象可通过测量空调器管路系统的均衡压力来判断。当均衡压力偏低时，说明管路系统缺少制冷剂；当均衡压力正常时，说明压缩机有故障或四通阀窜气）。

图 6-41　测空调器的运行电流

② 若空调器运行电流正常，则检测空调器的运行压力来判断故障部位。若运行压力偏小，则说明四通阀没有换向，此时应检查四通阀及其相关的控制电路；若运行压力正常，说明管路系统工作，故障可能是由室内风扇电动机保护导致室内风扇电动机不转引起的；若运行压力偏大，说明管路系统堵塞，此时应重点

检查毛细管等部位。

③若空调器运行电流偏大，则说明管路系统存在严重堵塞现象。

（十三）空调制热效果差的维修步骤

引起制热效果差的原因有：用户操作不当；室外风扇电动机不运转；管路系统缺少制冷剂；冬季室外温度太低；室内机过滤网堵塞；室外机不除霜或除霜不彻底；电控和电辅加热电路故障；单向阀串气。

维修时，首先检查是否因操作不当、室内机过滤网堵塞、室外风扇电动机不运转等，然后检测空调器运行电流来判断故障大致部位，其步骤如下。

①若制热运行电流偏小，则检查管路系统是否缺少制冷剂，此时检测运行压力会偏低。维修时应检查漏制冷剂的原因，排除泄漏点。也有少数原因是压缩机阀片关闭不严或四通阀窜气，这时可通过测量系统的均衡压力来区分。

②若制热运行电流偏大，原因一般是管路系统存在轻微堵塞。有的空调器运行电流偏大，而且它的运行电流是缓慢上升的，此时可检测管路系统均衡压力来判断。当均衡压力正常时，说明管路系统有轻微堵塞。

③若制热运行电流正常，则检测系统的均衡压力来判断。若测得运行压力偏低，则是压缩机不良而导致排气压力不足，单向阀窜气会导致反向不能截止，使空调器在制热时只有一段毛细管参与节流降压，降低空调器在低温下的制热效果；若测得运行压力偏高，则检查管路系统是否有轻微堵塞（重点查毛细管）；若测得运行压力正常，说明空调器的系统工作正常，则检查室外机是否通风不良、结霜严重。

（十四）空调器不开机的维修步骤

空调器不开机故障主要出在电源供电电气控制部分和主板上。

空调器不开机表现为以下两种情况。

1. 室内外机都不工作

当遥控电路与空调器控制电路有问题时，均能导致此类故障的发生。维修时首先按空调器的应急键，观察空调器能否启动。若能启动，则说明故障出在遥控电路；若不能启动，则故障出在空调器控制电路。由于 CPU 输出控制电路不会影响 CPU 的正常工作，维修时一般情况下不去考虑 CPU 的输出电路，而应重点检查控制电路的输入部分（空调器控制电路中较易出现故障的部位有遥控接收头、管温传感器、室温传感器等）。

2. 室内机正常，室外机不工作

这种故障有两种：一种是空调器室外机已收到开机指令，室内机工作正常，属于室外机不工作；另一种是室外机刚工作就停止。

通常引起室外机不工作的原因有：CPU 输出控制电路不正常；室外机信号线不良或接错；室外机电路部件有损坏；电源电压低或过流保护故障。维修时首先检查易引起故障的连接线路（特别是有加长线的空调器更易出现此类故障），其次检查 CPU 输出控制电路（易出现故障的是继电器与反相驱动器），如图 6-42 所示。

室外机开机就停一般发生在年久的空调器中，一般表现为 CPU 控制电路基本正常，故障大多发生在室外机的强电回路（图 6-43）。一般来说，压缩机、压缩机运行电容发生故障的可能性较高。

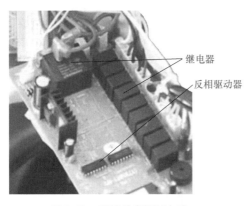

图 6-42　CPU 输出控制电路

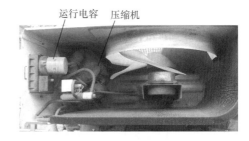

图 6-43　室外机的强电回路

（十五）空调器运转不停机的维修步骤

引起空调器不停机的原因较多，除电气控制方面的因素外，还有一个最重要的原因就是空调器在制热时室内很难达到停机的温度，以下仅以制冷方面引起空调器运转不停机为例来进行介绍。

引起此方面的原因有：温度设置不正确（设置过低）；空调器温控电路中室温传感器与管温传感器出现故障，使电脑芯片不发出停机指令；管路系统制冷效果差，室内降不到预定温度。

维修时应首先了解用户的使用情况，若用户反映不停机，且制冷效果差，说明空调器制冷方面有问题，应该按制冷效果差进行维修；若制冷效果好但温度降到最低时不停机，应该检查温度设置是否正确，若正确，则检查温控电路是否有问题。如查室温传感器（图 6-44）损坏，与其温度的变化不相对应；室温传感器所处的位置不正确；与室温传感器相连的分压电阻变值；与室温传感器相连的电容漏电；室内机 CPU 损坏。若逐个排查以上故障后故障还不能排除，就需要更换一块新主板了。

图 6-44　空调器运转不停机维修

※ 知识链接 ※　普通空调器运行时，室内达到预定的温度，空调器就会自动停机，如空调器继续运行就说明空调器不正常。而变频空调器不停机属于正常现象，所以判断空调器不停机的故障是针对普通空调器而言的。

三、空调器维修注意事项

空调器维修时应注意以下事项。

① 维修时拆卸设备之前务必从插座中拔出电源插头。在电源接通的设备上操作会引起触电。若必须接通电源进行维修或检测电路，不要接触设备中任何带电的部分。

② 如果在维修过程中有制冷剂气体排出，不要接触排出的制冷剂气体，以防冻伤。

③ 在焊接部位拆卸压缩机的吸气管或排气管时，首先应在通风良好处完全排出制冷剂

气体。若压缩机内残留有制冷剂气体，当拆卸配管时，会有制冷剂气体或冷冻油排除，而引起人身伤害。

④ 进行维修时，若有制冷剂气体泄漏，应使工作场所通风。当制冷剂气体碰到火花时，会产生有毒气体。

⑤ 升压电容给室外机的电气部件提供高压电。进行维修前务必给升压电容完全放电。充电的升压电容会引起触电。

⑥ 在维修完毕后，必须进行电气全检查。电气接线必须符合国家安全标准，保证不漏电。空调器维修完毕必须使用绝缘电阻表测量空调器的绝缘电阻，其阻值不得小于 $3M\Omega$。对于绝缘电阻小于 $3M\Omega$ 的空调器要进行故障排查，排除绝缘隐患后方可正常使用。

⑦ 维修人员在拆卸机壳以及带电部件前，必须将电源断掉，避免发生触电。

⑧ 空调器维修须压磅检漏时，必须充注气体进行压磅，严禁使用氢气、乙炔、氧气等易燃易爆气体。若使用禁用气体压磅，会造成空调器爆炸或燃烧。

⑨ 更换压缩机时应注意以下事项。

a. 新压缩机运输过程中不可倒置和碰撞，到达现场后不要马上打开管塞。

b. 确认压缩机坏后开始准备放制冷剂，为防止冻伤各种接线，应使用充制冷剂软管从低压侧检测阀接出机组以外合适的地方放制冷剂。

c. 焊接各取开点及压缩机（此时打开压缩机管塞），在焊接过程中须全程通低压氮气进行氧气置换，焊接完后应使焊接部分温度降至 200℃ 以下才能停止氮气流通。

d. 检漏：通入氮气后压力应稳定在 25kgf 左右，如无专用检漏设备，则用一定浓度洗洁精水或肥皂水对焊点进行涂抹，以长时间无气泡为准。

e. 抽真空：用专用真空泵进行抽真空，根据系统大小及配管长短选用不同的真空泵，如用小真空泵抽大系统则相应延长抽空时间，所接压力表负值不明显时应确定抽空时间，压力表只作为辅助判定依据。热泵机组需高低压同时抽空，用标准真空泵抽空大约需 1h。

f. 加制冷剂：达到真空度后才可以向系统内加制冷剂，液态制冷剂在远离压缩机而靠近冷凝器的检测阀加入，加制冷剂的同时加热带通电，加入达到整个系统标准充注的 70% ~ 80% 时停止 3 ~ 5min，对压缩机点动 5 ~ 7 次，开机从压缩机吸气口加入气态制冷剂直至标准充注。

⑩ 换板维修应注意以下事项。

a. 定频空调器换通用电脑板后，通电前应检查室内风机线是否与更换的通用电脑板接线端子顺序相同。换板后严禁不观察直接通电试用。

b. 若换板后，室内风机不能正常运转，则应将通用电脑板的上启动电容更换为与原机一样的启动电容。

第七章 变频空调器维修实用技能

第一节 变频空调器的结构组成与工作原理

一、壁挂式变频空调器的内部结构组成

1. 壁挂式变频空调器室外机内部结构组成

空调器主要由压缩机、换热器、系统管道（如截止阀、电子膨胀阀、四通阀等）、电路板、风扇及电动机等部件组成（如图 7-1 所示为分体式变频空调器室外机实物图）。其中压缩机是空调器制冷系统的动力核心，它可将吸入的低温、低压制冷剂蒸气通过压缩提高温度和压力，让里面的制冷剂动起来，并通过热功转换达到制冷的目的。如图 7-2 所示为普通壁挂式变频空调器室外机结构分解图（以海信 KFR-26GW/08FZBp 壁挂式空调器为例）。

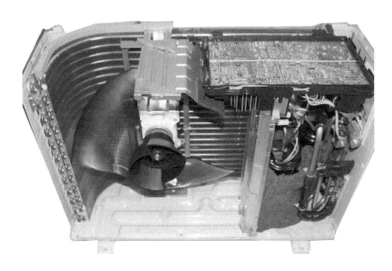

图 7-1 分体式变频空调器室外机实物图

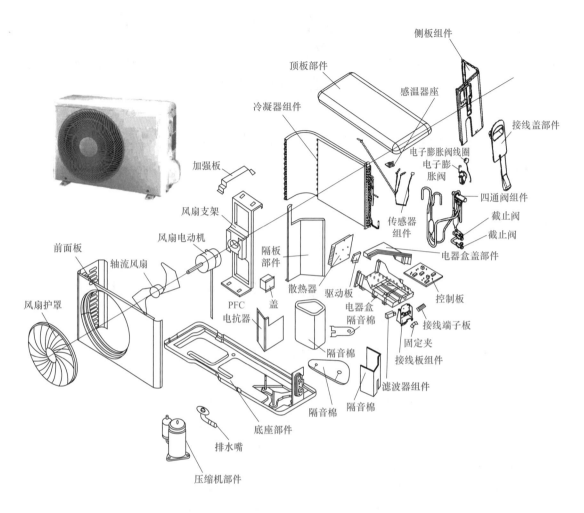

图 7-2　普通壁挂式变频空调器室外机结构分解图

2. 壁挂式变频空调器室内机内部结构组成

如图 7-3 所示为分体壁挂式变频空调器室内机实物组成图（以海信 KFR-26GW/08FZBp 壁挂式空调器为例）。从图中可以看出，空调器的室内机主要由格栅组件、步进电动机组件、蒸发器组件、风扇电动机组件、控制器组件、连接管路和遥控器等部件构成。

二、柜式变频空调器的内部组成

1. 室内机内部结构组成

柜式变频空调器室内机主要由室内换热器、贯流式风扇电动机、电气控制系统等组成。室内换热器安装于机壳内回风进风栅的后部，即机壳内上部；贯流式风叶和风扇电动机装于机壳内送风栅的后部，即机壳内下部；电气控制系统装于贯流式风扇电动机的上部。如图 7-4 所示为柜式变频空调器室内机分解图（以海信 KFR-72LW/08FZBpH-3 变频空调器为例）。

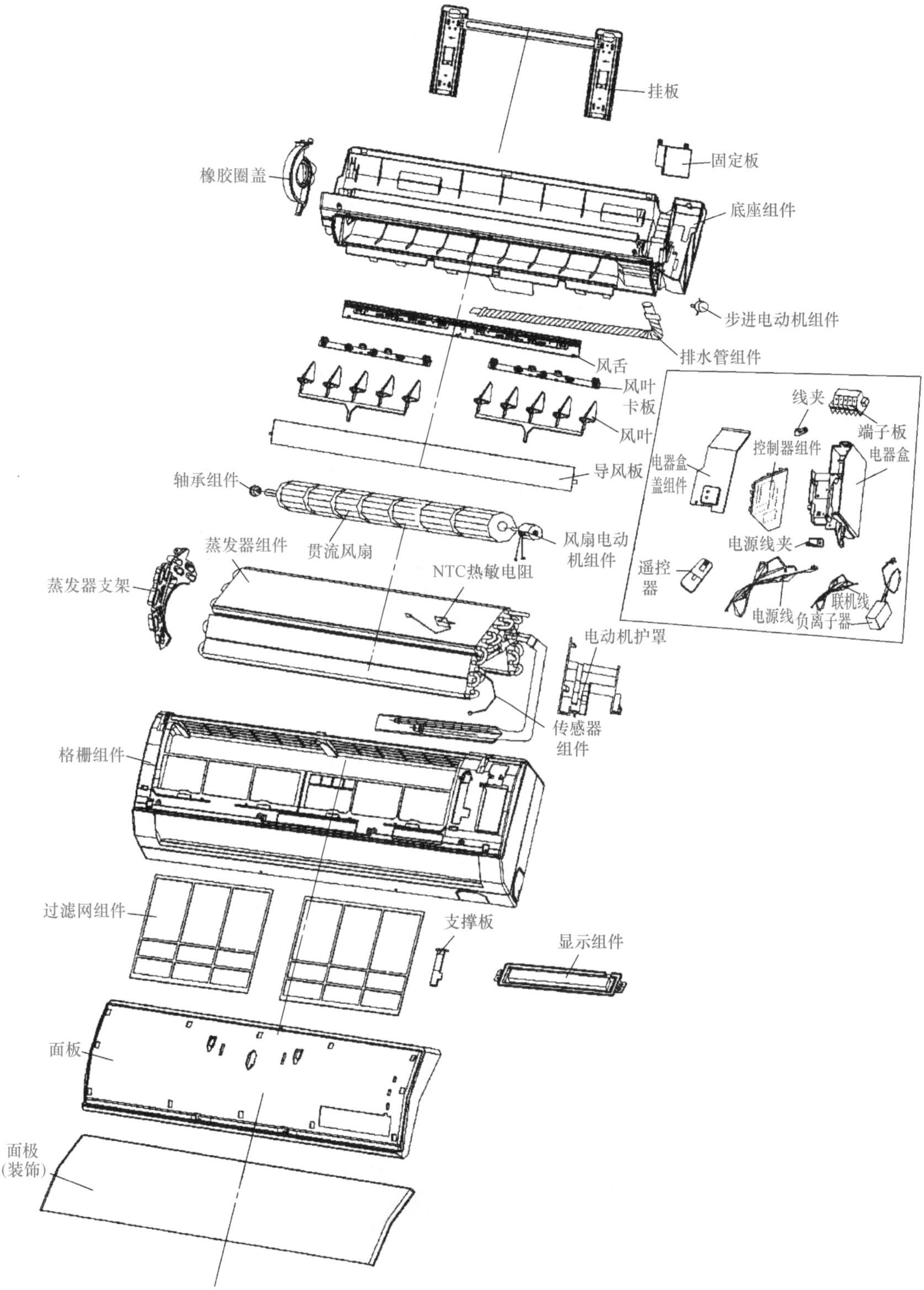

挂板

固定板

橡胶圈盖

底座组件

步进电动机组件

排水管组件

风舌

风叶卡板

风叶

导风板

线夹

端子板

电器盒

控制器组件

电器盒盖组件

电源线夹

遥控器

电源线

联机线

负离子器

轴承组件

贯流风扇

风扇电动机组件

蒸发器组件

NTC热敏电阻

蒸发器支架

电动机护罩

传感器组件

格栅组件

过滤网组件

支撑板

显示组件

面板

面极（装饰）

图 7-3 分体壁挂式变频空调器室内机实物组成图

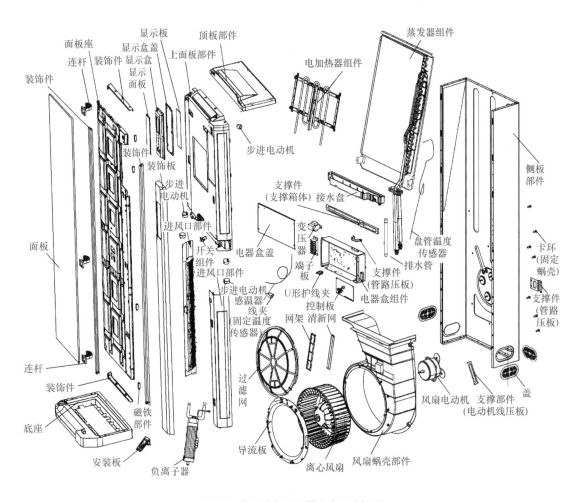

图 7-4 柜式变频空调器室内机分解图

2. 室外机内部结构组成

柜式变频空调室外机的结构与分体壁挂机基本相同，主要由电控总成、压缩机、冷凝器、轴流风扇等组成，如图 7-5 所示，只是体积、功率稍大。如图 7-6 所示为柜式变频空调器室外机分解图（以海信 KFR-72LW/08FZBpH-3 变频空调器为例）。

图 7-5 柜式变频空调器室外机内部结构

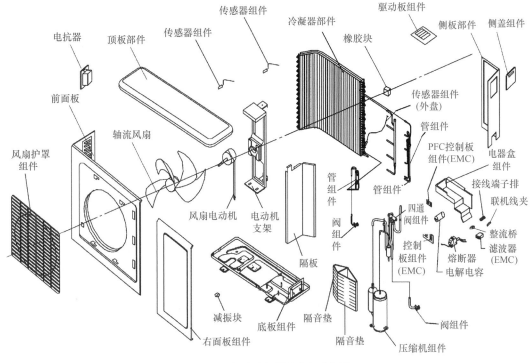

图 7-6　柜式空调器室外机分解图

三、变频空调器系统组成

变频空调器系统一般由制冷（制热）系统、空气循环系统（又称通风系统）和电气控制系统等组成。

1. 变频空调器制冷（制热）系统

变频空调器制冷（制热）系统主要由变频压缩机、室内 / 室外换热器（冷凝器、蒸发器）、电磁换向阀（四通阀）、节流装置（节流装置分为两种：一种是膨胀阀，另一种是毛细管，一般定频空调器都用毛细管，变频空调器采用膨胀阀，而"工薪变频"空调器采用毛细管）和截止阀等部件组成（图 7-7）。这些部件通过管道连接形成一个封闭的系统，系统中充注着制冷剂，在电气控制系统的控制下由压缩机压缩制冷剂循环。

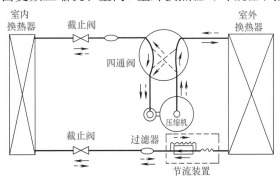

图 7-7　制冷（热）系统示意图

变频空调器制冷（制热）系统可分为两种：一种采用毛细管节流（以海信 KFR-32GW/21MPB 变频空调器为例，其制冷系统如图 7-8 所示），它与普通空调器的制冷（制热）系统完全相同，缺点是制冷量、制热量调节范围小；另一种采用电子膨胀阀节流（以海信 KFR-72LW/08FZBPH-3 变频空调器为例，其制冷（制热）系统如图 7-9 所示），该系统制冷量、制热量调节范围比较大，启动性能好，利用电磁旁通阀或电子膨胀阀还可实现不停机除霜。

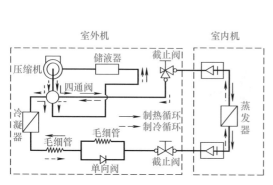

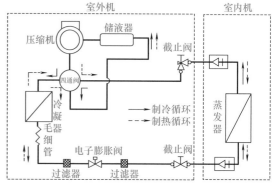

图 7-8　采用毛细管节流的变频空调器制冷（制热）系统　　图 7-9　采用电子膨胀阀节流的变频空调器制冷（制热）系统

2. 电气控制系统

变频空调器整个电气控制系统由变频功率模块、电源板、室内机主板、开关板、室外机主板和变频压缩机等几大部分组成。室内外机中都有独立的芯片，室内外机两块控制板之间通过火线、零线和通信线连接（图 7-10），完成供电和信息交换（即室内外机组的通信）来控制机组正常工作。整个系统的控制电路组成如图 7-11 所示。

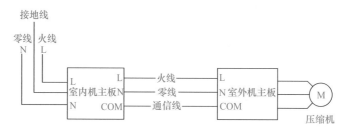

图 7-10　室内外机主板连接示意图

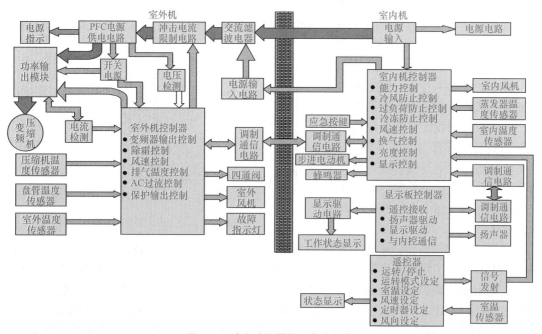

图 7-11　变频空调器控制电路组成

（1）压缩机　压缩机（图7-12）是空调器制冷（制热）系统的心脏，也是制冷（制热）系统中低压区（蒸发区）与高压区（冷凝区）以及低温与高温的分界线。变频空调器与普通空调器的压缩机不同，变频压缩机的转速能够随时调整变化，并与室内空调负荷的变化成比例；普通压缩机通电即可运转，而变频压缩机依靠室外电控程序驱动运转；普通压缩机供电频率是固定的，且单相压缩机都有运转电容，而变频压缩机采用三相结构，所以无启动电容，且机械结构也不尽相同。

图7-12　压缩机安装位置

变频压缩机按内部结构不同可分为旋转式压缩机（图7-13）与涡旋式压缩机（图7-14），按电气结构不同可分为交流变频压缩机与直流变频压缩机（图7-15）。交流变频压缩机的电动机一般是三相异步交流电动机，直流变频压缩机的电动机是直流无刷永磁转子电动机。

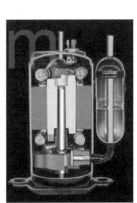
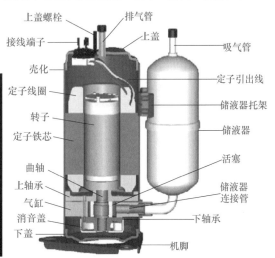

（a）双转子旋转式压缩机　　（b）单转子旋转式压缩机　　（c）旋转式压缩机剖面图

图7-13　旋转式压缩机

（2）变频功率模块　变频功率模块又称智能电源晶体管、功率逆变器，简称功率模块或变频模块（Intelligent Power Moudle，IPM），呈厚膜一体封装。在变频空调器中，变频功率模块是主要控制部件，是室外变频电路的核心，这一部分指的是完成直流到交流的逆变过程、用于驱动变频压缩机运转的逆变桥及其外围电路。变频压缩机运转的频率高低，完全由变频功率模块输出的工作电压的高低来控制，变频功率模块输出的电压越低，压缩机运转频率及输出功率也就越小。变频功率模块内部由三组（每组两个）大功率开关三极管组成，

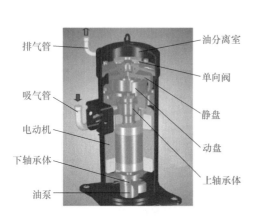

图 7-14　涡旋式压缩机　　　　　　　图 7-15　直流变频压缩机

其作用是将输入模块的直流电压通过三极管的开关作用，转变为驱动压缩机的三相交流电源。变频功率模块输入的直流电压（P、N 之间）一般为 260 ～ 310V，而输出的电压一般不应高于 220V。如图 7-16 所示为新科 KFR-32GWA/BP 变频功率电路板实物图。如图 7-17 所示为新科 KFR-32GWA/BP 变频功率电路板内部电路结构图。

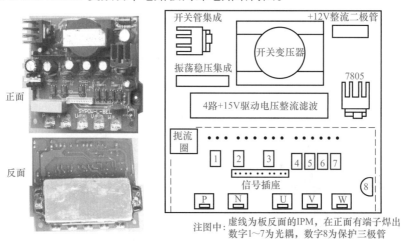

图 7-16　新科 KFR-32GWA/BP 变频功率电路板实物图

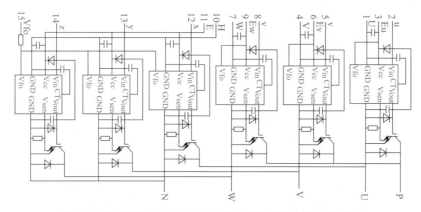

图 7-17　新科 KFR-32GWA/BP 变频功率电路板内部电路结构图

一般 IPM 模块有 4 种封装形式：内置一单元 IGBT 的单管封装、内置两单元 IGBT 的双管封装、内置六单元 IGBT 的六管封装、内置六单元 IGBT 组成的三相全桥和一只泄放管的七管封装。

※ 知识链接 ※　①交流变频空调器上通常采用六个 IGBT 构成上下桥式驱动电路；②当空调器生产厂家不同时，变频功率模块内部也略有不同，即增加了主板直流稳压电路、模块保护电路等。

（3）电源板　电源板将市电通过桥式整流电路、滤波电路、稳压电路以后得到直流电流供给变频功率模块，该模块输出频率可变的三相交流电供给变频压缩机。电源板一般由整流滤波电路、保护电路（欠压、过流等保护）、强电滤波电路等组成，如图 7-18 所示为格兰仕变频空调器室外机电源板实物。

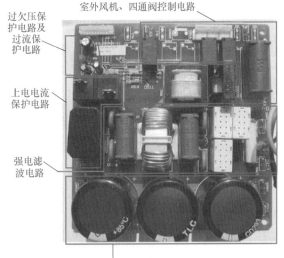

过欠压保护电路及过流保护电路

室外风机、四通阀控制电路

上电电流保护电路

强电滤波电路

整流滤波电路

图 7-18　室外机电源板实物图

（4）室内机主板和室外机主板　它们是整个系统的灵魂和核心，分别采用了一块单片机。随着科学技术的发展，现在的控制器件普遍采用了数字信号处理器（DSP）来处理各种输入的指令信号（如房间的设定温度）和反馈信号（如房间的实际温度），使空调器的控制更加准确和可靠，因此，这种变频空调器被称为"数字变频空调器"。变频空调器室内机主板实物图如图 7-19 所示，室外机主板实物图如图 7-20 所示。

图 7-19　室内机主板实物图

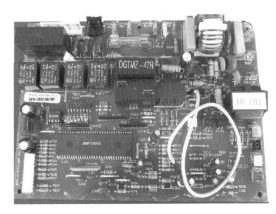

图 7-20　室外机主板实物图

① 室外机控制系统主要作用是：完成变频三相电源的控制算法，得到六路 PWM 波形驱动 IPM 中电力电子器件的通断；与室内机通信，综合分析室内环境温度、室内设定温度、室外环境温度等因素，对压缩机进行变频调速控制；根据系统需要，控制室外风扇、四通

阀、压缩机电加热器等负载；采集排气、管温、电压、电流、压缩机状态等系统参数，判断系统在允许的工作条件内是否出现异常。

变频空调器室外机控制电路一般可分为三大部分：室外主板、室外电源板、IPM 变频模块组件（图 7-21）。电源板完成交流电的滤波、保护、整流、功率因数调整，为 IPM 变频模块组件提供稳定的直流电源。主板执行温度、电流、电压、压缩机过载保护、模块保护的检测；压缩机、风机的控制；与室内机进行通信；计算六相驱动信号，控制变频模块。IPM 变频模块组件输入 310V 直流电压，并由主板的控制信号驱动，为压缩机提供运转电源。

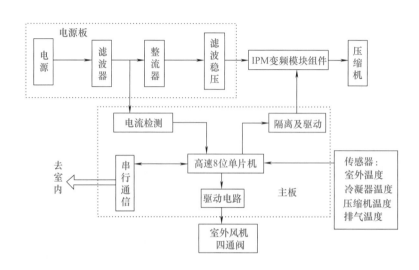

图 7-21　室外机控制电路框图

② 室内机控制系统主要作用是：接收用户来的温度需求信息；采集环温、管温等相关信息并传至室外机；显示各种运行参数和保护状态信息。

变频空调器室内机控制电路与定频空调器室内机控制电路差别不大，由电源电路、接收电路、温控电路、单片机（CPU）外围电路、显示驱动电路等组成。变频空调器相对定频空调器室内机电控多一个通信电路。另外，风扇速度检测电路中风扇电动机采用直流电动机或交流调速电动机，且常采用晶闸管控制。室内机电气控制框图如图 7-22 所示（以海信 KFR-35GW/77ZBP 空调器为例）。

3. 变频空调器空气循环系统

空气循环系统也称通风系统，一般由空气过滤器、风道、风扇、出风栅和电动机等组成。它的主要作用是将室内空气吸入空调器内，经滤尘净化后，强制室内外换热器进行热量交换，再将制冷或制热后的空气吹入室内，以达到房间各处均匀降温（升温）的目的。

对室内机组而言，吸入室内的空气，排出制冷或制热的空气，迫使空气在房间流动，以达到设定的温度；对室外机而言，采用排风扇将冷凝器散发的热量快速排向室外，提高热交换能力。空调器的风扇电动机是由风扇与电动机两部分组成的，空调器中使用的风扇电动机是低噪声风扇电动机，它的转速是 750 ~ 1300r/min。室内风扇电动机分为高速、中速、低速三挡。

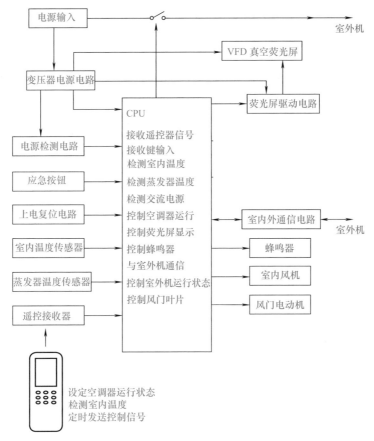

图 7-22　室内机电气控制框图

四、变频空调器工作原理

变频空调器工作原理框图如图 7-23 所示，室内部分接收遥控器送来的控制信息，并根据室内空气温度、换热器温度以及室外机送来的状态信息，经过模糊推理，向室外机送出控制信息。室外机根据室内机送来的控制信息，产生 SPWM 波形，驱动压缩机在相应的频率上运转。在运转控制过程中，随着室外温度的不同、压缩机排气温度的变化以及发热器件温

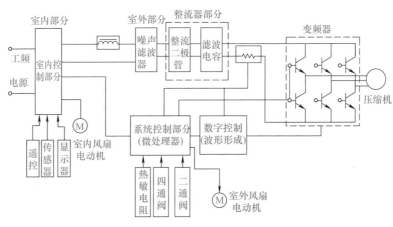

图 7-23　变频空调器工作原理框图

度的变化自动调整运行频率，使压缩机始终处于最佳的运行状态。同时室外机还不断地检测电流、电压的变化，检测短路、过压、欠压等故障的发生，及时采取保护措施，以保障控制系统的良好运行。

变频空调器在定频空调器的原理基础上，换装了变频压缩机，加装了变频控制器等一系列配套部件。变频控制器通过改变变频压缩机的供电频率，可调节变频压缩机的转速（即将 220V、50Hz 的单相交流电转变成为三相变频交流电 20 ～ 120Hz、40 ～ 180V 供给变频压缩机，通过频率变化来调节压缩机转速），依靠压缩机转速的快慢变化控制输出功率的大小，达到控制室温的目的（图 7-24）。变频空调器不用像定频压缩机那样停了再开、开了再停。

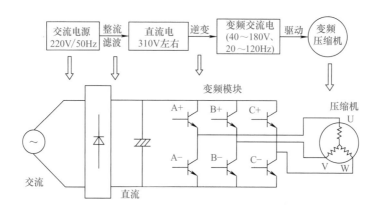

图 7-24　变频空调器的工作流程

五、变频空调器的控制原理

家用变频空调器的控制原理是：微处理器随时收集室内环境的有关信息并与内部的设定值进行比较，经运算处理后输出控制信号，其具体控制原理框图如图 7-25 所示。室内外

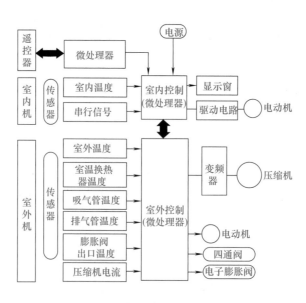

图 7-25　变频空调器控制系统原理框图

机的两个单元中都有以微处理器为核心的控制电路，两个控制电路仅用两根电力线和两根信号线（也可用一根信号线，另一根用零线代替）进行传输，相互交换信号并控制机组的正常工作。

六、变频空调器制冷（制热）系统的原理

工作时空调器根据房间的需要，自动控制变频器输出频率较高（需要制冷量或制热量多）的交流电，使电动机的转速加快，压缩机的制冷量或制热量加大，达到快速制冷或制热的目的；相反，当房间需要的制冷量或制热量较少时，压缩机以正常速度或较低速度运转。在压缩机工作过程中，微电脑系统控制变频压缩机的同时，控制电子膨胀阀的开启度，保持适当的制冷剂流量，从而直接改变蒸发器中制冷剂的流量使其状态发生改变，压缩机的转速与电子膨胀阀的开启度相对应，压缩机的排气量与电子膨胀阀的供液量相对应，使过热度不至于太大，使蒸发器的能力得到最大限度地发挥，从而使制冷（制热）系统实现最高效率的控制。

制冷工作过程（图7-26）：空调器工作时，制冷系统内制冷剂的低压蒸气被压缩机吸入并压缩为高压蒸气后排至冷凝器；同时室外风扇吸入的室外空气经冷凝器带走制冷剂放出的热量，使高压高温的制冷剂蒸气凝结为高压液体；高压液体经过过滤器、节流装置（节流装置大多采用电子膨胀阀，而放弃了原有单一的毛细管）降压降温流入蒸发器，并在相应的低压下蒸发，吸取周围的热量；同时室内风扇使室内空气不断进入蒸发器的肋片间进行热交换，并将放热后变冷的气体送向室内。室内外空气不断循环流动，达到降低温度的目的。

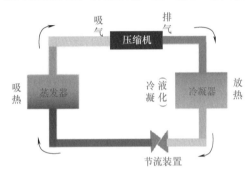

图7-26　变频空调器制冷系统简图

变频空调器系统多以热泵型为主，其制热过程是：利用制冷系统冷凝器、换热器来加热室内空气；空调器在制冷工作时，低压制冷剂液体在蒸发器内蒸发吸热，而高温高压制冷剂在冷凝器内放热冷凝，而热泵制热通过电磁换向，将制冷系统的吸排气管位置对换；原来制冷工作蒸发器的室内盘管变成制热时的冷凝器，这样制冷系统在室外吸热向室内放热，实现制热的目的。

七、交流变频空调器的工作原理

交流变频空调器的工作原理（图7-27）是：首先把工频交流电转换为变频交流电，即将AC220V/50Hz工频交流电先转换为310V直流电源，为变频器提供工作电压，然后再将直流电"逆变"成脉动的交流电，并把它送到脉冲功率放大器中进行放大，最后驱动压缩机电动机运转，使压缩机电动机的转速随电源频率的变化做相应的变化，从而调节制冷（制热）量。

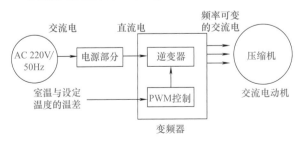

图7-27　交流变频空调器工作原理框图

空调器变频功率模块（称为逆变器更为贴切，又称为变频模块或功率模块，主要作用是将直流电转换成"可调的脉动交流电"）输出的是可变交流电［市电交流电→直流电（约310V）→可变交流电］，并且采用了交流压缩机。同时模块受微处理器送来的控制信号的控制，输出频率可调的交变电压，使压缩机电动机的转速随电源频率的变化做相应的变化来控制压缩机的排量，从而调节制冷量或制热量。

交流变频空调器的室内机电路与普通空调器基本相同，仅增加了与室外机通信的电路，通过信号线按一定的通信规则与室外机实现通信，信号线通过的一般为 +24V 或 +12V 电信号。

室外机电路一般分为三部分：室外机主板、室外电源电路板及变频功率模块组件。电源电路板完成交流电的滤波、保护、整流、功率因数的调整，为变频模块提供稳定的直流电源。变频功率模块组件输入直流电压，并接受主板的控制信号的驱动，为压缩机提供运转电源。如图 7-28 所示为交流变频空调器电路组成示意图。

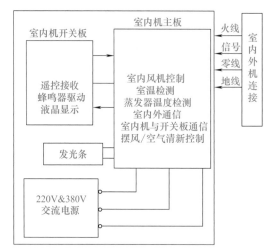

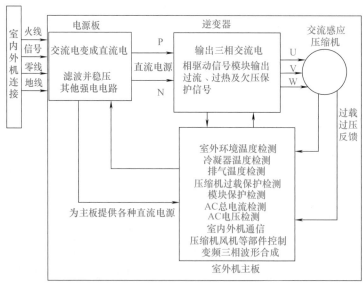

图 7-28　交流变频空调器电路组成示意图

如图 7-29 所示为交流变频空调器的工作原理框图。

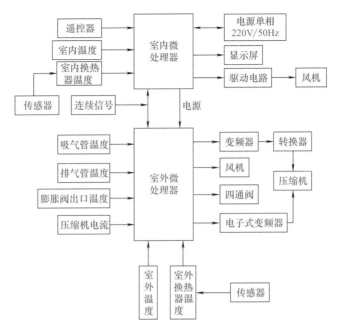

图 7-29　交流变频空调器的工作原理框图

　　交流变频空调器的工作过程是：室内部分接收遥控器送来的控制信息，并根据室内空气温度、换热器温度以及室外机送来的状态信息，经过模糊推理，向室外机送出控制信息。室外机根据室内机送来的控制信息，产生 SPWM 波形，逆变器（在变频的同时也变压，故又称为 V/F 调频）驱动压缩机在相应的频率和电压上运转。在运转控制过程中，随着室外温度的不同、压缩机排气温度的变化以及发热器件温度的变化自动调整运行频率，使压缩机始终处于最佳的运行状态。同时室外机还不断地检测电流、电压的变化，检测短路、过压、欠压等故障的发生情况，及时采取保护措施，以保障控制系统的良好运行。

　　※ 知识链接 ※　交流变频空调器所用的大多是三相电动机，单相电动机比较小。交流变频空调器由于电动机本身特性的问题，调速范围比较小，性能不够理想。

八、直流变频空调器的工作原理

　　直流变频空调器的工作原理（图 7-30）是：把 AC220V 工频交流电经 EMI 电路、整流电路转换为 310V 直流电，送到变频功率模块，变频功率模块受微处理器（CPU）送来的

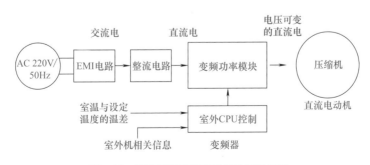

图 7-30　直流变频空调器的工作原理框图

控制信号的控制（主要作用是将直流电移相调压，以推动直流电动机），输出受控的直流电，并送至压缩机的直流电动机，通过变频功率模块输出受控的直流电来控制直流电动机转速，从而控制压缩机的排量来进行功率的调整。由于压缩机中有制冷剂气体，容易引起火花而爆炸，而有刷电动机容易产生火花，所以在直流变频空调器中大多采用无刷直流电动机。

直流变频空调器由交流变频空调器演变而来，内部采用直流驱动，用改变直流电压的方法来调节压缩机的转速，简单地说就是"变转速"。压缩机使用了无刷直流电动机，转子采用永磁转子，不存在反复磁化转子的弊端，因此使空调器更省电、噪声更小。

直流变频空调器的室外机电路一般也分为三部分：室外主板、室外电源电路板和直流变频功率模块及其组件（图 7-31）。电源电路板完成交流电的滤波、保护、整流、功率因数调整，为变频功率模块提供稳定的直流电源。变频功率模块组件输入 310V 直流电压，并受主板的控制信号的驱动，为压缩机提供运转电源。

如图 7-32 所示为直流变频空调器电气电路参考图，室内部分接收遥控器送来的控制信息，并根据室内空气温度、换热器温度以及室外机送来的状态信息，经过模糊推理，向室外机送出控制信息。室外机根据室内机送来的控制信息，经过直流变频功率模块产生相应的直流电压，驱动直流压缩机产生相应的转速。在运转控制过程中，随着室外温度的不同、压缩机排气温度的变化以及发热器件温度的变化自动调整运行转速，使压缩机始终处于最佳的运行状态。同时室外机还不断地检测电流、电压的变化，检测短路、过压和欠压等故障的发生情况，及时采取保护措施，以保障控制系统的良好运行。

图 7-31　直流变频功率模块及其组件

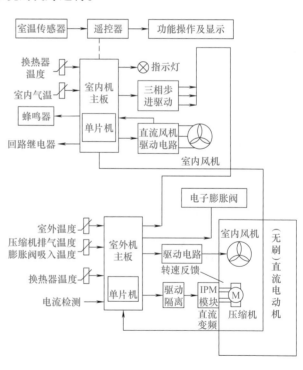

图 7-32　直流变频空调器电气电路参考图

与交流变频压缩机不同，直流变频压缩机还要进行换相。直流变频压缩机电动机每旋转 60°/120° 便更换导通的绕组，是 60°/120° 电角度换相，绕组的形式决定换相的间隔。霍尔元件是实现换相的触发器，它的位置是由绕组的排列位置与相数决定的。对于有霍尔传感器的电动机，60°换相和120°换相只是电角度，对于四极电动机来说，对应的空间角度则分别为30°和60°。

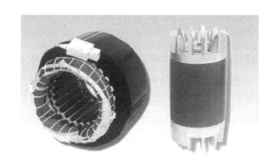

图7-33　压缩机无刷直流电动机实物图

下面以采用无刷直流电动机（如图7-33所示为压缩机无刷直流电动机实物图）的直流变频空调器为例，介绍其压缩机是怎样进行电动机换相的。

由于无刷直流电动机在运行时，必须实时检测出永磁转子的位置，从而进行相应的驱动控制，以驱动电动机换相，才能保证电动机平稳地运行。实现无刷直流电动机位置检测的方法主要有两种：一是利用电动机内部的位置传感器提供信号；二是检测出无刷直流电动机相电压，利用相电压的采样信号进行运算后得出。由于后一种方法省掉了位置传感器，所以直流变频空调器压缩机大多采用后一种方法进行电动机的换相。

在无刷直流电动机中总有两相绕组通电，一相不通电。一般无法对通电绕组测出感应电压，因此通常以剩余的一相作为转子位置检测信号用线，检测到感应电压，通过专门设计的电子回路转换，反过来控制给定子绕组施加方波电压，从而实现压缩机电动机的换相。

※ 知识链接 ※　直流变频空调器中的直流电动机调速性能比交流电动机要好，所以，直流变频空调器比交流变频空调器的调节性能要好一些，调节范围也要宽很多。而且有些高档的变频空调器采用双转子压缩机，室外机的噪声会大大降低。

第二节　变频空调器的故障维修技能

一、变频空调器的维修方法

（一）变频空调器故障维修的基本方法

变频空调器的基本维修方法如下。

① 在维修空调器前应先向用户了解空调器的使用情况、故障发生过程以及用户的电源、空调器的安装位置、维修的空调器的准确型号（以便查找易损的主要配件型号及对应的配件编码，尤其是室外机的配件）等基本情况。

② 维修时的原则是：应先电源后负载，先强电后弱电；先室内后室外，先两端后中间；先易后难。维修时如能将室内电路与室外电路、主电路与控制电路故障区分开，就会使电路故障维修简单化和具体化。

③ 仔细观察故障现象以及相关运行情况（如噪声、开停机时的声音等），确定故障是在室外机还是在室内机。

④ 搞清楚空调器的工作参数，比如空调器的制冷剂压力（高压压力、低压压力）、电

压、运行电流、压缩机的运行频率、出风口温度等，然后通过测量，综合判断出故障类型。

⑤ 变频空调器维修的重点和难点是室外机，因为室外机中有主电源供电电路、变频功率模块、微处理器及其附属电路，故比普通空调器要复杂。

在维修时首先观察是否有故障代码显示，若室内机有故障代码显示，维修时可根据故障代码进行故障判断和维修。要注意的是除故障代码提示的部位外，相关电路也属于故障检查范围。例如，当故障代码显示为传感器不良时，除检查传感器外，还要检查传感器的相关电路（如分压电阻、并联的电容及接插件等都属于故障检查范围）。

若无故障代码显示，则检查直流 310V 主电源电压是否正常；若直流 310V 电压不正常，则检查整流滤波电路；若直流 310V 电压正常，则检查室外机微处理器的供电是否正常（室外机微处理器所需的 5V、12V 供电电压和变频功率模块所需的四路 15V 供电电压均由开关稳压电源提供）。若微处理器的供电电压不正常，则检查开关稳压电源是否有问题（如查电源开关管和开关稳压电源的熔丝管等）；若微处理器的供电电压正常，则微处理器的工作条件也符合要求，则检查变频功率模块是否有问题，如查开机后变频模块无输出，此时可检测主板的六路变频输出是否正常（即：测量六路变频输出所串接的电阻上是否有电压降），如果六路变频输出正常，则说明故障出在变频功率模块，反之，故障出在微处理器芯片。

另外，变频空调器室外机设有软启动电路，当软启动电路的 PTC 开路时，室外机无供电，整机不工作。当软启动电路的功率继电器损坏或不工作时，室外机一开即停，此时 220V 交流电压全部加在 PTC 上，会导致 PTC 发烫。

⑥ 主板中的元器件由于电流很小，故障率不高。而故障率高的部位常在大电流、高功率部件，这就为排除故障提供了方便。所以维修重点就放在这些地方。一般先检查电源电路、整流滤波电路、稳压电路，然后检查驱动电路。如这些部位都没有问题，则对主板外部电路进行检查。故障发生部位一般以热敏温控电阻失效、变值及引线断开或接触不良等原因为多。而这些故障用观测法或万用表检测方法即可发现。

⑦ 变频空调器室内机出故障后的维修方法与定速空调器基本相同，首先检查空调器的电源供电电压是否正常，当正常后，再检查微处理器的工作条件是否符合要求。一般室内机故障多发生在微处理器的输入回路中，通常都会有故障代码显示，可以据此进行判断。

⑧ 压缩机、变频功率模块是易损元器件，为区分故障是在变频功率模块还是在压缩机时，可测量压缩机线圈上三相电压，有电压其不启动，说明故障在压缩机。也可测量压缩机线圈电阻，正常时三相线圈阻值相同。有条件可将 3 个同功率灯泡接成星形，然后与变频功率模块 U、V、W 连接，开机后三个灯泡应逐渐由暗变亮，如灯泡不亮说明变频功率模块或控制电路有故障，反之，故障在压缩机。

⑨ 当通信电路不良时会造成变频空调器出现许多奇特的故障现象，故变频空调器维修时应将通信电路作为重点。一般来说，室内室外机通信正常，室内机对室外机有控制信号输出，则说明微处理器工作基本正常。

⑩ 变频空调器主电路常见故障多为主熔丝管、压敏电阻烧毁，整流桥、主滤波电容、变频功率模块、压缩机损坏，维修时可分步骤进行。即测量变频功率模块接插头 P 与 N 之间有无 280V 电压，有电压说明其之前电路正常。

⑪ 维修变频电路时，分清主电路中特别是逆变器电路的来龙去脉至关重要。只有对电路电压参数熟悉以后才便于分清故障是在主电路还是在控制电路，以便于更换印制板。拆线时应记住标志或做好记号，这样再接线时就不会出错。对初学者而言，可将变频器看成一个部件，维修时先检查外部电路，如仍不能发现故障所在，则可用更换变频器的方式进行维

修、调试。但拆卸的前提是必须熟悉外部电路接线的来龙去脉，否则容易出错，甚至会扩大故障。

⑫ 维修前后，都应检查用户电源插座、室内外机接线板、主板上所有的接插件（特别是室外机电源板、模块板、PFC 板等）是否有松动或松脱。

（二）变频空调器故障的基本判断方法

变频空调器故障的基本判断方法主要有以下几种。

1. 听

听就是空调器在运转时，根据细听室内机发出的异常噪声来判断故障。

① 若压缩机在运转时有"嗡嗡"声，则为压缩机电动机不能正常启动声，此时应立即关闭电源，查找故障原因；若有"嘶嘶"声，则是压缩机内高压减振管断裂后发生的高压气流声；若有"嗒嗒"声，则是压缩机内部金属的碰撞声；若有"当当"声，则是压缩机内吊簧脱落或断裂后的撞击声。对开启式压缩机，一般会发出轻微而均匀的"嚓嚓"声或阀片轻微的"嘀嘀"的敲击声；如出现"通通"声，则是压缩机液击声，即有大量的制冷剂吸入压缩机飞轮键槽，配合松动的撞击声；如出现"啪啪"声，则是传动带损坏后的拍击声。

② 室内外风扇电动机运转声音是否顺畅。听离心风扇和轴流风扇的运转声应是平衡而均匀，如有碰擦或轴心不正，就会有异常声音出现，如风机轴流风扇碰击外壳铁片的声音、风机缺油的"嗞嗞"尖叫声、风机离心风扇与泡沫外壳发出的"嚓嚓"声。

③四通阀换向时气流声是否正常；换向阀线圈通电是否有吸合声；膨胀阀（毛细管）中的制冷剂流动是否为正常工作时发出的液流声等。

2. 看

看就是观察空调器外形及各个部件的工作是否存在异常来判断故障。

① 看室内外连接管接头处是否有油迹；连接管接头处是否存在松动、破裂；室内蒸发器和室外冷凝器翅片上是否有积尘、积油或被严重污染。

② 室内外风扇电动机运转方向是否正确，风扇电动机是否有停转、转速慢、时转时停；离心风叶和轴流风叶的跳动是否过大。

③ 压缩机的冷冻油是否正常；压缩机吸气管是否存在不结露、结露极少或者结霜；压缩机吸排气压力与室外温度是否正常；电动机和压缩机有无明显振动。

④ 压敏电阻、整流桥、电解电容、三极管、变频功率模块等是否有炸裂、鼓包、漏液；印制电路板正反面上是否有水浸、腐蚀、脏物、短路烧损现象。

⑤ 看是否有故障代码显示，然后根据代码来判断故障点。

3. 摸

摸就是在压缩机正常运行 20 ～ 30min 后，手摸压缩机、蒸发器、冷凝器、回气管等部位的温度来判断故障。

① 摸出风口温度。正常状态时手摸出风口应感觉有些凉意，手停放时间长一些时有些冷。

② 正常状态时吸气管冷、排气管热。摸低压回气管表面温度，应感到凉，如果环境温度较低，低压回气管表面还会有凝露水；若回气管不结露，而高压排气管比较烫，压缩机外壳也很热，则可能是制冷剂不足；若压缩机的回气管上全部结露，并结到压缩机外壳的一半或全部，说明制冷剂过多。

③ 摸高压排气管温度。手摸应感到比较热，夏季时还烫手。

④ 手摸风扇电动机与压缩机外壳温度是否正常，压缩机吸排气管温度是否正常。压缩机温度一般在 90 ～ 100℃。

⑤ 摸蒸发器的表面温度。正常的空调器在工作时蒸发器各处的温度应该是相同的，其表面是发凉的，一般在 15℃左右，裸露在外的铜管弯头处有凝露水。

⑥ 摸冷凝器的表面温度。正常情况下，冷凝器的温度可达 80℃左右，冷凝管壁温度一般为 45 ～ 55℃。

⑦ 摸毛细管与干燥过滤器表面温度是否比常温略高或者出现低于常温和结霜。

⑧ 四通阀四根管子温度是否正常（各管路表面温度是否与空调器的工作状态温度相符合；或者说该冷的要冷，该热的要热）；单向阀或旁通阀两端温度是否存在一定的温度差。

⑨ 变频功率模块表面是否烫手或温度过高等。

4. 闻

闻制冷剂与冷冻油气味是否正常；电气元件是否有烧焦的气味（如电路板、三极管、继电器、变频功率模块等）；风扇电动机或压缩机的机体内外接线柱或线圈是否有因温升高而发出的焦味；切开制冷管路后管路及压缩机排出的制冷剂和冷冻油是否带有线圈烧焦味或冷冻油污浊味。

5. 测

测一般是用仪器、仪表（如压力表、半导体点温计、钳形电流表、检漏仪、万用表等）等工具对空调器的参数和状态进行检测，如用钳形电流表检查电流、电压、电阻；用歧管压力表检测高低压力；用检漏仪检查有无制冷剂泄漏；用万用表测量电源电压及运转电流等。

例如：测空调器室内外机进出风口温度是否正常；压缩机吸排气压力是否正常；高、低压压力值是否正常［环境温度在 30℃时，低压为 0.49 ～ 0.54MPa（若低压在 0.4MPa 以下，则表明制冷剂不足或有泄漏），高压为 1.17 ～ 1.37MPa（若高压过高或过低都说明有异常）；环境温度在 35℃时，低压为 0.58 ～ 0.62MPa，高压约为 1.93MPa；环境温度在 43℃时，低压约为 0.68MPa，高压约为 2.31MPa］；电源电压和整机工作电流与压缩机运转电流是否正常；变频功率模块输出给变频压缩机的电压是否正常（如测变频功率模块端电压是否存在三相不平衡、缺相或无电压输出等）；风扇电动机、压缩机线圈间是否存在开路、短路或碰壳；通过温度传感器感知的温度是否正常；测量线路及元器件的阻值、电压、电流等来分析判断线路及元器件是否存在不良及损坏。

（三）变频空调器制冷剂充注量的判断方法

制冷剂充注量的判断方法主要有以下几种。

（1）测重量　当钢瓶内制冷剂的减少量等于所需要的充注量时，即可停止充注。

（2）测压力　根据安装在系统上的压力表的压力值，即可判定制冷剂的充注量是否合适。

（3）测温度　用半导体测量仪表测量蒸发器进出口温度、吸气管温度、储液器出口温度和结霜限制点温度，以判断制冷剂充注量是否适宜。

（4）测工作电流　用钳形电流表测工作电流，制冷时环境温度 35℃所测工作电流与铭牌上电流相对应。

（四）变频空调器是否缺制冷剂的判断方法

不同程度的泄漏在空调器中普遍存在，当制冷剂泄漏后就可能产生缺制冷剂现象。下面介绍如何判断是否缺制冷剂的方法。

（1）观察制冷系统是否运转正常　将空调器调到最低温度，让压缩机连续工作30min后，若出现室外机气管阀门（粗管阀门）湿润且有结露水，室外机液管阀门（细管阀门）干燥或湿润，室外排水软管随着室内相对湿度的增加、露点温度的升高排水量加大，室内机进出风口温差在8℃以上等现象，说明制冷系统运转正常。

（2）缺制冷剂后可能产生的现象　将空调器调到最低挡，让压缩机连续运转30min后，若出现气管阀门发干、液管阀门结霜、蒸发器结露或结霜，室内机排风没有热感，排水软管排水不畅，室外机气、液阀门有油污，空调器的工作电流小于额定电流，在室外机充制冷剂口测量的压强低于0.45MPa等现象，都可能是由缺制冷剂引起的。

另外，室外机任何一个阀门结霜都属于不正常的现象，若只有气管阀门结霜，则说明有微弱的缺制冷剂现象；若液管阀门结霜，则说明缺制冷剂严重；若两个阀门都结霜，则说明系统有二次节流现象。

二、变频空调器常见故障维修方法

（一）变频空调器制冷系统故障的维修方法

变频空调器制冷系统主要由变频压缩机、冷凝器、节流机构（电子膨胀阀、毛细管）、蒸发器四大部分组成。制冷系统故障原因主要有制冷系统存在漏制冷剂、缺少制冷剂或制冷剂过量；制冷系统存在管路堵塞、冷凝器散热不良或通风不畅；四通阀和电子膨胀阀存在关闭不严、窜气或开度有问题等。

维修变频空调器制冷系统时，要结合故障机型的运转模式（厂方有说明）、变频空调器的维修参数、制冷系统压力检测状况及制冷系统各部件常见的故障来综合判断分析出导致故障的部位和原因。

1. 变频空调器制冷系统压力

通过检测制冷系统压力是否正常来判断故障，比如：当排气压力升高时，应检查系统中是否有空气或制冷剂是否过多、冷凝器散热是否良好、高压开关是否动作、高压管路是否堵塞、气流是否受阻或风路是否不畅等；吸气压力过高时，应检查制冷系统内制冷剂是否过多、制冷系统内制冷剂是否混有空气、膨胀阀节流流量调节是否过大、压缩机在压缩过程中低压阀与阀板间关闭是否不严、蒸发器温度是否偏高等。

2. 变频空调器的维修参数

变频空调器的维修参数（工作电流、工作电压、系统压力、压缩机运转频率、出风口温度、排气管温度等）是判断分析变频空调器运行是否正常的首要依据和参考。通过仪器仪表检测各工作点的实际数据，并与维修参数比较，最终分析出故障部位和原因。

3. 压缩机制冷系统故障原因判断

用压力表检测制冷系统中压缩机回气口低压压力值，正常范围（视环境温度高低影响）一般在0.4～0.6MPa。制冷系统内正常制冷量的判断方法：先检测平衡压力值，而后检测低压压力值，即制冷系统中压缩机回气口低压压力值为平衡压力值的1/2。

4. 蒸发器和冷凝器的维修方法

蒸发器和冷凝器主要用于使制冷剂与室内外空气进行热量交换，蒸发器、冷凝器常见故障为系统中有异物或制造产生的堵点以及出现漏点。另外，铝合金翅片间积存附着了大量的灰尘或油垢。当蒸发器和冷凝器出现漏点时漏点周围会出现油污。

5. 电子膨胀阀的维修方法

一拖二机器 A、B 机电子膨胀阀线圈固定错位或室外机 A、B 机端子控制线接反，无法正常运转；电子膨胀阀线圈短路或开路造成无法正常工作；阀针卡住，开度无变化，造成室外机盘管温度传感器感知异常温度而影响空调器的正常运转。

6. 毛细管的维修方法

毛细管常见故障为堵、漏点。当毛细管堵时，会使制冷系统的高压压力偏高，压缩机回气口低压压力偏低或负压，制冷效果下降或不制冷，造成压缩机过热保护。当出现漏点时会使系统制冷剂逐渐减少，系统压力下降，制冷效果差。

当毛细管出现脏堵、冰堵、油堵后，从表面上看毛细管部位结霜不化，严重时制冷效果下降或不制冷。当出现漏点时漏点会有油污，多为制造和维修时烧焊不良造成或有砂眼，通过补焊抽真空充制冷剂处理即可解决。

（二）变频空调器电气控制系统故障维修方法

变频空调器电气控制系统维修时，首先排除电源部分（包括室内机和室外机电源，特别是采用开关电源的电路）故障，再检查电控部分（如风机、继电器或双向晶闸管等），最后检查电路部分（如通信电路、主控电路、晶振电路、复位电路、保护电路等电路）故障。

1. 电源电路

室外机是由室内机控制继电器供电的，只有在室内机控制继电器正常吸合后，室外机接线端子上才有输入交流电压。维修时，首先检查熔丝管是否正常，若熔丝管烧黑或炸裂，说明电路中存在严重的短路故障，应重点检查压敏电阻、大电解电容及高频滤波电容、电源变压器、整流桥等元器件是否有问题。若检查以上电路元器件正常而通电后继续熔断熔丝管，可采取逐一断开支路负载的方法来判断，如断某支路（如断开变频功率模块、变频压缩机；电源变压器、室内风机；室外风机、开关电源等）负载后电阻值恢复正常，说明该负载有问题。

2. 通信电路

通信电路故障通常表现在室内机开机后显示通信异常或接线错误类故障代码，一般检查室内外机连机线有无损伤、压接不牢固、接错位等。若连机线正常，则检测室内外机连接端子的零线与通信线脚之间是否有脉动电压；若无电压或电压失常，则检查室内机电源控制继电器是否吸合、室内机端子板上的火线与零线脚之间是否有 AC220V 电压输出；若无 AC220V 电压输出，则重点检查控制电源电路。若以上检查均正常，则检查通信电路中大功率电阻是否开路或阻值变大、光电耦合器内部是否断路等。

3. 主控电路

主控电路主要检查室内外主控芯片及外围元器件、晶振电路是否起振，复位电路是否有问题，存储器电路是否有问题。

4. 温度传感器电路

变频空调器所设的温度传感器较多，且故障率较高。当温度信号采集电路出现故障时，常会导致多种不同故障，如：显示温度异常；未达到设定温度停机或频繁启停；防送冷风功能不良；压缩机不启动或启动后立即停止；室外风机不能转换风速等。维修时可拔掉被怀疑有问题传感器的插件，然后用电阻挡测量传感器两引脚之间的电阻值（正常时应为当时环境温度下的相应值，同时可用对被测传感器加温的方法来判断，即温度越高，显示阻值越小）；若被测传感器存在开路、短路、阻值不符或检测温度不敏感，都属于传感器故障，应选用同型号的予以更换。

5. 室内风机控制电路

当出现风机不转时，检查风机电容及风机本身是否有问题；室内风机出现转换异常或工作一会儿自动停转，则检查风速反馈信号电路是否正常；风机异常时，则检查双向晶闸管控制电路是否有问题、由主控芯片等组成的室内风机控制电路是否有问题。

6. 驱动电路

室内机驱动电路故障通常表现为步进电动机不转或转动角度不到位、蜂鸣器不发声等。维修时，首先检查步进电动机及插件是否有问题。若正常，则检查驱动块及其外围元器件是否有问题。

室外机驱动电路故障通常表现为四通阀不换向、室外风机不工作或工作异常、压缩机不工作或工作异常、室外机指示灯不工作等。维修时，可通过驱动块对应引脚的输入、输出电平状态来分析故障原因。

7. 压缩机驱动电路

压缩机驱动电路故障表现为压缩机不启动或压缩机三相电压不一致、过流保护或屡烧变频功率模块。维修时，若检查开关电源各路输出电压均正常而电路工作异常时，则检查光电耦合器性能是否良好、电阻是否开路或阻值是否发生变化。若以上检查均正常，则检查变频功率模块及其保护电路。

※ 知识链接 ※ 当确认变频功率模块已损坏后，应选用同型号的予以更换；换用新变频功率模块时，千万不要将新变频功率模块接近带有磁体或接触带有静电的物体（包括人体），特别是模块的信号端口，焊接时应采取防静电措施（如将电烙铁可靠接地或将电烙铁加热后快速断电焊接）。

8. 保护电路

变频空调器保护电路可分为过零检测电路、电压检测电路、电流检测电路、压缩机排气温度保护电路、压缩机顶部温度保护电路、变频功率模块保护电路等。

（1）过零检测电路 该电路故障通常表现为室内风机不运转或室外机不工作，可用示波器直接观察主控芯片的过零检测信号输入脚的波形来判断。

（2）电压检测电路 该电路用于检测给室外机供电的交流电源，若室外机供电电压过低或过高，则系统会进行保护。该电路常采用互感器进行取样检测，故该电路的特征元器件是互感器。电压检测电路故障通常表现为压缩机不启动、室外机无任何反应及压缩机出现升频或降频运行等。

维修时主要检测工作电压是否在允许范围内，或在运行时电压是否出现异常波动。先通电开机测量室外机主控芯片的面板发光二极管驱动信号接口脚电压是否正常。若电压失常，而用户电源电压正常，则检查电压互感器是否损坏。若电压互感器正常，则检查分压取样电路中整流二极管、分压取样电阻、电容等元器件是否有问题。

（3）电流检测电路 该电路主要检测室外机的工作电流，并在工作电流过大时实施整机保护，防止因电流过大而损坏压缩机和整机。电流检测电路故障现象与电压检测电路故障现象大致相同，维修时可用万用表电阻挡检测电流互感器的初次级是否开路或短路，还可通过测试芯片的 CT 脚的电压是否正常来判断。

（4）压缩机排气温度保护电路 该电路故障通常表现为室外风机运转而压缩机不启动。

维修时首先用复合压力表检测系统压力是否正常（0.4～0.6MPa），系统压力偏低则补加制冷剂。若系统压力正常，则用万用表检测排气温度传感器的阻值是否正常，若阻值漂移，则检查排气温度传感器自身是否正常；若排气温度传感器正常，则检查传感器插件引脚是否氧化、脱焊或接触不良。若以上检查均正常，则检查室外电控主板是否有问题。

（5）压缩机顶部温度保护电路 该电路故障一般表现为室外风机运转而压缩机不工作，或压缩机工作一段时间停机后又启动，如此循环。维修时，首先检查固定在压缩机上的热开关是否正常（当压缩机机体温度降到很低时，热开关正常状态下两端的阻值应为0Ω，即为常闭状态），未达到所设过热保护温度值时就跳开，可判断为热开关已损坏；若热开关正常，则检查分压取样电路是否正常；若分压取样电路正常，则检查制冷系统是否缺少制冷剂。

（6）变频功率模块保护电路 该电路故障一般表现为室外风机运转而压缩机不工作，或者室外风机和压缩机工作一段时间停机，室内机显示变频功率模块保护故障代码。维修时，首先检查变频功率模块上 +300V 的接线、压缩机 U/V/W 脚的接线、电源模块的排线接触是否良好。若接线均正常，则检查变频功率模块是否良好，可用万用表的"二极管"挡分别检测变频功率模块对应 P-N、P-U、P-V、P-W、N-U、N-V、N-W 引脚的正反向阻值来判断，若有任一组存在击穿短路现象，则说明已损坏，应选用同型号的予以更换。若以上检查均正常，则重点检查压缩机是否存在问题、大电解电容是否存在损坏、压缩机驱动电路是否存在故障、冷凝器是否过脏、室外风机工作是否异常等。

※ 知识链接 ※ 通常情况下，大部分变频功率模块保护故障都是由过流和过热引起的。

（三）变频空调器通电后整机无反应的维修方法

出现此类故障时，首先检查电源插头与插座是否存在接触不良现象；若没有，则检查电源线接线顺序是否接正确、接线端子是否存在松脱、电源线是否破损或短路；若没有，则检查电源变压器是否烧坏；若没有，则检查 220V 强电电路中滤波电感是否开路；若没有，则检查熔丝是否开路；若没有，则检查控制板主继电器是否正常；若正常，则检查主板芯片是否有问题；若没有，则检查主板 +12V 或 +5V 电源是否正常；若正常，则检查遥控接收器是否失效等。

（四）变频空调器通电后电源指示灯亮，也能接收遥控信号，但风扇电动机与压缩机不工作的维修方法

当出现此类故障时，应检查以下几个部位：变频功率模块是否正常；直流 12V 电压是否正常；电源过欠压保护电路是否有问题；三相电源相序保护电路是否有问题；空调器主板驱动电路是否有问题；主板复位电路是否有问题；室内外主板通信电路是否有问题；室内外单片机自身是否有问题。

（五）变频空调器室外风机不转，压缩机运转正常的维修方法

出现此类故障时，首先检查风机电容是否损坏；若风机电容正常，则检查电动机本体是否存在卡死、绕组是否开路或短路等；若电动机本体正常，则检查电动机控制线路是否有正常信号输出、继电器是否吸合、主板输出的风机电源 L 相是否有电源输出等。

（六）变频空调器运行一段时间后停机的维修方法

出现此类故障时，首先检查是否因室外温度太低而引起停机；若不是，则检查系统是否存在严重缺制冷剂而出现压缩机过热保护；若没有，则检查室内风扇电动机反馈电路是否有问题；若正常，则检查变频功率模块温度是否过高；若变频功率模块正常，则检查室外风扇电动机是否有问题；若室外风扇电动机正常，则检查是否因通信不良出现保护停机；若通信正常，则检查压力开关是否正常；若压力开关正常，则检查传感器是否有问题。

（七）变频空调器保护停机，有代码显示的维修方法

1. 显示代码内容为"过流保护"的维修

引起此类故障的原因有：供电电压过低或室外机直流主电压过低、制冷剂过多、换热器不良或压缩机回路有问题。

维修时，首先开机观察压缩机能否连续运转 3min 以上；若能，则检查空调器的供电电压是否有问题；若电压正常，则检查空气过滤网及室内外换热器是否存在脏污；若没有，则检查制冷剂是否充注过多。

若通电开机，压缩机一启动就立即停机保护，则检测室外直流主电压是否过低（可在直流主电压的滤波电容的正、负极之间测量或在变频功率模块的 310V 输入端子间测量）；若电压不正常，则检查 310V 主直流电压的形成电路是否有问题（如查功率继电器、PTC 元器件、整流桥、滤波电容等）；若电压正常，则检查变频功率模块到压缩机之间的电路有无断路或短路、压缩机是否正常等。

2. 显示代码内容为"变频功率模块异常"的维修

引起此类故障的原因有：变频功率模块损坏或相关电路有问题、CPU 无控制信号输出至变频功率模块、加至变频功率模块的各直流电压异常、压缩机有问题等。

维修时首先检查变频功率模块是否正常；若正常，则检测输入模块的各路直流电压（310V 与 14V）是否正常；若 310V 主直流电压失常，则检查 310V 主直流电压的形成电路是否有问题；若 14V 直流电压失常，则检查开关电源是否有问题；若各路直流电压均正常，则检测 IPM 功率输出模块内 6 个

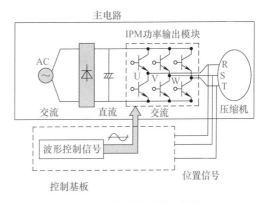

图 7-34　变频控制器示意图

大功率开关管（图 7-34）的导通和截止信号是否正常；若信号异常，则沿着信号传送通道检查是否有铜箔断裂或元器件脱焊与开路现象；若信号正常，则检测压缩机是否有问题。

3. 显示代码内容为"通信异常"的维修

引起此类故障的原因有：室内机与室外机通信线路有问题、室外机 CPU 不工作。

维修时，首先检查室内机与室外机间的连接线路是否存在松脱与接触不良现象；若没有，则用万用表测量信号线电压是否正常；若测信号线电压异常，则检查室内机（可查其供电部分或印制电路板及接插件是否有问题）。

若测信号线电压正常，则说明故障出在室外机。此时首先打开机壳，检查印制电路板上电解电容、电阻、二极管、光电耦合器等元器件是否存在明显异常；若没有，则用万用表

检测 CPU 是否有 +5V 直流供电；若有 +5V 电压，则检查 CPU 或控制板是否有问题；若没有 +5V 电压，则检测三端稳压器 7805 输出端是否有 +5V 电压输出；若没有，则检测开关管的集电极与漏极之间是否有 310V 左右的直流电压；若无 310V 电压，则检查 310V 直流主电压形成电路（如查室外机供电的继电器、PTC 元器件、整流桥、滤波电容、电阻等）；若测 310V 正常，则检查开关电源部分是否有问题（如查开关管、开关变压器、启动电阻、电解电容、二极管等）。

4. 显示代码内容为"压缩机高温保护"的维修

引起此类故障的原因有：制冷剂过少、管道堵塞及温度保护开关不良、室外控制基板有问题等。

维修时首先用钳形电流表测量空调器的运转电流与运行压力是否正常。若运转电流和运行压力均偏低，则检漏后并补充制冷剂；若运转电流、运行压力均偏高，停机平衡后压力正常，则可能是室外机空气循环不良，此时检查室外机的风机、换热器是否有问题；若运转电流、低压压力、排气压力高，则说明制冷系统存在堵塞现象。

若以上检查均正常，则手摸压缩机是否烫手；若没有，则检查压缩机壳体温度保护开关是否存在开路；若正常，则检测排气温度传感器阻值是否正常；若阻值异常，则检查并更换传感器；若阻值正常，则检查室外控制基板是否有问题。

5. 显示代码内容为"室内风扇电动机故障"的维修

引起此类故障的原因有：风扇电动机与室内控制基板有问题。

维修时，首先设定空调器送风状态，开启空调器观察室内风扇电动机是否运转；若风扇电动机能运转，则关闭空调器，风扇电动机是否停转；若能停转，则检查并更换风扇电动机；若关闭空调器后风扇电动机不能停转，则检查室内控制基板是否有问题。

若室内风扇电动机不能运转，则检测室内控制基板插座是否有电压输出。若没有电压输出，则检查室内控制基板；若有电压输出，则检查室内风扇电动机主绕组是否存在开路。若开路，则更换风扇电动机；若没有开路，则检查电动机是否卡轴、贯流风扇运转是否顺畅等。

（八）变频空调器不制热，但能制冷的维修方法

此类故障一般发生在四通阀本身或其控制电路上。维修时可检查以下几个方面：单向阀是否堵塞；电源电压是否过低（过低而造成四通阀不能正常吸合）；室外机控制器对四通阀（制热工作）是否有输出信号（无信号输出，则检查室外机控制电路）；四通阀是否失效或线圈型号是否对应；室内环境温度包检测误差放大电路或感温包电路是否有问题（有故障，导致检测值与实际温度相差太大）。

（九）变频空调器能够制热，但不能制冷的维修方法

此类故障一般是室外机控制器四通阀继电器触点黏结所致。判断时可用万用表检测继电器触点的连通来判断；若处在常通状态，则需要更换继电器；如四通阀继电器正常，则检查四通阀本体是否有问题。

【要点与提示】
当需要更换继电器时，目前只能更换电器盒。

（十）变频空调器开机运行后偶尔能工作，制冷效果也差的维修方法

维修此类故障时，首先开机运行观察室内机是否有故障代码显示；若故障代码显示为
"电源灯显 5 下停机"，偶尔能工作时，制冷效果也差，则
检测压缩机的变频电压是否正常；若电压较低，则说明压
缩机的频率上不去，此时可更换室内机主板；若更换后
故障依旧，则分析其原因可能是室内机管温传感器阻值变
值。卸下室内机管温传感器测量阻值为 52kΩ（正常值为
22kΩ，如图 7-35 所示），说明盘管阻值偏大。由于盘管阻
值过大使室内机主板 CPU 误判断为蒸发器温度过低，进
入防冷冻保护程序，从而导致了空调器不能正常制冷。更
换室内机新管温传感器后，空调器即可工作正常。

图 7-35　室内机管温传感器的测量

【要点与提示】
　空调器的温度传感器阻值因品牌和机型不同而不同，常见的阻值有室内机管温传感
器阻值约为 22kΩ，室外机管温传感器阻值约为 32kΩ，室温传感器阻值约为 26kΩ，仅
供参考。

（十一）变频空调器压缩机运转但不制冷的维修方法

出现此类故障时，首先在制冷系统接入压力表，观察系统平衡压力是否正常，若平衡
压力低，则说明系统缺少制冷剂；若平衡压力正常，则检查压缩机是否正常，可在系统接入
压力表，然后开机观察系统高低压值进行故障分析；若压缩机运转后系统能迅速形成高低压
力差，说明压缩机正常，此时检查电子膨胀阀是否有问题，可将空调器置于调试挡后开机，
如压缩机转速正常，也不漏制冷剂，则观察电子膨胀阀出口端是否结霜；若电子膨胀阀出口
端结霜，说明电子膨胀阀开启度过小，此时检查电子膨胀阀本身及电子膨胀阀驱动电路是否
有问题；若将空调器置于调试挡后，开机制冷正常，则检查室内外温度检测电路是否有问题
（也可通过测量室内外环温和管温热敏电阻来进行故障判断）。

（十二）变频空调器压缩机运转，但制冷效果差的维修方法

出现此类故障时，首先检查空调器设定温差是否过小，若空调器设定正常，则检查制
冷系统是否缺少制冷剂；若没有缺制冷剂，则检查制冷系统是否存在内部脏堵；若没有存在
脏堵，则检查变频压缩机是否存在机械故障；若压缩机正常，则检查电子膨胀阀本身是否有
问题；若电子膨胀阀本身正常，则检查室外电子膨胀阀驱动电路是否有问题；若电子膨胀阀
驱动电路正常，则检查室内外热敏电阻是否存在接触不良或损坏现象；若没有，则检查室内
外主板是否有问题。

（十三）变频空调器室内机不运转的维修方法

出现此类故障时，首先检查风扇电动机电容是否有问题；若正常，则检查室内风扇电
动机反馈电路是否有问题；若正常，则检查室内风扇电动机继电器是否有问题；若正常，则
检查晶闸管是否有问题；若正常，则检查盘管温度传感器是否有问题；若正常，则检查室
内环境传感器是否有问题；若正常，则检查芯片是否有问题；若正常，则检查室内 E^2PROM
数据是否丢失或有问题；若正常，则检查驱动管是否有问题；若正常，则检查风扇电动机是

否有问题。

（十四）变频空调器室外机不工作的维修方法

出现此类故障时，首先开机检查室外机有无 220V 电压；若无则检查室内外机连接是否接对，室内机主板接线是否正确，反之，更换室内机主板；若室外机有 220V 电压，则检查室外机主板上红色指示灯是否亮，反之，检查室外机连接线是否松动，电源模块 P+、N- 间是否有 300V 左右的电压，如没有，则检查电抗器、整流桥及接线。若以上均正常，但室外机主板指示灯不亮，则检查电源模块到主板信号连接线是否松脱或接触不良；若正常，则更换电源模块，看故障是否能消失（更换模块时应在散热器与模块之间均匀涂上散热膏）。

若室外机有电源，红色指示灯亮，但室外机不启动，则检查室内外机通信是否有问题（检查时可开机后按 "TEST" 键一次，观察室内机指示灯，任何灯闪烁为正常，反之，通信有问题）；若通信正常，则检查室内外机感温包是否开路或短路或阻值不正常，过载保护器端子是否接好。若以上均正常，则更换室外控制器。

若空调器开机十几分钟停机，且不能启动，则检查室内管温传感器感温包是否开路；若开机后再启动，室外风扇电动机不启动，检查室内外温度传感器是否短路。

（十五）变频空调器运行时噪声大的维修方法

若变频空调器运行时出现异常噪声，应根据噪声的类别、噪声发出的大概部位来进行维修。以下介绍几种空调器异常噪声的维修方法。

1. 室内机有较大噪声

①检查挂壁式安装固定挂墙板是否存在松动不牢固或墙面不平整现象（必要时重新固定挂墙板或处理墙面，使挂墙板保持平整）；②挂壁式室内风机电动机与贯流风轮及风机轴承是否装配不到位而产生摩擦声（必要时重新调整室内风机电动机与贯流风轮及风机轴承装配位置）；③室内风机电动机与贯流风轮装配不良、贯流风轮不平衡或变形、室内风机电动机有问题（必要时调整或更换贯流风轮、室内风机电动机）。

2. 室外机有噪声

①检查室外机支架是否因未安装好（如安装不水平、组合支架各固定螺钉紧固不到位变形）产生室外机底脚不平，必要时重新整理室外机支架，调整水平或紧固支架固定螺钉；②检查室外风机电动机或轴流风叶是否装配不良（可将室外机轴流风叶取下，如噪声消失，则更换轴流风叶，反之，更换室外风扇电动机）；③检查室外机压缩机接线及其本身是否有问题（如三相压缩机反转，可更换压缩机进线使其正转；压缩机运行声音偏大且声音不连续，则查压缩机螺栓是否倾斜，导致压缩机同其他部位碰响；将室外风机电动机断开，判断压缩机工作电流；系统压力属正常范围内，仍比正常噪声偏大，可更换压缩机）；④检查电源电压是否过低，造成压缩机运行不平衡，使噪声增大。

【要点与提示】

变频空调器在刚启动时，噪声要比定速空调器大，因为变频空调器刚启动会以高频率运转，超大功率工作的情况下噪声就会大，但迅速制冷之后，变频空调器会以低频运转，这时噪声几乎就没有了。所以，变频空调器为了迅速达到制冷效果，大功率运转时是会有一些噪声的。

（十六）变频空调器通信异常的维修方法

现以海信 KFR-32GW/21MBP 空调器为例进行介绍。

首先检查室外机连接线路是否正常；室外机连接线路正常，则检查室外控制基板电源指示灯是否点亮；若室外控制基板电源指示灯已点亮，则更换室外控制基板后并启动空调器观察故障是否消失；若更换室外控制基板后故障消失，则说明是室外控制基板有问题；若更换室外控制基板后故障依旧，则更换室内控制基板看故障是否消失；若更换室内控制基板后故障消失，则说明问题出在室内控制基板上；若更换室内控制基板后故障依旧，则检查显示基板。

若室外控制基板电源指示灯不亮，则检查 F03（3.15A）熔丝是否完好；若 F03 熔丝已烧断，则检查室外控制基板是否击穿、短路；若室外控制基板正常，则检查 IPM 基板是否击穿或短路。若以上检查均正常，则说明机器属正常保护，此时更换熔丝即可。

若检查 F03（3.15A）熔丝完好无损，则检查 F02（20A）熔丝是否完好；若 F02 熔丝完好无损，则检查室内机连接线路、控制基板、IPM、电解电容等单元是否存在击穿短路现象。若 F02 熔丝已烧坏，则检查电抗器、滤波基板是否开路；若电抗器、滤波基板正常，则检查整流桥交流输入是否正常；若整流桥交流输入正常，则检查整流桥；若整流桥交流输入不正常，则检测启动电阻前输入电压是否正常；若启动电阻前输入电压正常，则检查启动电阻是否发热严重；若启动电阻发热严重，则检查启动电阻后是否存在短路现象（如查 IPM、控制基板、滤波基板是否击穿短路）。

若检测启动电阻前输入电压不正常，则检查滤波基板是否开路；若滤波基板正常，则检查电器盒熔丝是否烧坏；若电器盒熔丝烧坏，则检查室外机是否存在短路故障（如查连接线、滤波基板、控制基板、整流桥、IPM、电解电容等单元是否存在击穿短路现象）；若电器盒熔丝完好无损，则检查室外机端子板 1、2 是否有电输入；若室外机端子板 1、2 有电输入，则检查连接线路；若室外机端子板 1、2 无电输入，则检查室内机端子板 1、2 是否有电输出；若室内机端子板 1、2 有电输出，则检查连接线路；若室内机端子板 1、2 无电输出，则检查室内机主继电器 RY01 是否有电输出；若主继电器 RY01 有电输出，则检查连接线路；若主继电器 RY01 无电输出，则更换室内机控制基板。

三、变频空调器维修注意事项

维修变频空调器时应注意以下事项。

① 变频空调器直流电源与普通空调器不同，其主电路整流电压高，滤波电容容量大（最大容量为 4700μF）。空调器关机后，310V 直流电压的滤波电容仍储有电能，维修时一定要将滤波电容放电，以防人被电击或损坏其他部件。由于变频空调器供电电源范围宽，所以有一些厂家的控制电路采用开关电源供电，维修时要注意底板带电问题。

② 变频空调器和定频空调器一样，由电气控制系统、制冷系统和通风系统组成。然而，因为变频空调器的电气系统控制、制冷系统控制以及控制模式、保护参数等与定频空调器有着相当大的区别，又因为变频空调器的运行状态与工作环境和工作条件等有着密切的关系，所以维修变频空调器制冷系统故障时，除采用定速空调器维修故障的方法外，还要结合变频空调器故障机型的运转模式（厂方有说明）、维修参数（工作电流、工作电压、系统压力、压缩机运转频率、出风口温度、排气管温度等）、制冷系统压力检测状况来综合判断分析出故障的部位和原因。

③ 定频空调器与变频空调器出故障后的现象有较大差异。定频空调器出故障后故障特征较明显，容易诊断；变频空调器有许多保护电路，当出故障后，大多表现为通电后整机无反应、一启动就停机、短时运转后停机等，故障特征不明显，有些故障有代码显示，有些故障无代码显示。在利用故障代码进行故障判断的同时，也应考虑到故障代码的局限性，因为微处理器发出的故障代码不一定完全准确，因为有些故障是微处理器本身无法检测的。

④ 变频空调器的压缩机运行频率是可变的，工作电流和管路工作压力也是变化的，因此维修时不能以随意测量的电流、压力数据来判断故障，而应当以强制空调器在定频运行状态下的测量结果为依据。

⑤ 变频空调器要求系统制冷剂充注量准确，既不能过多也不能过少。因此，最好采用定量设备充注制冷剂，如果没有定量设备，则应在强制定频制冷状态下充注。

⑥ 在维修制冷系统时，须先将强制开关置于定频挡，此时变频空调器压缩机自动处于50Hz 或 60Hz，所以此时变频空调器与普通空调器在系统上基本相同，然后按照定频空调器维修方法加制冷剂或维修，变频空调器系统压力比定频空调器略高。

变频空调器制冷系统检查也是通过用压力表测量系统高低压力，并与正常状态下压力值进行比较。也可用钳形电流表测量空调器运行电流并与额定电流值进行比较判断。注意，最好同时测量压缩机三相电流是否平衡，这样对判断故障有很大帮助。

⑦ 所有的变频空调器都设有室内外机通信电路，而多数定频空调器没有通信电路。变频空调器室内外机采用单线串行双向通信方式，当机组通信不良时，往往室内机和室外机都不工作。有很多奇特的故障都是由通信故障引起的，但有些空调器虽显示通信故障，但故障不一定出在通信电路，如无 DC280V 或变频功率模块内部保护，都会造成上述故障现象，所以对通信电路的检测要特别重视。

⑧ 变频功率模块制造时，由于厂家要求不同，内部电路也不完全相同。有些模块内含保护电路，为主板提供电流电源。所以，利用故障代码维修时，须对整机电路有所了解，否则很容易走弯路。在电源模板 P、N 线之间电压小于 36V 前，不能触摸任何端子，以免遭受电击。

⑨ 对无电源显示、不接收遥控信号等比较明显的故障，很容易判定为电气系统故障；而不制冷或制冷效果差很容易判定为制冷系统故障，但有些故障则比较难区分，必须进一步测量电压、电流、压力、温度来区别。

⑩ 变频空调器的电路复杂，维修也比较困难，因此在确认故障部位之前，不要盲目动手拆卸调整。

⑪ 变频机大多数是热地设计，弱电部分（检测控制输出部分）的地也是不安全的，人接触到是会触电的。因此，带电运行时人体不能接触弱电部分。

⑫ 同一型号机型可能对应多种压缩机，不同的压缩机参数有所区别，主板也不一样，所以在维修时不能对应机型更换主板，更换主板时要对应相应压缩机。变频空调器压缩机更换时，一定更换为与原压缩机同型号的（不同型号变频压缩机内电动机参数是不一样的，电控参数一定要与压缩机参数对应才能运行）。

⑬ 变频空调器常用四个熔丝管，分别装在室内机主板、室外机主板、电源板、主电源电路中。熔丝管熔断往往是相应电路板或回路里出现短路所致。若只更换熔丝管而不查找故障原因，很可能造成其元器件因过流过压而损坏。

第八章　洗衣机维修实用技能

第一节　半自动洗衣机的维修技能

一、半自动洗衣机的结构组成与工作原理

（一）双桶洗衣机的结构组成

双桶波轮洗衣机的内部结构组成如图8-1所示，其内部主要由洗涤电动机、脱水电动机、波轮、波轮轴组件、安全制动系统、联轴器、洗涤定时器、脱水定时器、控制电路等部件组成。

双桶洗衣机设计了洗涤桶和脱水桶，工作时洗涤与脱水需要人工转换。其洗涤系统与脱水系统相对独立，设计有各自的驱动电动机、各自的控制电路（脱水系统的电路并联在机器的总电路中）和独立的操作系统。所以双桶洗衣机洗涤和脱水可以同时进行，也可以分开单独进行。

双桶洗衣机的洗涤电动机（图8-2）和脱水电动机（图8-3）一般设计为单相电动机。洗涤电动机和脱水电动机的电压为220V。洗涤电动机的输入功率为170W以上，输出功率在93～120W之间。脱

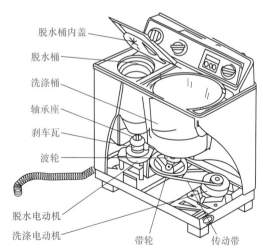

脱水桶内盖
脱水桶
洗涤桶
轴承座
刹车瓦
波轮
脱水电动机
洗涤电动机
带轮
传动带

图8-1　双桶波轮洗衣机内部结构组成

水电动机的输入功率在75～120W之间，转速在1450r/min左右（其型号不同，转速也不相同）。电动机的定子有启动绕组和工作绕组，实际维修时观察到有启动电容串入的那个绕组为启动绕组。

图 8-2　普通双桶洗衣机洗涤电动机

图 8-3　普通双桶洗衣机脱水电动机

洗涤电动机的两个绕组参数相同，绕组的作用相互转换，有两个旋转方向；脱水电动机只有一个旋转方向，启动绕组与工作绕组线径粗细不一样，电动机的启动电容大多为 3 ～ 4μF、耐压 400V 的电解电容。

（二）双桶洗衣机的工作原理

双桶洗衣机的工作原理比较简单，整个工作过程全部由操控台上的琴键开关或旋钮控制洗涤电动机或脱水电动机来完成。下面主要介绍其洗涤工作原理和脱水工作原理（图 8-4）。

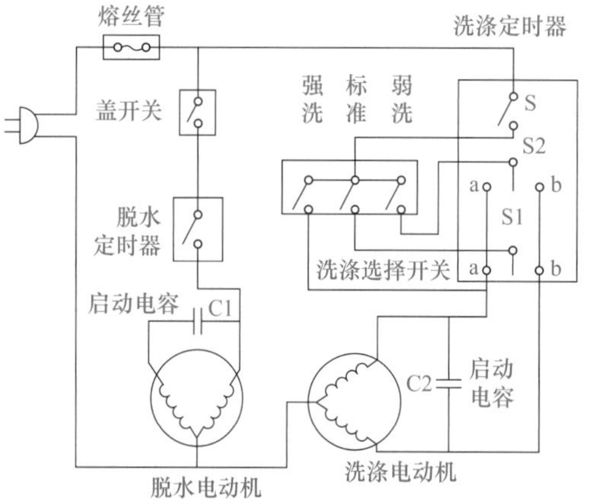

1. 洗涤工作原理

接通电源后，根据衣物数量注入适量的洗涤剂和水；打开洗涤定时器，使洗涤电动机在定时器的控制下做正转 - 停 - 反转的旋转运动并控制洗涤工作的时间；通过 V 带降低转速传递到齿轮箱，再通过齿轮箱进行二次减速，并带动波轮正反向旋转，利用波轮正反向旋转产生的水流与桶壁的相互翻滚碰撞，将洗涤物上的污垢溶于水，从而达到洗涤的目的。

2. 脱水工作原理

图 8-4　双桶洗衣机工作原理图

脱水桶壁上设有许多小孔，当接通电源后，打开脱水定时器来控制脱水电动机的运行及脱水时间，脱水桶通过制动轮连接至电动机，电动机带动脱水桶高速旋转产生离心力，由于离心力的作用，洗涤物上的水珠沿旋转线速度的切线方向被甩出脱水桶，从脱水外桶顺着排水管排出，达到甩干洗涤物的目的。

二、半自动洗衣机的故障维修技能

（一）洗衣机故障维修的基本方法

① 询问用户，了解洗衣机的使用情况、发生故障时的情况及其他有关情况。同时，观察洗衣机的铭牌及贴在机体上的电路图等。

② 通电前，应查看洗衣机的电源线有无松动、破损、断裂等；各旋钮和键有无断缺、破损，操作是否灵活自如；波轮有无松动，正反转是否灵活；脱水桶是否破损，转动是否灵活等。

（二）洗衣机常见故障快修方法

1. 脱水电动机不转的维修方法

脱水电动机若发生绕组烧毁、断线、相间短路、匝间短路等故障，都无法正常工作。用万用表分别测量主副绕组，若无阻值或阻值变得很小，则说明电动机绕组已损坏。操作方法如图 8-5 所示。

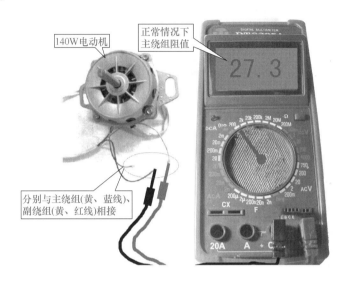

图 8-5　测量电动机绕组操作示意图

电动机绕组损坏的主要原因是受潮，多为水封皮碗破损或轴套严重磨损，使水漏进电动机绕组所致。因此必须对水封进行检查，若发现水封破裂或水封轴套严重磨损，应予以更换。

※ 知识链接 ※　脱水电动机出现不转时，首先应检查脱水桶外壁底部是否缠绕异物。有些用户未在脱水桶内衣物上方放置塑料挡板，脱水时又将袜子、手帕等小东西放在衣服上方。当脱水桶高速旋转时，小东西就会从脱水桶上方与端盖之间的空隙甩进脱水桶外壁的底部，紧紧缠绕在底部与水封之间的轴上，这也会使电动机无法转动。将缠绕的异物从轴上清除后，即可恢复正常运转。

2. 脱水电动机绕组局部短路的维修方法

脱水电动机绕组发生局部短路故障时，电动机会发出较明显的"哼哼"声，机体严重发热。当判断脱水电动机绕组存在局部短路并确定短路点之后，可以采用局部更换的方法进行修复，其具体操作方法如下。

① 先给需更换的绕组打上记号。

② 将绕组放入装有天那水的盆内浸泡 20h 左右，待绕组上的浸漆软化后，取出短路点所在槽的槽楔。

③ 用尖嘴钳将已损坏的绕组从槽内拆除。

④ 按照拆下绕组的线径及尺寸数据重绕后嵌入槽内，并进行连接，经整形、浸漆、烘干处理后，即可使用。

3. 半自动洗衣机脱水噪声大的维修方法

出现此类故障首先检查洗衣机放置是否平稳；若调整后故障不变，则打开脱水中框，检查脱水桶与双连桶之间是否落入异物；若清除异物后故障不变，则用手转动脱水桶，听是否有"嗞嗞"的干涩声；若听到"嗞嗞"的干涩声，则说明为轴承座缺油或轴承锈蚀所致，应在脱水桶轴与轴承座含油轴承间加油，或更换新的同型号轴承，故障即可排除。

4. 脱水桶电动机发出"嗡嗡"声而不转动的维修方法

出现此类故障应立即拔掉电源插头，检查电容是否失效，若使用相同规格的新电容代换后电动机正常启动运转，则说明故障在电容上。脱水桶电动机的启动绕组串联着一只 $4\mu F$ 左右的电容，以改善电动机的启动特性。

5. 半自动洗衣机边进水边排水的维修方法

首先观察选择开关是否设置到"排水"，若未设置到"排水"，则打开溢水过滤器挡板，观察溢水管的高度是否低于桶内洗涤水位。

若溢水管的高度正常，则检查溢水管是否破裂，若更换溢水管后故障不变，则打开排水阀，检查排水阀内是否有异物，并检查阀塞是否破裂或变形。清理异物或更换阀塞即可排除故障。

6. 脱水电动机转动缓慢或无法启动的维修方法

通电启动时，轴带动轴套在套碗和轴套压片之间形成摩擦，使脱水桶电动机转动缓慢或无法启动。造成此类故障是因脱水电动机与轴套间缺油、受潮生锈等，导致轴与轴套抱死。

维修方法非常简单，将电动机取出并拆开，重新装配后故障即可排除。

7. 洗衣机安全开关故障的维修方法

安全开关又称盖开关，在洗衣机工作时分两种控制功能。一种在脱水过程中，如果脱水桶内的衣物放得不平衡，脱水时就会出现剧烈振动，振动严重时，脱水桶就会碰到安全开关上的杠杆，从而牵动开关上的动簧片，切断脱水电动机电源，使电动机停转。

另外一种是在脱水过程中，如果需中途停机，打开洗衣机盖，安全开关就会断开相应的电路，使电动机停止转动，并启动制动机构，使脱水桶迅速停止转动。安全开关出现故障时，会出现脱水时脱水桶不转，或在脱水时打开洗衣机盖，脱水桶不能停转。

修复此类故障的操作方法是：先将触点上的污物清洗干净，再用尖嘴钳对触点簧片调整，使上下簧片保持适当距离。在滑道外涂少许润滑油，使安全开关下面的小滑块能滑动顺畅，其触点在工作时接触良好。

8. 半自动洗衣机洗涤不工作的维修方法

洗涤不工作通常分电动机有声和无声两种情况。若洗涤不工作，但电动机有声，则检查波轮是否被异物缠住或被卡住，若没发现异物，则检查传动带是否磨损或脱落，散热轮、传动带传动轮紧固螺钉是否松动；若传动带、传动带传动轮均完好，则用手转动传动带传动轮，检查轴套或减速器轴承是否锈蚀卡死；若转动传动带传动轮时听到"嗞嗞"声音，则说明轴套或减速器轴承锈蚀或损坏，更换即可排除故障。

若洗涤不工作，且电动机无声，则检查电源是否正常；若电源正常，则打开后盖，检查熔丝是否烧断；若更换熔丝后故障不变，则检查电源线和导线组件是否断了；若电源线和导线组件正常，则检查洗涤电动机输入端是否有电压，若有电压，则说明电动机绕组开路，更换新的相同型号的电动机，故障即可排除。

一、全自动洗衣机的结构组成与工作原理

（一）全自动波轮式洗衣机的内部结构组成

全自动波轮式洗衣机有多种机型，但不管是哪种机型，其结构基本相似，主要由减振支撑系统、电气控制系统、洗涤脱水系统、驱动系统、进排水系统五大系统组成（图 8-6）。

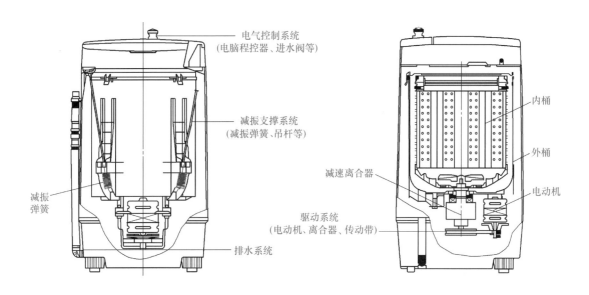

图 8-6　全自动波轮式洗衣机的内部组成

1. 减振支撑系统

减振支撑系统通常包括箱体支撑装置和减振支撑装置。全自动波轮式洗衣机的箱体支撑装置就是洗衣机的箱体，减振支撑装置通常采用吊杆式支撑方式。

（1）箱体　箱体除了对洗衣机起到支撑、装饰作用外，还具有保护洗衣机内部零部件和支撑紧固零部件的作用。箱体支撑装置主要由围框、箱体和底板三部分构成，其中围框上还带有上盖，底板上还带有排水孔；全自动波轮式洗衣机的上盖固定在围框上，围框则是用来安装操作显示面板、水位调节按钮、进水口和安全开关等配件的；全自动波轮式洗衣机的箱体通常是立方体外壳，上侧四角有用于悬挂减振支撑装置（吊杆组件）的球面凹槽，如图 8-7 所示。

（2）吊杆　全自动波轮式洗衣机的吊杆（图 8-8）安装在洗涤桶和箱体之间，用于缓解洗衣机工作时高速旋转产生的冲击力。吊杆式支撑方式主要是由挂头、吊杆、减振毛毡、阻尼装置和平衡环等构成的，其中阻尼装置由阻尼筒、减振弹簧和阻尼碗构成。吊杆通常有 4 根，从 4 个方向吊起洗涤桶，通过挂头与箱体连接，通过阻尼装置与洗涤桶上的吊耳连接。

图 8-7　箱体

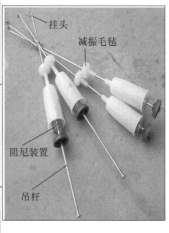

图 8-8　吊杆

全自动波轮式洗衣机的外桶与内桶套装在一起，外桶底部装有离合器、电动机等，这一套部件都依靠吊杆悬吊在箱体四个角板上。

2. 电气控制系统

电气控制系统主要由电脑程控器（俗称电脑板）、电源开关、安全开关等组成。

（1）电脑程控器　电脑程控器的全名为微电脑程序控制器，简称程控器。它的型号和种类很多，但其基本原理是相同的，都是由单片机芯片、陶瓷振荡电路、蜂鸣电路、驱动电路、按键扫描电路等组成的，全部元器件装配在一块印制电路板上，通过接插件与外围电路相连接。洗衣机的程控器如同人的大脑一样，接收指令，发出指令，控制洗衣机的整个工作过程。全自动洗衣机程控器可分为机电式程控器和微电脑式程控器两大类。

机电式程控器（图 8-9）是利用微型单相永磁同步电动机为动力，驱动齿轮减速系统，以带动装配在轴上的凸轮系统工作，程控器所控制的程序和时间由凸轮所决定。此类洗衣机具有工作可靠、抗干扰能力强、成本低、寿命长、价格低等优点。目前机电式程控器洗衣机已逐步被微电脑程序控制器洗衣机所取代。

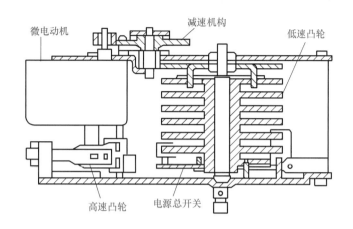

图 8-9　机电式程控器

电脑程控器是由单片机和电子元器件组成的（图 8-10），程控器根据选定的程序发出指令，控制各个有关部件工作，无需手动操作，即可完成全部的洗衣过程。电脑程控器具有结构紧凑、外形美观、操作简便、精度高、寿命长等优点。

图 8-10　微电脑式程控器

（2）传感器　全自动波轮式洗衣机用传感器有：水位传感器，布量、布质传感器，污染度传感器，温度传感器。

水位传感器用于控制水位；布量、布质传感器主要用于模糊控制洗衣机，对洗涤物的质地和数量作出判断；污染度传感器通过对洗涤液进行检测，从而判断衣物的脏污程度；温度传感器用于检测室温及洗涤液温度。

（3）安全开关　安全开关用螺钉固定于洗衣机后控制板的左侧，是用来实现洗衣机开盖或桶偏心时自动断电的安全保护。脱水过程中安全开关接通，是全自动洗衣机进行脱水运作的必备条件。

安全开关有微电脑程控式和电动式程控器式两种结构（图 8-11），其工作原理是：当门盖关合时安全开关的探棒被机盖抬起来，并推动安全杠杆向上带动摆动板把动簧片抬高，使动簧片上的镀金触点与定簧片相通，电路接通，电脑程控器得到指令后开始执行脱水程序。

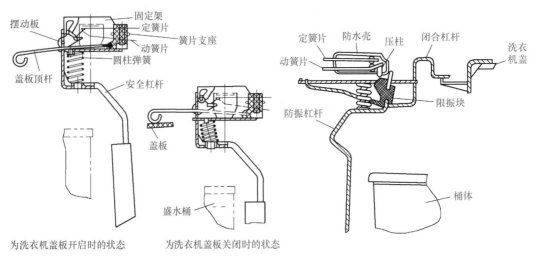

固定架
摆动板
定簧片
簧片支座
动簧片
圆柱弹簧
盖板顶杆
安全杠杆
盖板

定簧片   防水壳   压柱   闭合杠杆   洗衣机盖
动簧片
限振块
防振杠杆
桶体

盛水桶

为洗衣机盖板开启时的状态   为洗衣机盖板关闭时的状态

(a) 微电脑程控式全自动波轮洗衣机安全开关结构   (b) 电动式程控器式全自动波轮洗衣机安全开关结构

图 8-11　安全开关结构

（4）电源开关　电源开关在全自动洗衣机上起到接通和断开电路的作用，以确保用电安全。

3. 洗涤脱水系统

洗涤脱水系统主要由内桶、外桶、波轮组成。

（1）外桶　外桶有时也称盛水桶，主要用来盛放洗涤液，离合器、电动机、牵引器、排水阀等部件都装在桶底，它通过 4 根吊杆悬挂在箱体上。外桶上部设有溢水口，经溢水管直接与排水管相通；下部开有气室口，与桶壁外的气室相通，如图 8-12 所示。

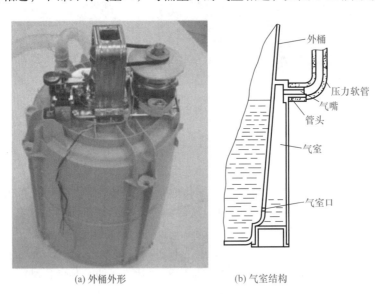

(a) 外桶外形   (b) 气室结构

外桶
压力软管
气嘴
管头
气室
气室口

图 8-12　外桶外形及气室结构

（2）内桶　内桶又称脱水桶、洗涤桶或离心桶，其主要功能是用来放衣服，在洗涤或脱水时配合波轮完成洗涤或脱水功能。内桶侧面凹凸不平的筋和槽类似于搓衣板的结构，当波轮带动水及衣物转动时，起到搓洗作用，增加衣物洗净比；内桶侧面有许多小孔，当洗衣机在脱水时，由于高速运转，产生一个离心力，在其作用下，使衣物紧贴桶壁，衣物内的水在离心力作用下通过许多小孔进入外桶排出机外，即达到脱水的目的。

（3）波轮　波轮在洗衣机洗涤、脱水过程中起着相当重要的作用。它在动力系统作用下，能产生螺旋式水流，由此产生一个洗涤所需的作用力。

4.驱动系统

驱动系统由电动机、离合器、V带、电容组成。

（1）电动机　电动机（图8-13）是洗衣机动力的来源，它主要由定子、转子、轴、风扇和端盖组成。由于洗衣机波轮在正反转运行时，要求工作状态完全相同，因此，通常把电动机的主副绕组的线圈匝数、线径设计得完全一样。

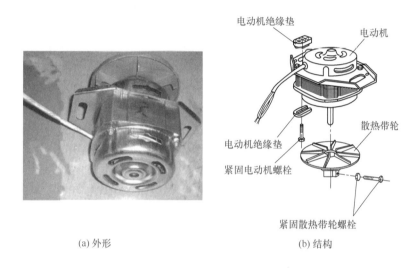

(a) 外形　　　　　　　　　　(b) 结构

图 8-13　电动机的外形及结构

（2）离合器　离合器又称减速离合器（图8-14），是全自动波轮式洗衣机的关键部件，其主要作用是实现在洗涤时波轮低速旋转和在脱水时脱水桶高速旋转，并执行脱水结束时的制动动作。

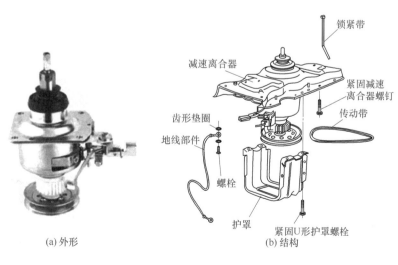

(a) 外形　　　　　　　　　　(b) 结构

图 8-14　离合器的外形及结构

目前，全自动波轮式洗衣机的离合器按制动方式可分为两种：一种为盘式离合器，另一种为拨叉式离合器。由于盘式离合器制动时噪声小、稳定性好，在全自动波轮式洗衣机上应用较多。

（3）V带　V带的作用是将电动机的动力传给离合器。

（4）电容　电容的作用是使电动机主副绕组电流产生相位差。

5. 进排水系统

进排水系统主要由进水电磁阀、排水阀（电磁阀）及排水电动机（排水牵引器）、水位开关等组成。进水电磁阀控制进水；排水由排水电动机及排水阀进行控制；为对桶内水位进行检测控制，均装有水位开关。

（1）水位开关　水位开关又称水位压力开关、水位传感器、水位控制器（图8-15），是固定于控制盘座内，用导气管（软水管）和外桶的气室相通，形成水压传递系统，来检测和控制外桶水位高低的电气元器件。它是利用洗衣桶内水位高低潮产生的压力来控制触点开关的通断，即：当设置好水位并启动洗衣机时，因桶内无水，水位开关触点处于开的状态，此时程控器会发出指令给电磁阀通电进水，当水位到达指定水位后，水位开关触点闭合，发脉冲信号给电脑板，程控器则将电磁阀断电，停止进水。当洗衣机排水时，随着外桶水位的下降，储气室及塑料软管内的压力逐渐减小，当气体压力小于弹簧的弹性恢复力时，常开触点与公共触点迅速断开，常闭触点与公共触点闭合，恢复到待检状态。

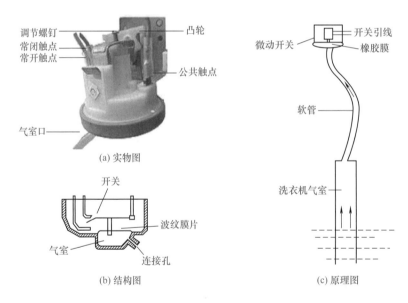

图 8-15　水位开关的实物图、结构图及原理图

（2）进水电磁阀　进水电磁阀的作用主要为控制自来水进水，为洗衣机提供适量的洗涤用水。进水电磁阀主要由进水口、阀体（橡胶阀）、过滤网、出水口、塑料盘、阀芯、弹簧、线圈等构成（图8-16）。进水电磁阀工作原理类似于电磁铁，当需要进水时，程控器给进水电磁阀供电，进水电磁阀的电感线圈通电产生磁性，吸动衔铁将橡胶封水阀打开，完成进水，达到水位后程控器对进水电磁阀断电，衔铁依靠弹簧的弹力复位，并关闭橡胶封水阀，停止进水。

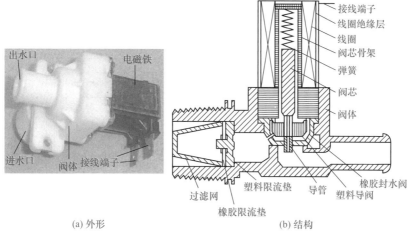

(a) 外形　　　　　　　　　　　　　　　(b) 结构

图 8-16　进水电磁阀的外形与结构

（3）排水电动机（排水牵引器）　排水电动机在全自动洗衣机中的作用与电磁铁相同，但结构不同。排水电动机主要由微型同步电动机、变速齿轮、牵引拉索和行程开关等组成（图 8-17）。牵引拉索的一端装有柱头，与排水阀的拉杆通过连接臂相连，连接臂套在离合器的制动臂上，当需要排水或脱水时，程控器给排水电动机供电，排水电动机拉动连接臂，连接臂拉动离合器的制动臂，打开离合器的制动，同时拉开排水阀的封水阀塞，完成排水过程。排水或脱水完成，程控器控制排水电动机断电，排水阀塞在排水阀弹簧的作用下复位。

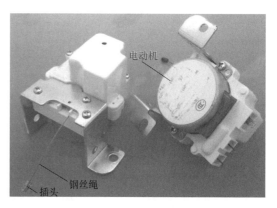

图 8-17　排水电动机

（4）排水阀　洗衣机的排水阀是由阀盖、阀体、阀芯、弹簧等组成的（图 8-18），其中阀芯弹簧是根据自动排水功能的需要而增添的。

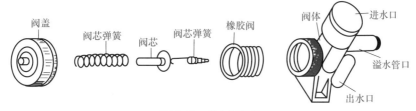

图 8-18　排水阀结构

（二）全自动波轮式洗衣机的工作原理

全自动波轮式洗衣机是将洗涤脱水桶套装在水槽内，通过程控器设定的程序，在同一桶内自动完成进水、洗涤、排水、脱水的整个工作过程。其工作过程主要是在机器上产生的排渗、冲刷等作用和洗涤剂的润湿、分散作用下，将污垢拉入水中来实现洗净的目的。

如图 8-19 所示为全自动波轮式洗衣机电气原理图。当洗衣机打开电源启动后，根据衣

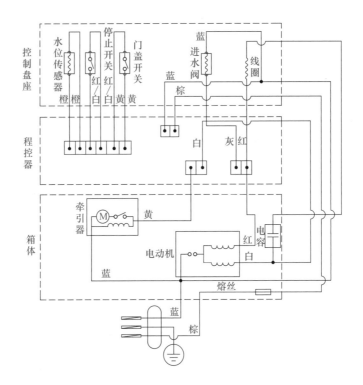

图 8-19 全自动波轮式洗衣机电气原理图

物数量、类型及污染程度来选择电脑程控器上相应的水位、程序及功能等。按启动键，洗衣机开始进入洗涤状态，程控器发出指令给进水阀，进水阀电源接通，进水口打开，开始进水。随着水位增高，水压增大，水位开关触点动作，等达到设置水位时，将信号反馈给程控器，进水阀电路切断，停止进水，同时洗涤电动机电源接通，在程控器控制下电动机间歇正反转，通过传动带及减速离合器传动到波轮，进行洗涤动作。

等洗涤到设定时间后，程控器切断电动机电路，同时接通牵引器电源，打开排水阀，开始排水，牵引器同时拉开离合器制动臂，使离合器棘轮与棘爪分离，离合器制动带同时放松，做好脱水准备，待排水结束后，电动机进行单方向高速运转的脱水动作；脱水一定时间后，牵引器及电动机电源被切断，排水阀关闭，离合器制动臂复位，棘轮又被卡住，制动带抱紧。然后又回到洗涤状态，又按照以上类似的程序重复进行两次，完成工作过程，再进行最后的脱水动作。此时，电动机通过 V 带减速并将动力传递至离合器，再由离合器带动内桶高速旋转，高速旋转产生的离心力将洗涤物中水分从洗涤物中分离出去，达到甩干洗涤物的目的，完毕后报警并自动断电。

（三）全自动滚筒式洗衣机的结构组成

全自动滚筒式洗衣机按洗涤物的投入方式，可分为前开门式和顶开门式两种，其基本结构大体相同，由洗涤脱水系统、传动系统、支撑系统、操作系统、电气控制系统、加热系统和进排水系统组成。

顶开门式滚筒式洗衣机主要由箱体组件、操作面板及洗涤剂分配盒组件、内桶与外桶组件等组成，其外部结构如图 8-20 所示、内部结构如图 8-21 所示。

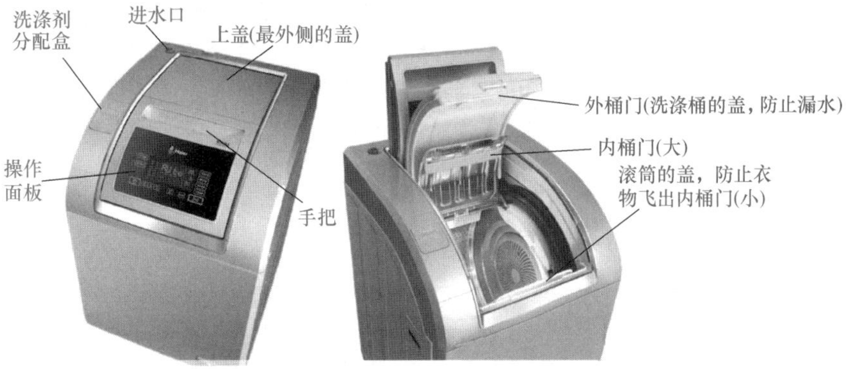

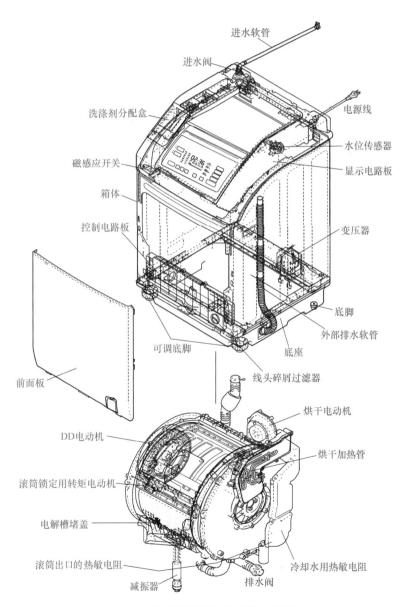

图 8-20　顶开门式滚筒式洗衣机外部结构

洗涤剂分配盒

进水口

上盖(最外侧的盖)

外桶门(洗涤桶的盖,防止漏水)

内桶门(大)

滚筒的盖,防止衣物飞出内桶门(小)

操作面板

手把

进水软管

进水阀

洗涤剂分配盒

电源线

水位传感器

磁感应开关

显示电路板

箱体

控制电路板

变压器

底脚

外部排水软管

可调底脚

底座

前面板

线头碎屑过滤器

烘干电动机

DD电动机

烘干加热管

滚筒锁定用转矩电动机

电解槽堵盖

滚筒出口的热敏电阻

冷却水用热敏电阻

减振器

排水阀

图 8-21　顶开门式滚筒式洗衣机内部结构

前开门式滚筒式洗衣机主要由箱体组件、操作面板及洗涤剂分配盒组件、内桶与外桶组件等组成，其外部结构如图 8-22 所示、内部结构如图 8-23 所示。这种洗衣机结构简单，美观大方，投入衣物操作方便，并且可以通过视窗观察到滚筒内衣物的摆放情况，但由于取放衣物时需打开前门，相对顶开门式滚筒式洗衣机而言，占用空间稍大一些。

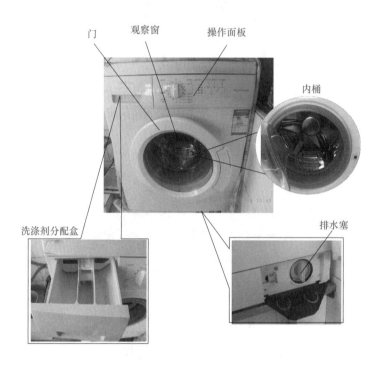

图 8-22　前开门式滚筒式洗衣机外部结构

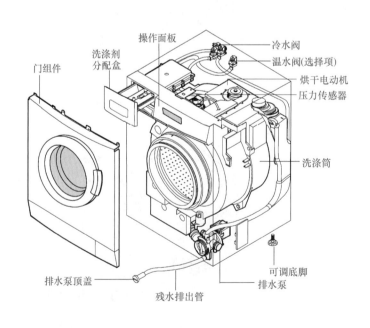

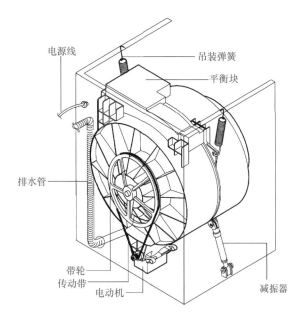

图 8-23　前开门式滚筒式洗衣机内部结构

1. 洗涤脱水系统

洗涤脱水系统主要由内桶（滚筒）、外桶（盛水桶）、内桶叉形架、主轴、外桶叉形架、轴承等组成。

2. 传动系统

传动系统主要由电动机、大小带轮和传动带组成，其结构如图 8-24 所示。

3. 支撑系统

支撑系统主要由整个机芯吊在外箱体上的减振吊装弹簧、支撑装置及箱体等组成，其结构如图 8-25 所示。

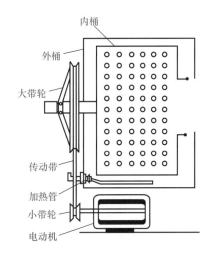

图 8-24　滚筒式洗衣机传动系统结构

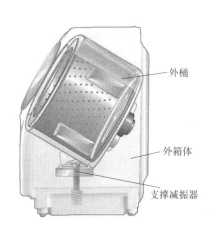

图 8-25　斜式滚筒洗衣机支撑系统结构

外桶上部装有吊装弹簧，将整个运动件都吊装在外桶上。外桶的底座装有两个支撑减振器，将整个运动件支撑在外箱体的底座上，这样就将整个运动件悬挂起来，因此，减少了洗衣机工作时产生的振动和噪声。

4. 电气控制系统

电气控制系统由程序控制器、水位开关、安全开关、琴键开关、水温控制器等组成。

（1）程序控制器　程序控制器简称程控器，它可分为机械式程控器、机电混合式程控器和全电脑控制式程控器三种。

机械式程控器以一台 5W、16 极永磁单相罩极同步电动机为动力，通过齿轮减速机构，带动一根快轴和一根慢轴运转，快轴和慢轴上均有若干个凸轮，凸轮在旋转过程中控制触点开关中间簧片动作，进而控制触点闭合和断开。程控器每跳动一格，所有的触点变化一次，程控器所有触点的变化组合控制着洗衣机完成工作过程。

机电混合式程控器也采用同步电动机进行驱动，控制大电流器件工作，同时采用单片机对电动机及其他外围器件进行控制，完成洗衣机的工作过程。

全电脑控制式程控器采用单片机对系统所有器件进行控制，同时用数码管或其他显示器件显示所有洗衣机运行过程中的相关信息。

（2）水位开关　水位开关又称水位压力开关，用来控制洗衣机的进水水位，接通洗涤程序，其结构、工作原理与全自动波轮式洗衣机的水位开关相同。

滚筒式洗衣机用水位开关有机械式水位开关和电子式水位开关两种。采用机械式程控器及机电混合式程控器的洗衣机，所使用的水位开关均为机械式水位开关；采用全电脑控制式程控器的洗衣机，所使用的水位开关为电子式水位开关。

（3）琴键开关　琴键开关主要用于控制洗衣机各种功能、动作的切换。

（4）安全开关（门开关）　安全开关的作用类似于滚筒式洗衣机的安全开关。

（5）水温控制器　水温控制器实际上就是双金属片温度控制器，由温度控制器、常开触点、常闭触点、陶瓷绝缘顶杆、凸形双金属片、凹形双金属片组成。其作用是当水加热到 40 ～ 60℃时就停止加热。水温控制器有定值式和可调式两种。

5. 进排水系统

进排系统主要由进水管、进水电磁阀、洗涤剂分配盒、回旋进水管、溢水管、过滤器、排水泵和排水管等组成，该系统的主要器件是进水电磁闸和排水泵。

（1）进水电磁阀　进水电磁阀起着通断水源的作用。进水电磁阀主要由电磁线圈、铁芯、过滤网、阀座等部件组成。其工作原理是：当电磁阀线圈通电时，在周围产生磁场，在磁力的作用下，阀芯被吸起，气孔被打开，由于水的压力（一般在 490kPa 以上）将阀打开，水从阀中通过，洗衣机开始进水。

进水电磁阀有单头、双头和多头之分。单头进水电磁阀用于普通滚筒式洗衣机；双头进水电磁阀用于具有烘干功能（一个阀上带有限流器，用来控制烘干、进水）或采用电子配水的滚筒式洗衣机；多头进水电磁阀主要用于带有热水进水的、具有烘干功能或采用电子配水的滚筒式洗衣机。

图 8-26　洗衣机排水泵结构

（2）排水泵　全自动滚筒式洗衣机一般为上排水，没有排水阀门机构。排水泵由塑料注塑成型，由单相罩极式电动机驱动，其结构如图 8-26 所示。排水泵的入口直径一般为 38 ～ 40mm，排水口直径一般为 18 ～ 20mm，使用电动机功率为

80 ~ 100W，扬程可达 1.5m 左右。

排水泵电动机内装有过热保护器，当因某种原因引起排水泵温升过高时，过热保护器动作，切断排水泵线圈的电源，使排水泵停止工作。

6. 加热系统

为了提高洗涤效果，洗衣机一般采用延长洗涤时间或提高洗涤液温度的方法。全自动滚筒式洗衣机则使用电加热方式，如采用管形加热器。它是一种封闭式电热元器件，电热丝装在金属管中，四周用氧化镁粉末填实。

全自动滚筒式洗衣机的系统组成大同小异，它的拆装需要一定的技巧。

※ 知识链接 ※　西门子 WM1065 全自动洗衣机滚筒的主轴承使用时间长了就容易损坏，洗衣机会出现很大的噪声，更换主轴承时需要将洗衣机全部拆除解体。

（四）全自动滚筒式洗衣机的工作原理

全自动滚筒式洗衣机按结构形式分为顶开式、侧开门式，由两个减振器、滚筒双轴支撑。其主要通过滚筒左右安装的平衡环（平衡环内装盐水，采用振动摩擦先进工艺，依靠水的流动来平衡洗涤物的偏心）减少机器振动。

全自动滚筒式洗衣机采用 DD 永磁无刷电动机（如图 8-27 所示为其结构），定子转子采用完全分离的形式，转子依靠滚筒轴的花键与转子中央花键啮合而带动滚筒旋转，通过定子产生旋转变换的磁场来驱动转子的动作。定子上带有霍尔电路（速度传感器），实时监控电动机转速。

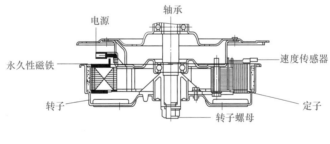

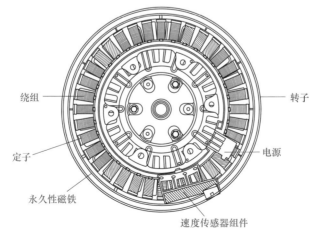

图 8-27　DD 永磁无刷电动机结构

当顶开门式洗衣机正在运行或结束运行时，为确保使用方便，必须保证滚筒的内桶门向上。滚筒的转子上带有定位的电动机磁铁，当电动机转动到磁铁和霍尔电路重合位置时，则由定位装置的销子锁住滚筒的电动机转子，确保滚筒的内桶门正确朝上。

如图 8-28 所示为全自动滚筒式洗衣机电路原理图。当洗衣机通电后，开始检测各个用电器的电阻反馈情况（当任一个出现异常时，都会进行相应的报警），门关闭好后则进行拉门门锁上电，锁住拉门，电动机转子销子从电动机转子退出，电动机开始转动运行。洗衣机通过 DD 电动机进行模糊称重，检测洗衣机内部洗涤物的重量，并进行重量的显示。1min 后洗衣机开始进水，自来水通过洗涤剂分配盒连同洗涤剂冲进内桶内。内桶沿轴向设置了三条凸出的提升筋，洗涤的水位高度大约在内桶高度的 2/5 处，可使洗涤物在内桶里处在半浸泡状态。

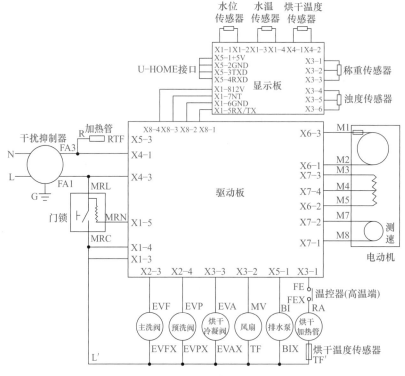

图 8-28　全自动滚筒式洗衣机电路原理图

洗涤时，洗涤物在洗涤液中与内桶壁以及桶壁上的提升筋之间产生摩擦力，洗涤物靠近提升筋部分与相对运动部分互相摩擦产生搓揉作用。随后，内桶在电动机的带动下以低速度周期性地正反向旋转，依靠内桶内三条提升筋的作用，将洗涤物举升到高出洗涤液面，洗涤物在自身重力的作用下，自由跌落在洗涤液中。随着内桶不断正转、反转，衣物不断升起、跌落，并不断地与洗涤液发生撞击。这些类似于手揉、揉搓、刷洗、甩打、敲击等手工洗涤的作用，达到了去污、洗净的目的。

滚筒搅拌结束作为一个单洗程序，之后排水、进水、搅拌为一个漂洗程序，执行最终脱水程序后会根据用户程序要求，结束或者进行烘干。烘干过程中由冷凝阀开始进水，采用冷凝式烘干，排水阀打开。烘干加热管和烘干电动机开始工作，电动机开始低转速运行，直到烘干热敏电阻判断桶内衣物干了为止。然后进行冷却，停止加热，继续送风并进冷凝水。冷却结束后则显示"结束"，电动机定位，门锁解锁，报警自动断电。

二、全自动洗衣机的故障维修技能

（一）洗衣机的基本维修思路

洗衣机同其他家用电器一样，既采用了机械技术，又采用了电子技术。随着科学技术的发展，微电脑技术在洗衣机上广泛应用。对维修人员来说，一方面要有一定的理论水平，懂得机械和电气工作原理，另一方面要有一定的操作经验。前者决定维修的判断能力，后者决定操作技术的熟练程度，这两者全都具备了，维修速度自然加快了。

在维修方法上，应从初步判断入手，利用各种维修方法，逐步缩小故障范围，直至找到故障部位及元器件。

1. 通过听和看初步确定故障部位

洗衣机出现故障最先知道的是用户，当用户送修时，应仔细倾听用户的介绍，从介绍中对洗衣机发生故障的过程及现象有所了解。然后具体观察，通过再次开机和拆机初步判断故障原因和部位。

洗衣机分为普通型、半自动型和全自动型。同一故障现象因机型不同，其判断故障原因应有所区别。

如开机时正常，但在洗涤中洗衣机突然停转，这类故障对普通型洗衣机来说，可能是电源停电、线路断线、插头接触不良、传动带脱落、波轮卡死或洗涤电动机烧坏所致。但对电脑控制型全自动洗衣机来说，除电源故障和电动机故障外，应重点考虑程控器是否有元器件损坏。

2. 利用仪表测试判断故障部位

初步判断只是根据听取的故障现象和初步观察所作的主观判断，但这种判断是不完全准确的，只是一种怀疑。用仪表测试，就是对有怀疑的电路和元器件进行检测，通过检测电压和电阻值并与正常值对比来判断电路是否有问题，元器件是否损坏。如全自动洗衣机开机后不进水故障，主要故障原因有：电源电压不正常、水压不正常、进水电磁阀损坏、程控器有元器件损坏。

在电源电压及水压正常的情况下，用万用表测进水电磁阀线圈的电阻值，若正常，可判断故障出在电脑板上，再通过对程控器相关控制元器件的检测，就可以找到故障元器件。

（二）洗衣机故障的基本判断方法

上门维修家电已成目前的主要潮流，不仅给用户带来方便，也使维修人员能更好了解待修机的工作环境状况及出故障时的具体现象，在处理某些故障时判断得更快速、更准确。上门维修洗衣机时主要应掌握以下快修方法与技巧。

1. 询问技巧

询问技巧就是接收待修的洗衣机时，在电话里对用户进行详细询问，了解故障机的购买时间、故障现象以及是否请人维修过等情况。通过询问，初步掌握洗衣机故障的可能原因和部位，为分析和判断故障提供思路。

2. 感观技巧

感观技巧即对故障洗衣机维修时使用看、听、嗅、触四种方法。它是利用人体感觉器官来了解故障机，使维修人员对待修机的故障作出初步判断。感观法是维修洗衣机最直接、最方便、最常用的维修技巧，使用此方法可以快速查找到故障的原因，使维修时少走弯路，避免维修中不必要的麻烦。

（1）看　看故障洗衣机安放的环境是否合适，是否因潮湿而引起电路故障，是否因机器摆放不平稳而引起噪声等。启动洗衣机看看洗衣机是否能正常运转。看故障洗衣机的外壳、内部元器件有无异常现象，接线是否松脱、断裂；焊点是否虚焊、脱焊；电容是否胀裂、漏液；各触点是否氧化、发黑等。

（2）听　就是给故障洗衣机加电试机，仔细听洗衣机的运转声音是否正常，各电路系统有无通断声音，从而判断是电气故障还是机械故障。

（3）嗅　就是在故障洗衣机运行时，通过嗅觉，检查洗衣机有无焦糊味及其他异味，并找到味道产生的部位。

（4）触　就是待故障洗衣机运行一段时间后，用手去触摸各部件的温度，检查电动机是否温升过高、V带是否过紧或过松、部件的固定螺钉是否松动等。

3. 操作技巧

操作技巧主要包括手动操作和按键操作两种技巧。

（1）手动操作　就是在不通电状态，用手转动洗衣机可转动的部件，例如转动电动机的传动轮、离合器的传动轮、洗涤波轮等时有无卡阻现象，运行是否顺畅。

（2）按键操作　就是给洗衣机加上电时，操作各按键，观察洗衣机的运转情况，为分析和判断故障原因及故障部位提供依据。

4. 测量技巧

测量技巧就是使用仪表测量洗衣机的电阻、电压和电流，并与正常值对比，从而找出故障部位和故障元器件。

（1）测量电阻　就是在洗衣机不通电的情况下，用万用表电阻挡对电路、元器件的电阻进行测量，来判断电路或元器件是否有故障。例如，测量接线端子间的电阻值，从理论上讲，当开关处于接通位置时，其两接线端子之间电阻值应为零，但实际上一般开关的接触电阻会有 $30k\Omega$ 左右，如实际测得的电阻值大于 $30k\Omega$，则说明此开关接触不良；若测得接触电阻为无穷大，则说明该电路已断路。

（2）测量电压　就是在洗衣机通电的状态下，用万用表交流挡测量各部件和接点上的电压降。正常情况下，当开关处于接通状态时，其输入端和输出端的电压降理论值应为零，但实际上由于开关存在一定的接触电阻，其输入端和输出端也会有部分压降。如果实测的压降偏大，则说明电路存在短路，如果实测的压降达到220V，则说明该电路断路或电路中的某个元器件损坏，然后再沿线路逐点检查，即可找到故障点。

（3）测量电流　在洗衣机维修中一般用于电动机电流的检测，即通过测量整机电流或部分线圈的电流并与正常值比较，从而判断电动机是否有故障。

5. 替换技巧

在维修洗衣机的过程中，当怀疑某一零部件有问题时，将其拆下，可采用一个同型号、同规格、性能良好的零部件替换，看故障能否消除，若能消除则说明原零部件已损坏。

当怀疑一些简单的触点开关（如水位开关、安全开关等）有故障时，可将此开关拆下，用导线直接将电路短接代替，然后通上电源，看洗衣机能否正常运行，若能正常运行，则判断此开关损坏，需要更换。但要注意，在用导线短接时，必须要绝缘，以防止造成电路损坏。

替换技巧在洗衣机维修中经常使用。在维修洗衣机电路中的电容和程控器时，大多采用替换技巧，加快了洗衣机的维修速度。

为方便采用替换技巧维修，在维修洗衣机时，应配备的易损部件有水封胶圈、脱水大胶圈、熔丝（管）、V带、弹簧、制动带、阻尼套、绝缘套、开关、轴承、排水软管、接线帽、螺钉、螺母、定时器、控制器（图8-29）等。

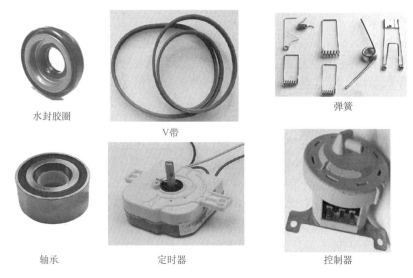

水封胶圈　　V带　　弹簧

轴承　　定时器　　控制器

图8-29　部分易损部件

6. 查找故障元器件技巧

当故障性质确定后，应根据该元器件正常工作所需要的条件有目标地查找故障部件和元器件。例如：当电动机不能启动时，应先检查电容是否损坏；水位开关失灵时，应检查空气压力传递管路是否漏气、堵塞，接头是否损坏；波轮转动失常时，应仔细观察是顺时针方向旋转失灵还是逆时针方向旋转失灵，如果是顺时针方向失灵，则可能是制动带有油污。

7. 快速维修或更换元器件技巧

在维修洗衣机时，对于已确定损坏的部件和元器件都应该换新。在维理或更换部件和元器件时，应掌握以下技巧。

① 如果熔断器熔断，应注意观察熔断器的熔断状态，如端部熔断或内壁烧黑，则说明电路中存在短路故障，应在排除故障后再更换熔断器。

② 如果程控器损坏，在更换前应检查程控器外围控制件的机械件、电气件是否有故障，应在排除这些故障后才更换，否则，有可能引起程控器再次损坏。

③ 注意正确接线。电脑控制型全自动洗衣机对某些接线有具体要求。因此，在接线前应参阅洗衣机的电气接线图。一般厂家的电气接线图上都标有接线颜色，应按线色对应连接以防止接错。

（三）洗衣机常见故障快修技巧

1. 洗衣机整机不工作的维修方法

洗衣机不工作的故障范围主要出现在电源部分、负载部分、控制电路部分三方面，出现此类故障时电源指示灯又分两种现象，具体维修方法如下。

（1）电源部分　若故障在电源部分，一般开机时，电源指示灯不会点亮。应重点检查电源整流滤波电路及变压电路，特别是滤波电容击穿或电源变压器匝间短路较为常见。维修时更换同类型滤波电容，更换或修复电源变压器。

（2）负载部分　负载部分包括洗涤电动机、脱水电动机和烘干发热器件。此部分器件出现故障主要是因为电动机绕组短路或漏电引起负载过重而烧断熔丝，从而使洗衣机整机不能工作。此时，由于熔丝烧坏，切断了整机电源，指示灯不会点亮。修复电动机绕组或更换电动机故障即可排除。

（3）控制电路部分　若故障在控制电路部分，此时电源指示灯往往点亮。全自动洗衣机采用单片微处理器（单片机）电路，当单片微处理器出现故障时，会出现整机不工作故障。

检查单片机故障，应重点检查单片微处理器的复位信号、电源电压和时钟信号是否正常。当上述三种信号电压异常时，单片微处理器便不会工作，从而出现整机不工作故障。更换新的程控器，一般可排除故障。

（4）门锁开关部分　当滚筒式洗衣机的门锁开关损坏或接触不良时，洗衣机也会不工作并出现报警声，此时只要更换同型号门锁开关即可。

2. 滚筒式洗衣机进水后不洗涤的维修方法

全自动滚筒式洗衣机设有多组洗涤程序，出现的故障也较复杂。造成此类故障的原因很多，例如电动机电源异常，电容、程控器、双速电动机损坏，与之连接的导线有误，水位开关损坏，温控器不正常等。其维修操作方法如下。

（1）电源异常　洗衣机在工作过程中的频繁振动，致使洗衣机电动机的控制导线端子脱落或松动，双速电动机插头松动、接触不良常，会引起电动机不能启动或不能运转。

维修操作方法是：切断电源，打开洗衣机后盖，将外桶底部电动机的控制导线端子与电动机插座的位置对准插牢，并检查电动机插座中插片应不被顶出，一般可排除故障。

（2）水位开关损坏　用万用表的电阻挡测量水位开关的两对常开触点是否闭合接通（此时的进水量要达到高水位的额定水位，即洗衣机内桶半径约2/3处）。若两对常开触点未接通，则说明水位开关已损坏，更换或调整如图8-30所示的水位开关即可排除故障。

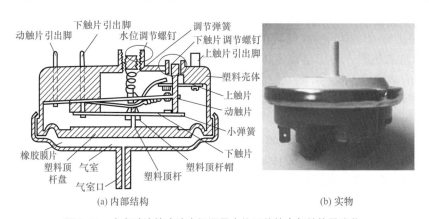

(a) 内部结构　　　　　　　　(b) 实物

图 8-30　全自动滚筒式洗衣机通用水位开关的内部结构及实物

（3）温控器损坏　检测温控器是否损坏，在切断电源的情况下，打开洗衣机后盖，拔掉温控器的两对触点上的导线，用万用表电阻挡测量两对触点，如图8-31所示。正常情况下，温控器40℃常开触点应呈闭合状态，60℃常闭触点应呈断路状态。

若温控器出现故障，则应更换新的温控器。更换时，应将洗衣机内的水排干，将温控器从衬托上取下来，将新的温控器的感温金属的边沿沿着衬托塞紧，并安装牢固，使之不会漏水，然后将两对触点上的导线对应插牢即可。

（4）程控器、电容或电动机损坏　在程控器正常运行的情况下，仔细观察快速转动时触点上是否有火花产生，若有火花而电动机不转，则可能是电动机损坏或移相电容有故障。

可用万用表电阻挡或用电桥测量电动机的直流电阻。

全自动滚筒式洗衣机采用双速电动机，双速电动机接线端子线路如图8-32所示。它有两组绕组，一组为洗涤绕组，采用十二极绕组，输入功率为250W，转速为450r/min；另一组为二极绕组，输入功率为650W，转速为280r/min。

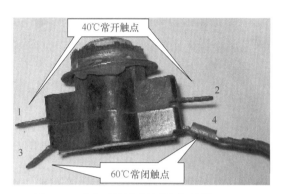

图8-31　全自动滚筒式洗衣机温控器

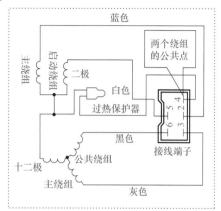

图8-32　双速电动机接线端子线路

正常情况下，洗涤绕组3-4之间和6-4之间的直流电阻应为63Ω左右，脱水绕组的主绕组2-4之间应为11Ω左右，启动绕组5-4之间应为32Ω左右。若测量结果与以上阻值不一致，则短路点即在阻值较小的那个绕组内。

※ 知识链接 ※　全自动滚筒式洗衣机通常具有加热洗功能，在设定"加热洗"程序时，洗衣机处在加热状态，程控器电动机两端无电压，洗衣机仅加热器工作。因为洗衣机开始加热时，加热时间不受程控器控制，仅进行水温控制，一般至少需要30min。可按下洗衣机的"不加热"开关，即选择"常温洗"，洗衣机即可进入常温洗程序。

3. 全自动滚筒式洗衣机不加热的维修方法

不加热是指设定相应程序后洗衣机不加热洗涤。主要应对温控器、加热管、程控器进行检测。

维修操作方法是：常温情况下检查温控器是否异常；若调整或更换温控器后故障不变，则检查加热管两端是否正常开路或电阻异常；若加热管损坏，则应更换新的相同型号的加热管；若加热管正常，则检查程控器及相应线路是否存在故障，接通线路或更换程控器，将程序从"常温洗"设置为"加热洗"，一般可以排除故障。

※ 知识链接 ※　拆卸加热管必须先将中间螺母拧松，螺杆向内推，再将加热管向外拉。加水后给加热管直接供电可检测加热管的好坏。

4. 洗衣机漏水的维修方法

造成洗衣机漏水的原因主要有排水管断裂、离合器密封圈失效、波轮轴密封圈磨损或弹簧圈锈蚀等。

（1）排水管断裂　排水管断裂后会造成漏水，维修操作方法是：卸下箱体上的固定螺钉，松开排水管与排水阀连接处的抱箍，将连接处的污迹擦干净，涂上胶黏剂，再重新装上新的排水管，并用抱箍卡紧即可。

（2）离合器密封圈失效　离合器密封圈磨损后会造成漏水。离合器密封圈在装配时使用专用机器压盘压入，不能单独更换，必须更换离合器上壳体总成。

（3）波轮轴密封圈磨损或弹簧圈锈蚀　当波轮轴密封圈磨损或弹簧圈锈蚀时，水会从波轮轴四周向桶外渗出。维修操作方法是：先卸下波轮，将密封圈凹槽中的弹簧圈挑出，取出密封圈，更换新的密封圈及弹簧圈，重新装好即可。

> ※ 知识链接 ※　如果一时找不到同规格的新弹簧圈及密封圈，也可找一块轮胎内胎，剪成与拆下的密封圈一样的大小和形状代替。在轴承槽内注入少量润滑油，将已制好的橡胶片安放后，将轴承挡碗盖上并稍用力下压，将橡胶片夹紧。这样修复后，不需要再加弹簧圈，可快速排除洗衣机漏水故障。

5. 洗衣机不进水的维修方法

造成洗衣机不进水的原因很多，例如水龙头未打开、水压过低、自来水龙头处的进水滤网堵塞、进水电磁阀异常、导线组件损坏、程控器损坏等。

维修操作方法是：首先应快速确认是否因水龙头未打开、水压过低、自来水龙头处的进水滤网堵塞造成。若均正常，则接通电源，按一下"启动 / 暂停"键，听进水电磁阀有无动作声音。若进水电磁阀有声音，则应对进水电磁阀滤网进行清理，若清除进水电磁阀滤网处的异物后故障不变，则进一步检测进水电磁阀端子两端有无电压；若电压正常，则应更换进水电磁阀；若无电压，则可判断导线组件或程控器损坏，更换损坏的部件一般可排除故障。

6. 洗衣机进水异常的维修方法

洗衣机进水故障分不进水、进水不止、进水量未达到设定水位就停止进水、进水量必须超过设定水位较多后才会停止进水四种情况。

① 洗衣机不进水的维修操作

方法一：检查水龙头是否打开，水压是否正常，用手摸进水电磁阀的进水口有无振动感。若上述方法都不能判断故障原因，则用万用表电阻挡检测进水电磁阀两接线端的电阻值；若为无穷大，则说明线圈断路，更换进水电磁阀；若进水电磁阀正常，则应进一步测程控器工作电压是否正常；若输入电压正常，则说明程控器有故障，更换程控器即可。

方法二：通过拆卸机器来判断机械部分是否损坏。当确认是进水电磁阀有故障，但测得线圈电阻正常时，应拆开进水电磁阀，检查阀体是否损坏；若水位开关不能断开，则可能是由于水位开关控制水位的弹簧锈蚀或折断，此时应更换进水电磁阀；若进水电磁阀内水道被杂物堵塞或进水滤网被杂物堵塞，则拆下清洗即可排除故障。

② 洗衣机进水不止的维修操作

方法一：测量进水电磁阀两端的电压是否为 220V，电磁驱动电路的晶体管集电极电压是否为 5V 直流电压，若电压正常，则可判断双向晶闸管不良，更换晶闸管。

方法二：用导气管向水位开关吹气，并用万用表检测水位开关两接线端之间的电阻，在吹气时万用表若始终导通或不导通，则说明水位开关损坏，更换即可修复此类故障。

方法三：当洗衣机进水不止时，将电源插头拔掉或关掉洗衣机电源开关，切断电源，如能停止进水，则判定程控器损坏，更换程控器即可。

③ 洗衣机进水量未达到设定水位就停止进水的维修操作方法：引起此故障的主要原因是水位开关性能不良，使集气室内空气压力尚未达到规定压力时，其触点便提前由断开状态转换为闭合状态而停止进水。若检测水位控制弹簧弹力很小，则更换水位控制弹簧；若是因为水位开关凸轮上凹槽磨损或损坏，则更换水位开关。

④洗衣机进水量必须超过设定水位较多后才会停止进水的维修操作方法：清除水位开关集气室导气接嘴处杂物或在漏气处用 401 胶封固，减少水位控制弹簧预压缩量。

7. 洗衣机排水异常的维修方法

洗衣机排水故障分排水速度慢、不排水、排水不净三种情况。此故障原因及维修操作方法如下。

（1）洗衣机排水速度慢　首先检查排水阀是否有杂物堵塞或排水软管是否弯折；若发现有杂物或有弯折，则清除阀内杂物或更换排水软管；若没有杂物，则检查排水拉杆与橡胶阀门间隙是否过大；若间隙过大，则适当调小排水拉杆与橡胶阀门间隙；若间隙正常，则检查排水阀内弹簧是否过长或失去弹性；若排水阀异常，则更换内弹簧；若故障不变，则说明排水阀动铁芯阻尼过大或吸力变小，排除问题或更换排水阀，即可排除故障。

（2）洗衣机不排水　首先检查排水管是否放下；若排水管放下，则检查排水阀座内橡胶密封圈是否被污物堵塞；若发现污物，则清除污物即可；若无污物，则是因为排水管高于地面 15cm 以上，或延长排水管过长、管口直径过细而造成排不出水，按照洗衣机排水管安装要求安装排水管即可排除故障。

（3）洗衣机排水不净　造成此类故障主要是因为水位开关性能不良，或空气管路有漏气，使集气室内空气压力变小，当外桶内水位还未下降到规定位置时，水位开关触点便提前动作，使总排水时间缩短，导致排水不净。若检查为水位开关损坏，则更换水位开关，若检查为空气管路漏气，则找到空气管路漏气处，用 401 胶密封即可迅速排除故障。

8. 洗衣机不排水的维修方法

造成洗衣机不排水的原因很多，例如排水管弯折或堵塞、排水阀堵塞、排水阀电动机损坏、导线组件损坏、程控器损坏等。

维修操作方法是：首先检查排水管是否弯折或堵塞；若排水管正常，则设置漂洗或脱水程序启动洗衣机，确认排水阀电动机是否动作；若排水阀电动机能正常动作，则可判断排水阀堵塞，清除异物即可排除故障；若排水阀电动机不能动作，则应进一步检测排水阀电动机两端是否有电压；若有电压，则更换排水阀电动机；若无电压，则可判断导线组件或程控器损坏。

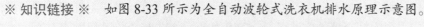

※ 知识链接 ※　如图 8-33 所示为全自动波轮式洗衣机排水原理示意图。

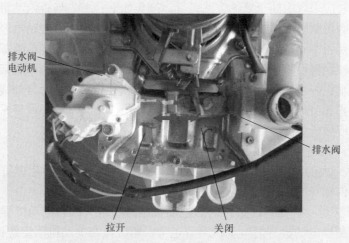

图 8-33　全自动波轮式洗衣机排水原理示意图

9. 洗衣机不脱水的维修方法

全自动波轮式洗衣机出现不脱水，可按以下操作方法进行维修。

① 首先检查安全开关，洗衣机接通电源，程序调到脱水状态，用手或工具把安全开关制动臂按到最低，若程控器此时报警且数码管显示"进水故障"，则说明安全开关或程控器损坏。

② 若用手或工具把安全开关制动臂按下后能正常脱水，则说明安全开关的断电距离已偏低，此时应更换安全开关。

③ 若在脱水状态时，只有波轮转动而内桶未转动，则应检查牵引器是否已把离合器的棘爪和棘轮分离，若没有分离，可能是排水阀上的调节杆螺母松动或磨损，导致打开距离不够，则应重新调整调节杆的距离，使之能把离合器的棘爪和棘轮分离。

10. 洗衣机漏电的维修方法

造成洗衣机漏电的原因主要有桶内液体带电、壳体带电、电磁感应现象引起的感应电及静电。

（1）桶内液体带电　维修操作方法是：检查桶下电气件的绝缘情况和渗水现象，并排除故障，隔离波轮轮轴和洗衣机带电部位即可排除漏电现象。

（2）壳体带电　维修操作方法是：用绝缘胶布包好破损电源线，检查电容本身是否损坏漏电，更换电容即可排除。

（3）电磁感应现象引起的感应电及静电　洗衣机的感应电与静电经常出现，有时不会同时出现。一旦发现洗衣机有带电现象，应立即停机排除。

感应电能量较小，不会对人身安全造成危害，用试电笔测洗衣机，当有感应电时会出现辉光现象。排除感应电的方法很简单，只要将洗衣机地线接好，或对调电源接地线孔，将原来插入地线孔的插片改插火线孔即可。静电能量较大，严重时人会被强烈电击。更换传动带或传动轮，或者在维修时将传动带在清水中浸泡2h后，取出擦干，再重新装上即可排除静电。

11. 脱水噪声大的维修方法

造成洗衣机脱水噪声大的原因很多，例如电动机性能不良、电动机固定螺钉松脱、减速器性能不良、棘轮与棘爪分离不好、洗衣机安放不平稳、导压管或导线组件打外桶、吊杆座缺油等。维修时应采取由简至繁的方法，具体操作如下：首先检查电动机噪声是否大，若电动机噪声大，则说明电动机性能不良，需维修或更换电动机；若电动机声音正常，则检查电动机固定螺钉是否牢固；若将电动机固定螺钉紧固后故障不变，则检查减速器轴承是否良好，若轴承异常，则更换减速器；若减速器轴承正常，则应逐一检查棘轮与棘爪是否分离良好→洗衣机是否平稳→平衡环是否磨外桶盖→导压管或导线组件是否打外桶→吊杆座是否缺油；查出原因后再相应地调整棘爪角度或距离→调整机脚使其平衡→调整平衡环与外桶间隙→固定好导压管或导线组件→给吊杆座加注润滑油，一般可排除故障。

12. 洗涤噪声大的维修方法

造成洗涤噪声大的原因很多，例如电动机性能不良、电动机固定螺钉松脱、减速器性能不良、波轮磨内桶底等。

维修操作方法是：首先判断是否因为电动机本身噪声大，若电动机异常，则说明电动机性能不良，需更换电动机；若电动机声音正常，则应检查电动机固定螺钉是否紧固到位；若紧固螺钉后故障不变，则应进一步检查减速器齿轮啮合是否良好，若减速器啮合不良，则更换减速器；若减速器啮合良好，则可判断为波轮磨内桶底造成洗衣机在洗涤时发出很大噪声，调整波轮与内桶间隙即可排除故障。

13. 电动机运转无力的维修方法

洗衣机工作时，电动机出现运转无力，可按以下操作方法进行修复。

① 检查传动带是否已磨损，方法是：用两手指捏两边传动带，若两边传动带能相碰，则说明传动带已磨损，可以调整电动机的位置，拉紧传动带，但若传动带磨损太厉害或调整电动机位置仍无法解决时，应更换新的同规格传动带。

② 若传动带正常，应试着更换电容器，看能否排除故障。

③ 若故障不变，则说明问题可能出现在程控器上，通常为控制电动机的晶闸管已损坏，此时可以测量电动机运转时电压是否正常，若电压不正常，则更换程控器。

④ 若电动机已损坏，应更换电动机。

三、洗衣机维修注意事项

洗衣机维修应注意以下事项。

① 维修前，首先应切断电源和水源。

② 洗衣机倾倒时，应正面朝下，平放在橡胶垫或软质材料上面，以防划伤机壳。

③ 维修传动部件时，应在电动机下垫一平整垫块。

④ 维修中不可多装或漏装零件（如螺钉、垫圈）。

⑤ 零部件（如轴承）应清洁，必要时应进行清洗或用干净布擦净，再加润滑油。

⑥ 装拆零部件时，禁止用铁锤和冲头直接敲击加工面。

⑦ 维修后的螺钉或螺栓要紧固，以免造成零件移位、变形或者其他故障，尤其是承受较大力的零件，如离合器、电动机、波轮、小传动轮等的螺栓必须紧固到位，采用多个螺栓或螺钉紧固的接合面应对角交叉地均匀旋紧。小传动轮的螺栓是双螺母防松设计，卸下时要先松螺母再松螺钉，紧固时要先紧螺钉再紧螺母，顺序不可搞反。

⑧ 更换电气元器件时，应将插件插牢，松开的线扎应重新扎好。

⑨ 更换零件前要看清被更换零件的安装状态和所使用的螺钉等细节，更换完成后要完全复原，尤其要注意细节的恢复。比如通气管是在吊杆上缠绕一圈后才接到外桶上的；拆线后的接线绑线一定要用接头套连接后套塑料袋向上绑好，否则可能造成短路和漏电等严重故障；内部的海绵垫也要仔细复原，以免增加额外噪声。

⑩ 吊杆在使用一段时间后由于缺油造成脱水时振动偏大，加油时一定要添加吊杆专用的金属润滑脂，不能使用普通的凡士林。

⑪ 维修完毕应做修理记录。

⑫ 上门维修洗衣机应注意事项如下。

a. 到达现场后，不要急于拆机，应先对用户的使用情况及机器出故障时的现象询问清楚。最初应从简单的检查开始，例如机器的水源、电源是否接通，排水管是否放下等。

b. 不要急于下结论。特别是全自动滚筒式洗衣机电子控制部分技术含量较高，对于那些疑难故障应从多方面分步检查。例如选择单脱水来检测排水、脱水功能是否正常；更换熔丝后还应对其烧断原因进行排查；更换新的程控器时，必须检查其他部分有无故障才能装配等。

c. 在维修过程中还应注意拆机操作的规范。特别是对微电脑式程控器、电动机、加热器等主要部件故障的检查要仔细、判断要准确、更换要谨慎。

d. 上门维修过程中使用工具要注意摆放安全，避免自己或用户受到不必要的伤害或对用户的物品造成损坏。维修结束后注意不要把工具遗留在用户家里。

第九章　电磁炉维修实用技能

第一节　电磁炉的结构组成与工作原理

一、电磁炉的内部结构组成

电磁炉的内部结构主要包括四个部分，即加热部分（锅底励磁线圈）、电气部分（主板）、冷却部分（散热风扇）、控制部分，如图9-1所示。

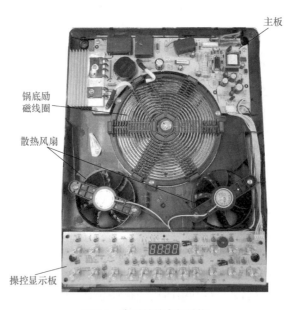

图 9-1　电磁炉的内部结构

1. 加热部分

加热部分包括电磁炉的锅体位置下面的搁板、锅底励磁线圈，通过电磁感应产生涡电流对锅体进行加热。

锅底励磁线圈又称振荡线圈、感应加热器、励磁器、电磁炉线盘等，它在电磁炉中的安装位置如图 9-1 所示。电磁炉锅底励磁线圈组件包括励磁线圈、塑料托盘及数根高磁通磁条等。塑料托盘的实物图如图 9-2 所示，它由耐热、绝缘、硬度较高的工程塑料注塑而成，用于支托励磁线圈和嵌入扁形磁条。

图 9-2　塑料托盘的实物图

励磁线圈由多股耐高温漆包线绞合绕制而成，主要有平面型、凹面型（又称锅底型）和线圈中间留空型三种形状，其实物图如图 9-3 所示。当励磁线圈上通过高频直流电时，则会在其周围产生磁力线。

(a) 平面型励磁线圈　　　(b) 凹面型励磁线圈　　　(c) 线圈中间留空型励磁线圈

图 9-3　励磁线圈的实物图

高磁通磁条的实物图如图 9-4 所示，它由按磁力线方向排列的铁氧体组成，以构成线圈的磁路。

2. 电气部分

电气部分包括功率管（IGBT）、熔丝管、压敏电阻、扼流圈、电容、变压器、主板等。

主板是电磁炉的重点部件，其作用是实现能量转换，调节功率和温度，对电磁炉进行控制。主板上有 IGBT、整流桥、主控 IC、电源 IC、电容、电阻、变压器、熔丝管等元器件，如图 9-5 所示。

3. 冷却部分

冷却部分采用风冷的方式，包括炉身侧面分布的进风口与出风口及内部的风扇。

磁条

图 9-4　高磁通磁条的实物图

电磁炉在工作过程中，其腔壳内的元器件（如功率晶体管、电源整流部分、扼流线圈、锅底励磁线圈等）会产生大量的热量，使这些元器件的温度降下来处于正常工作状态是至关重要的。风扇就是给电磁炉内散热的部件。如图 9-6 所示为目前较为实用的散热风扇，它主要由直流电动机、风扇叶片及其他零件组成，其结构形式多为肩担式。目前风扇的直流电动机主要有有刷电动机和无刷电动机。其中，无刷电动机又分为 12V 和 18V 两种。

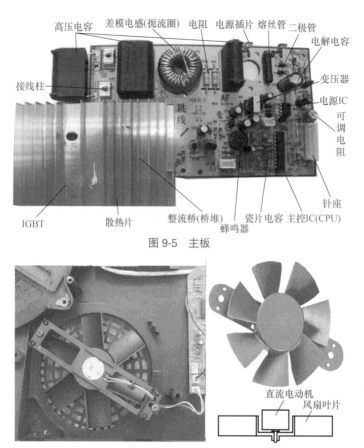

图 9-5　主板

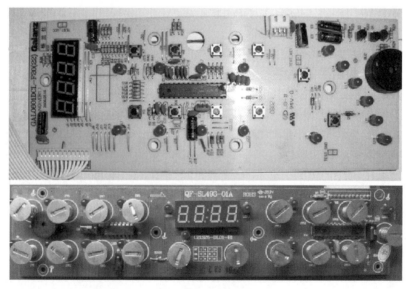

图 9-6　冷却装置的实物与结构图

4. 控制部分

控制部分包括电源开关、温度调节按钮、功率选择钮，由内部的控制电路来掌控。操控显示板（按键板）位于电磁炉的壳内（图 9-7），用于功能显示及功能按键操作，即：当操

图 9-7　操控显示板

作面板按键时，CPU 接收到相应的控制信号，经内部电路进行逻辑处理后输出相应的运作指令，使电磁炉工作在相应的状态下。

二、电磁炉的内部电路组成

电磁炉的电路结构组成示意图如图 9-8 所示，整个电路可分为高频电力转换主电路及检测、脉冲控制电路两大部分。具体包括主电源输入电路、同步控制电路、LC 振荡电路、功率控制电路、IGBT 过压保护电路、温度检测电路、电压检测电路、电流检测电路、锅具检测电路及主控 CPU 电路等。

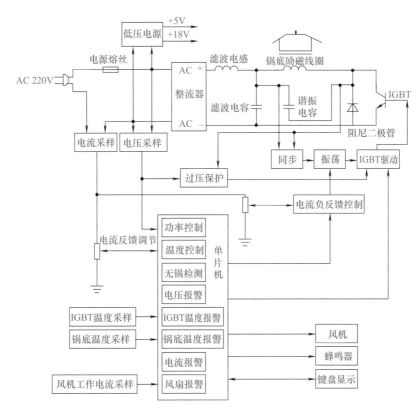

图 9-8　电磁炉的电路结构组成示意图

1. 主电源输入电路

主电源输入电路主要由熔丝 F1、EMC 防护电路、整流滤波电路等组成。如图 9-9 所示为主电源输入电路的结构示意图。

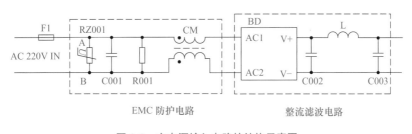

图 9-9　主电源输入电路的结构示意图

EMC（电磁兼容）防护电路是在电源的进入端为防止高频干扰或雷击等造成后面电路的损坏而设置的电路。

电磁炉 EMC 防护电路主要由压敏电阻 RZ001、电容 C001 和电阻 R001 等组成，如图 9-10 所示。其中，C001 与 R001 的作用是吸收电源中的高频谐波，RZ001 的作用是防止电压过高。RZ001 的特性是它的电阻值随着外加电压的变化而变化，当外加电压较低时，流过 RZ001 的电流很小，RZ001 呈现高阻状态；当外加电压达到或者超过 RZ001 的压敏电压时，流过 RZ001 的电流陡增，RZ001 的阻值将大大降低。

电磁炉整流滤波模块是进行 AC/DC 变换的电路，其核心元器件是整流桥。它将输入的 220V 交流电变换成脉动直流电，然后经过 π 形滤波电路（由电感线圈 L 和电容 C002、C003 组成）进行滤波，输出平滑的直流电。由于电感线圈对脉动电流产生反电动势的作用，它的阻值对交流很大，而对直流很小。在整流电路中串入 π 形滤波电路，可以使电路中的交流成分大部分降落在电感线圈上，而直流成分则从电感线圈流到负载上，从而起到了滤波的作用。

2. 同步控制电路

同步控制电路是电磁炉中的关键电路之一，其主要作用是从 LC 振荡电路中取得同步信号，同时产生同步锯齿波，为 IGBT 导通提供前级驱动波形。电路输出信号为锯齿波。具体电路如图 9-11 所示，主要由电压比较器（IC2）及其外围分压电阻（R1、R2、R3）、滤波电容（C1、C2）和钳位二极管（VD1）组成。

图 9-10 EMC 防护电路

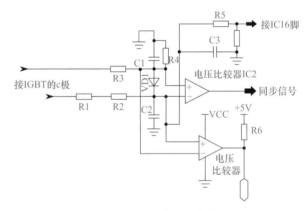

图 9-11 同步控制电路

电压比较器用来检测 IGBT 的引脚电压并与参考电压进行比较，当检测电压大于参考电压时，电压比较器的输出脚输出一个低电平；当检测电压小于参考电压时，电压比较器的输出脚输出一个高电平。不管是高电平信号还是低电平信号，均要送到后面的波形发生电路，与三角波形一起进行波形修正后再送到功率控制电路，以控制 IGBT 的开关状态。

3. LC 振荡电路

LC 振荡电路也称逆变电路，它由 LC 并联谐振电路、IGBT 和一些辅助器件组成，如图 9-12 所示。

电磁炉的 LC 振荡电路是电磁炉的核心电路，其工作原理就是 LC 并联谐振的原理，通过电感线圈与振荡电容不停地充电和放电，产生振荡波形。其中 L 为电感线圈，C1 为振荡电容。LC 振荡电路的工作过程是：当 IGBT 的 c 极电压为 0 时，IGBT 导通（监控电路检测到 c 极电压为 0 时，即开启 IGBT），此时的电感线圈开始储存能量。当 IGBT 由导通转向截

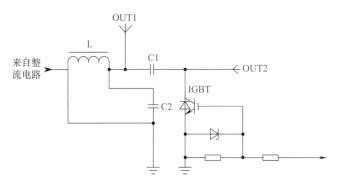

图 9-12　LC 振荡电路

止时，此时由于电感线圈的作用，电流还会沿着先前的方向流动。由于 IGBT 关断，电感线圈只能对电容 C1 充电，从而引起 c 极上的电压不断升高，直到充电电流降至 0 时，c 极电压达到了最高。此时，电容 C1 开始通过电感线圈放电，c 极电压降低，当 c 极电压降到 0 时，监控电路动作，IGBT 再次开启，如此反复循环，如图 9-13 所示。

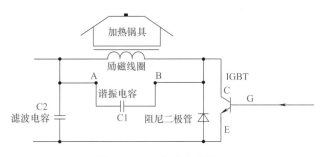

图 9-13　LC 振荡电路原理

4. 功率控制电路

电磁炉功率控制电路的作用是控制 IGBT 的开与关，以控制电磁炉的发热功率。功率控制电路的内部电路主要由电压比较器、外围电阻、外围电容、钳位二极管、稳压二极管和外围驱动三极管等组成，如图 10-14 所示。

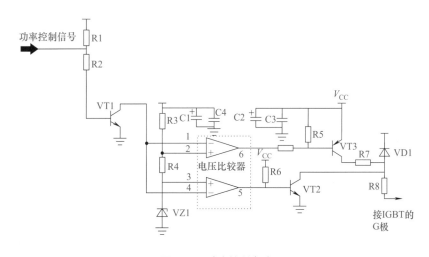

图 9-14　功率控制电路

当电压比较器接收到控制信号时，控制信号分别送到电压比较器的反相输入端子 1、4，由于参考电压不变，所以当送来的波形处于高电平时，由于反相器的反相作用，电压比较器输出低电平，驱动三极管 VT3 导通、VT2 截止，V_{CC}（18V 或 12V）电压经过导通的三极管和限流电阻流向 IGBT 的 G 极，使 IGBT 导通。反之，当送来的波形处于低电平时，由于反相器的反相作用，电压比较器输出高电平，驱动三极管 VT3 截止、VT2 导通，V_{CC} 电压没有通过限流电阻流向 IGBT 的 G 极，此时 IGBT 工作于截止状态。如此反复，通过控制 IGBT 的 G 极电压来达到功率控制的目的。

5. IGBT 过压保护电路

电磁炉 IGBT 过压保护电路的作用是保护 IGBT 的 C 极（或 D 极）电压不超过它的耐压值，防止 IGBT 过压损坏。如图 9-15 所示，该电路主要由电压比较器、外围电阻、外围电容构成。其具体工作过程是：来自 IGBT 的 C 极电压经电阻 R1 限流、C2 滤波、R4 与 R5 分压后输入到电压比较器的正向输入端子②，电压比较器端子 1 外接的 R2、R3、C1 为参考电压形成电路，电路首先检测 IGBT 的 C 极电压，将该电压与其外接的一个参考电压进行比较。当检测电压超过参考电压时，电压比较器输出一个低电平信号到主控芯片，使主控芯片输出的功率调节信号（PWM）的幅度（电平）减小，从而降低 IGBT 的功率，降低 IGBT 的 C 极电压，从而保护 IGBT。

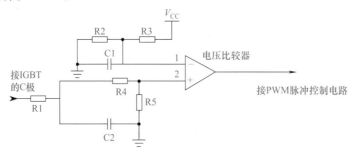

图 9-15　IGBT 过压保护电路

6. 温度检测电路

电磁炉温度检测电路分为锅底温度检测电路和 IGBT 温度检测电路两种。锅底温度检

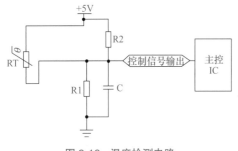

图 9-16　温度检测电路

测电路和 IGBT 温度检测电路都是由热敏电阻 RT、电阻 R、电容 C 和主控 IC 组成的，如图 9-16 所示。锅底温度检测电路的具体工作过程是：热敏电阻 RT 通过陶瓷板对锅具底部的温度进行采样，并将采样电压信号送到主控 IC，主控 IC 通过主控程序将该温度的电压信号的设定值与检测到的电压进行比较，当电压异常时，则自动控制 IGBT 停止工作或延长停止工作的间隙。IGBT 温度检测电路的工作原理与锅底温度检测电路的工作原理基本相同。

7. 电压检测电路

电磁炉电压检测电路的作用是检测输入的交流电压是否正常。该模块主要由整流二极管 VD、电阻 R、电容 C 和三极管 VT 构成。其具体工作过程是：交流市电经过整流二极管

VD1 与 VD2 全波整流、电阻 R3 降压之后送到三极管 VT 的基极。由于三极管 VT 是采用共射极输出的，所以当输入电压出现高低变化时，发射极电压也会相应地发生变化。电压检测模块将 VT 的发射极电压输入到主控芯片进行比较，当电压偏高或偏低时，主控芯片则会发出相应的控制信号，控制电磁炉的工作状态。同时，通过显示电路显示相应的故障代码，如图 9-17 所示。

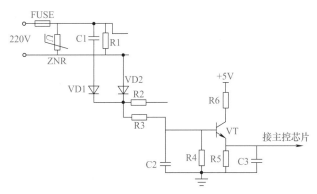

图 9-17　电压检测电路

8. 电流检测电路

电磁炉的电流检测电路用来取样电磁炉的工作电流，并将电流信号送到电磁炉的锅具检测电路和功率调整电路，作为电流调整的依据。该电路主要由电流互感器 TA、二极管 VD、电阻 R、电容 C 等构成。其工作原理是：从电流互感器 TA 的次级线圈感应的 AC 电压经二极管 VD1 ～ VD4 组成的桥式整流电路整流、电阻 R2 分压、电容 C3 平滑之后得到一个电流信号，将该信号送到主控芯片作为电磁炉检测锅具和调整输出功率等的电流取样信号，如图 9-18 所示。

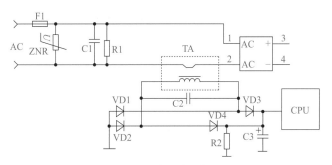

图 9-18　电流检测电路

9. 锅具检测电路

锅具检测电路用来检测电磁炉上是否有锅具，它是通过检测振荡电路输出的脉冲数和电流的大小来判断是否有锅具的。该模块主要由电压比较器 IC1、外围电阻 R1 等组成。电压比较器将振荡电路（C1 和 L1）的振荡波形通过分压电阻 R1 进行取样，从 IC1 的端子 3 输出脉冲信号，再将脉冲信号送到主控芯片，主控芯片计算脉冲数，当脉冲数大于 9 个（不同的电磁炉，参数不完全一样）时认为未放锅具，当脉冲数小于 5 个时则认为放上了锅具，以此来判断电磁炉上是否放置了锅具。

有的电磁炉除检测脉冲数外，还检测电流的大小，两者结合后综合进行判断。当检测到电流大于 2A（不同的电磁炉，参数不完全一样）时认为有锅，小于 2A 则认为无锅。综合判断，当脉冲数大于 9 或电流小于 2A 时，则认为无锅，如图 9-19 所示。

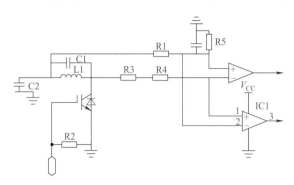

图 9-19 锅具检测电路

10. 主控 CPU 电路

主控 CPU 电路以单片机（CPU）为控制中心，其作用是监测温度、电压、电流等信号的变化情况，同时处理各种信号之间的关系，控制电磁炉的工作。蜂鸣器电路、显示电路（包含按键）等共同指示电磁炉的工作状态、输入的用户指令。另外，5V 电源电路、复位电路和时钟电路是单片机正常工作必不可少的。

三、电磁炉的基本工作原理

电磁炉采用电磁感应涡流加热原理进行工作。它先把 220V 工频交流电整流滤波成直流电，再把直流电逆变成高频交变电流，交变电流流过感应线圈产生强大磁场，当磁场内磁力线通过铁质锅的底部时，即会产生无数小涡流，涡流使锅具铁原子高速无规则运动，铁原子互相碰撞、摩擦而产生热量，使锅具自行快速发热，用以加热和烹饪食物，如图 9-20 所示。

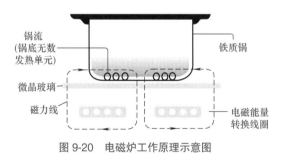

图 9-20 电磁炉工作原理示意图

第二节 电磁炉的故障维修技能

一、电磁炉的维修方法

1. 感观检查法

感观检查法是凭借维修人员的视觉、听觉、嗅觉、触觉等感观查找故障范围和有故障的组件。此法是最基本的检查故障的方法之一，实施过程应坚持先简单后复杂、先外面后里面的原则。

当电磁炉出现故障时，首先观察电磁炉的外壳是否存在破损、进水；炉面是否存在损伤、凸凹或某一侧有倾斜；电源插头是否烧焦、变形或电源引线是否断开或烧坏；控制面板是否有明显的破口；通电观察电磁炉是否能启动，指示灯是否点亮，有无检锅信号等。

当电磁炉外观正常后再拆开电磁炉机壳，观察主熔丝是否熔断或炸裂；电路板上的元器件是否烧焦或变色；元器件的引脚是否开焊或虚焊，相邻两元器件的引脚是否相碰，线圈盘引线螺钉和大功率元器件与散热片固定螺钉是否松动等；电路板上元器件密集的部分是否有油污造成漏电，电解电容、电源滤波电容是否炸裂变形或有明显的漏液现象。

2. 断路检查法

断路检查法又称断路分割法，它通过割断某一电路或焊开某一组件、接线来压缩故障范围，是缩小故障范围的常用方法。如电磁炉 IGBT 高压保护电路、浪涌保护电路或主控制电路有问题后，出现开机后有检锅信号但放上锅具后无检锅信号的故障。此时可使浪涌保护电路与主控制电路分离，然后通电试机看故障是否能排除，若故障消失，则说明问题出在浪涌保护电路；若故障依旧，则说明故障不在浪涌保护电路，应检查下一级电路。将 IGBT 高压保护电路与主控制电路分离，然后通电试机看故障是否能排除，若故障消失，则说明问题出在 IGBT 高压保护电路；若故障依旧，则说明故障不在 IGBT 高压保护电路，应检查下一级电路。

※ 知识链接 ※　断路分割法还可用来检查开路、接触不良等故障。如果测量到某点对地短路时，首先看看是由哪几个支路交汇于这一点，然后逐一或有选择地分别将各支路断开，当断某一支路时短路现象消失，则说明短路组件就在此条支路上。

3. 电阻检查法

电阻检查法就是借助万用表的电阻挡断电测量电路中的可疑点、可疑组件以及集成电路各引脚的对地电阻，然后将所测值与正常值作比较，可分析判断组件是否损坏、变质，是否存在开路、短路、击穿、漏电等情况。如怀疑 IGBT 有问题，可去掉加热线盘，用万用表在路测 IGBT 的 e-c 极正、反向电阻，若反向电阻仅为 30kΩ（正常应在 100kΩ 以上），则脱开 IGBT 的 c 极再测 e-c 极间电阻值，若正向电阻为 4.1kΩ，反向电阻为无穷大，这说明 IGBT 不漏电。用电阻检查法还可测量加热线盘的好坏和线路中扼流圈、互感线圈以及各种变压器的通断，可以通过测量集成电路各引脚的对地电阻来判断集成电路的好坏等。

※ 知识链接 ※　电磁炉中多用此方法判断二极管、三极管、IGBT、电容、电阻等元器件的好坏。这种方法对于维修开路、短路性故障并确定故障组件最为有效。

4. 电压检查法

电压检查法是利用万用表测量电路或电路中元器件的工作电压，并与正常值进行比较来判断故障电路或故障组件的检测方法。一般来说，电压相差明显或电压波动较大的部位，就是故障所在部位。电压检测法一般是检测关键点的电压值。根据关键点的电压情况缩小故障范围，快速找出哪部分电路出现故障。找到相应的故障部分后，可以按下列情况进行维修。

如电磁炉上电不开机一般是由烧熔丝管以及低压电源电路、高压电源电路、复位电路、晶振电路出现故障导致的。如熔丝管没有烧，就接上电源，用万用表测量三端稳压器（7805）的输出脚（3脚）电压，如无5V电压输出，则说明故障出在电源电路；若三端稳压器（7805）有5V输出，则用万用表检测单片机是否有5V电压；若单片机无5V电压，则说明故障是由单片机复位电路引起的；如测得电压为5V，说明复位电路正常，则故障可能在单片机晶振电路。

※知识链接※　通常交流电压和直流电压可直接用万用表测量，但要注意万用表的量程和挡位的选择。

5. 替换检查法

替换检查法就是用规格相同、性能良好的元器件或电路，代替故障电器上某个被怀疑而又不便测量的元器件或电路，从而判断故障的检测方法。如电磁炉开机烧熔丝，查整流桥及IGBT都没有损坏，怀疑驱动块损坏，此时可更换同规格的驱动块后看故障是否排除，若故障排除，则说明问题出在驱动块上；另外，电磁炉中的变频谐振电容及高压滤波电容的容量易变小，保护电路中电解电容和脉宽调制电路中的电解电容易漏电或容量易变小，晶振元器件及集成电路的性能容易劣化，怀疑以上元器件损坏时，用同规格、型号的元器件替换即可排除故障。

※知识链接※　在替换元器件或电路的过程中，连接要正确可靠，不要损坏周围其他组件，从而正确地判断故障，提高维修速度，并避免人为造成故障。

6. 假负载法

假负载法就是接上一个白炽灯泡来判断故障。拆除励磁线圈，在电路板上其接线端并上一个60～100W灯泡，二次开机后若灯泡一亮一暗地闪烁发光则说明锅检信号输出正常，此时可恢复励磁线圈直接烧水试机；若灯泡不亮则说明机器未输出正常的锅检信号，这时可对市电检测电路或锅检脉冲回路进行检查即可查到故障根源。

在更换功率管后先不接励磁线圈，而是在励磁线圈的接线柱上接上一个白炽灯再通电，就算电路还有故障，也不会烧功率管。当白炽灯不亮或只闪烁时，说明电路基本没有问题，可以接上励磁线圈通电试机。如果白炽灯一直亮着，就说明电路还有问题。

※知识链接※　假负载法利于快速判断故障部位，即根据接假负载时电源输出情况与接真负载的输出情况进行比较，就可判断是负载故障还是电源本身故障。采用假负载法可使维修工作直观又安全，也可避免反复烧坏功率管。

7. 触摸法

触摸法就是用手去触摸相关组件，从中发现所触摸的组件是否过热或应该热的却不热，这是一种间接判断故障的方法。如电磁炉变压器、IGBT和整流桥虽然带有散热片，但人手触及集成电路外壳或散热片时应该感觉到较热。假如人手触及IGBT时异常发烫或冷冰冰的，那就说明该部分已出现问题。变压器温升过高一般是因内部绕组局部短路或者外部负载太重或散热风机轴承缺油等造成的；IGBT温升过高则是因IGBT散热不好或性能不良造成的；

整流桥温升过高，是因整流桥本身漏电电流过大或负载过大引起的。

※ 知识链接 ※　为了保证人身安全，在带电情况下千万不要触摸电磁炉。

二、电磁炉维修的基本原则

维修电磁炉时应遵循以下原则。

1. 先调查后熟悉

当用户送来一台故障机时，首先要询问产生故障的前后经过以及故障现象，并根据用户提供的情况和线索，认真地对电路进行分析研究，从而弄通其电路原理和元器件的作用。

2. 先机外后机内

对于故障机，应当确认电磁炉外部正常后，再打开电磁炉进行检查。

3. 先静态后动态

所谓静态检查，就是在电磁炉未通电之前进行的检查，如目测电路板、排线及各元器件外观情况有无异常。当确认静态检查无误时，再通电进行动态检查。如果在检查过程中发现冒烟、闪烁等异常情况，应立即关机，并重新进行静态检查，从而避免不必要的损坏。

4. 先清洁后维修

检查电磁炉内部时，应着重看看电磁炉内是否清洁，如果发现电磁炉内各组件、引线、走线之间有尘土、污垢等异物，应先加以清除，再进行维修。实践表明，许多故障都是由脏污引起的，一经清洁，故障往往会自动消失。

5. 先电源后机器

电源是电磁炉的心脏，如果电源不正常，就不可能保证其他部分的正常工作，也就无从检查别的故障。根据经验，电源部分的故障率在整机中占的比例最高，许多故障往往就是由电源引起的，所以先维修电源常能收到事半功倍的效果。

6. 先通病后特殊

根据电磁炉的共同特点，先排除带有普遍性和规律性的常见故障，然后再检查特殊的电路，以便逐步缩小故障范围。如电磁炉出现不检锅、不加热现象，应先检查同步振荡电路的几个大功率分压电阻是否损坏，排除后再检查其他部分。

7. 先外围后内部

在检查集成电路时，应先检查其外围电路，在确认外围电路正常时，再考虑更换集成电路。如果确定是集成电路内部问题，也应先考虑能否通过外围电路进行修复。从维修实践可知，集成电路外围电路的故障率远高于其内部电路。

8. 先高压后低压

电磁炉高压部分的故障率较高，故应先检查高压回路，再检查低压部分。

三、电磁炉常见故障维修方法

1. 电磁炉熔丝管熔断的维修方法

出现此类故障时，首先观看熔丝管损坏程度来判断故障所在部位。

当熔丝管炸裂并发黑严重时，则可能是供电电路存在严重短路故障，此时在路用万用表检测整流全桥的输入端及输出端电阻值是否正常，若整流全桥输入端两脚间的阻值比正常值偏小，则检查市电输入电路中是否有元器件（如压敏电阻、抗干扰电容、整流全桥输入端）存在短路；若整流全桥输出端两脚间的阻值比正常值偏小，则检查 +300V 输出电路中是否有元器件（如 +300V 滤波电容或整流全桥）存在短路。

若熔丝管熔断，但未发黑，则检查压敏电阻、抗干扰电容、整流全桥及滤波电容是否正常；若正常，则检查与加热线盘两端相连的同步电路中比较器、电容及电阻（尤其是五色环精密降压电阻）是否正常；若同步电路正常，此时重点查振荡电路中的电容、谐振电容、励磁线圈及其上的热敏电阻、IGBT 及 IGBT 散热片上的热敏电阻是否有问题；若以上检查均正常，则检查功率驱动电路（如驱动块 TA8316S、驱动管 8050 或 8550 等）是否正常；若功率驱动电路正常，则检查单片机控制是否有问题。

※ 知识链接 ※　实际维修中发现，烧熔丝多数是由 IGBT 引起的，所以主查 IGBT。当换新的 IGBT 后依然烧熔丝，则应重点检查 IGBT 驱动电路中驱动块及驱动管是否损坏。

2. 电磁炉屡烧 IGBT 的维修方法

电磁炉屡烧 IGBT 比较常见，造成烧管的原因有以下几个。

① 锅具不符合要求。当锅具变形或锅底凹凸不平时，在锅底产生的涡流不能均匀地使变形的锅具加热，从而使锅底温度传感器检温失常，CPU 因检测不到异常温度而继续加热，导致功率管损坏。

② 供电电路有问题。查市电电压是否过高、供电线路是否接触不良或是否频繁地提锅。若没有，则检查高压供电电路中滤波电容是否失效或脱焊、低压供电电路电压是否偏低等。

③ 同步比较电路有问题。查同步比较电路中主电路板是否受潮或漏电、比较器是否损坏、阻容元器件是否损坏等。

④ 高压保护电路有问题。查高压保护电路中取样电阻阻值是否正常、比较器是否损坏。

⑤ 浪涌保护电路有问题。查取样电阻是否变值或开路损坏、隔离开关二极管是否开路损坏、比较器是否损坏等。

⑥ 驱动放大电路有问题。查是否有 IGBT 自身质量差、驱动放大三极管（如 8050、8550）损坏、上偏置电阻变值、比较器损坏等情况。

⑦ LC 振荡电路有问题。查谐振电容是否存在漏电或失效、滤波电感不良、限幅稳压二极管反向漏电、励磁线圈损坏、IGBT 不良等情况。

⑧ 单片机有问题。若以上检查均正常，则检查单片机是否因内部异常使工作频率异常而烧 IGBT。

※ 知识链接 ※　在电磁炉故障中，功率管的损坏占有相当大的比例，若在没有查明故障原因的情况下贸然更换功率管会引起再次损坏。

3. 电磁炉开机无反应，指示灯不亮的维修方法

电磁炉开机无反应，指示灯不亮，可能是开关电源集成电路不良、电源熔丝或电路板 IGBT 烧断所致。

（1）开关电源集成电路不良　用万用表测 220V 电压是否正常，熔丝是否完好，整流电路直流电压是否正常。如果无 5V、12V、18V 直流电压，再测开关电源集成电路电压，如

无电压或电压不正常，则说明开关电源集成电路不良。

（2）电源熔丝烧断　目测电源熔丝是否烧断，如果已烧断，不要轻易地更换熔丝，而应该进一步查明熔丝损坏的原因。如玻璃管表面清晰透明，内部熔丝只有一处熔断，则可能是由于工作环境温度太低、市电电路中有浪涌电压出现或因为频繁地开关机而意外熔断；如玻璃管表面有轻微裂痕，不易看清内部熔丝的熔断状况，则可能是220V整流二极管或电容击穿短路；如玻璃管表面有黄黑色的溅射状污物，但能够看清内部状况，则可能是电路开关管或电源PWM控制集成电路击穿；如玻璃管严重炸裂，则可能是整流前的电路以及IGBT损坏导致电源直接短路所致。

（3）IGBT烧断　IGBT烧断时不能马上更换该器件，应进一步检查互感器是否断脚、整流桥是否正常、相关电路中的电容和芯片是否损坏以及IGBT处热敏开关绝缘保护是否不良。

用万用表测IGBT的E、C、G三极间是否击穿，正常情况下，E极与G极、C极与G极正反测试均不导通。如IGBT已击穿，再测整机高压供电电路对地300V电压、低压供电电路对地5V电压以及低压供电电路对地18V电压是否正常。如300V电压偏低，则说明LC振荡电路频率过高；如18V电压偏低，则可能是开关电源中18V稳压二极管漏电或失常、风扇内阻变小或受损。

如果检测时发现IGBT的C极对地电压高至0.6～1.25V，则可能是共振电容漏电、击穿受损或容量超过正值所致。如果检测时发现IGBT的C极对地电压低至0～0.65V，则可能是共振电容容量变小或断路受损所致。

若上述检测未发现问题，则进一步检查励磁线圈，一般是励磁线圈短路或其底部磁条炭化所致。

4. 电磁炉不能加热的维修方法

电磁炉不能加热的原因有多个，应根据不同情况作具体分析。

① 不能加热且电源指示灯不亮，则说明电源并未接通，在熔丝正常的情况下应依次检查电源开关、电源进线、电源插座是否断路或损坏，应及时加以修复。若上述检查均正常，出现这种现象主要有两种可能：一是所用炊具不符合要求，非铁磁性锅，如铝锅、铜锅、砂锅等都是不能被加热的；二是与灶面板接触的部分太少，一般直径小于12cm的平底锅是不易被加热的。另外，要检查锅底是否有支架。

② 不能加热但电源指示灯亮，则说明供电电路正常，故障大致发生在脉宽调制电路、推动放大电路、功率输出电路中。实际维修中，功率输出级有故障的现象稍多。

③ 不能加热但能报警，则说明电源电压过低。当低于180V时，保护电路启动，脉宽调制器无输出，整机不工作，但报警电路报警，说明保护电路工作正常。此故障应重点检查电源偏低的原因（可查高压供电电路、电流检测电路、同步电压比较电路及单片机控制电路是否有问题），并加以排除。

④ 不能加热，加热指示灯亮但不报警，则说明检测电路和保护电路没有启动，与功率输出相关的电路出现了故障。此时，应依次检查功率模块是否开路、驱动电路的晶体管是否损坏、脉宽调制电路是否正常。

⑤ 不能加热，加热指示灯不亮也不报警，应检查温控电路是否工作正常。若温控电路工作正常，则应进一步检查引起温控电路误启动的原因，并加以排除。

5. 电磁炉加热功率小或功率不能调节的维修方法

出现此类故障时，首先检查锅具是否符合要求；当锅具符合要求时，则检查炉面温度检测电路是否有问题；若炉面温度检测电路正常，则检查电流检测电路是否正常；若电流检测电路正常，则检查单片机 PWM 脉冲传输电路是否正常；若 PWM 脉冲传输电路正常，则检查功率控制电路是否有问题；若功率控制电路正常，则检查谐振电容。

※ 知识链接 ※　实际维修中，因电流检测电路中整流二极管、滤波电容或功率电平电容失效或性能不良引起较常见。

6. 电磁炉间断加热的维修方法

应首先检查锅具材质是否符合要求、锅具的底面圆周是否过大以及励磁线圈是否损坏。排除上述情况后，再进一步检查高压供电电路是否有问题（主要检查滤波电容及整流全桥）；若高压供电电路正常，则检查电流检测电路是否有问题；若电流检测电路正常，则检查散热风扇转速是否正常；若散热风扇转速失常，则检查风扇供电或风扇本身是否有问题。

若以上检查均正常，则检查同步比较电路是否正常；若同步比较电路正常，则检查浪涌保护电路是否正常；若浪涌保护电路异常，则检查取样及保护控制元器件；若浪涌保护电路正常，则检查控制板电路是否有问题。

7. 电磁炉不通电，不烧熔丝管的维修方法

出现此类故障，首先检查电源插座、插头及开关是否有问题；若正常，则检查主板或操作面板是否受潮、漏电；若没有，则检查开关电源 IC 是否正常，若开关电源 IC 正常，则检查开关管是否有问题；若开关管正常，则检查开关电源次级两个脉冲整流二极管是否正常。

※ 知识链接 ※　此类故障一般是因为开关电源比较容易损坏（用电源变压器的电源则较少损坏）。

8. 电磁炉不通电，烧熔丝管的维修方法

出现此类故障时，首先检查 IGBT 是否正常；若 IGBT 已击穿，则检查 5μF 无极性电容（有的机器用 4μF 电容）与 0.3μF 左右的无极性电容是否失效；若两只电容均正常，则检查主板是否受潮、漏电；若以上检查均正常，则检查主电源整流桥是否击穿；若整流桥正常，则检查 AC220V 端的抗干扰无极性电容是否存在漏电或短路现象。

9. 电磁炉散热风扇不转的维修方法

散热风扇本身及 FAN 插件有问题、散热风扇驱动电路与控制电路有问题等均会导致风扇不转。维修时，首先检查散热风扇是否被异物卡住，若卡住了，则清除异物；若风扇未被异物卡住，则用万用表检测 FAN 插线排是否有 12V 或 18V 供电电压；若无电压，则检查 FAN 插线排是否插好或存在断路现象；若是，则重新插牢 FAN 或更换 FAN 插件；若 FAN 插线排正常，则检查风扇本身是否有问题（如风扇电动机缺少润滑油、电动机损坏等）；若风扇本身正常，则接通电源，用万用表检测 CPU 相关引脚有无高电平输出；若无高电平输出，则检查微处理器是否损坏，若有高电平输出，则检测风扇驱动电路中驱动三极管的基极电压是否正常（正常时一般为 0.7V 左右）；若检测到的电压与正常值相差较大，则对风扇驱动电路中的元器件进行逐个检查。

※ 知识链接 ※　当电磁炉长时间使用时，风扇网罩及扇叶易积聚较多油垢，散热风扇转速减慢，将影响电磁炉的散热效果，导致其内部电子元器件高温，缩短其使用寿命。为避免此类现象的出现，可采用定期清洗风扇网罩及扇叶的方法，避免电磁炉内部电子元器件因散热不及时而产生停机或烧机的现象，有效延长电磁炉的使用寿命。

10. 电磁炉开机没有短促的报警声，但能加热的维修方法

开机时没有短促的报警声，表明报警电路有问题，应重点检查报警电路。不同的型号，其报警电路的工作原理是不完全相同的，但都有报警信号产生电路（有的为 MCU 直接产生）、信号驱动电路和蜂鸣器。实际维修中，驱动晶体管或集成电路损坏的现象稍多。

11. 电磁炉开机后能加热，但温控失效的维修方法

温控失效应重点检查电磁炉的温控电路，温控电路一般由紧贴面板的热敏电阻、分压电路和局部 MCU 组成。温控电路不起作用，炉面温度不能控制，首先检查炉面温度检测电路的热敏电阻是否紧贴炉面，若贴得很紧，则进一步检查热敏电阻及其连线是否损坏，温度选择开关是否良好，分压电阻是否变值，MCU 是否局部损坏。

四、电磁炉维修注意事项

维修电磁炉时，应注意以下事项。

① 维修时必须切断电源。

② 打开电磁炉时，注意螺钉的保存、区分。

③ 打开电磁炉外壳，先把电路板或控制面板上的残留松香、尘埃、油烟或水分清除干净，以排除脏物对电路引起的短路或漏电故障。

④ 维修电磁炉时最好在电源与电磁炉之间接一个隔离变压器，防止在维修中人体接触电路板金属部分而造成电击。

⑤ 电磁炉出现故障时，应根据故障现象判断故障部位，不能乱拆乱焊或随意调整可调元器件，避免故障范围扩大。

⑥ 电磁炉无论出现什么故障，在更换元器件后，一定不要急于接上励磁线圈试机，否则会烧坏 IGBT 和熔丝管甚至整流桥。应该在不接励磁线圈的情况下，通电测试各点电压［如 5V、12V、20V（有的 18V、22V）］和驱动电路输出的波形（正常是方波），也可以用数字式万用表 20V 挡测试（正常电压不断波动）。因为一般电磁炉都有锅具检测，检测 30s 左右，要测驱动输出要在开机的 30s 内，看不清楚可关机再开，检测正常后再接上励磁线圈即可。

⑦ 带电检测时务必断开锅底励磁线圈的接线端子，但保留热敏电阻的接线端子。

⑧ 电磁炉损坏后，检测电路时不要一开始就怀疑芯片有问题（95% 以上芯片不会出现故障）。

⑨ 通电后报警关机，这类问题比较多。有的厂家设有故障代码，参照使用说明书可逐一解决。如果没有故障代码显示，应检查锅底温度、锅具、IGBT 温度检测电路。

⑩ 更换 IGBT 时，必须戴接地良好的静电手环；更换后，IGBT 需涂上导热硅脂，热敏电阻组件同样涂上导热硅脂。

⑪ 熔丝管一般自然烧断的概率极小，通常是通过了较大的电流才烧断，所以发现烧熔丝管故障必须在换入新的熔丝管后对电源负载做检查。通常大电流的零件损坏会令熔丝管做保护性熔断，而大电流零件损坏除了零件老化原因外，大部分是控制电路不良所致，特别是 IGBT，所以换入新的大电流零件后除了应对电路做常规检查外，还需对其他可能损坏该零件的保护电路做彻底检查。更换熔丝管时，不能用比原型号大的熔丝管或金属导线代换，以免故障范围扩大或发生火灾。

⑫ 电磁炉所用的电源插座要与电磁炉的功率相匹配。因电磁炉工作时的电流较大，若电源插座的质量较差，电源插座会很快损坏，严重时会损坏电磁炉。

⑬ 更换损坏的元器件时，新元器件必须与损坏元器件的型号、规格、性能一致，不能

随意改变元器件的规格和功率大小，否则新元器件换上后会被烧坏或出现新故障。

⑭ 更换的大功率元器件与散热板之间应均匀涂上导热硅脂，并且用螺钉紧固，不能有松动现象，否则会使大功率元器件散热不良而缩短其寿命。

⑮ 维修后，通电前确认各连接部位是否正确，特别是锅底励磁线圈（一般为 CN1 连接端子），否则会有 IGBT 爆炸的危险。

⑯ 接通锅底励磁线圈前需测试各项功能显示是否正常。

⑰ 电磁炉内高、低压主板上皆分布有危险电压区，带电测试时必须注意安全。

⑱ 组装前，应为热敏电阻补充散热油，并将螺钉拧紧。

⑲ 修复好电磁炉以后，电路板要按原来的位置安装、连接，以免安装位置不合理，使发热元器件与其他元器件相碰而造成故障。

⑳ 测试时，应对电磁炉进行电流调整。

第十章　微波炉维修实用技能

第一节　微波炉的结构组成与工作原理

一、微波炉的内部结构组成

微波炉主要由炉腔、炉门、磁控管、高压电容器、高压变压器、高压二极管、热电断路器（温度保护器）、炉门联锁开关、转盘、风扇组件、功率调节器（电脑板）、波导管（光波管）、微波搅拌器、炉灯和熔丝管等组成，如图 10-1 所示。

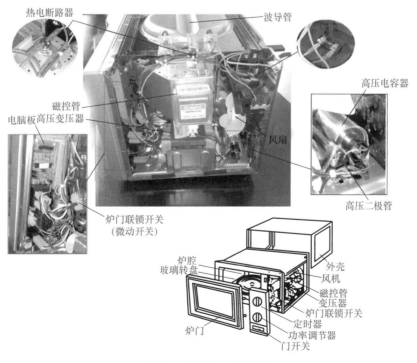

图 10-1　微波炉内部结构图

1. 炉腔

微波炉的炉腔又称为微波谐振腔、加热室，是把微波能变为热能对食物进行加热烹饪的地方。在炉腔底部装一个由微型电动机带动的玻璃转盘，把被加热食物放在转盘上与转盘一起旋转，使其与炉内的高频电磁场做相对运动，以达到炉内食物均匀加热的目的。另外，一般在炉腔的顶部安装有搅拌器，以利于更加均匀加热食物。

2. 炉门

微波炉炉门是食物的进出口，是炉腔的一个重要组成部分，除了与炉腔要求相同外，还要求它保证微波能量通过门缝的泄露漏不能超标，以确保使用安全。炉门由金属框架和观察窗组成。

3. 炉门联锁开关

炉门联锁开关是由几个微动开关组成的，通过与控制电路连接，由炉门的开合机构控制炉门联锁开关的接通、断开状态，进而接通、切断微波组件的供电。炉门联锁开关是为了安全而设置的微波炉保护装置。在微波炉的炉门联锁开关中通常设置三个门开关，都为微动开关，位于上端的门开关为门联锁开关，中间的为门监测开关，最下端的为门联锁开关。

4. 磁控管

磁控管也称微波发生器、磁控微波管（图 10-2），是微波炉的核心，微波能就是由它产生并发射出来的。磁控管主要由管芯和永久磁铁（磁钢）两大部分组成，而永久磁铁则在阳极与阴极之间形成恒定的竖直方向的强磁场。磁控管内有一个圆筒形阴极，在阴极外面包有一个阳极，在阴极与阳极之间还有一个轴向磁场，磁场由外置的永久磁铁提供。磁控管的内电路由灯丝、阴极（有直热式和旁热式两种）和阳极组成。为了安全和使用方便，磁控管的阳极接地。以阳极接地为参考点，零电势（0V），阴极为负高压。热电子从阴极溢出后，在磁场力和电场力的共同作用下，呈螺旋状高速飞向阳极，在谐振腔的作用下，电子振荡成微波，并经过天线耦合，由波导管传输到微波炉腔里加热食物。

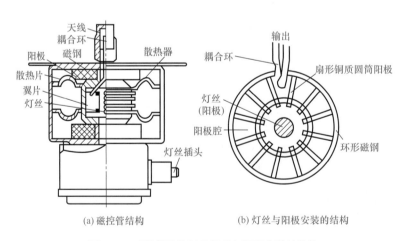

(a) 磁控管结构　　　　　　　(b) 灯丝与阳极安装的结构

图 10-2　磁控管结构以及灯丝与阳极安装的结构

5. 高压电容器

高压电容器固定在微波炉底板上，它和高压二极管、高压熔丝靠得很近。

6. 高压变压器

高压变压器又称漏磁变压器或稳压变压器，作用是给磁控管提供工作电压。高压变压器为磁控管提供 4000V 的阳极高压和 3.3V 的灯丝电压，并实现自动功率调节。

7. 高压二极管

二极管有正负极之分，机电控制型微波炉只有高压二极管。

微波炉在使用时电路功率比较大，一般都在 1000W 以上。对于微波炉高压二极管的要求比较高，对现在家庭中的所有微波炉而言，都必须有一个阳极高压二极管。它与黑白电视机上使用的高压硅堆一样，都是专用的。

※ 知识链接 ※　高压二极管一旦遭到损坏，必须更换同样型号的高压二极管。在更换微波炉高压二极管时，一定要注意微波炉高压二极管的型号、大小是否合适。

8. 热电断路器

热电断路器也称热电熔断器、温度保护器，安装在紧贴磁控管的上方，是用来监控磁控管或炉腔工作温度的组件，即：当微波炉的炉腔内温度过高，达到热电断路器的感应温度时，热电断路器就会自动断开，切断电源，使微波炉停止工作，起到保护电路的作用，从而实现对整个微波炉进行保护的目的。

9. 转盘

转盘安装在炉腔底部，由转动电动机、转动臂、玻璃转盘等组成。电动机通过连接器使转动臂转动，带动玻璃转盘使其上食物缓慢转动。

10. 风扇组件

风扇电动机位于扇叶的后端，当微波炉工作时，控制电路为风扇电动机提供所需的工作电压，风扇电动机会带动扇叶转动来对微波炉进行散热。

11. 定时器

定时器是在微波炉中用来控制微波炉在各工作状态之间进行转换的具有定时功能的装置。它一般有两种定时方式，即机械定时和电脑定时（高档微波炉采用电子数显式定时器）。定时器主要由微型同步电动机、降速齿轮组件和定时联动开关等组成。其基本功能是选择设定工作时间，设定时间到后，定时器自动切断微波炉主电路，许多定时器断开时还会发出一声清脆的铃声，以提醒人们加热工作完成。微波炉中常用的定时器如图 10-3 所示。

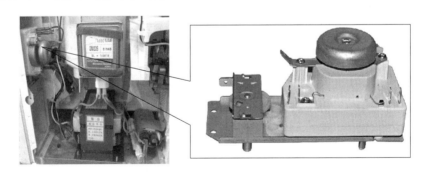

图 10-3　定时器

12. 电脑板

微波炉电脑板控制微波炉的各种功能及显示时间和状态，如图 10-4 所示。电脑板带有两个继电器，分别控制烧烤、微波。其作用是提供整机工作电源和磁控管的高压及发出各种操作指令，使微波炉完成各项工作。

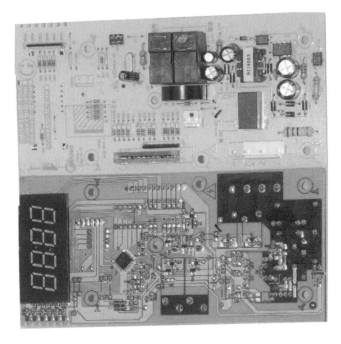

图 10-4　微波炉电脑板

微波炉电脑板主要由电源部分、主控芯片、显示电路、继电器电路、复位电路、晶振电路组成。其中，电源部分包括整流、稳压部分，它为电脑板提供 5V、12V 的直流电压；主控芯片提供电脑板运行主程序；显示电路的作用是显示时间、功率、运行状态，它通常有显示控制芯片；继电器电路用于监控微波炉工作状态；复位电路的作用是上电复位，使主控芯片重置；晶振电路提供振荡信号。

13. 炉灯

炉灯是在炉腔内安装的 220V/15W 小电灯，作用是照亮炉腔，用来观察食物加热程度、盛食物的转盘是否转动等。

14. 熔丝管

熔丝管俗称熔丝，属于微波炉的电路保护装置。当微波炉接通电源开始工作后，交流 220V 电压经插头送入微波炉中首先要经过熔丝管。当微波炉中的电流有过流、过载的情况时，熔丝管就会烧断，起到保护电路的作用，从而实现对整个微波炉进行保护的目的。

微波炉里有高压熔丝管和低压熔丝管共两个，高压熔丝管装在微波炉的下方（为防止它触及或靠近其他元器件和连线，造成漏电或高压放电，常把高压熔丝管装进一个塑料硬壳里），和高压变压器、高压二极管、高压电容器靠在一起。

15. 波导管

磁控管产生的微波能量是通过波导管传输到炉腔的，微波炉采用较多的是矩形波导管。波导管的一端与磁控管天线相接，另一端与炉腔相通。其作用与导线作用相似，把来自磁控管的 2450MHz 微波传送到炉腔中。

16. 微波搅拌器

搅拌器的作用是使炉腔内的微波场均匀分布。电场模式搅拌器，由专用小电动机带动导电性能好的金属叶片，安装在炉腔顶部波导管输出口处，以每分钟几十转的低速旋转，不断改变微波的反射角度，将微波反射到炉腔内各个点上。也可依靠承托食物的转盘旋转改变微波场的分布，从而不设搅拌器。

二、微波炉的内部电路组成

微波炉电路看起来复杂，其实比较简单，对于初学者来说，将微波炉电路化简就容易学了。微波炉电路板主要由五大部分及三个电流回路组成。

（1）微波炉的五大部分（图 10-5） 微波炉的五大部分包括市电供电电路、升压电路、整流电路、微波产生电路、开关及控制电路。

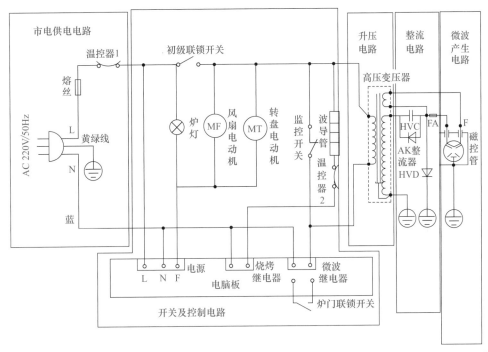

图 10-5　微波炉主要电路

① 市电供给电路：主要由电源插头、市电熔丝、温控器和电线等组成。有的微波炉还有压敏电阻组成的抗干扰电路。

② 升压电路：主要由高压变压器组成。

③ 整流电路：主要由高压熔丝电容 HVC、高压二极管 HVD 及高压熔丝 FA 等组成。

④ 微波产生电路：主要由磁控管和波导装置组成。

⑤ 开关及控制电路：主要由电脑板、炉门联锁开关、继电器、传感器等部件组成，是微波炉整机控制的核心。

（2）微波炉的三个电流回路（图 10-6） 微波炉的三个电流回路包括市电电流回路、灯丝电流回路、高压电流回路。

① 市电电流回路：220V/50Hz 的交流市电经插座的 L 线流经熔丝、温控器、初级联锁开关流到高压变压器一次侧，再经电源 N 线回到插座。此回路为交流回路。

② 灯丝电流回路：图 10-6 中是直热式磁控管，灯丝与阴极为一体。它是高压变压器的灯丝线圈与磁控管灯丝引脚之间的回路。高压变压器的灯丝线圈是一组很粗的线圈，提供几伏的交流电压使磁控管的灯丝发热，灯丝发热后加热阴极，阴极才能发射电子。此回路也为交流回路。

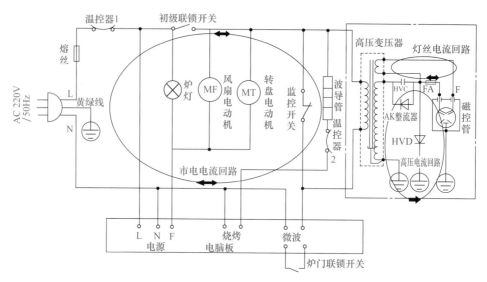

图 10-6 微波炉的电流回路

③ 高压电流回路：磁控管阳极（又称屏极）接地，地是高压正端，电流方向是从地（磁控管阳极）流到阴极，再流到电容器与二极管正极相连的接点上，流回电容器，属于负高压。此回路为直流回路。

三、家用微波炉的工作原理

家用微波炉是利用食物在微波场中吸收微波能量而使自身加热的烹饪器具。在磁控管产生的微波在炉腔内建立起微波电场，并采取一定的措施使这一微波电场在炉腔中尽量均匀分布，将食物放入该微波电场中，由控制中心控制其烹饪时间和微波电场强度，来进行各种各样的烹饪过程。

家用微波炉的工作原理框图如图 10-7 所示，电脑板将 220V 交流电源通入熔丝管、控制面板部分器件、高压变压器，由高压变压器再分两路送到磁控管产生微波能（一路送到高压整流器，转换成 4000V 左右的直流电压，送到磁控管阳极；一路经高压变压器直接送到磁控管的阴极）。当微波被食物吸收后，食物内的极性分子（如水、脂肪、蛋白质、糖等）承受微波能的变化而高速振荡（以每秒 24.5×10^8 次的速率快速振荡），使得分子间互相碰撞而产生大量摩擦热。微波炉即是利用食物分子本身产生的摩擦热，里外同时快速加热食物。

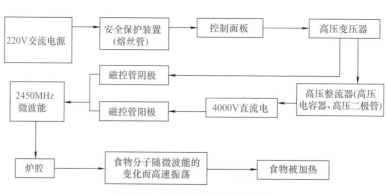

图 10-7 微波炉的工作原理框图

四、机械式烧烤式微波炉的工作原理

机械式烧烤式微波炉的工作原理是：通电并将炉门关闭，火力旋钮调至相应挡位并接通定时器开关后，电流经熔丝管到达炉门联锁开关，然后经过炉门联锁开关到达功率分配器，功率分配器通过其内部的机械结构来控制时间。炉门联锁开关受炉门的控制，主要作用是：当炉门未关闭时，磁控管就不能工作。炉门联锁开关由三个微动开关组成（图 10-8），其中一个为监控开关，主要用于控制当另外两个微动开关部件失效时使磁控管处于不工作状态。

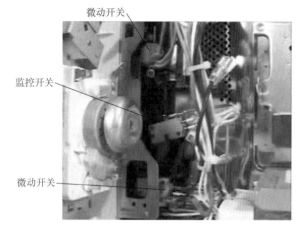

图 10-8　炉门联锁开关

高压变压器和磁控管正常工作时，电流经过功率分配器后分三路输出：一路控制辅助电器（如指示灯泡、风扇、转盘电动机）；一路控制磁控管的工作（磁控管产生光波对炉腔内的食物进行烘烤，使食物香脆可口）；一路控制高压变压器的工作，到达高压变压器后在其次级产生 2000V 的高压，然后经过高压熔丝管、高压电容器、高压二极管组成的倍压整流电路，将 2000V 的高压提升为约 4000V 的直流高压给磁控管供电，磁控管获得电能将其转化为高频电磁能，微波通过波导管传至炉腔给食物加热。

五、电脑烤烧型微波炉的工作原理

通电后，电脑板首先获得电压处于待机状态，等待控制面板输入指令；输入指令后控制面板将接收到的控制信号通过传输线传给电脑板上的微处理器（CPU），然后微处理器经程序运算后分四路控制输出：一路控制辅助电器（如灯泡、风扇、转盘电动机）；一路控制磁控管的工作对食物进行烘烤；一路控制紫外线发生器的动作（紫外线发生器主要产生紫外线并传输给炉腔对食物或器皿进行加热或消毒）；一路控制高压变压器的工作，到达高压变压器后在其次级产生 2000V 的高压，然后经过高压熔丝管、高压电容器、高压二极管组成的倍压整流电路，将 2000V 的高压提升为约 4000V 的直流高压给磁控管供电，磁控管获得电能将其转化为高频电磁能，微波通过波导管传至炉腔给食物加热。

第二节　微波炉的故障维修技能

一、维修微波炉的基本思路

微波炉的维修虽然并不是很复杂，但维修时应遵守一定的维修思路，这样维修起来会更容易。维修微波炉应遵循从简单到复杂的原则，先通过视、听检查，并在获得大量感性认识的基础上进行综合分析，以判断微波炉产生故障的原因。

首先进行"视检"，即用眼睛查看炉门、炉腔有无变形，炉门钩是否断，炉门是否歪斜，炉门关紧后是否与炉腔之间有较大松动等，查看炉门内侧和炉腔四壁有无被烧伤的痕迹。若有上述现象，说明微波炉高压部分元器件有损坏。可卸下腔内耦合处的防汽板，查看磁控管输出口是否已被污染，金属封口是否松脱。打开微波炉外罩，查看控制部分的接插件有无松动，磁控管磁钢有无碎裂等。

其次是"听检"。微波炉运行时，如听到微波炉里有风扇的风速噪声、轻微的"嗡嗡"声、周期性的"咔啦"声及"嘶嘶"声，说明微波炉工作正常。若有比较响的"嗡嗡"声、"噼啪"响的打火声为不正常。在检查控制部分时，为安全起见，应尽量避免在通电情况下进行检查。这是因为微波炉高压变压器的高压绕组有数千伏高压，高压电容器在断电后仍有很高的电压，因此断电后，还需将高压电容器放电，并将磁控管从电路中断开，以防微波对人体产生损害。

最后根据故障现象大致判断故障部位，如不能加热，则重点检查微波产生电路和加热器件；如工作失控，则重点检查程控电路中的程控器和电脑板；如出现微波泄漏，则重点检查炉门铰链处和磁控管部位。

当出现工作正常但工作效率不高时，应重点检查微波产生器件和加热器件的性能。当然，功率控制电路不良，也会出现类似现象。

二、微波炉的一般维修顺序

微波炉的一般维修程序为视觉初检、控制电路检查、高压电路检查、微波泄漏检查。以下分别进行介绍。

（1）视觉初检　首先检查炉门和炉腔，看看炉门内侧和炉腔四壁是否有被电弧烧伤的痕迹。这些部位若被电弧烧伤穿孔，则可能使高压部分的元器件受损伤。接着应检查炉门铰链是否松动、炉门联锁开关动作是否正常。然后卸下炉腔内微波耦合口处的波导罩，检查波导输出口有无被油污尘垢污染、波导管与炉腔间有无松脱等。最后，可在切断电源的情况下，打开外壳，观察控制部分，看看接插件是否松动，各处有无被电弧击伤的痕迹；磁控管固定是否牢固，其上的磁钢有无碎裂等。

（2）控制电路检查　一般是指控制板电路和开关电路的检查。检查时，为了防止微波辐射，可把高压变压器的一次绕组断开，再检查炉门联锁开关、定时器、功率调节器及控制板上的其他控制电路。

（3）高压电路检查　无论是机电控制型微波炉还是电脑控制型微波炉，其高压部分基本相同。一般根据参数对照检查高压变压器（冷态电阻：一次绕组为 1.5Ω 左右；二次侧高压绕组为 100Ω 左右；二次侧灯丝绕组接近 0Ω）、磁控管（灯丝冷态电阻为数十毫欧，灯丝与管壳间电阻为无穷大）、高压电容器（容量一般在 $0.8 \sim 1.2\mu F$ 之间，耐压 4000V 以上，电容内并接 $9M\Omega$ 或 $10M\Omega$ 的放电电阻，电容两端与外壳间电阻为无穷大）、高压二极管（正向电阻为 $100k\Omega$ 左右，反向电阻为无穷大）、功率调节器的电动机线圈电阻（开启式为 $24k\Omega$ 左右，封闭式为 $7k\Omega$ 左右）。

（4）微波泄漏检查　我国的微波炉生产厂一般都把微波泄漏功率密度的标准定在 $1mW/cm^2$，为国家标准的 1/5。如发现距离微波炉 5cm 处的微波泄漏值超过 $1mW/cm^2$，应仔细检查炉体焊接处是否脱焊、变形、断裂以及炉门抗流槽及其吸收材料是否变形破损等。如果出现上述情况，就要更换损坏的零部件。有时磁控管在管架上如果没有固定紧，也会发生微波泄漏过大的情况，这时只要将磁控管固定紧就可以了。

三、微波炉故障的诊断方法

微波炉的维修需要有一定的电子、电气基础知识，一般通过看、听、闻、问、测等几种常用的诊断方法判断故障的部位。

（1）看　看微波炉外形是否变形、炉腔是否变形、门是否变形、炉门铰链是否松动、炉门联锁开关动作是否正常、波导输出口是否被油污尘垢污染及波导管与炉腔间是否松动、炉门与炉腔四壁是否有被电烧伤的痕迹、熔丝管是否烧断、电阻与电容等元器件是否烧爆等。

（2）听　就是听一下微波炉有没有异响，如微波炉通电后电动机（风扇电动机或转盘电动机）是否有运转声、微波炉里的风扇是否有正常运转声等。

（3）闻　用鼻子闻闻有无烧焦气味，如有找到气味来源，故障可能出现在放出异味的地方。

（4）问　就是问用户，了解微波炉的使用时间、工作情况及故障发生前兆。

（5）测　若以上维修方法仍发现不了问题，就要通过万用表、直流电源等仪器，对控制电路（如炉门联锁开关、定时器、功率调节器、继电器、变压器等元器件）、高压电路（如高压变压器、高压二极管、磁控管等元器件）等的电路或元器件进行检测，从而判断故障部位。

四、微波炉常见故障维修方法

1. 开机不工作的维修方法

引起微波炉不工作的故障有三类。一是不产生微波。不产生微波时表现为不能加热和烹调，开机时无"嗞嗞"声。出现此类故障时应重点检查磁控管、高压变压器、高压二极管及相应的控制电路。二是不能烧烤。微波炉的烧烤功能是利用红外线加热，其电路结构简单，只要检查石英管是否损坏，或其连线是否正常即可。三是既无微波也无烧烤功能。此类故障多半出在微波和烧烤共用电路，应重点检查控制电路和电源电路。

微波炉不工作一般维修流程如图 10-9 所示。

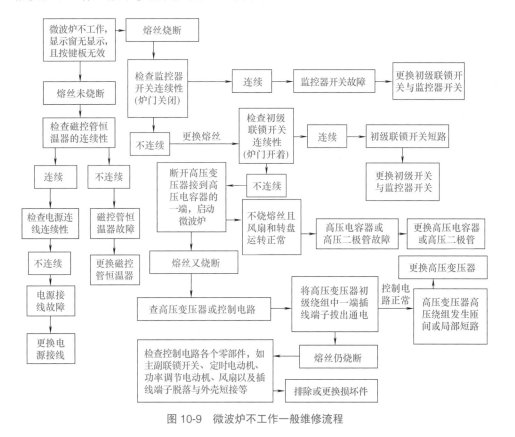

图 10-9　微波炉不工作一般维修流程

2. 显示窗口显示所有设定数据，但设定程序时间和按下启动键后，微波炉没有开始加热的维修方法

显示窗口显示所有设定数据，但设定程序时间和按下启动键后，微波炉没有开始加热，可按如图 10-10 所示的流程进行维修。

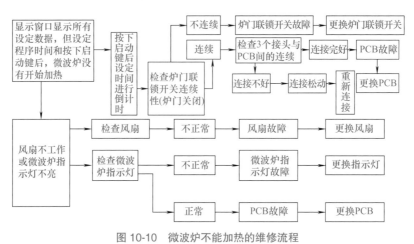

图 10-10　微波炉不能加热的维修流程

3. 炉灯亮、转盘转，不能加热食物的维修方法

引起此类故障的原因主要有功率调节器异常、高压变压器不良、高压电容器故障、整流二极管开路或击穿。

（1）功率调节器异常　微波炉功率调节器的作用是使磁控管周期性地工作，若功率调节器开关触点在工作时间内不能闭合，则微波炉磁控管就始终不会工作，也就会出现此类故障。用万用表检查高压变压器一次绕组上是否有 220V 电压即可进行判断。若高压变压器损坏，更换即可排除故障。

（2）高压变压器不良　高压变压器不良的具体表现为高压变压器的一次绕组或二次绕组开路，造成磁控管得不到所需的工作电压，从而引起此类故障。检测方法是用万用表电阻挡，在关机的情况下测量高压变压器的一次绕组和二次绕组电阻值。正常情况下，高压变压器一次绕组的直流电阻值约为 1.5Ω，二次侧高压绕组的直流电阻值约为 100Ω，二次侧灯丝绕组的直流电阻约为 0.5Ω。如果电阻相差较大，则说明高压变压器不良，更换即可排除故障。

（3）高压电容器故障　当高压电容器击穿漏电或开路时，均会出现此类故障。用万用表检测高压电容器有没有充放电能力即可进行判断。若高压电容器损坏或性能变差，更换即可排除故障。

（4）整流二极管开路或击穿　当整流二极管开路或击穿时，磁控管将失去高压，也会出现此类故障。用万用表直流电阻挡测其正反向电阻即可。更换相同规格的整流二极管，故障即可排除。

4. 炉腔照明灯不亮，但可轻微加热食品的维修方法

出现此类故障时，先检查变压器高压绕组是否短路（若是，则修复或更换同规格变压器）；若不是，则检查整流二极管是否击穿（若是，则更换新二极管）；若不是，则检查高压电容器是否击穿（若是，则更换新电容器，最好更换为耐压更高的电容器）；若不是，则检查倍压整流电路与磁控管之间是否存在短路现象（若是，则修复短路点）；若不是，则检查

磁控管是否老化或损坏（若是，则更换新磁控管）；若不是，则检查炉门联锁开关是否损坏（若是，则修理或更换炉门联锁开关）。

5. 烹调过程中灯突然熄灭，烹调停止的维修方法

出现此类故障时，先检查炉门联锁开关是否损坏（若是，则修理或更换）；若未损坏，则检查过热保护继电器是否自动断开（若是，则清除风道上的障碍物）；若未自动断开，则检查电源压敏电阻是否击穿（若是，则更换新压敏电阻）；若未击穿，则检查磁控管是否过热，风扇电动机是否不转（若是，则修复风扇电动机，降低磁控管的温度到正常状态即可）。

6. 通电后炉灯不亮、电动机不转、不能加热的维修方法

机械式微波炉通电后炉灯不亮、电动机不转、不能加热，可按如图 10-11 所示的流程进行维修。

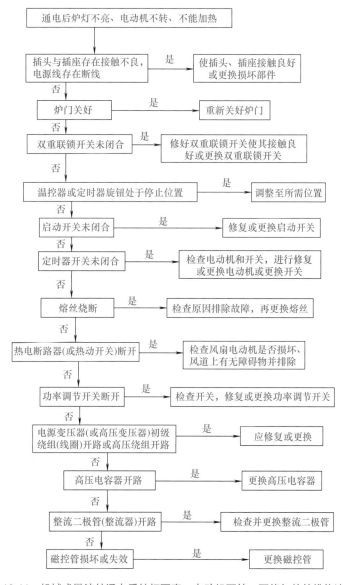

图 10-11　机械式微波炉通电后炉灯不亮、电动机不转、不能加热的维修流程

7. 转盘运转正常，但炉中食物未被加热的维修方法

转盘运转正常，但炉中食物未被加热，可按如图 10-12 所示的流程进行维修。

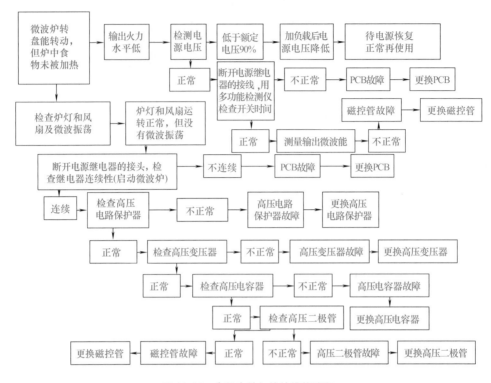

图 10-12   食物未被加热的维修流程

8. 微波炉能加热，但加热缓慢的维修方法

当出现微波炉加热缓慢时，可按以下步骤进行维修。

（1）检查供电电路   首先检查市电电源电压是否正常，若正常，则检查电源电路是否存在较大内阻或接触电阻（微波炉工作时流过的大电流在电线或接头上形成较大压降，使得微波炉实际工作电源电压明显不足，从而出现加热缓慢现象），此时应检查电源接线板或电源插座是否存在质量差、熔丝管座是否有问题、电源线是否过细等。注意：测量市电电压要测带负载的电压，不要仅凭空载电压就作出判断。

（2）检查磁控管   首先检测磁控管灯丝、阳极的供电电压是否正常。若供电电压过低，则检查磁控管灯丝引脚及其接插片是否存在接触不良现象，若灯丝引脚连接较松且有油垢，则用酒精棉球擦净，然后用尖嘴钳将引脚接插片夹扁一些，使其插入后与灯丝引脚接触良好；若供电电压正常，则检查磁控管是否存在老化，从而导致发射的微波功率下降，此时可调换磁控管试机，也可用测量磁控管灯丝电阻是否正常及查看磁钢是否裂开等方法进行确认，若确认为磁控管老化，更换好的磁控管即可。

（3）检查高压电容器与高压整流二极管   插上微波炉电源插座，用万用表 2500V 直流电压挡测磁控管灯丝对地电压是否正常，正常一般为 2000V 左右（不同机型有所不同）；若电压明显偏低，则检查高压电容器是否存在失容或漏电现象；若没有，则用万用表检测高压整流二极管的正反向电阻值是否正常（正常时，正向电阻为 100kΩ，反向电阻为无穷大）；若阻值异常，则说明高压整流二极管有问题。

9. 微波炉有时能加热、有时不能加热的维修方法

引起此类故障的原因有：电源电压过低（≤180V）；功率调节器触点接触不良；连接线路及接插件有问题。维修时首先将万用表调至交流电压挡，接着将功率开关调至最高挡，并等待一定的时间，然后用万用表检测高压变压器两端的输入端子的电压是否稳定（正常时瞬间电压为稳定的220V）；若电压不稳定，则说明其控制电路有问题或其连接线路存在接触不良，此时可检查所有接线端子是否存在松脱、接触不良现象；若电压正常，则检查其控制电路。

※ 知识链接 ※　微波炉加热功能时好时坏，大多是高压部分的接插件接触不良所致。此类故障维修速度快，但容易复发。由于微波炉内高压部分的接插件会受热膨胀后松脱，从而造成故障反复出现，甚至修好后，搬回家即再次出现故障。彻底的解决方法是：将磁控管的接头、高压变压器输出接头、高压电容器两极的四个接头插紧后，刮去插座上的污物，再用焊锡焊牢即可。

10. 转盘不转的维修方法

微波炉转盘不转的原因有很多，首先给微波炉通电，观察指示灯是否点亮；若指示灯点亮，但转盘不转，则检查炉门安全开关是否正常；若不正常，则更换炉门安全开关，若正常，则检查转盘的位置是否安装正确；若安装正确，则检查转盘电动机是否有问题，此时可用万用表检测转盘电动机上是否有220V电压；若正常，则是转盘电动机损坏，若不正常，则检查电动机电源线路的断点。若指示灯不亮，转盘不转，则检查电源熔丝是否烧断；若烧断，则检查高压电容器、漏感变压器是否短路及监控开关是否损坏等。实际维修中，转盘电动机绕组短路而引起转盘不转的故障较常见，此时可重新绕制绕组或更换电动机。

※ 知识链接 ※　①检测电动机是否有问题时，也可不带电测量，即先查电动机绕组是否正常和转轴是否被卡死等，若没有问题，再查相应的电源线路。②拆卸电动机时，首先将炉内的转盘和转盘架取出，将微波炉机底朝上；然后旋下对应转盘电动机位置的盖板或底板的螺钉，取下盖板，即可对电动机进行检测或修理。注意：由于微波炉内有高压，非专业的维修人员不要拆卸微波炉。

11. 微波炉烧熔丝的维修方法

微波炉烧熔丝可按如图10-13所示流程进行维修。

12. 操作失灵的维修方法

操作失灵的主要表现为蜂鸣器不响、显示异常、程控器失控、按键失灵、不能定时等，此类故障主要原因为控制电路失常。对于机械式微波炉，主要应检查蜂鸣器及其定时器、显示器、控制电路以及发条式定时程控器；对于电脑式微波炉，主要应检查电脑板上的复位信号、基准电压、电源电压和时钟信号是否正常，电脑板本身是否损坏，灯丝负压是否正常，显示器本身是否损坏。在维修此类故障时，显示器的负压、电脑板的复位信号、时钟信号及控制面板和程控器的触点往往是维修的重点。

13. 过烧异味的维修方法

过烧异味故障表现为在正常的设定时间内烧煳食物或烧焦元器件，前者多因微波炉失

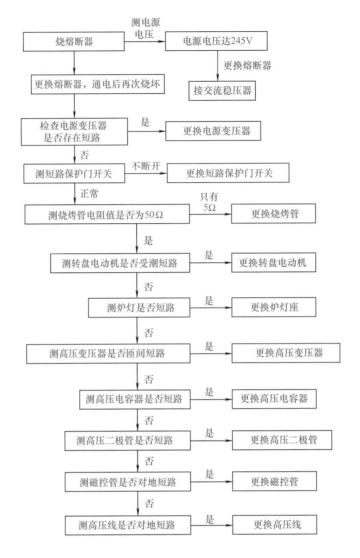

图 10-13　烧熔丝的维修流程

控而烧坏食物，后者是指因过流过压而烧坏元器件。产生此类故障的主要原因有磁控管的波导管损坏、程控器失灵、电路参数漂移、微波分布异常、高压电路工作异常、炉内脏污等。维修此类故障时应重点检查控制电路、高压电路、磁控管的波导管、风扇电动机及机内布线油污等是否异常。维修时，首先应确定故障的产生部位，如异味来自何处，是食物烧煳味还是元器件烧焦味，从而确定故障是由控制失灵引起的加热过度，还是由电路不良或过载引起的元器件烧坏。对于食物烧煳类故障应重点检查控制电路，如定时器不良、定时元器件性能不良、功率调节器不良等。对于元器件烧焦类故障应重点检查负载电路及大电流、大电压负载元器件。

14. 按键失效的维修方法

微波炉按键失效时，首先检查是全部按键不起作用，还是部分按键不起作用，若是部分按键，如启动按键不起作用，则检查保护电路是否正常，若不正常，则更换保护器；若正常，则更换面板按键。若是全部按键不起作用，则检查按键面板内部是否有短路或漏电现象，若有，则更换面板按键。

五、微波炉维修注意事项

微波炉在工作时，内部有高电压、大电流，而且还存在微波辐射。在设计制造时，厂家采取了多种防护措施，以保证使用者的绝对安全。但维修时，要特别注意安全，以防止被电击或受微波过量照射。一般来说，维修时需注意以下事项。

① 微波炉发现异常或故障，应及时通知专业人员（如生产厂家的维修部门），千万不要自己维修或继续使用。

② 在对微波炉的内部进行检查维修前，一定要先切断电源开关，并拔下电源插头。

③ 在维修前，先对微波炉外观进行检查。若发现炉门变形，炉门密封表面缺损、不平，炉腔脱焊等，应首先修复这些地方再开机。

④ 注意检测地线。不要在只有两根外延线的情况下作业。微波炉是根据接地的情况下使用而设计的。因此，在进行维修之前，需检测地线的连接是否正确。

⑤ 不要在炉门打开、炉腔内无食物的情况下操作微波炉。

⑥ 微波炉运转过程中，不要用手或绝缘工具接触任何电线及元器件。静电放电可能会损坏电脑板，维修电脑板时应将维修人员身上的静电放掉。

⑦ 在微波炉开机时，高压变压器的高压绕组、磁控管灯丝及高压电容器两端电路中存在高电压和大电流。因此在开机时，一般情况下不要对这些部位进行检查和维修。如需检测要特别当心，不要被电击。更换零部件时，应先关机，在对高压电容器放电后再更换零部件。

⑧ 工作时，千万不要把导线、钉子或金属物插入炉腔的灯孔或其他孔或缝中，因为这可能会起到天线的作用，造成微波泄漏。

⑨ 不要将金属工具放在磁控管上。在微波炉发射部件工作状态下，切不可向敞开的波导管内窥视。

⑩ 维修变频器注意事项如下。

a. 变频器电路提供了极高电压和大电流给磁控管，尽管变频器外表看似电视机的变压器，但电流极大，其大电流及高电压亦存在危险。另外，铝制散热器亦存在高压（高热），故当电源插头接上电源时，切勿触摸。

b. 注意变频器地线。变频器电路板应附有接地安装板与地线连接，否则此变频器电路板会高压外漏引起危险。谨记地线应以螺钉与接地安装板接驳妥当。

c. 注意高压电容器中的电荷。微波炉切断电源后，在变频器电路的高压电容器中仍有电荷存在。在更换或检测零部件时，先把电源插头从插座上拔下，用带有绝缘柄的螺丝刀使高压电容器的终端与底座地线发生短路，以使之放电。谨记先触及底座端，然后与高压电容器终端进行短路，如图 10-14 所示。

⑪ 进行零部件更换时，需将插头从电源插

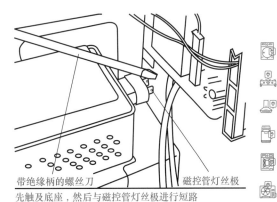

带绝缘柄的螺丝刀　　　　　磁控管灯丝极
先触及底座，然后与磁控管灯丝极进行短路

图 10-14　高压电容器放电

座上拔下。把电源插头插入插座之前，应确认所有的电子部件连接牢固。

⑫ 检测开关或高压变压器的连续性时，先将这些元器件的一根引线断开，再拔掉交流插头检测连续性。否则，可能读取错误读数或损坏检测设备。

⑬ 零部件维修或更换之后，应确认微波炉各部位的螺钉不松动或没有丢失。如果螺钉没有拧紧，有可能发生微波泄漏。

⑭ 在接近磁控管和对其进行更换时，维修人员应取下手表，否则手表很容易被磁化。安装磁控管时，要确保垫片正确安装在顶部。

第十一章　热水器维修实用技能

第一节　热水器的结构组成与工作原理

一、燃气热水器

（一）燃气热水器内部组成

燃气热水器一般由外壳、给排气装置、燃烧器、热交换器（俗称水箱）、气控装置、水控装置、水气联动装置和电子控制系统等组成。

燃气热水器具体结构组成如图11-1所示，包括外壳、面壳、开关旋钮、烟管（强排烟

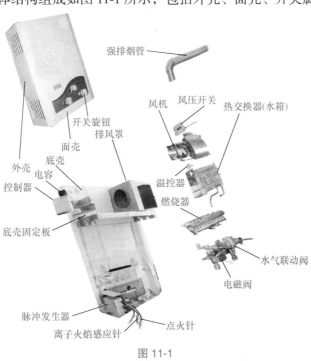

图 11-1

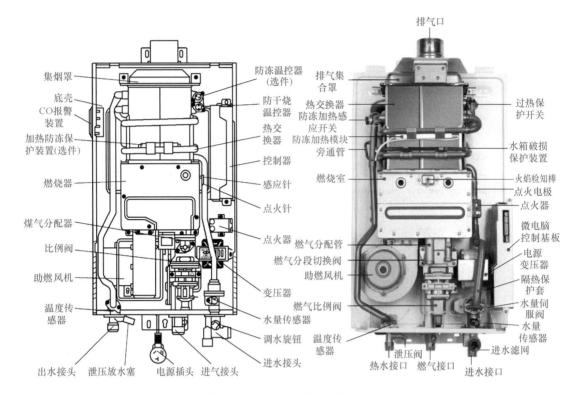

图 11-1 燃气热水器具体结构组成

管）、风机（风扇电动机、可选）、风压开关、热交换器、温控器、燃烧器、水气联动阀、电磁阀、排风罩（可选）、点火针、离子火焰感应针、脉冲发生器、底壳固定板、控制器、电容、底壳等。

> ※ 知识链接 ※ 燃气热水器按排烟方式可分为直排式燃气热水器、烟道式燃气热水器、强排式燃气热水器、平衡式燃气热水器；按结构形式可分为容积式燃气热水器、快速式燃气热水器、联合式燃气热水器三种。

目前，我国家用燃气热水器发展很快，燃气热水器的内部构造不断地改进和更新，但其基本结构大致相同。普通燃气热水器一般由供水系统、供气系统、燃烧系统和点火系统四大系统组成，高档的燃气热水器除上述四大系统外，还包括电控系统，如图 11-2 所示。另外，有些燃气热水器还具有安全系统。

1. 供水系统

供水系统由进水总阀、网状过滤器、水压稳压装置、水量控制阀（后置式热水器不一定有此阀）、节流孔板（前置式热水器无此孔板）、水气联动阀、上水盘管、热交换器、出水盘管、热水出水阀（在后置式热水器中代替进水控制阀，前置式热水器不准安装此阀）等组成。

2. 供气系统

供气系统由进气阀、燃气稳压阀、燃气比例阀、水气联动阀、燃气喷嘴、空气进气窗、一次燃气 - 空气混合装置等组成。

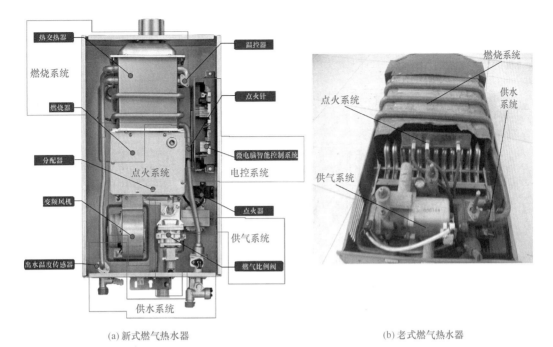

(a) 新式燃气热水器　　　　　　　　　(b) 老式燃气热水器

图 11-2　燃气热水器系统组成

3. 点火系统

点火系统由引火装置、火花发生器、点火燃烧器（又称长明灯，新式热水器已经没有这个装置）、脉冲控制电路等组成。

4. 燃烧系统

燃烧系统由一次燃气 - 空气混合装置、主燃烧器、炉膛及板管式热交换器的外侧组成。

5. 控制系统

电子控制器至少由一个火焰检测装置和一个控制装置组成。控制器除具有电脉冲点火、熄火保护和安全中断功能外，还可能有出水恒温、过热保护、防止不完全燃烧保护、再点火、再启动、显示、报警、遥控与闭锁等功能。

6. 安全系统

安全系统由防止不完全燃烧装置、中断安全装置、自动温度调节器、空烧安全装置、防过热装置、防超压安全装置、水气联动阀（它是燃气热水器的关键部件，主要由火力调节杆、电磁阀、微动开关、鼓膜、水温调节杆等组成，如图 11-3 所示）、风压过大安全装置、防冻装置、报警装置等组成。

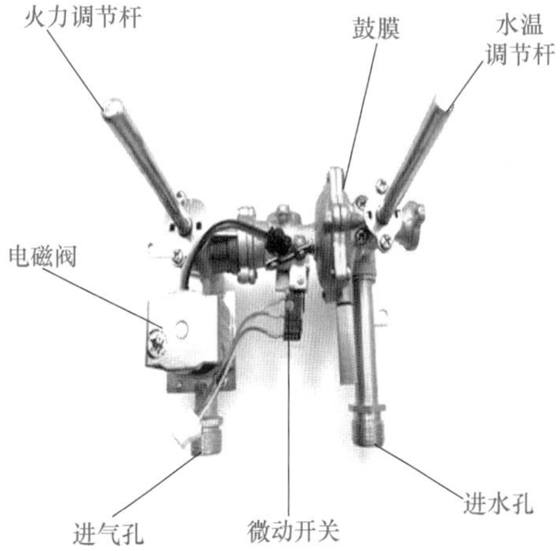

（二）燃气热水器的基本工作原理

图 11-3　水气联动阀

燃气热水器的工作原理（图 11-4）：打开热水器开关，冷水进入热水器，再经过水量传感器流向热交换器中的加热水管；当水量传感器感受到水流经过时，其内部磁性转子开始转动，位于水量传感器外部的集成元件发出电子脉冲，送至控制电路（即微电脑程序）；当

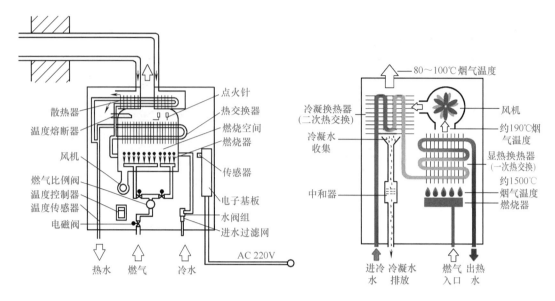

图 11-4　燃气热水器结构原理图

转子的转速达到一定值后，电脑控制的助燃风机开始启动，当风机的转速达到设定值时，燃气主气阀及燃气比例阀都将打开，燃气进入燃烧器，同时点火器让点火针擦出火花放电而点火，这时位于燃烧器上部的火焰检测棒检测出火焰的信号，通过控制电路驱动燃烧指示灯点亮，并使燃烧保持下去。

（三）燃气热水器水气联动阀的工作原理

　　水气联动阀是连接水路与气路的重要部件，其工作原理示意图如图 11-5 所示。冷水进入热水器，流经水气联动阀体的进水孔，

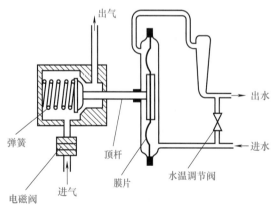

图 11-5　水气联动阀工作原理示意图

由于橡胶膜片两边的水压不等，压差膜向左运动，带动水气联动顶杆向左运动，顶杆中部的拨杆随顶杆向左拨动电源开关（微动开关），微动开关的触点接通电源，使点火电路产生高压脉冲，高压脉冲通过高压电缆连至放电针，在点火针的尖端与发火管之间产生电火花。与此同时，水气联动阀打开燃气阀，燃气由发火管嘴喷出，被电火花点燃形成"长明火"作为燃烧室的火源。当打开冷水阀时，在电源接通的同时压缩弹簧，使进气孔打开，打开了燃气通气的电磁阀门，将燃气热水器的燃烧器点燃。

　　燃烧器点燃后，火焰检测元器件通过检测火焰给出火焰信号并反馈到脉冲控制器，通过维持电流将电磁阀打开，维持燃烧器的正常燃烧。

　　若燃烧室点火失败，脉冲点火控制器因没有检测到火焰的维持电流信号，无法维持电磁阀的正常开启，关闭电磁阀，切断燃气的供应。

　　概括地说，使用燃气热水器时，只要打开冷水开关或接通冷水水源，水气联动阀就会

驱动接通微动开关，完成点火、燃烧、维持到正常工作的整个过程，就可通过水温和火力调节得到合适的水温与水量。

若燃气热水器未点燃，热水器会在5s内自动停止工作，并立刻切断燃气通路，防止燃气继续流出，确保使用安全。

（四）水控式点火系统燃气式热水器点火电路的工作原理

如图11-6所示是一种常用的燃气热水器点火电路，其工作原理如下。

（1）点火脉冲的产生　该电路主要由集成电路LM339及其相关元器件组成，电路中的VT4、B1等组成振荡电路。B1所接线圈为正反馈绕组，次级感应电压整流后，经B2初级对C1进行充电，当晶闸管VS导通时C1经B2初级放电，B2次级产生高压点火脉冲。

（2）点火脉冲的控制　点火脉冲的控制主要由VT6、VT7、VT8及其外围元器件决定。产生点火脉冲时，其维持时间的长短由C2决定，C2的容量越大，点火时间越长，反之点火维持时间就越短。

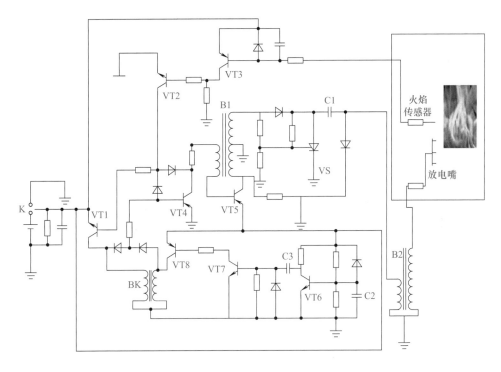

图11-6　燃气热水器点火电路

二、太阳能热水器

（一）太阳能热水器的结构组成

太阳能热水器主要由集热器、水箱、水位自控器和上下环管、支架等组成。一体式太阳能热水器外部组成如图11-7所示，分体式太阳能热水器外部组成如图11-8所示。

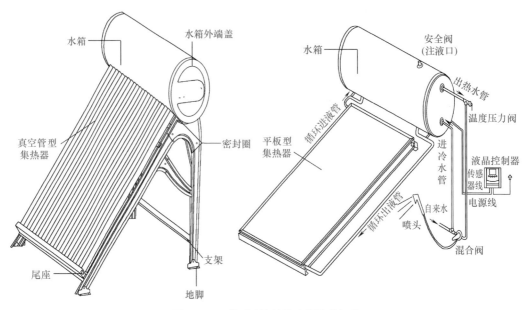

图 11-7   一体式太阳能热水器外部组成

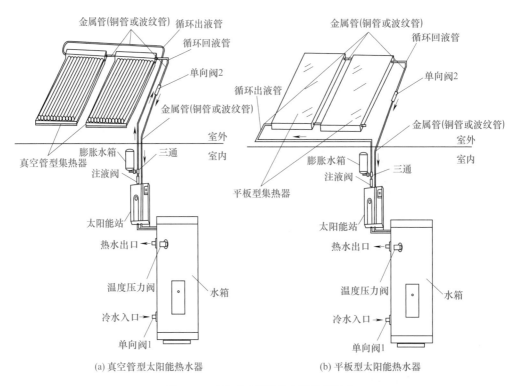

(a) 真空管型太阳能热水器   (b) 平板型太阳能热水器

图 11-8   分体式太阳能热水器外部组成

1. 集热器

目前使用的太阳能集热器可大体分为两类：平板型太阳能集热器、真空管型太阳能集热器。

（1）平板型太阳能集热器   平板型太阳能集热器是平板型太阳能热水器的核心，其包括吸热器、盖板、保温层、外壳四大部分，如图 11-9 所示。

① 吸热器 吸热器又称集热器、集热芯子，能够吸收太阳的辐射能量并向水传递热量。吸热器由吸热板和水管组成，水管有排管（夹在肋片之间，用来传递热量使水温升高）和集管（与所有排管相接相通，并且通过水管与水箱连通，使排管中水进入水箱，水箱中的冷水进入排管被加热）

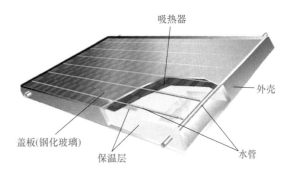

图 11-9　平板型太阳能集热器结构

之分。平板型太阳能集热器吸热器通常采用管板式结构，其吸收率可达 95%，发射率小于 5%。

② 盖板。在吸热板上表面加设能透过可见光而不透过红外线的透明盖板，能有效减少热量的散失，提高吸热板和水的温度。盖板通常采用钢化玻璃，其透光率高（透光率为 88% 以上）、抗冲击性好。盖板层数由使用地区的气象条件和工作温度来定，通常为单层。盖板与吸热板之间的距离一般为 2.5cm 左右。

③ 保温层。在吸热板芯的四周和底部安放保温材料，用来减少集热器向四周环境散失热量，以提高集热器的效率。底部保温层厚度一般为 3～5cm，四周保温层的厚度为底部的一半。

④ 外壳。通过外壳将吸热板、盖板、保温层组成一个整体，并保持一定的强度以便于安装。外壳通常采用铝材、钢材、塑料、玻璃等材料制成。

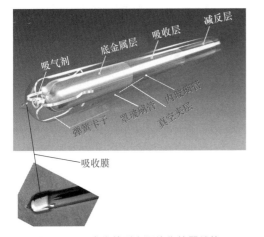

图 11-10　真空管型太阳能集热器结构

（2）真空管型太阳能集热器 真空管是太阳能热水器的核心，它的结构如同一个拉长的暖瓶胆，内外层之间为真空。在内玻璃管的表面上利用特种工艺涂有光谱选择性吸收涂层，用来最大限度地吸收太阳辐射能。全玻璃太阳能真空管由外玻璃管（罩玻璃管）、内玻璃管、弹簧卡子（支撑件）、吸气剂、真空夹层、选择性吸收涂层、吸气膜这七部分共同组成，如图 11-10 所示。

① 外玻璃管。外玻璃管与内玻璃管构成真空夹层，将外部所传来的光透射进真空管，并保护内部不受损伤。

② 内玻璃管。内玻璃管用来作为水的流动管道。与外玻璃管构成真空夹层，外壁上附着选择性吸收涂层，并将选择性吸收涂层所吸收的热量传递到其所容纳的介质。

③ 弹簧卡子。弹簧卡子可以固定内玻璃管的自由端，减少内外玻璃管之间因振动造成的相对位移所带来的破坏力；又可固定吸气剂，保证吸气剂在烤出吸气膜后，吸气膜的位置合理。

④ 吸气剂。吸气剂指在真空管底部，与弹簧卡子相连的不锈钢钢环上所附着的钡铝镍成分，用于蒸散、吸收夹层内排气后残余的空气，以进一步提高真空度。真空管在受热后，原来被吸附在管壁上的微量气体（主要是水蒸气）会释放出来，影响真空度。吸气剂和吸气

膜就是用来吸收这些被释放出来的气体，以保持真空管内的高真空度。

⑤ 真空夹层。通过其内部尽可能少的气体分子，尽可能地降低真空管因气体对流而造成的热量损失。

⑥ 选择性吸收涂层。该涂层主要由三部分组成，从外到内依次分别为减反层、吸收层、底金属层。减反层主要起到增透膜、保护膜的作用；吸收层主要起到将光能转化为热能的作用；底金属层主要起到反射作用，即将内玻璃管内部的介质所辐射出来的热量反射回去。

⑦ 吸气膜。真空管尾部约 50mm 的银白色部分是消气镜面，也称吸气膜。它是吸气剂在 800℃ 以上高温状态下蒸散获得的。吸气膜的作用是吸收真空夹层内残余的空气，以进一步提高真空度。在使用中，如果真空管的吸气膜消失，说明真空夹层内进入了大量空气，真空管就不能正常工作了。吸气膜吸收真空夹层内残余或渗透进来的气体，维持真空夹层的真空度。同时，吸气膜的有无，还可以检验真空管有无真空度。

2. 水箱

水箱是用来储存热水的，它由内胆、保温层、外壳三部分组成（图 11-11）。其中，内胆材料有不锈钢、聚丙烯、镀锌钢板等；保温层一般是聚苯乙烯、聚氨酯等材料；外壳通常采用铝箔或其他金属箔。

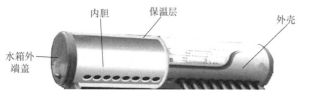

图 11-11　水箱结构

3. 支架

支架是用来支撑集热器的（图 11-12），一般用角钢焊接而成，具有机械强度高、不易生锈、耐腐蚀等特点。

图 11-12　支架

（二）一体式太阳能热水器的工作原理

太阳能热水器实质上就是一个光热转换器，工作原理就是太阳能热水器的吸热原理。

简单地讲，一体式太阳能热水器（图 11-13）就是一个热虹吸系统。太阳辐射透过热水器的玻璃盖板（或玻璃管）被集热板吸收后，沿肋片和管壁传递到吸热管内的水中（图 11-14）。太阳能热水器吸热管内的水吸热后温度升高，密度减小而上升，形成一个向上的动力，使太阳能热水器构成一个热虹吸系统。随着热水的不断上移并储存在水箱上部，同时通过下循环管不断补充温度较低的水，如此循环往复，太阳能热水器最终将整箱水都升高至一定的温度。

图 11-13　一体式太阳能热水器

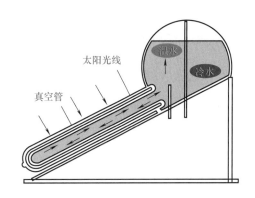

图 11-14　一体式太阳能热水器的工作原理示意图

简言之，一体式太阳能热水器的结构如同一个拉长的暖瓶胆，内外层之间为真空，在内玻璃管的表面上利用特种工艺涂有光谱选择性吸收涂层，用来最大限度地吸收太阳辐射能。在水箱及玻璃真空管内均充满水，真空管在阳光的作用下，让管内的水慢慢被加热。由于水受热密度下降，就会向水箱上浮，而因为水箱中的冷水密度大，所以就沿真空管往下沉。这时真空管的水不断地被加热，与水箱中的冷水不断地形成温差自然循环，在适当的循环过程下，将整个水箱的水加热到一定的温度，再加上水箱的保温作用，使水温能在较长的时间内保持。

（三）分体式太阳能热水器的工作原理

分体式太阳能热水器（图 11-15）是由集热器、承压式保温水箱、循环泵等组成的。其典型应用就是常见的阳台壁挂式太阳能热水器，其显著特点是集热器与水箱是分离的。

分体式太阳能热水器的水箱一般放置在阳台内，集热器放置在建筑南向的阳台上。利用玻璃集热管将吸收的太阳辐射能转换成热能，冷水直接进入承压式保温水箱，集热器吸收太阳能转化成热能使集热管内介质升温。传感器测得集热器和保温水箱内的水温信号，分别传输到智能控制仪，通过微电脑系统处理。当温度差达到设定数值时，循环泵开始启动，把集热器内的换热介质循环至保温水箱内，使保温水箱内的冷水经过盘管换热温度升高，完成一次循环。循环往复使保温水箱内的冷水逐渐升温到所需要水温。其根本工作原理是利用相变换热，将太阳热能迅速传递到玻璃集热管再到冷凝管，再通过冷凝管进行传导换热，从而使整个水箱内的水温逐渐升高，如图 11-16 所示。

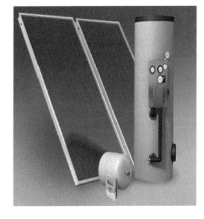

图 11-15　分体式太阳能热水器

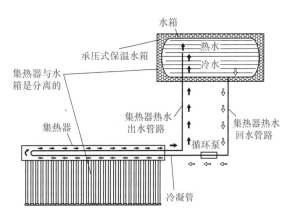

图 11-16　分体式太阳能热水器的工作原理示意图

三、电热水器

（一）电热水器的结构组成

储水式电热水器是指具有一定储水容量的电热水器，这种热水器一般都需要在使用前将热水器内的水加热到设定的温度。储水式电热水器整体结构由外壳、内胆（储水箱）、保温层、电热元器件（如电加热管）、控温及保护装置（如镁棒、温控器等）、安全阀（泄压阀）、混水阀、连接管路、控制面板、喷头等组成，如图 11-17 所示。

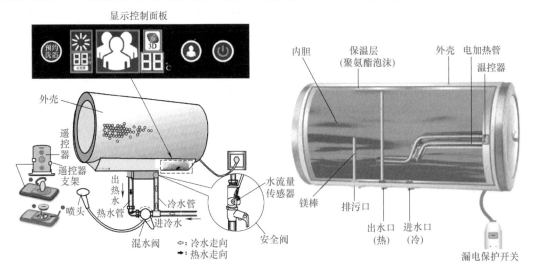

图 11-17　储水式电热水器组成

储水式电热水器外部结构由外壳、端盖、控制盒（含旋钮或按钮、指示灯、控制面板等）、进出水管、漏电保护插头（含电源线）等部分组成。

储水式电热水器内部结构由聚氨酯发泡层、内胆、温控器、限温器、发热管、阳极镁棒、电路板等部分构成。

1. 内胆

内胆（图 11-18）是组成电热水器的关键部件之一，其主要功能是储水。内胆镀层材料分为镀锌钢板、不锈钢板、搪瓷钢板等。目前市面上销售的储水式电热水器内胆材料只有极少数用镀锌钢板，大多数用不锈钢板和搪瓷钢板。

图 11-18　内胆外形

2. 保温层

在内胆和外壳之间会填充一层保温层（图 11-19），它确保内胆中水温保持恒定，降低热损耗,从而降低电能消耗。决定保温层保温性能的主要因素是保温层材料、保温层厚度以及制作方式。目前常用的保温材料有石棉、海绵、泡沫塑料、聚氨酯泡沫等。

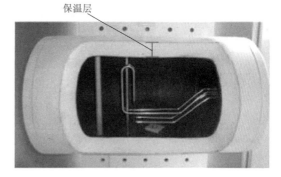

图 11-19　保温层

3. 防电墙

"防电墙"(图11-20)是一种简称,它确切的表述法应该是"水电阻衰减隔离法"。它的原理简单说来,就相当于在人体和水之间装了一个很大的电阻,一旦发生漏电现象,这个"电阻"可以分得大部分的电压,从而使人体所负担的电压非常小。就是利用了水本身所具有的电阻,通过对电热水器内通水管材质的选择(绝缘材料)、管径和距离的确定形成"防电墙"。当电热水器通电工作时,加热内胆的水即使有电,也会在通过"防电墙"时被水本身的电阻衰减掉而达到电隔离的目的,使电热水器进出水两端达到几乎为零的电压和 0.02mA/kW 以下的极微弱电流。

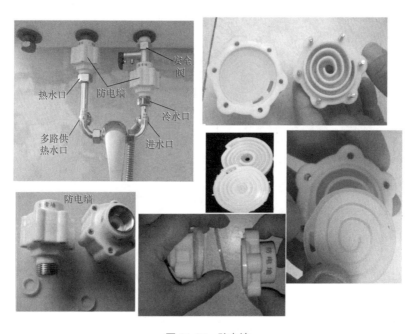

图 11-20　防电墙

4. 镁棒

安装在储水式电热水器内胆中的金属镁棒(图11-21),具有保护金属内胆不被腐蚀和阻止水垢生成的作用。镁棒又称阳极棒,它的主要成分是镁(镁是一种化学性质较活泼的金属,它的活泼性大于金属钙、锌、铜、铁),当水呈酸性时,镁就会首先与水中的酸相结合,生成可溶性盐(也就是说,它先被腐蚀)。这样,水的酸性就随之下降,保护了电热水器的内胆不被腐蚀、破坏,故称镁棒为保护阳极。

5. 泄压阀

泄压阀也称安全阀,安装在电热水器冷水进口处,主要起到止回和泄压的作用,防止

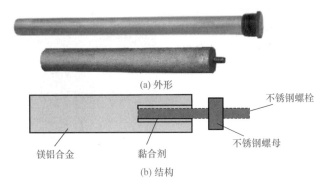

(a) 外形

不锈钢螺栓

镁铝合金　　黏合剂　　　　不锈钢螺母

(b) 结构

图 11-21　镁棒的外形及结构

电热水器内的热水倒流回冷水管内。另外，当自来水压力突然增高或加热过热而造成内胆承压过大时，泄压阀就会自动滴漏泄压，以保证内胆的正常使用，并提高内胆的使用寿命，避免内胆破裂。如图 11-22 所示为泄压阀外形与工作示意图。

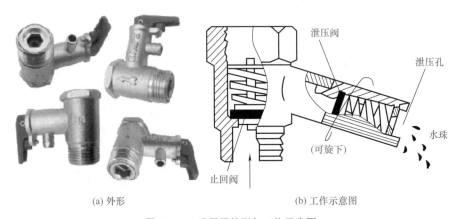

泄压阀

泄压孔

水珠

止回阀　　　　　(可旋下)

(a) 外形　　　　　　　　　　　(b) 工作示意图

图 11-22　泄压阀外形与工作示意图

6. 混水阀

混水阀就是一个阀门，接通冷、热水管，用来混合冷热水，通过调节混水阀的手柄来达到所需的水温。混水阀分为手动机械调节式和自力式恒温式（图 11-23），前者较为普及。

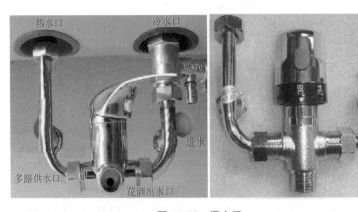

热水口　　　　冷水口

进水

多路供水口

花洒出水口

图 11-23　混水阀

7. 密封圈

密封圈（图 11-24）保证电的绝缘、法兰和内胆的水密性以及加热器基座的水密性。密封圈为一次性使用的易损件，所以每当重新安装法兰或加热管时，一定要更换新的密封圈。

图 11-24　密封圈

（二）电热水器的基本工作原理

储水式电热水器的工作原理：利用发热元器件加热内胆中的水。它是先在内胆中注满水，然后插上电源通电，把温度调到预定加热温度，通过发热管加热。当内胆中水温达到预设温度时，温控器断开，自动停止加热并转入保温状态；当水温下降到某一温度时，又自动接通电源进行加热。

储水式电热水器电气原理（图 11-25）：先将电热水器内胆注满水，220V/50Hz 交流电经过热断路器 BT、温控器 ST 施加到电加热管 EH 上，指示灯亮表示加热。待内胆中水温上升到预设温度时，温控器 ST 断路，停止加热，指示灯熄灭。待内胆中水温下降至某一温度时，温控器 ST 再次接通，电加热管 EH 通电继续加热，指示灯亮，周而复始，达到自动控温、恒温的目的。

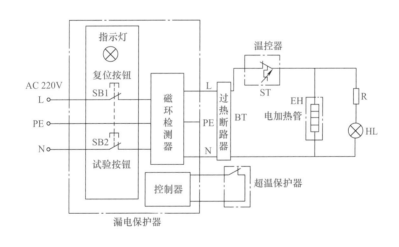

图 11-25　储水式电热水器电气原理

※ 知识链接 ※　若温控器故障失控，温度将继续升高，升至90℃时，过热断路器 BT 将双极断开，永久性断电，只有排除故障后，靠人工复位才能通电工作，确保安全。如果不切断电源，当温度降低5℃左右时又进入加热状态，自动循环。使用时，则通过自来水自身的压力自动出水。

水路工作原理如图 11-26 所示，在自来水压力下，将专用压力安全阀的单向装置推开，经专用挡水板分配进水方向，使冷水一层一层地推动热水由取水管溢出，流向各用水处，实现多处供热水。

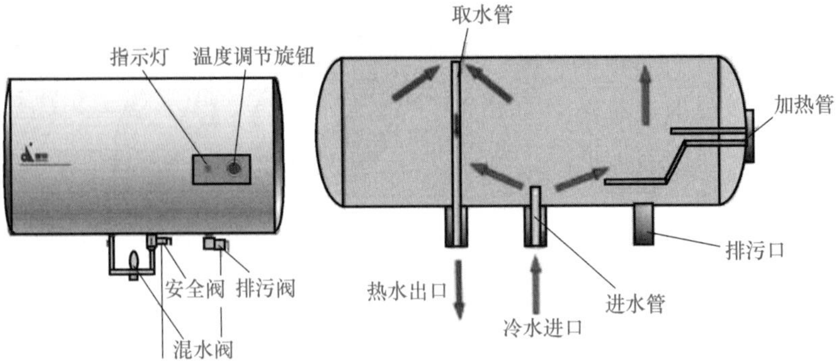

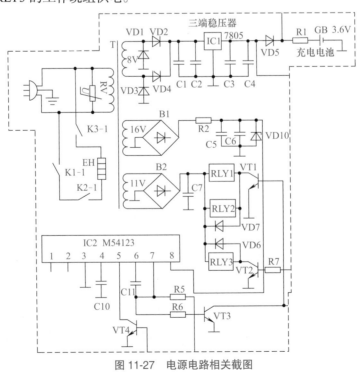

图 11-26　水路工作原理

（三）电热水器电路组成

电热水器主要由电源电路、漏电保护电路、加热电路、控制电路、防干烧电路等组成。

1. 电源电路

电源电路一般由电源变压器、整流桥、滤波电容和三端稳压器等组成。现以比德斯全自动储水式电热水器为例，介绍其原理如下。

如图 11-27 所示，接通电源后，市电经电源变压器 T 降压后，在次级输出三组交流电压（8V、11V、16V）。其中 8V 交流电压经 VD1 ～ VD4 整流、C1 与 C2 滤波后得到约 12V 直流电压，再经三端稳压器 IC1（7805）稳压后得到 +5V 直流电压，除供给部分控制电路、发光二极管指示灯电路等相关电路外，还经 VD5 给充电电池 GB 充电；16V 电压经整流全桥 B1 整流、C5 与 C6 滤波、VD10 稳压后得到 +12V 直流电压，给漏电保护集成电路 IC2（M54123）供电；11V 电压经整流全桥 B2 整流、C7 滤波后得到 +15V 直流电压，向三个继电器 RLY1 ～ RLY3 的工作绕组供电。

图 11-27　电源电路相关截图

2. 漏电保护电路

漏电保护电路由电流互感器、双时基集成芯片及外围元器件组成。下面以比德斯全自动储水式电热水器为例介绍其原理。

如图 11-28 所示，TA 为零序电流互感器，AC220V 市电引入线从零序电流互感器中穿过，它相当于电流互感器的初级线圈。在电热水器正常工作状态下，零序电流互感器 TA 初级线圈中电流矢量和为零，次级线圈不会感应出电流，漏电保护电路不动作。当电热水器发生漏电时，TA 初级线圈中电流矢量和不再为零，次级产生感应电流。该感应电流信号加至漏电保护集成电路 IC2（M54123）①、②脚，IC2 ⑦脚输出高电平，三极管 VT3 导通、VT1 截止，RLY1、RLY2 释放，K1-1、K2-1 断开，切断电加热管 EH 电源，停止加热。同时⑦脚输出高电平还经电阻 R5、R8 至 IC3 ㉑脚，经 IC3 内部处理后由⑭脚输出低电平，蜂鸣器发出报警，显示屏显示故障代码。此时微处理器处于保护模式（关机状态），只有漏电故障排除后，方可重新启动开机。

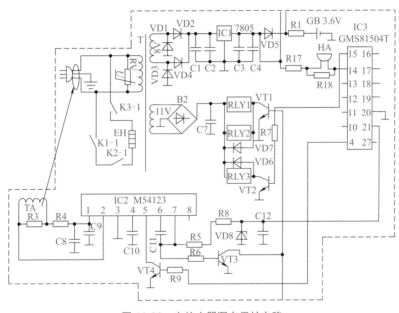

图 11-28　电热水器漏电保护电路

3. 加热电路

加热电路主要由电加热管、加热控制继电器及功率开关等组成。下面以比德斯全自动储水式电热水器为例介绍其原理。

如图 11-29 所示，加热电路由电加热管 EH、加热控制继电器 RLY1 ～ RLY3 常开触点（K1-1、K2-1、K3-1）等组成。通电后，在正常状态下，微处理器 IC3（GMS81504T）⑯脚输出负脉冲信号，经 C16、R21 耦合至控制管 VT5 基极，使之饱和导通，c 极输出电压经电阻 R23、R24 降压后使 VT1 导通，继电器 RLY1、RLY2 得电吸合，其常开触点 K1-1、K2-1 闭合接通，为电加热管 EH 通电加热做好准备。当按下遥控器的开 / 关键或主电路板上开 / 关键 S5 时，IC3 ⑮脚输出高电平，经电阻 R7 加至三极管 VT2 的基极，并使之饱和导通，继电器 RLY3 吸合，其常开触点 K3-1 闭合，此时 220V 市电电压经 K1-1、K2-1、K3-1 加至电加热管 EH 两端，电加热管通电加热，使水箱中水温升高。

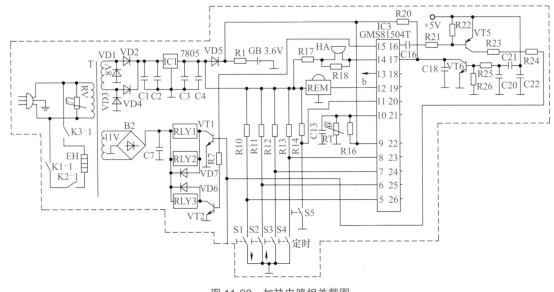

图 11-29　加热电路相关截图

4. 控制电路

控制电路是以微处理器作为核心，由外接复位电路、振荡电路、温控电路、LED 显示电路等组成（如图 11-30）。下面以比德斯全自动储水式电热水器为例介绍其原理。

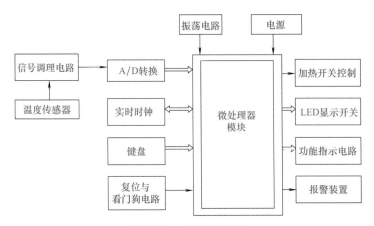

图 11-30　控制电路框图

（1）振荡电路、复位电路：如图 11-31 所示，以微处理器 IC3（GMS81504T）为核心，IC3 ⑱、⑲脚外接晶振 B1 和电容 C17、C19 组成振荡电路。为微处理器提供稳定的 4MHz 振荡频率；IC3 ⑰脚外接 VT6、R25、C21 等组成复位电路。刚开机时，+5V 电压经 C21、R25 加至 VT6 基极，使其导通，⑰脚为低电平（0V），随着对 C21 的充电，使 VT6 基极电位降低而截止，17 脚变为高电平（4.38V），完成复位，微处理器 IC3 开始执行设定程序。

（2）温控电路：温度传感器 RT 通过 CN2 插头 TEMP 端接在 IC3 ⑨、⑩脚上，IC3 ⑨脚接电源 VDD。温度传感器随着其感受温度的变化变成电压变化，输给微处理器 IC3 的⑩脚进行自动温控。使用中如发生超温或不能控温时，温度传感器拾取的异常信号均会导致微处理器 IC3 发出指令，自动断开加热电源，起到保护作用。同时发出声、光报警信号，显示屏也会显示相应故障类型代码。

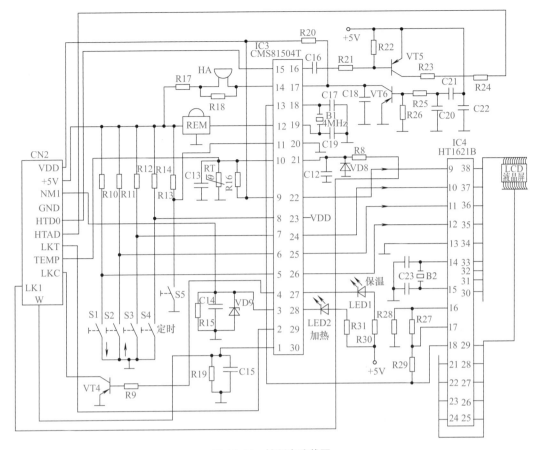

图 11-31　控制电路截图

（3）LED 显示电路：由发光二极管作"保温""加热"指示灯，接在 IC3 ㉗、㉘脚上。加热指示灯为红色，保温指示灯为黄色。当电热水器内胆中水温达到设定值时，自动进入保温工作状态，㉗脚输出低电平，保温（黄色）指示灯 LED1 亮。电热水器在加热工作状态时，㉘脚输出低电平，加热（红色）指示灯 LED2 亮。

（4）蜂鸣器电路：IC3 ⑭脚用来控制蜂鸣器电路。在正常状态下，⑭脚输出高电平，蜂鸣器不工作；当出现故障时，⑭脚输出低电平，蜂鸣器鸣叫报警。

（5）参数输入：IC3 ⑤、⑥、⑦、⑧、⑪脚接控制轻触开关 S1、S2、S3、S4、S5，用于选择设置、调整及确认相关参数。开关 S1 对应接⑤脚为"减"键，每按动一下，被置数据减 1；S2 对应接⑥脚为"加"键，每按动一下，被置数据加 1；S4 对应接⑧脚为"定时"键，按动 S4 可改变设定时间和退出时间；S5 对应接⑪脚为开/关键，用于控制电热水器工作状态。另外，使用遥控器也可发出相关指令，遥控器指令被接收端（REM）接收后，通过 IC3 内部电路处理，发出指令控制电热水器工作。微处理器 IC3 ㉒、㉔、㉕、㉖、⑬脚输出显示信号至显示驱动集成电路 IC4，并从 IC4 ㉑～㊳脚输出至液晶显示屏相关各脚，显示相关信息。

5. 防干烧电路

防干烧电路的作用：当水箱内水太少时，如果一直加热，可能会导致危险，为了防止干烧，故电热水器设计了此保护电路，可实现当水位低于 2/6 时断电，使电加热管不加热。

下面以鲁斌电热水器为例，介绍防干烧电路工作原理。

如图 11-32 所示，防干烧电路由电压比较器 IC2（LM339，为核心器件）及其外围元器件组成。当水位低于 2/6 水位时，IC1（MC14069）④脚（反相输入端）输出低电平，使 IC2 的⑤脚（同相输入端）也为低电平（IC1 的④脚与 IC2 的⑤脚相连），IC2 ④脚和⑤脚进行比较，因为④脚反相端的电压高于⑤脚同相端的电压，使得 IC2 的②脚输出低电平，从而使三极管 VT（C9013）不工作，继电器 K1 的线圈无电压，此时其常开触点 K1-1、K1-2 断开，电加热管 EH 不加热。当水位高于 2/6 位置时，IC1 ④脚变为高电平，IC2 ②脚输出高电平，此高电平经降压电阻 R25 使控制三极管 VT（C9013）导通，继电器 K1 线圈得电，其触点吸合，电加热管 EH 加热。

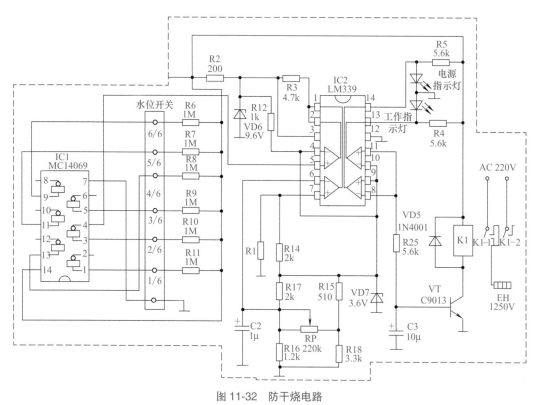

图 11-32　防干烧电路

第二节　热水器的故障维修技能

一、燃气热水器

（一）燃气热水器维修时的原则和要点

①维修时应掌握以下原则：由外而内、由表及里、先易后难、逐步排除。

②维修现场的主要注意点：电源的正常与否、水路的正常与否、气路的正常与否、使用环境的规范与否。

③燃气热水器故障可分为两类：一类是机外故障或人为故障，另一类则为机内故障。在分析处理故障时，首先应排除机外故障。排除机外故障后，又可将机内故障分为机械系统

故障和电气系统故障两类，一般应先排除电气系统故障。电气系统故障可从以下几个方面来查找：电源是否正常、主板电路是否正常、传感器和控制器是否正常。

④ 燃气属于危险品，非热水器专业维修人员勿自行维修燃气热水器。

（二）燃气热水器的供气系统故障维修方法

燃气热水器的供气系统常见故障及维修方法如下。

（1）堵塞故障　出现堵塞故障时，首先检查管道是否正常（若使用瓶装液化石油气，胶管弯折过多，会造成供气系统半堵塞；若使用管道燃气，在供气管硬管驳接缠绕的生料带或麻筋会造成供气系统半堵塞）。若管道正常，则检查是否为杂质堵塞火盖上的火孔，导致被堵塞的火孔不着火，此时将杂物清除即可正常燃烧。

（2）泄漏故障　出现泄漏故障，可用肥皂水涂抹来检漏，切不可用明火检漏。若使用管道燃气，燃气表接头腐蚀穿孔、渗漏，燃气表外壳破裂，都会发生漏气。若使用液化石油气，泄漏的部位还会出现在钢瓶、减压阀、角阀、胶管等地方。

（三）燃气热水器常见故障的维修方法

1. 燃气热水器打不着火的维修方法

打不着火是燃气热水器故障率最高的故障现象，其表现的故障一般有：有风扇电动机转动声，但没有电火花打火声音；有电火花打火的声音，但不能打火；开启热水器后机内无任何反应，电源指示灯也不亮等情况。

维修时可分四部分（气路、电路、水路、机械）进行，其方法如下。

（1）气路　燃气热水器可使用天然气、液化石油气、人工煤气，不管使用何种气，气路部分包括进气嘴、电磁阀、水气联动装置、燃气分气管、燃气喷嘴、燃烧器（俗称火排）等。当以上某部件存在堵塞或不通畅时，均会造成燃气热水器打不着火。

（2）水路　当水路部分有问题后，热水器出水量或水压会明显减少（水压低至燃气热水器的启动压力 0.02MPa 时就无法启动热水器），此时应检查进水口过滤网是否堵塞、水阀是否结垢、水箱铜管是否变形堵塞、水压是否较低。

（3）电路　电路部分是引起燃气热水器打不着火故障的原因的核心部分，其主要包括漏电保护插头、热水器电源控制盒、脉冲点火控制器、电磁阀、风扇电动机启动电容、风扇电动机、风压检测开关、微动开关或水流传感器开关、点火针、火焰感应针、冷热水开关等。当以上某一个部件存在问题时，均会使燃气热水器打不着火。风压检测开关是易损坏件，应注意检查和调整。当排烟管接得过长或排烟空间逆风较大时，排烟压力会增大，易出现中途熄火故障（有的燃气热水器会显示风压故障代码），此时应调整风压检测开关的压强螺钉。

（4）机械　机械部分包括水气联动装置（由水阀内部水压提供动力，推动联动杆，打开电路部分和其中一级燃气密封通道）、风扇电动机（由风叶与电动机构成）。当水气联动装置出现问题后会引起热水器整机不能工作、不打火；风叶卡死或电动机转速有问题也会引起燃气热水器打不着火。

> ※ 知识链接 ※　① 电磁阀故障一般是由于电磁阀损坏或者老化及电磁阀有脏物引起的。电磁阀在不通电时的自然状态下是将燃气通路关闭的，它依靠热水器脉冲点火控制器供电将阀门打开通气后使热水器打着火。这个位置的故障率极高，但通常不是电磁阀本身故障造成的，而多数是由于它未能得到供电电压而导致开不了阀，打不着火的。

② 点火针易出现偏位或老化，此时可将点火针正确安放或更换；火焰感应针也易老化，将火焰感应针擦亮安放好（使火焰不管大火还是小火能充分烧着火焰感应针）即可。

③ 水气联动装置故障一般是由水气联动阀内鼓膜老化或损坏不能推动微动开关造成的。

④ 水气联动阀处造成打不着火的故障率极低，燃气分气管也很少出故障。

2. 燃气热水器出水不热的维修方法

出现此类故障时，应检查以下几个部位。

① 水流量是否太大（出热水温度与进冷水温度之差超过 25℃时，每分钟能够流出热水的升数就达不到它所标写的出热水升数，此时只能减少冷水流量，即关小水）。

② 热水管路是否太长。

③ 燃气供气是否不足。

④ 控制电路（电脑板）是否有问题。

⑤ 脉冲点火控制器的高压输出导线是否破损或高压绝缘性能是否不好。

⑥ 点火针是否损坏或点火针位置是否发生偏移及其连接到燃烧器外壳的螺钉是否松动。

3. 燃气热水器调节至高温位置水仍不热的维修方法

出现此类故障时，应检查以下几个部位。

① 应把燃气的阀门全部打开。

② 燃气压力不合适或减压阀有问题，应连续不停地开关热水阀直到着火为止或维修减压阀。

③ 水温调节方法错误，应调节热水温度。

④ 水控制器有故障，应更换水控制器。

4. 燃气热水器打开水阀后脉冲不打火的维修方法

出现此类故障时，先检查水压是否太低；若水压太低，则增加压水泵；若水压正常，则检查进水滤网、淋浴头是否被杂物堵塞；若是，则清除杂物；若不是，则检查电池正负极是否装反；若是，则重新安装电池；若不是，则检查电池电压是否太低或接触不良；若是，则重新安装或更换新电池；若不是，则检查进水管与出水管是否接反；若是，则重新安装进、出水管。

5. 燃气热水器打开水阀后脉冲打火但不着火的维修方法

出现此类故障时，先检查气管内是否有空气；若是，则反复开关水阀排空气直至着火为止；若不是，则检查电池电压是否不足；若电池电压足够，则检查气源开关是否未打开或进气滤网是否堵塞；若气源开关打开，且进气滤网未堵塞，则检查气种是否正确；若气种正确，则检查气门密封件是否被燃气腐蚀后发胀；若否，则检查钢瓶减压阀输出压力是否过高或过低。

6. 燃气热水器点火时出现爆燃声的维修方法

出现此类故障时，先检查钢瓶减压阀压力是否过高；若是，则调整钢瓶减压阀的压力；若不是，则检查电池电压是否太低；若电池电压正常，则检查点火针是否积炭或有脏物；若点火针未积炭，则检查点火针位置是否不正或与燃烧器的距离是否太远；若点火针位置正确，且与燃烧器的距离正常，则检查点火针对应的燃烧器孔、喷嘴是否堵塞；若点火针对应的燃烧器孔、喷嘴堵塞，则清除燃烧器孔与喷嘴堵塞的杂物。

7. 燃气热水器使用过程中水温过低的维修方法

出现此类故障时，先检查钢瓶减压阀是否损坏或气流量是否不够；若钢瓶减压阀正常，则检查气源开关是否有异物或半堵塞；若气源开关正常，则检查燃气总阀是否半打开；若否，则检查进气嘴、气管是否过细或气管过长，造成气流量不够；若否，则检查气种是否正确；若气种正确，则检查水压是否太高，水稳压系统是否失效。

8. 燃气热水器点着火经常熄火的维修方法

出现此类故障时，应检查以下几个部位。

① 水压是否过低或波动大；出水量是否太少、水温太高，过热装置是否启动保护。

② 室内空气是否不足。

③ 电池电压是否不足或存在接触不良。

④ 排气烟道是否堵塞。排气烟道出口端应该有金属网或者网状结构，若没有金属网或网状结构，异物易进入使烟道堵塞。

⑤ 供气是否不足或时有时无（燃气气压太低）；燃气的二次压太低（特别是人工煤气经过一段时间使用后，二次压力变小）。

⑥ 控制电路中与点火有关部分是否有问题。

⑦ 火焰检测回路是否有问题。

9. 燃气火焰呈黄焰并有黑烟的维修方法

出现此类故障时，先检查燃烧器是否有污物或其引射管是否有污物；若否，则检查钢瓶是否有气；若钢瓶有气，则检查室内空气是否补充不足；若室内空气补充足够，则检查气种是否符合；若气种符合，则检查气源压力是否过高或过低。

10. 燃气热水器无点火火花的维修方法

燃气热水器无点火火花，应检查以下具体部位。

① 对于烟道式燃气热水器应检查电池是否有电，检查电池是否与电池盒的接线端子接触良好。对于强排式燃气热水器应检查漏电保护插头是否插好，复位键是否按下。

② 检查燃气热水器的内部电路接线是否接触良好，有无松脱现象。

③ 检查燃气热水器的微动开关是否损坏。

④ 检查燃气热水器的水气联动阀的顶杆是否正常工作。

⑤ 检查用户的水压是否太低。

⑥ 检查点火控制器是否损坏。

⑦ 检查高压点火线是否存在漏电现象。

11. 燃气热水器着火后立即熄灭的维修方法

燃气热水器着火后立即熄灭应检查以下具体部位。

① 电池电量是否不足。

② 电磁阀是否损坏。

③ 气源开关是否打开。

④ 空气量是否过多或燃气压力过大，使燃烧器的火焰出现离焰现象，感应针感应不到火焰。

⑤ 离子火焰感应针是否损坏。

⑥ 脉冲点火控制器是否损坏。

12. 燃气热水器关水后不熄火的维修方法

燃气热水器关水后出现不熄火故障时，应检查以下几个部位。

① 热水器微动开关联动片卡住，不能及时复位。卸下微动开关，清理或更换。

② 电磁阀不能完全关闭，检查电磁阀或接插头是否接触不良。重新接好或更换电磁阀。

③燃气热水器点火控制器故障。更换点火控制器。

④燃气热水器水阀内部有异物，使顶杆不能复位。清理水阀异物。

（四）燃气热水器安装注意事项

燃气热水器在安装时需注意以下事项。

①燃气热水器的安装位置应保证使用操作、管路连接和维修的方便。

②禁止将燃气热水器安装在卧室、地下室、客厅、浴室内（平衡式燃气热水器除外）、密闭橱柜内或狭小的楼道和安全出口附近，必须安装在通风良好的地方。

③禁止将燃气热水器安装在电视塔及强电磁干扰的地方、屏蔽的室内（适用于无线遥控机型）。

④禁止将燃气热水器安装在室外，避免低温损坏燃气热水器。

⑤燃气热水器安装高度一般为1.6m左右，即点火孔与使用者眼睛大致等高为宜。

⑥燃气热水器的供气管最好使用耐油管，供水管应选用耐压管。软管的长度不超过2m，软管与接头应用卡箍卡紧，不得有漏气、漏水现象。

⑦燃气热水器的上部不允许有电气设备、电力明线和易燃易爆物质。燃气热水器与电气设备、燃气表、燃气灶等火源的水平净距离应在0.5m以上。

⑧排烟管通过可燃材料墙壁时，必须覆盖大于20mm厚的绝缘材料。

⑨排烟管出口应有向下$3°\sim5°$的倾斜，便于冷凝水流出，并防止雨水倒灌。

⑩排烟管的长度最长不要超过6m，转弯不要超过3个，转弯角度不小于$90°$，转弯半径不小于90mm。

⑪排烟管必须直接通到室外（禁止接入公共烟道）并且无漏气，应向外低$1°\sim5°$。

⑫燃气热水器必须安装在浴室外空气流通的位置（平衡式燃气热水器除外），没有给排气条件的房间不得安装。如用户家中无安装燃气热水器的条件（安装在浴室内、排烟管不符合要求、电源插座无接地线、无漏电保护器等），应拒绝安装。

⑬燃气热水器安装处不得存放易燃、易爆及产生腐蚀气体的物品，安装位置上方无明线、电气设备、燃气管道，下方无煤气烤炉、燃气灶等；排烟管出口处50cm范围内无排气设施。

⑭燃气热水器的安装部位应由不可燃材料建造，安装时应保持垂直，不得倾斜。

⑮安装燃气热水器的固定位置必须首先测量墙体厚度，以避免在钻孔时穿透墙体，并应征得用户确认后方可安装。

⑯安装燃气热水器的房间容积应大于$7.5m^3$（即房间的长×宽×高），应设置不小于$0.06m^2$的进气孔，燃气热水器距周围的墙体和天花板应在50cm以上。

⑰使用燃气的压力应符合设计要求（液化气为2800Pa，人工煤气为1000Pa，天然气为2000Pa），如不符合要求，应提醒用户更换减压阀。

⑱试机时检查燃气热水器的出水水压是否大于或等于0.03MPa（3m水柱），如不够，应建议用户安装增压装置。

⑲安装前检查燃气热水器所使用的电源插座应为250V/10A的单极三孔插座，并且接地线良好。

⑳除燃气热水器户外机，其他所有类型的燃气热水器必须安装排烟管，并保证烟管的气密性良好且通到室外，不装排烟管不允许使用。

㉑强排式和强制平衡式燃气热水器的排烟管可以加长，但弯头数不宜超过两个，总长度不宜超过3m，这样才能有效地排除烟气。

㉒ 安装燃气热水器时应注意热水器铭牌上标明的燃气种类、电源电压、插座类型等。

㉓ 燃气热水器排烟管通过玻璃时，应在排气管和玻璃之间采用隔热保护措施，以免玻璃受热破裂。

㉔ 禁止将燃气热水器装在橱柜、地下室、阳台、客厅、卧室或封闭的房间。

㉕ 燃气热水器，必须由专业安装人员或维修人员进行安装，经验收合格后才能使用。燃气热水器安装完毕后，提醒用户在使用燃气热水器后必须关闭进水阀门和燃气阀。

㉖ 用户自装燃气热水器时，应提醒用户仔细阅读说明书，并必须提醒用户一切因管材、管件质量问题造成的后果，由用户自行承担，并请用户签字确认。

二、太阳能热水器

（一）判断真空管好坏的方法

真空管是太阳能热水器的核心，真空管质量直接影响到太阳能热水器的使用寿命和使用效果。以下介绍如何判断真空管的好坏。

（1）从材质上分析　好的真空管是采用高硼硅玻璃制作的，透光性好，耐冲击，遇到突冷突热的水不容易炸裂，直观看上去比较透亮。

（2）从表面上分析

① 真空管末端镜面完好，没有消失的为优质真空管。

② 真空管的镀膜呈华贵色泽，没有脱落、划痕的为优质真空管。

③ 真空管封口端不应破损，没有漏气的为优质真空管。

④ 真空管或上端口整齐断裂，属质量问题。

⑤ 内管镀膜略有划痕，属加工过程中尾端弹簧卡所划，不属质量问题，可以使用。

⑥ 从外观颜色来看，黑中带蓝的这一种比较好。蓝色表示反射效果比较好，而黑色则表示吸收效果比较好。但黑色并不表明真空管质量好，因为有的厂家为掩盖杂色，往往把膜层做成纯黑色。

（3）从重量上分析　好的真空管比较重，这样它的机械强度比较好，受到各种冲击不容易破碎。

（4）从尺寸上分析　好的真空管直径在标准直径范围，误差小于 0.1mm；其长度与标准长度比，误差在 0.5mm 范围内。差的真空管一般直径都比较小，长度也不够，都超出规定的范围。

（5）从手感上分析　就是手摸真空管，如果它的外部比较冰凉，就表示它的吸收效果好，热损失也少。

（二）太阳能热水器常见故障的维修方法

1. 太阳能热水器不出水的维修方法

当出现此类故障时，应检查以下几个方面。

① 水箱内水是否已放空。若水已放空，则待上满水晒热后再使用。

② 管路接口是否松脱或堵塞。若管路接口松脱或堵塞，则接好管路接口松脱点或疏通堵塞点。

③ 上水阀门是否漏水。因上水阀门漏水且自来水管长期无水，造成水回流。

④ 喷头阀门是否漏水或热水嘴是否失灵。若是，则更换喷头阀门或热水嘴。

⑤真空集热管是否破损或硅胶圈是否脱落。若是，则更换真空集热管或重装硅胶圈。

※知识链接※　在冬季，可能上下管冻结，太阳出来后约3h即可自行化开。在寒冷地区，也可加装排空阀。

2. 太阳能热水器不上水或溢水管不出水的维修方法

当出现此类故障时，应检查以下几个方面。

①自来水停水或水压太低。

②上水管接口松脱或破损。

③控制面板有问题。控制面板如显示没水，可放热水看看实际上是不是空的，因为有时传感器故障会传送错误信号给控制面板，看起来没水，实际有水。

④电磁阀有问题。检查电磁阀是否有问题，可按上水键，然后开淋浴头调到热水方向。如有出水，则表明电磁阀工作正常；如无出水，则说明电磁阀已损坏。

⑤若是老式太阳能热水器，比如浮子式上水方式，室内无控制仪的，则检查浮子是否损坏。

⑥有溢流管的，可能是溢流管脱落，未有水溢出，感觉不上水。

⑦真空管破损。

※知识链接※　当上水电磁阀滤网被泥沙完全堵塞时，也会出现类似故障。此时只要拆下上水电磁阀的上盖，清除滤网上的泥沙即可排除故障。

3. 太阳能热水器水温不高的维修方法

出现此类故障，应检查以下几个方面。

①采光不够充足（太阳能热水器朝向不对或有遮挡物、烟尘污染等）。若是，则解决光照影响（使太阳能热水器朝南，清除遮挡物、烟尘）。

②环境温度太低。若是，则晴天使用或使用辅助加热器。

③水里泥沙过多（如井水），沉积在真空管内影响集热和循环。若是则拆开热水器，用清洁剂、净水冲洗。此种情况较少见。

④真空管漏气，热散失快。若是，则更换真空管。

⑤真空管上有遮盖物或采光不好。若是，则去掉遮挡物或者重新选择安装位置。

⑥真空管表面有灰尘。若是，则把真空管和聚光栅表面擦洗干净。

⑦集热器内积垢。若是，则清除污垢。

⑧上水阀或电磁阀关不严（有冷水进入水箱造成水不热）。若是，更换上水阀或电磁阀。

※知识链接※　新装的太阳能热水器，日照时间不够，第二个晴天以后使用即可。上下水管未保温，冬季环境温度太低，热散失严重，可做保温。

4. 太阳能热水器热水出水不畅、出水量小的维修方法

出现此类故障时，首先检查是否有倒坡现象，管路局部是否有高点或有空气封闭；若是，则消除倒坡、局部高点或进行排气；若没有，则检查出热水管管径是否过小；若管径过

小，则增大出热水管管径；若管径正常，则检查热水落差高度是否不够；若热水落差高度不够，则对太阳能热水器进行抬高；若热水落差高度正常，则检查管路是否有杂物堵塞；若有杂物堵塞，则消除杂物，疏通管道。

5. 太阳能热水器不出热水的维修方法

出现此类故障，应检查以下几个方面。

① 检查自来水水压。若自来水水压太低，则调高水压后再使用；若自来水水压高，热水流不出来，需要调小自来水流量。

② 检查自来水进水阀是否打开。若未打开，则打开进水阀。

③ 检查下水管道、阀门或接头是否漏水。若漏水，则排除漏水点。

④ 检查真空管是否损坏。若损坏，则更换真空管。

⑤ 冬季时无热水，则检查上下水管道是否冻结或冻裂。若是，则等气温回升后即可自动疏通（采取防冻措施：滴水防冻、放空防冻）或更换新管道。

> ※ 知识链接 ※　如果安装了全自动副水箱，也可能是副水箱中的浮球阀关闭不严或失效，导致不断补充冷水，降低了水温，那就需要更换浮球阀及相关部件了。

6. 太阳能热水器上不满水的维修方法

出现此类故障时，应检查以下几个方面。

① 自来水压力不足。若是，加装水泵或抬高储水箱。

② 上下水管管路漏水。若是，则重新连接或更换上下水管、阀门或接头管件。

③ 进水管道堵塞。若是，则疏通进水管道。

④ 管路冻结。若是，则加厚保温层，可加设防冻电热带。

⑤ 硅胶圈与内胆间有杂物、硅胶圈老化破裂、硅胶圈脱落或滑出。若是，则清除杂物，上好硅胶圈；更换硅胶圈；调整尾座或水箱，上好硅胶圈。

⑥ 热水器的显示屏损坏（实际上水已经上去了，只是不显示而已）。若是，则维修控制仪表。

⑦ 传感器寿命已尽，导致溢水孔流水不止；或传感器失灵，始终显示最高水位，造成已上满水的假象。若是，则更换新的传感器。

⑧ 电磁阀线断裂或阻塞、失灵。若是，则连接电磁阀线或清除阻塞物、更换电磁阀。

7. 太阳能热水器辅助加热后出来的水不热的维修方法

出现此类故障，主要检查以下几个方面。

① 温控器调整不当或触点粘连。若是，则重新调整或更换温控器。

② 混水阀调节不当。若是，则重新调节冷热水。

③ 加热管损坏。若是，则更换加热管。

④ 电源插头与开关接触不良。若是，则调整或修复电源插头或开关。

⑤ 控制电加热的控制仪损坏。若是，则更换太阳能热水器控制仪。

⑥ 接线端与电加热器接触不良。若是，则压紧电加热连接电线端子接插件。

> ※ 知识链接 ※　严禁无水干烧电加热器，太阳能水箱内应有半箱水以上再启动电加热器。

8. 太阳能热水器漏水的维修方法

出现此类故障时，首先检查漏水的部位，若上下水管与水箱接口处漏水，则检查管路连接是否良好、管件是否损坏、水嘴是否松动；若室内管路部位漏水，则检查管路连接是否良好、管件是否损坏；若淋浴器处漏水，则检查阀门或金属软管及密封垫是否损坏、连接是否良好；若真空管与水箱连接部位漏水，则检查硅胶圈是否损坏或密封不良、内胆与外壳是否同心等；若真空管处漏水，则检查真空集热管是否破裂。

9. 太阳能热水器水箱溢水的维修方法

出现此类故障时，首先检查是否因冷热水管道串联，冷水压力大，经热水管道进入水箱，造成溢水；若是，则查看用户双联龙头、热水器等阀门是否关好；若以上正常，则检查电磁阀是否失效，当电磁阀失效时，则更换电磁阀；若电磁阀正常，则检查传感器是否失灵，只能显示低水位，造成始终上水的假象，若是则更换传感器。

10. 太阳能热水器智能控制仪出现温度、水位无显示的维修方法

出现此类故障时，首先检查传感器是否有问题，如查其连接线是否断裂或传感器本身是否损坏，必要时重新连接传感器线或更换传感器；若传感器正常，则检查太阳能热水器智能控制仪是否损坏，必要时更换或维修太阳能热水器智能控制仪。

11. 阳能热水器电磁阀打不开的维修方法

出现此类故障时，首先检查水压是否高于 0.8MPa 或低于 0.012MPa，若水压低于0.012MPa，则检查加装增压泵或更换低水压电磁阀；若水压高于 0.8MPa，则加装减压阀；若水压正常，则检查进水口方向是否装反；若进水口方向装反，则重新正确安装；若进水口方向安装正确，则检查过滤网是否堵塞；若过滤网堵塞，则清洗过滤网；若过滤网正常，则检查接线是否存在接触不良；若接线存在接触不良，则重新接好线；若以上检查均正常，则检查线圈是否有正常的电流通过；若没有，则更换线圈。

※知识链接※　电磁阀在同仪表接线时千万不要接错，否则会将阀体烧毁，应接在仪表的"电磁阀"或"上水阀"处，绝对不能接在"增压"处，因为增压处的电压是 220V，接上后直接就能把电磁阀烧坏。

---

12. 太阳能热水器仪表通电后无任何显示的维修方法

出现此类故障时，首先检查仪表电源线与插座是否接触良好；若正常，则检查表壳背面的变压器散热口是否有烧毁痕迹，如有，则检查变压器是否烧坏；若变压器已烧坏，则用万用表测量市电电压是否超出 220V；若市电电压正常，则检查主机内部芯片或稳压管是否烧坏。

13. 太阳能热水器上水时加水缓慢的维修方法

出现此类故障时，首先检查电磁阀过滤网是否被杂质堵塞，若是，则清除过滤网；若过滤网正常，则检查供水水压是否过低（水压过低，使电磁阀无法打开或未完全打开）；若供水水压正常，则检查太阳能水箱与管道是否存在漏水及炸管现象。

14. 太阳能热水器不上水或"低水压上水"显示的维修方法

出现此类故障时，首先按动上水按钮，用万用表检测电磁阀接线处是否有 12V 电压输出；若无 12V 电压输出，则检查仪表是否损坏；若有 12V 电压输出，则检查电磁阀线是否有问题（连接不良或中间有断线）；若电磁阀线正常，则检查电磁阀是否有问题。

※ 知识链接 ※　检查电磁阀是否有问题时，可按住电磁阀上盖，右手操作打开和关闭上水，多试几次，感觉手掌是否有轻微振动。若没有振动，说明电磁阀烧坏，需更换；若有振动，则检查电磁阀过滤网是否堵塞、水压是否正常、是否有炸管或漏水现象。

15. 太阳能热水器热水管热水向冷水管倒流的维修方法

此故障一般是因冷水水压不足，热水压力大于自来水管压力造成的。

※ 知识链接 ※　若用户使用的是无压阀，建议加装止回阀；若用户使用的是有压阀（有压阀带有止回功能），可能是阀体止回功能失效，此时将电磁阀换新即可。

16. 太阳能热水器电加热启动后不加热的维修方法

出现此类故障时，首先检查当前实际水温是否高于用户设定的加热温度；若高于用户设定的加热温度，则提高预置加热温度；若设定正常，则检查电加热管是否具有自控温功能；若有，则检查自控温度是否低于水箱实际温度。若以上检查均正常，则打开电加热功能，用万用表检测"电加热"处端子是否有220V电压输出；若有220V电压输出，则检查电加热管是否损坏；若无220V电压输出，则检查主控制器是否损坏。

17. 太阳能热水器上水后水满不停或有溢水的维修方法

出现此类故障时，首先检查传感器安装是否符合要求（传感器硅胶卡套应卡在"卡线处"，不应太靠里或太靠外）。若传感器安装正常，则检查电磁阀及仪表是否有问题。

※ 知识链接 ※　判断电磁阀与仪表是否有问题，可等水上满15s后，用万用表检测"电磁阀"接线端子是否有12V输出。若没有12V电压输出，说明电磁阀损坏；若有12V电压输出，说明仪表损坏。

三、电热水器

（一）电热水器的维修方法

维修电热水器时所用的几种常见方法如下。

（1）耳听法　听听电热水器本身有没有异常的响声出现；听听温控元器件的动作声音是否正常；听听用户对故障特征的描述等。

（2）观察法　看有无漏水及漏水部位；看看周围环境；看看电热水器各种显示状态（对电脑板式电热水器更加重要）；当出水温度与显示温度不一致时，首先观察出水管是否过长、出水管是否属于金属管、出水量是否均匀稳定。

（3）触摸法　所谓触摸法，就是用手去触摸相关组件，从中发现所触摸的组件是否过热或应该热的却不热，这是一种间接判断故障的方法。例如：摸温度；操作一下有关操作机构（如调温器旋钮）。触摸时应防止烫伤，漏电时不能用手触摸，触摸时最好用手背敏感区。

（4）替换检查法　替换检查法是用规格相同、性能良好的元器件或电路，代替故障电器上某个被怀疑而又不便测量的元器件或电路，从而判断故障的检测方法。例如：出水温度达到45～50℃时，就出现"HE"超温显示，怀疑温控器或者温度传感器有问题，此时可用合格的温控器或温度传感器替代。

（5）对比检测法　将性能（包括功率、出水量、功能等）基本一样的合格产品，在与故障产品同一使用条件下，通过比较试验来发现故障原因。例如，温度上不去，可使用同等性能的电热水器在相同条件下工作，比较这两台电热水器的出水温度，通过差异判断故障原因。如果合格产品出水温度也相当，那么就不是电热水器的问题，而是使用条件的问题；如果温度存在很大的差异，则进一步检查故障产品。

（6）逐步分析法　通过电热水器产生的故障现象进行逐步分析，查出故障部位。例如：不加热，首先通水、通电让电热水器正常工作，观察加热灯是否亮；若亮，则检查挡位是否较小、出水量是否太大，同时注意听开/关水时继电器是否吸合工作；若检查都正常，则再检查电加热管是否开路、晶闸管是否正常；若加热灯不亮，则检查浮磁和干簧管是否正常，若没有问题，则检查电子主板是否正常。

（7）分段处理法　就是通过拔掉部分接插件或断开某一电路来缩小故障范围，以便迅速查找到故障元器件的一种方法，此种方法适用于击穿性、短路性及通地性故障的维修。

（8）电压检测法　电压检测法是通过测量电路或电路中元器件的工作电压，并与正常值进行比较来判断故障电路或故障组件的一种检测方法。一般来说，电压相差明显或电压波动较大的部位，就是故障所在部位。在实际测量中，通常有静态测量和动态测量两种方式。静态测量是电器不输入信号的情况下测得的结果，动态测量是电器接入信号时所测得的电压值。电压检测法一般检测关键点的电压值。根据关键点的电压情况，来缩小故障范围，快速找出故障组件。

（9）电阻检测法　电阻检测法就是借助万用表的电阻挡断电测量电路中的可疑点、可疑组件以及集成电路各引脚的对地电阻，然后将所测数据与正常值作比较，可分析判断组件是否损坏、变质，是否存在开路、短路、击穿等情况。这种方法对于维修开路、短路故障并确定故障组件最为有效。

（二）电热水器常见故障的维修方法

1. 电热水器出水温度低的维修方法

出现此类故障时，应检查以下几个部位。

① 检查水温设置是否过低（如混水阀设置在低温处或温控器设置的水温过低）。

② 检查加热时间是否太短。

③ 检查温控器是否损坏。

④ 检查混水阀阀芯是否损坏，造成冷热水窜通。

⑤ 检查温敏开关探头是否失效，造成水温不准确。

⑥ 检查电加热管是否老化或损坏。

⑦ 检查超温保护器是否断开。

※ 知识链接 ※　判断温控器是否损坏的方法是：旋转温控器轴无开关的响声，表明已坏需更换（可调式温控器更换后需将温度调高）。判断电加热管损坏的方法是：用万用表测量电阻为无穷大（正常为几十欧），表明已坏需更换；若阻值太小，则可判定电加热管老化，功率降低，也需更换（如不更换也可以使用，但加热时间要比正常阻值范围内的电加热管长）。

2. 电热水器水温超过超温保护器的维修方法

出现此类故障时，应检查以下几个部位。

① 检查超温保护器本身是否有问题。若是，更换超温保护器。

② 检查电加热管安装方向是否有误。若是，重新安装电加热管。

③ 检查温控器是否损坏。若是，更换温控器。

④ 检查泄压阀有无防倒流功能，是否内胆无水干烧造成超温保护器动作。若是，更换泄压阀。

⑤ 电加热管是否与探温管靠得近，使加热上升速度快，触发超温保护器。若是，将两管距离拨开到 5 ～ 10mm。

⑥ 电子温控器电路是否存在故障或元器件是否损坏。若是，更换损坏件。

3. 电热水器漏水的维修方法

出现此类故障时，应检查以下几个部位。

（1）泄压阀漏水　泄压阀漏水的检查：若泄压阀有少量水排出属正常；若泄压口在正常情况下滴水或大量排水，则泄压阀芯内有杂物堵塞或弹簧损坏，要进行清理或更换；若自来水压超过 0.6MPa 而引起漏水，则在自来水进水阀门处加装减压阀；若泄压阀失灵，扳手处漏水，应更换泄压阀；若泄压阀接头爆裂漏水，也应更换泄压阀。

（2）接水管路漏水　接水管路漏水的检查：冷热进出水管及连接管路漏水，应维修或更换连接管件。

（3）混水阀漏水　混水阀漏水的检查：若配管漏水，应更换新混水阀；若阀门漏水，应维修或更换新混水阀。

（4）密封圈漏水　密封圈漏水的检查：发热管密封圈或管路密封圈老化及安装力度太大以致挤烂、变形，应更换新的相配套的密封圈。

（5）发热管管座漏水　发热管管座漏水的检查：发热管上探温管爆裂穿孔或管座焊接不良，应更换新的同规格发热管。

（6）内胆漏水　内胆漏水的检查：法兰口发热管压盖安装不平衡，调整螺母装平发热管压盖；挂钩处漏水、进出水管与排污管的固定帽边漏锈水、电热水器两端外壳与端盖接合处漏锈水、法兰与内胆焊接处漏水、外壳控制 / 显示面板和水温表及挂耳处漏锈水，应更换内胆。

※ 知识链接 ※　当电热水器出现漏水时，应首先确认部位。若内胆漏水，切记最好不要用，以防漏电伤人。

4. 电热水器不能加热，但加热指示灯亮的维修方法

出现此类故障时，应检查以下几个部位。

① 冷热水阀调节不当。应重新调节。

② 检查电加热管接插端是否接触不良或断线。若是，排除接触不良或断线点。

③ 检查电加热管是否损坏。应更换电加热管。

④ 温控器触点接触不良或温控器损坏。应修复或更换温控器。

旋松温控器的固定螺钉可拆下温控器，拆下电加热管四周的四个固定螺钉即可拆下电加热管。

※知识链接※ 电加热管好坏的判断：用万用表测量电阻为无穷大（正常为几十欧），表明已坏需更换。

5. 电热水器不能加热，加热指示灯也不亮的维修方法

出现此类故障时，应检查以下几个部位。

① 检查温控器接插端是否接触不良或断线。若是，排除接触不良或断线点。

② 检查温控器是否断路。若用万用表测量电阻值为无穷大（正常为 0Ω）或旋转开关无响声，则说明温控器损坏，需更换温控器。

③ 检查插头插座是否接触不良、电源线是否断开或内部接线端子是否烧坏。若是，修复或更换接线、插头与插座。

④ 检查控制器是否损坏。若有电源输入但无输出到电加热管，需更换控制器。

6. 电热水器电源指示灯不亮、也无热水，但漏电保护电源指示灯亮的维修方法

出现此类故障时，应检查以下几个部位。

① 检查温控器是否已打开。若否，应将温控器调温旋钮调到最高位置（定温式无调温旋钮）。

② 检查各连接线插片是否松脱或断开。若是，修复或重插连接线。

③ 检查各元器件工作电压是否正常（如用万用表 AC250V 挡测量电源线、各连接线及元器件是否有正常工作电压 220V）。若否，修复或更换损坏件。

7. 电热水器指示灯不亮，但漏电保护电源指示灯亮，并有热水的维修方法

出现此类故障时，应检查以下几个部位。

① 检查温控器是否处在保温状态，将热水放出约 5min 后检测指示灯是否亮。

② 检查电源指示灯连线是否连接好，有无松脱、断开。

③ 将万用表置于 AC250V 挡，检测电源指示灯红、蓝线插片是否有 220V 电压。若有电压但指示灯却不亮，则说明指示灯已烧坏，需更换。

8. 电热水器电源指示灯亮，但无热水的维修方法

出现此类故障时，应检查以下几个部位。

① 检查混水阀出水管是否被堵塞。可用手触摸混水阀出水管和发热盘位置有无热量，检查加热时间是否太短，拧开出水管看有无热水出。

② 检查电加热管连线插头是否脱落、断开，用万用表测量连接线有无导通。

③ 检查电加热管有无 220V 工作电压（用万用表 AC250V 挡测量电加热管两端子及连接线有无工作电压 220V）。

④ 检查电加热管是否烧断发热丝（可用万用表对电加热管进行检测判断）。

9. 电热水器加热时间过长的维修方法

出现此类故障时，应检查以下几个部位。

① 电热水器未使用最高功率挡加热（对有功率转换功能的电热水器而言）。把功率转换开关旋到最高功率挡。

② 电源线接插件接触不良。修复或更换接插件。

③ 电加热管水垢太厚或损坏。应处理或更换电加热管。

④ 电热水器电加热管中某一组的电路出现问题。应修复或排除故障。

※ 知识链接 ※　遇到电热水器加热时间过长的问题，先预算正常情况下的加热时间，如果电热水器加热时间在正常范围就没什么大碍；若是超出了正常时间，这时就要找出原因，并做好电热水器维修工作。储水式电热水器通过电加热管将内胆里的水逐渐加热。加热时间的长短取决于内胆容量的大小以及电加热管的功率、水温、环境温度等因素，一般在冬季储水式电热水器加热时间都会变长。

10. 电热水器在加热过程中跳闸的维修方法

出现此类故障时，应检查以下几个部位。

① 检查是否因其他带电元器件与机壳之间有漏电。若是，则清除漏电点。

② 检查漏电保护器是否有问题。若是，则更换漏电保护器。

③ 检查是否为电线老化造成火线与地线之间漏电。若是，则需重新更换电线。

④ 检查温敏开关与漏电保护插头是否有问题。若是，则更换温敏开关与漏电保护插头。

⑤ 检查是否因发热管绝缘性能下降或发热管外壳烧穿由水导电而产生漏电。若是，则更换发热管。

⑥ 检查是否因电热水器内部导线线头脱落或绝缘层破损造成裸线碰壳等。若是，则修复或更换。

※ 知识链接 ※　① 电加热管与温敏开关探头经金属直接导热，若导热过快、温度过高，会产生误动作。此时的处理方法是：将温敏开关探头从盲管底部抽高约 40mm 断电，将万用表置于电阻挡（最大量程度 20MΩ），然后分别将两表笔与发热管外壳及其任一电源接线端相接，若冷态绝缘电阻小于 5Ω，则需更换发热管。

② 若是电路老化导致的跳闸，此时应及时请专业人员上门维修，勿要自行维修，以免发生危险。若是漏电而导致的跳闸，则在使用上会有一定的危险，必须及时维修。

11. 电热水器漏电保护电源线跳闸且无法复位的维修方法

出现此类故障时，应检查以下几个部位。

（1）检查超温保护器是否跳闸　检测超温保护器及温控器，将其复位通电，检查漏电开关能否复位，电热水器能否正常工作；也可拆下超温保护器和温控器，用万用表测其通断是否正常，若均正常，则可能是超温保护器或温控器的感温设置改变，需进行更换。

（2）检查电路元器件是否漏电　打开机壳，首先目测电热水器内部连接线绝缘层是否破坏而造成短路漏电；若没有，则拔掉电加热管和指示灯的连接线，用万用表检测各连接线之间是否相通（正常时不应相通）；若相通，则更换或重新包扎。若以上均正常，则用万用表检测各元器件是否正常。

（3）检查漏电保护插头是否损坏　拆开漏电保护电源线连接端，然后插上电源，按漏电开关复位钮看是否能按下复位。若不能复位，则可判断漏电保护装置损坏，需进行更换。

※ 知识链接 ※　① 感温设置改变了，但无仪器能检测，为避免同样故障再次出现，最好将超温保护器和温控器进行更换；② 拆开漏电保护电源线连接端时，注意各线不可接触。

（三）电热水器维修注意事项

电热水器维修时应注意以下事项。

① 维修之前要弄清电热水器的品牌与型号、购买时间，故障现象要作详细了解，做到心中有数，以备维修配件。

② 维修与拆装元器件过程中要全部断开电源，以防触电；如有带电维修的必要，则一定要注意人身安全。

③ 拔下的连接线重新装上后，须检查其是否接触良好、有无松动等现象。若有，则予以维修或更换。

④ 损坏的元器件必须完整拆下，不可有剪断、拉断、拆坏、摔坏等人为造成的损坏，否则就无法检查出真正的故障原因。电源线拆装时不要剪断，不然无法分清楚电源线型号。

⑤ 维修完毕后，要将拆卸件还原，捆扎接插线，并检查接地线是否接好，装上安装盖，通上电源，调试检测各功能使用正常后方可交与用户。

第十二章　电饭煲维修实用技能

第一节　电饭煲的结构组成与工作原理

一、电饭煲的内部结构组成

普通电饭煲主要由发热盘、限温器（温控器）、煮饭开关（杠杆开关、机械开关）、保温开关（保温片）、熔断电阻（限流电阻、熔丝）等组成，如图 12-1 所示。

1. 发热盘

发热盘是电饭煲的发热元件（图 12-2），是一个内嵌电热管的铝合金圆盘。发热盘直接与内锅接触，将热量传给内锅。

2. 限温器（温控器）

限温器又称磁钢（图 12-3），其内部装有一个永久磁环和一个弹簧，可以按动。限温器位于发热盘的中央，煮饭时按下煮饭开关，靠永久磁环的吸力带动煮饭开关使电源触点保持接通。当煮饭时，发热盘不断地向内锅传热，使锅底温度不断升高，永久磁环的吸力随温度升高而减弱，当锅内的水被蒸发后，锅底温度达到 103℃左右时，永久磁环的吸力小于其上的弹簧的弹力，限温器被弹簧顶下，带动煮饭开关，切断电源。

3. 煮饭开关（杠杆开关）

煮饭开关是一个机械式杠杆开关，有一个常开触点。煮饭时，按下此开关，煮饭指示灯亮，发热盘接通电源开始加热；饭煮熟后，限温器弹下，带动煮饭开关，使触点断开，此后发热盘仅受保温开关控制。

4. 保温开关

保温开关又称恒温器（图 12-4），它是由一个弹簧片、一对常闭触点、一对常开触点和

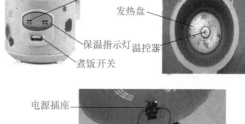

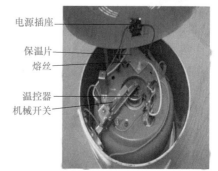

图 12-1　普通电饭煲结构

图12-2 发热盘

图12-3 限温器

一个双金属片组成的。煮饭时，锅内温度升高，双金属片受热向上弯曲，当温度达到80℃以上时，在向上弯曲的双金属片推动下，弹簧片带动常开触点与常闭触点进行转换，切断发热盘的电源，发热盘停止加热。当锅内温度下降到80℃以下时，双金属片冷却复位，常开触点与常闭触点再次转换，接通发热盘

图12-4 保温开关

电源，进行加热，如此反复，使锅内温度始终保持在80℃左右。

5. 熔断电阻（限流电阻）

熔断电阻外观与2W的碳膜电阻相似，接在发热盘与电源之间。当使用电饭煲煮汤水较多的食物，发热盘工作时间过长而造成过热时，熔断电阻便熔断，从而保护发热盘。

二、电饭煲的工作原理

1. 自动电饭煲的工作原理

煮饭时，插上电源线，按下煮饭开关，限温器吸合，带动磁钢杠杆，使微动开关从断开状态转到闭合状态，从而接通发热盘的电源，发热盘上电发热。由于发热盘与内锅充分接触，热量很快传导到内锅，内锅也把相应的热量传导到米和水，使米和水受热升温至沸腾。由于水的沸腾温度是100℃，维持沸腾，这时限温器温度达到平衡，维持沸腾一段时间后，随着水分蒸发和内锅里的水已基本被米吸收，锅底部的米粒有可能连同糊精粘到锅底形成一个热隔离层，因此，内锅底部会以较快的速度由100℃上升到103℃±2℃，相应限温器温度从110℃上升到145℃左右，热敏磁块感应到相应温度，失去磁性不吸合，从而推动磁钢连杆机构带动杠杆支架，把微动开关从闭合状态转为断开状态，断开发热盘的电源，从而实现电饭煲的自动限温。

待电饭煲煮好米饭后，进入保温过程。随着时间推移，米饭的温度下降，双金属片温控器温度随着下降。当双金属片温控器温度下降到54℃左右时，双金属片恢复原形，双金属片温控器触点导通，发热盘通电发热，温度上升。当双金属片温控器温度达到69℃左右时，双金属片温控器断开，温度下降。如此重复上述过程，实现电饭煲的自动保温功能。

2. 电脑电饭煲的工作原理

煮饭时，插上电源线，按启动键，电饭煲开始工作，微电脑检测主温控器的温度和上盖传感器温度，当相应温度符合工作温度范围时，接通发热盘电源，发热盘上电发热。由于发热盘与内锅充分接触，热量很快传到内锅上，内锅把相应的热量传到米和水中，米和水开

始加热。随着米和水加热升温，水分开始蒸发，上盖传感器温度升高，当微电脑检测到内锅中米和水沸腾时，调整电饭煲的加热功率（微电脑根据一段时间温度变化情况，判断加热的米和水情况），从而确保汤水不溢出。当沸腾一段时间后，随着水分蒸发和内锅里的水基本被米吸收，内锅底部的米粒有可能连同糊精粘到锅底形成一个热隔离层，因此，锅底温度会以较快速度上升，相应主温控器的温度也会以较快温度上升。当微电脑检测主温控器温度达到限温温度后，微电脑驱动继电器断开发热盘电源，发热盘断电不发热，进入焖饭状态，焖饭结束后转入保温状态。

在保温状态，随着时间推移，内锅里的米饭温度下降，使主温控器温度下降，当微电脑检测主温控器温度下降到保温的控制温度时，驱动发热盘重新上电加热，温度上升，主温控器温度也随之升高；当微电脑检测到主温控器温度升高时，驱动发热盘断电降温，主温控器温度下降。如此重复上述循环，使电饭煲维持在保温过程。

3. 普通电饭煲的工作原理

普通电饭煲的工作原理：当煮饭时，电饭煲内的水便会蒸发，由液态转为气态。物质由液态转为气态时，要吸收一定的能量，叫做"潜热"。这时，温度会一直停留在沸点，直至水蒸发完，电饭煲里的温度便会再次上升。电饭煲里面有温度计和电子零件，当它发现温度再次上升时，便会自动停止煮饭。

（1）煮饭　220V 交流电一路经熔丝 FU（10～51A）加在发热盘一端；另一路经限温器（磁钢）加在发热盘另一端，发热盘加电发热煮饭，如图 12-5 中箭头所示。同时 220V 电压经限流电阻 R1 加在加热指示灯两端，让指示灯发亮。

（2）保温　当饭煮熟后，限温器（磁钢）断开，此时 220V 电压经发热盘加在保温片两端（保温片电阻远大于发热盘内阻）保温。同时 220V 电压经限流电阻 R2 加在保温指示灯 H2 上，指示保温状态。保温工作示意图如图 12-6 所示。

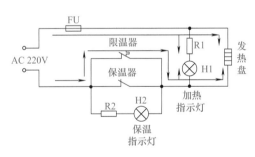

图 12-5　煮饭工作示意图

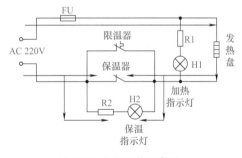

图 12-6　保温工作示意图

第二节　电饭煲的故障维修技能

一、电饭煲的维修方法

电饭煲维修时常用的诊断方法主要有询问法、感官检查法、操作检查法、万用表检查法等几种，具体如下。

1. 询问法

就是对送修的用户进行各种有关问题的询问，以便了解故障信息（如电饭煲的操作方法、损坏情况以及故障现象、部位和特征等）。经过询问，可准确快捷地找出故障原因，正确地对电饭煲进行维修，从而提高维修工作效率。

2. 感官检查法

感官检查法一般包括视觉检查、听觉检查、触觉检查、嗅觉检查。

① 视觉检查是通过观察电饭煲外观和内部结构，检查有无损伤、变形以及零部件结构是否松动或脱落等的检查方法。

② 听觉检查是通过耳朵听电饭煲工作时发出的响声，用声音的大小或不同性质的响声判断电饭煲是否损坏的检查方法。

③ 触觉检查是通过触摸对电饭煲故障进行判断的检查方法。

④ 嗅觉检查是通过鼻子闻异味来辨别电饭煲故障源的检查方法。

3. 操作检查法

通过对电饭煲的实际操作，与合格电饭煲进行对比，从中寻找故障原因。例如，用电饭煲进行煮饭试验，观察煮饭效果是否符合要求。

4. 万用表检查法

使用万用表的电压挡、电阻挡、电流挡对可疑零部件进行测量，判断零部件是否损坏。

二、电饭煲常见故障维修方法

1. 插上电源插头，电源熔丝立即熔断的维修方法

出现此类故障时，先检查电饭煲电源插座内是否进入水或米汤，造成短路；若是，则更换电源插座；若不是，则检查电饭煲电源插头、插座是否氧化，造成接触不良；若是，则维修电源插头、插座，使之接触良好。

2. 插上电源插头，按下电饭煲煮饭开关，电饭煲不能煮饭的维修方法

出现此类故障时，先检查电源导线是否断路；若电源导线断路，则维修电源导线；若电源导线良好，则检查限流电阻是否熔断；若限流电阻熔断，则更换之；若限流电阻良好，则检查发热盘内发热管是否熔断。

3. 电饭煲使用一段时间后，出现煮夹生饭现象的维修方法

出现此类故障时，先拆开限温器，检查限温器内的永久磁环磁力是否减弱。若永久磁环磁力减弱，则更换新磁钢；若永久磁环磁力正常，则检查限温器内的磁环是否断裂。

4. 电饭煲煮饭过程中限温器动作正常，但出现煮煳饭现象的维修方法

此类故障主要检查保温开关是否粘连。由于保温开关的常闭触点烧结粘连在一起，虽然饭煮好后限温器已跳下，但保温开关仍在继续给发热盘通电，故造成煮煳饭现象。

5. 煮饭正常，但饭煮好后不能保温的维修方法

此类故障主要检查保温开关表面是否脏污或烧蚀。保温开关的常闭触点表面脏污或烧蚀，使其触点接触电阻过大，造成触点闭合而电路不通，发热盘不发热，故不能保温。

6. 电饭煲煮饭一边生一边熟的维修方法

出现此类故障时，先检查内锅与发热盘是否变形；若内锅与发热盘未变形，则检查内锅与发热盘之间是否有异物；若两者之间无异物，则检查米量是否过多；若米量过多，导致米粒的吸水程度不一样，应根据米量大小适当地多放些水；若米量正常，则检查煮饭前是否将米摊均匀。

第十三章　电压力锅维修实用技能

第一节　电压力锅的结构组成与工作原理

一、电压力锅的结构组成

电压力锅内部结构主要由开合盖安全装置、限压安全装置、限温安全装置、超温保护装置、泄压安全装置等组成，如图 13-1 所示。

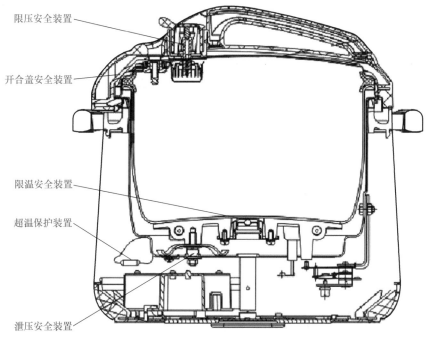

图 13-1　电压力锅内部结构

1. 开合盖安全装置

主要通过锅盖上的浮子阀实现该功能，当锅盖与锅体扣合不到位时，锅内不能升压；

当锅内有压力时，锅盖锁死不能打开。

2. 限压安全装置

主要通过锅盖上的限压阀来实现该功能，当锅内压力超过设定压力时，限压阀会自动排气泄压。

3. 限温安全装置

主要通过限温器来实现该功能，当锅内温度达到设定温度时，限温器自动切断电源。

4. 超温保护装置

主要通过超温熔断器来实现该功能，当锅内温度超过最大允许值时，超温熔断器会自动熔断，永久切断电源。

5. 泄压安全装置

主要通过压力锅的自身结构来实现该功能，当锅内压力超过最大允许值时，锅盖周边会自动排气泄压，确保不会发生爆锅现象。

如图 13-2 所示为电压力锅结构组成，它主要由提手、煲盖、限压放气阀、浮子阀、煲体、发热盘、控制面板等组成。

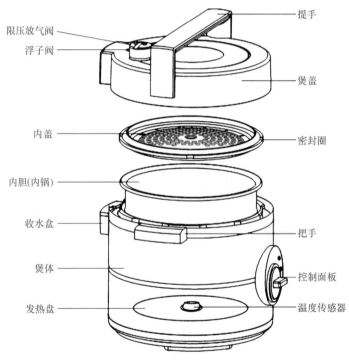

图 13-2　电压力锅结构组成

二、电压力锅的工作原理

1. 机械式电压力锅的工作原理

如图 13-3 所示是飞鹿 TL30-700B 电压力锅电路原理图，该电压力锅主要由热熔断器 FU、定时器开关 K、微动开关 T1、压力开关 SP、保温器 T2、限温器 T3、保温灯 XD1、加热灯 XD2、发热盘 EH、电阻 R2 与 R1 及定时电动机等组成。

使用时，将盛有食物的内锅放入外锅后，由于内锅的重量将发热盘中间微动开关 T1 压

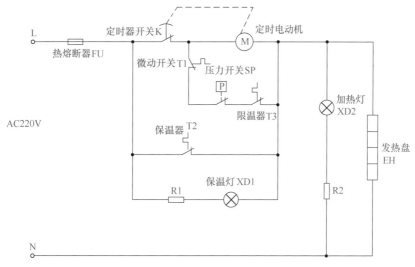

图 13-3　飞鹿 TL30-700B 电压力锅电路原理图

下，微动开关 T1 接通。插上电源插头，顺时针转动定时器开关 K 至合适的保压时间挡位，定时器开关 K 触点闭合。此时，由于内锅还没有压力，内锅底部温度没有上来，压力开关 SP、保温器 T2、限温器 T3 均处于接通状态。220V 交流电通过热熔断器 FU，经定时器开关 K →微动开关 T1 →压力开关 SP →限温器 T3，与保温器 T2 并联后，与加热灯 XD2、电阻 R2 发热盘 EH 构成回路。加热灯 XD2 亮，发热盘 EH 加热，锅内升温。

当内锅底部温度达到 80℃时，保温器 T2 断开，电流通过压力开关主线继续给发热盘 EH 供电，锅内温度继续升高，产生蒸汽使位于锅盖上的浮子阀的浮子上浮，堵塞蒸汽出口（原理与高压锅相同）。当锅内工作压力增加到 90 ～ 100kPa 时，压力开关 SP 断开，定时电动机短路线被切断，定时电动机得电转动，220V 电压被定时电动机、R1 降压后下降，发热盘 EH 停止加热。此时加热灯 XD2 熄灭，保温灯 XD1 点亮，电压力锅进入保压阶段。

在进入保压阶段后，定时电动机继续旋转，而定时器开关逆时针转动。锅内压力逐渐下降，当锅内压力下降到限压压力最低点时，外锅弹性壁缩回，压力开关返回接通状态，发热盘 EH 得电发热，加热灯 XD2 亮。重复上述过程，直到保压时间完毕，定时器开关 K 自动断开，压力开关和定时电动机失电不工作。

由于整机电源未切断，在定时保压时间结束后，保温装置还在锅底温度的控制下进行保温，大约每加热 1min，断开 10min，直到拔掉电源插头才能结束。

2. 电脑式电压力锅的工作原理

电脑式电压力锅的工作原理与机械式电压力锅的工作原理类似，只不过控制装置采用电脑板（图 13-4），将机械装置的控制转化成主板输出的电流、电压信号和继电器的执行指令来进行控制。主板上有电源（有的电压力锅电源板与主板是分离的，有单独的电源板，电源板输出 +12V 和 +5V 电源，供主板使用）、温度、压力、

图 13-4　电脑板

显示等接线端子，通过这些接线端子与电压力锅的传感器或执行装置进行连接。而这些装置与机械式电压力锅几乎相同，不同的部分则在电脑板部分。

电脑式电压力锅的电源电路通常有阻容减压式电源电路、变压器降压式电源电路和开关电源电路三种。阻容减压式电源电路（图13-5）是利用电容的容抗限流来达到降压目的的。由于固定电容的容抗（X_C）是不变的，利用$U=IR$，可计算出电容的降压值，说明电容能够产生压降，且不像电阻那样会发热而消耗能量，所以利用电容能将220V交流电几乎不消耗能量地降到低压交流电。通常1μF电容（其容抗约为3180Ω）能将220V市电降到10.5V，最大电流降到69mA，再通过全波整流滤波后，输出12V直流电，12V直流电再通过三端稳压器（或5.1V稳压二极管）降为5V直流电供主板使用。

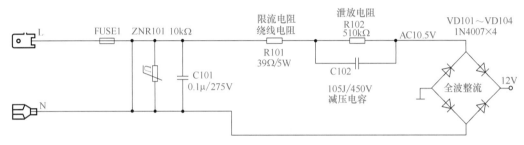

图13-5　阻容减压式电源电路

其中R相当于容抗X_C，$X_C=1/(2\pi fC)$，根据整流电流大小（半波整流是全波整流电流的1/2）、交流电的频率（工频50Hz）、整流前交流电压U（220V——电容降压电压值）就能计算出降压电容的容量。$I=U/X_C=U\times 2\pi fC=314UC$，$C=I/(314U)$（单位为F）。例如，电压力锅的主板需要12V/70mA的电源供电，采用全波整流供电，则根据全波整流输出12V直流电压所需要的交流电压应为10.5V、负载电流为70mA这一要求，计算出降压电容的容量$C=0.07A/(314\times 220-10.5)V=0.07/69069.5$（F）$=1.01\times 10^{-6}F=1.0\mu F$，即105电容。如采用半波整流供电，则电流只能达到35mA。

图中ZNR101为压敏电阻，用来防止电压过高，保护后级电路；C101为安规电容，用来滤除外线干扰波；R101为限流电阻，防止电路电流过大；R102为电容C102的波峰电流泄放电阻；C102是减压电路的核心元件，用来降低负载的交流供电电压，将220V交流电降到10.5V，供VD101～VD104全波整流电路使用，全波整流电路输出12V直流电供后续电路使用。该降压电路的最大工作电流为70mA，也就是说该电路的最大负载功率不得超过$0.07\times 220=15.4$（W），所以，阻容减压式电源只适合小功率电路使用。

※知识链接※　阻容减压式电源电路是根据负载的电流大小、交流电的工作频率选取适当的电容，而不是依据负载的电压和功率。另外，减压电容必须采用无极性电容，绝对不能采用电解电容，无极性电容的耐压必须在400V以上。

变压器降压式电源电路就是通过变压器将交流电降压到10.5V，再通过整流滤波后输出12V直流电。12V直流电再通过三端稳压器输出5V直流电供主板电路使用。

开关电源电路则相对复杂，但成本稍高，在品牌电压力锅中大多采用开关电源电路。它是利用开关管将开关变压器初级上的正弦交流电"切断"成方波交流电，次级则输出开关管可控的 10.5V 低压交流电，通过整流滤波电路输出 12V 直流电，12V 直流电再通过三端稳压器输出 5V 直流电。开关电源的特点就是可做到大功率输出，不管负载怎么变化，均能保持直流电压稳定器输出，且输出的直流电安全可靠。

　　新式电压力锅大多将电源电路与主板集成在一块电路板上，如图 13-6 所示。通过几个外接端子连接电源、发热盘、传感器和控制面板。

接发热盘

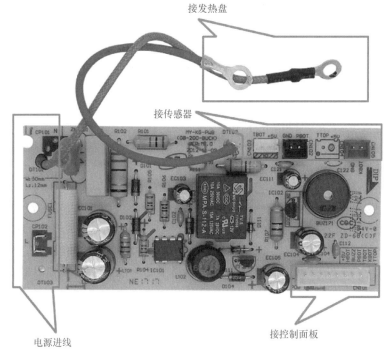

接传感器

电源进线

接控制面板

图 13-6　电压力锅电源电脑板

第二节　电压力锅的故障维修技能

一、电压力锅的维修方法

　　电压力锅的维修方法与电饭煲的维修方法类似，除询问法、感官检查法、操作检查法、万用表检查法外，还有故障代码法。前几种方法已有相关介绍，此处不再赘述，下面介绍故障代码法。

　　故障代码法就是对送修的电器加电开机试验，看显示屏上显示的故障代码，根据故障代码表查询故障产生的部位，拆机直接更换故障元件的方法。这种方法简单明了，但只有电脑式电压力锅才具有该功能。

二、电压力锅常见故障维修方法

1. 开盖或合盖困难的维修方法

引起该故障的原因主要有锅内有压力、安全眼未落下和密封圈未放置正确等。放掉锅内压力、用筷子轻推安全眼、放好密封圈即可排除故障。

2. 压力锅漏气的维修方法

引起该故障的原因主要有密封圈（含安全眼的密封圈）磨损或粘有渣滓、密封圈未放好。清理渣滓、放好密封圈或直接更换密封圈即可排除故障。

3. 安全眼不能上升的维修方法

引起该故障的原因主要有：食物和水放得过少，没达到最小容量标准，上盖或限压放气阀漏气。加水到最小容量标准、更换上盖或放气阀的密封圈即可排除故障。

※ 知识链接 ※ 若限压放气阀放气强烈，则说明电压力锅的压力控制不正常，应检查压力控制电路和压力开关。

4. 通电时显示屏不亮，开机无反应的维修方法

此类故障大多是电压力锅内部的过载熔断器烧断所致。拆机后检查电路有无短路过载，然后更换同型号的熔断器即可排除故障。

5. 开机显示故障代码，蜂鸣器报警，不能继续工作的维修方法

此类故障大多是由于电压力锅的温度传感器、压力传感器等出现故障所致。根据故障代码查找相应的故障部位，更换即可排除故障。例如，九阳 JYY-20M1 电压力锅开机后出现故障代码 E3，根据故障代码查找到 E3 代表压力开关开路。拆机后检查压力开关的接插件正常，查为压力开关的触点氧化所致。用细砂纸将触点（图 13-7）轻轻打磨后，故障即可排除。

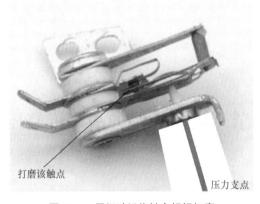

打磨该触点

压力支点

图 13-7　用细砂纸将触点轻轻打磨

第十四章　电热水壶维修实用技能

第一节　电热水壶的结构组成与工作原理

一、电热水壶的结构组成

如图 14-1 所示，电热水壶外部结构主要由电源开关、过滤网、上盖、锁止开关、底座、电源线等组成。电热水壶的重要部件就是位于壶底的电加热盘及托盘与壶体之间的上下耦合器，如图 14-2 所示。

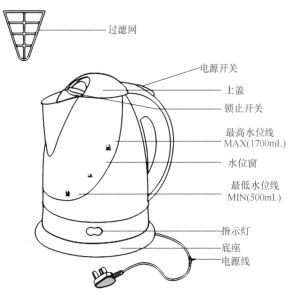

图 14-1　电热水壶外部结构组成

二、电热水壶的工作原理

电热水壶（又称电热开水器）是通过壶底部的电加热管或电加热盘通电后加热的。当电热水壶插上电源后，加热器通电工作，壶内水温开始上升，5 ～ 10min 后水温就可以上

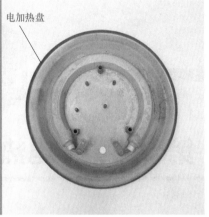

图 14-2　电加热盘和上下耦合器

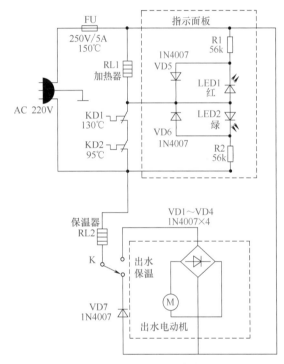

图 14-3　常见电热水壶的电路原理图

2. 保温电路

保温电路由保温器 RL2、出水开关 K 和整流二极管 VD7 组成。由于保温电路与煮水电路是同时通电工作的，当水温升到 100℃时煮水电路自动断开后，而此时仍有几毫安的电流经 RL1、LED2、R2、RL2、K、VD7 流过，使电热水壶进入保温状态，此时绿色指示灯 LED2 点亮，壶内的水温保持在 95℃左右。

3. 电泵出水电路

电泵出水电路是可选电路，很多家用电

升到 100℃，保温电路工作，保温开关动作，断开电源。当温度低于设定值时，保温开关接通，电热水壶进入保温状态。

如图 14-3 所示是一种常见电热水壶的电路原理图，主要由煮水电路、保温电路和电泵出水电路（可选）组成，其工作原理如下。

1. 煮水电路

煮水电路由煮水加热器 RL1、防干烧温控器 KD1、煮水温控器 KD2 组成。电热水壶插上电源后，220V 电源经热熔断器 FU 加到煮水电路，红色指示灯 LED1 亮，RL1、RL2 同时开始加热煮水。当水温上升至 100℃时，沸腾的水产生的水蒸气通过导管传送到温度控制器 KD2，KD2 受热产生形变，使连接触点自动断开，切断煮水电路电源，RL1 停止加热，LED1 熄灭。

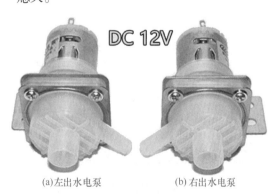

(a)左出水电泵　　　　(b)右出水电泵

图 14-4　出水电泵

热水壶没有此电路，而大型商用电热水壶则有此电路。电泵出水电路由出水开关 K、整流二极管 VD1 ～ VD4、直流（出水）电动机 M 等组成。按下 K，220V 电压经 VD1 ～ VD4 整流后输出约 12V 脉动直流电，直流电动机 M 得电转动，驱动电泵出水；松开 K 后，M 断电，则驱动电泵停止出水。出水电泵分左右出水两款，如图 14-4 所示。

第二节　电热水壶的故障维修技能

一、电热水壶的维修方法

维修电热水壶的方法比较简单，通常采用感观检查法和万用表检查法。感观检查法就是直观查看电热水壶各接线有没有断线、烧坏、锈蚀、氧化的痕迹。万用表检查法就是用万用表测量电加热盘的电阻是否正常，耦合器接触电阻是否过大，双金属片开关能否正常断开等。实际维修中，因电加热盘烧断、双金属片开关性能不良引起的故障较为多见，直接更换同规格元器件即可解决。

二、电热水壶常见故障维修方法

1. 电热水壶漏电的维修方法

出现此类故障时，先检查电加热盘是否存在故障；若电加热盘存在故障，则更换电加热盘；若电加热盘良好，则检查内部连接线是否松脱造成漏电；若内部连接线松脱，则维修内部连接线，使之连接正常；若内部连接线接触良好，则检查电热水壶内部是否进水，造成漏电。

※ 知识链接 ※　当电热水壶沸腾过久时，保温开关因性能不良而不能及时跳开，使壶内的水自动溢出，也会出现漏电现象。此时只要擦干水迹，更换双金属片保温开关即可排除故障。

2. 电热水壶能烧水，但不能自动断开的维修方法

出现此类故障时，先检查安装在电热水壶的底部或靠近顶部侧面的温控开关（又称蒸汽开关、双金属片开关）是否接触不良；若温控开关接触良好，则检查温控开关是否损坏（判断其是否损坏的方法：拆开电热水壶并拆下温控开关，用加热的电烙铁在温控开关的接触面上加热约 30s，若未听到"嗒"的一声，说明此温控开关已损坏）；若温控开关损坏，则更换同规格的温控开关（注意：所更换的温控开关的温控值需与原温控开关相同，切勿过高或过低）。

有些电热水壶的温控开关与耦合器安装在一起；有些电热水壶的温控开关则安装在电热水壶手柄的上部，接近壶体的顶部。外观尺寸相同且额定电流相同的温控开关均可直接代换。

第十五章　饮水机维修实用技能

───── 第一节　饮水机的结构组成与工作原理 ─────

一、饮水机的结构组成

饮水机主要由壳体及聪明座、制热装置、制冷装置、消毒装置等组成。

① 饮水机壳体及聪明座如图 15-1 所示。

② 饮水机制热装置如图 15-2 所示。

③ 饮水机制冷装置如图 15-3 所示。

④ 饮水机消毒装置如图 15-4 所示。

用加热圈加热内胆

聪明座

图 15-1　饮水机壳体及聪明座　　　　图 15-2　饮水机制热装置

电子制冷散热风扇

冷水壳

图 15-3　饮水机制冷装置

图 15-4　饮水机消毒装置

二、饮水机的基本工作原理

大多数饮水机在机体正面的上部设置有三个指示灯，即加热指示灯（红色）、保温指示灯（黄色）、电源指示灯（绿色）。少数饮水机（如美的）增加了一个消毒指示灯。

饮水机的制热、制冷、消毒分别由各功能开关控制。接通饮水机电源，按下功能开关，相应的指示灯亮，其中绿灯亮，表示电源已接通；红灯亮，表示饮水机正在加热。当水烧开时（开水的温度视安装在水罐壳体上的温控器而定，一般为85℃），温控器内部触点断开，切断了水罐加热电源，此时红灯熄灭，黄灯点亮，表示水已烧开，正在保温。当水罐内的开水被饮用减少而补入凉水后，水温下降，温控器内部触点自动闭合，接通水胆加热电源，此时黄灯熄灭，红灯再次点亮，表示饮水机进入二次加热烧水，以此周而复始，使水罐内的水始终保持在85～95℃之间。

具有消毒功能的饮水机，在机壳右侧上部设置了一个消毒定时旋钮，转动此旋钮，消毒指示灯亮，安装在机内的臭氧发生器工作，一般启动10min后，机内的臭氧浓度即超过20mg/m^3，对机内的器具进行消毒。当消毒时间达到后，消毒指示灯熄灭，表示消毒结束。

※ 知识链接 ※　饮水机制冷的方式通常有两种：一种是半导体电子制冷，另一种是压缩机制冷。半导体电子制冷就是利用帕尔贴效应制冷，当 P 型半导体和 N 型半导体制成电偶对并通直流电时，会出现一端发热、一端变冷的情况，饮水机就是利用半导体的冷端进行制冷。压缩机制冷原理与电冰箱相同。目前使用量较大的是半导体电子制冷。

第二节　饮水机的故障维修技能

一、饮水机的维修方法

维修饮水机的方法比较简单，通常采用感观检查法、替换检查法和万用表检查法。感观检查法就是直观查看饮水机的管路是否正常，各接线和开关件有没有断线、烧坏、锈蚀、氧化的痕迹。替换检查法就是用正常的元器件直接代换被怀疑的元器件，若故障排除，则说明怀疑正常，直接代换即可。万用表检查法是用万用表测量加热盘、制冷模块等电路的测试点静态电阻是否正常，若不正常，则说明该部分电路存在故障。实际维修中，加热盘烧断、温控开关开路、制冷模块损坏较为多见，直接更换同规格元器件即可。

二、饮水机常见故障维修方法

1. 饮水机不下水的维修方法

出现此类故障时，先检查单向阀是否损坏；若单向阀损坏，则更换之；若单向阀良好，则检查是否因装水桶的聪明座损坏，导致饮水机不换气；若是，则更换之；若装水桶的聪明座良好，则检查是否因饮水机水垢过多，将排气管堵塞；若是，则清洗饮水机。

2. 饮水机水龙头不出水的维修方法

出现此类故障时，先检查水龙头是否堵塞；若是，则更换水龙头；若不是，则检查饮水机是否存在气堵；若是，则拍打水桶或从排水口排水；若不是，则检查内部水管是否打结，致使水路不通。

3. 饮水机漏水的维修方法

引起此类故障的原因有机体内部构件漏水、顶部漏水、水龙头漏水。

（1）机体内部构件漏水　机体内部构件漏水具体表现为硅胶管破裂、热罐/冷罐焊缝漏水、电子冰胆渗漏、电磁阀漏水（管线机）、水罐破裂导致的内溢水。若损坏，则更换破损的零部件，使用完好合格的水罐等。

（2）顶部漏水　顶部漏水（聪明座漏水）故障原因通常包括水罐破裂引起的外溢水、浮球失效。若水罐破裂，则更换完好的水罐；若使用净水桶时浮球失效，不能有效密封，则更换浮球。

（3）水龙头漏水　水龙头漏水故障原因通常包括水龙头端盖松、内部硅胶套破裂、内腔卡有杂质、内腔结垢。若水龙头端盖松，则拧紧端盖；若内部硅胶套破裂，则更换；若内腔卡有杂质，则清除杂质；若内腔结垢，则更换水龙头。

4. 热水水龙头无热水，加热后仍然出冷水

出现此类故障，应重点检查加热开关是否接触不良、水罐上的加热圈是否开路、水罐上的温控开关是否开路等。实际维修中，多是加热圈开路所致，更换同规格加热圈即可，如图15-5所示。

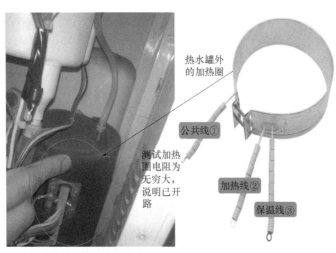

图15-5　加热圈开路

第十六章　电风扇维修实用技能

―――――――――― 第一节　电风扇的结构组成与工作原理 ――――――――――

一、电风扇的结构组成

　　如图 16-1 所示为电风扇（以联创 DF-4168 型电风扇为例）结构组成。该电风扇与众不同之处是具有立体（水平、垂直）送风功能和负离子氧吧功能。除主电动机外还有两个小电动机，一个是沿垂直方向移动的驱动电动机，还有一个是沿水平方向移动的驱动电动机。负离子氧吧通过负离子发生器，利用开放式高压端的电极尖端放电，产生电子，使电子与空气中的氧结合生成负离子，再通过吸附作用结合形成负氧离子。

二、电风扇的工作原理

　　如图 16-2 所示为该电风扇电路原理图。整个电路的核心电路是电风扇专用控制模块 IC1（BA8204BA4L），采用该芯片的电风扇具有三种风类、三挡风速、四段累加定时、中风启动、立体摆头、带灯或不带灯功能。该 IC1 是专用芯片，其功能与 SM3015B-BM4A-FN2N、BA8204BA4 类似，损坏时可间接替换。其①～⑩脚为控制信号输入脚，⑪脚为空脚，其中⑦～⑨三脚与控制指示灯相连。JS 为遥控接收器。⑲、⑳脚外接时钟晶振（CX1）。⑱脚外接蜂鸣器 BUZZ。⑫～⑯脚接三个电动机控制端子，其中⑭～⑯脚接主电动机，通过三个双向晶闸管 VS1 ～ VS3 分别控制主电动机的三挡转速。⑫、⑬脚接两个小电动机的控制管 VS5、VS4，分别控制小电动机的启停。㉒脚控制负离子发生器，通过双向晶闸管 VS6 的 G 极进行控制，开启或关闭信号通过发光二极管 LED13 进行显示。图中 M3 为主电动机（即风扇电动机），M1 和 M2 分别为沿水平和垂直方向移动的驱动电动机，安装于遥头座上方的主电动机后罩内部。

　　该电风扇电源除供给电动机 220V 的交流电源外，还有供电路工作的 +5V 直流电源。+5V 电源是通过 220V 电源经 VD1 与 VD2 半波整流、VZ1 稳压后获得的。其中 R3、R6 为限流降压电阻，C1、C3、C4 为滤波电容，C2 为降压电容。

　　除主机电路外，该机遥控电路也比较简单，采用专用遥控芯片 IC2（BA5104），该 IC2 为 16 脚红外遥控编码集成块，损坏后可用 SM5021B、RT1021B 间接替换。该 IC2 采用 3V

直流电源供电，其⑫、⑬脚外接 455 晶振 CX2。⑮脚输出发射信号，通过放大管 VT1（8050）送到红外线发射二极管 LED14。

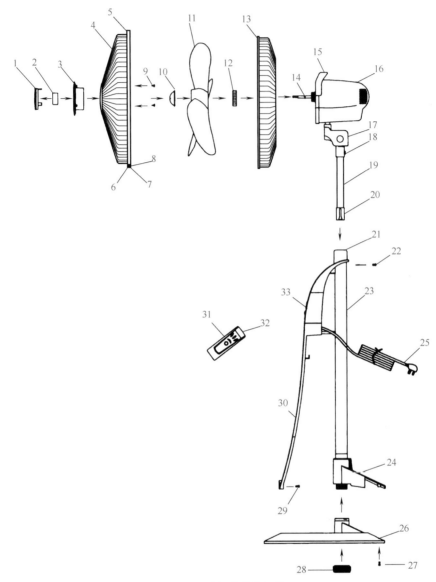

图 16-1　电风扇结构组成

1—装饰盒盖；2—香膏盒（干香花）；3—装饰盒；4—前网；5—网圈；6—网罩固定螺钉；7—网罩固定螺母；

8—网罩固定扣；9—螺钉；10—叶束；11—风叶；12—网束；13—后网；14—电动机轴；

15—电动机前罩；16—电动机后罩；17—摇头座；18—摇头支架；19—内管；20—电源插头；

21—电源插座；22—固定螺钉 A；23—外管；24—立柱底部固定套；25—电源线；26—底盘；

27—固定螺钉 B；28—塑胶固定螺母；29—固定螺钉 C；30—飘带；31—遥控器；

32—遥控器红外线发射窗；33—控制面板

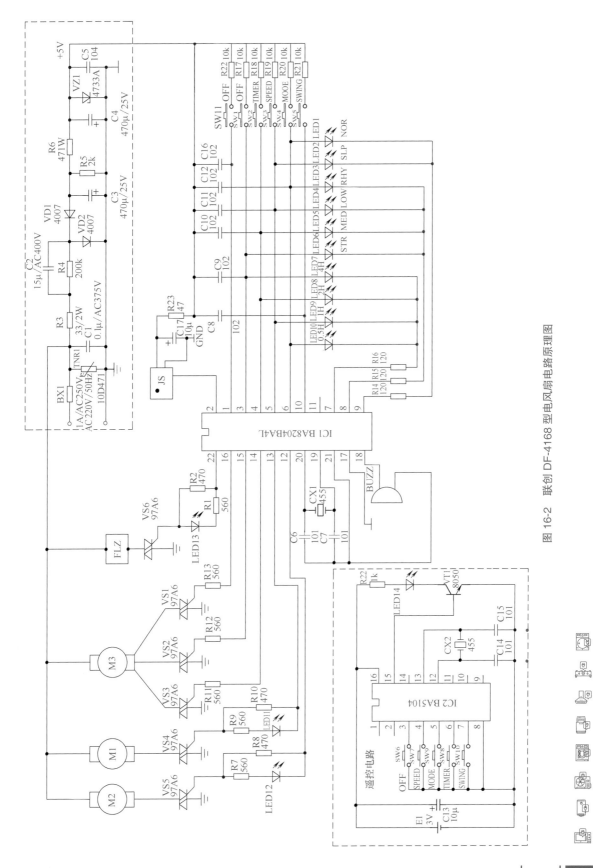

图 16-2 联创 DF-4168 型电风扇电路原理图

第二节　电风扇的故障维修技能

一、电风扇的维修方法

维修电风扇的方法比较简单，通常采用感观检查法、替换检查法和万用表检查法。感观检查法就是直观查看电风扇电动机是否正常，有没有烧焦的现象，电动机轴承是否缺油，各接线和开关件有没有断线、烧坏、锈蚀、氧化的痕迹。替换检查法就是用正常的元器件直接代换被怀疑的元器件，例如怀疑电风扇电容有问题，可在原电风扇电容上直接并联一只同容量的电容试机，看电风扇是否转动，若转动则说明原电容损坏，更换后故障排除。万用表检查法是用万用表测量电动机绕组电阻是否正常、主板上的元器件是否正常等。实际维修中，电动机绕组匝间短路、主板上功率元器件损坏较为多见，直接更换电动机或同规格元器件即可。

二、电风扇常见故障维修方法

1. 立体送风时有"咝咝"声的维修方法

该故障是图 16-1 中的后网（13）与电动机前罩（15）因电动机下倾后共振发出的声音。只要在后网与电动机前罩之间加垫一软质橡胶片即可消除。建议厂家设计时，将电动机前罩面部设计成硬塑料嵌入软橡胶的形式，以消除硬碰硬产生的共振声，降低电风扇的噪声。

2. 无负离子产生的维修方法

负离子产生时，闻图 16-1 中的控制面板 (33) 处是否有轻微的臭氧气味，用耳贴近是否能听到细细的"咝咝"声，如没有一点儿气味，也没有"咝咝"声，且指示灯 LED13 没亮，则说明负离子发生器没有工作，检查时应重点检查 IC1 的㉒脚有无触发信号输出，VS6 是否损坏。

3. 整机不工作的维修方法

若手控、遥控整机均不工作，首先检查 +5V 电源是否正常；若电源不正常，则检查 C2、R3、C1 和 TNR1；若电源正常，则重点检查检 IC1 和外围 CX1。一般情况下，IC1 损坏较少见，大多是 CX1 损坏所致，更换即可。

若手控正常，遥控不工作，则可能是遥控接收器或发射器损坏所致。重点检测 IC1 的㉒脚和遥控器的⑫脚外接 CX2、VT1 及 LED14。一般情况下，VT1、CX2 损坏的情况较为常见，更换同型号元件即可。

4. 电风扇不摇头的维修方法

此类故障大多是电风扇摇头步进电动机损坏（可通过测量步进电动机的绕组电阻进行判断），或电动机后面的摇头组件（图16-3）磨损所致。直接更换摇头步进电动机或变速箱即可。

5. 电风扇严重发热，转速慢的维修方法

电风扇严重发热大多发生在采用含油轴承电动机的电风扇中，采用滚珠轴承的电动机一般很难出现此类故障。解决方法很简单，只要在电动机二端轴承套（图 16-4）外围的含油棉中再加注少量高温机油即可，可直接采用汽车保养时剩下的润滑机油。

※ 知识链接 ※　当电动机发热时间过长时，会烧断电动机定子绕组上的定子超温熔断器（图 16-5），造成电动机断电而不转。

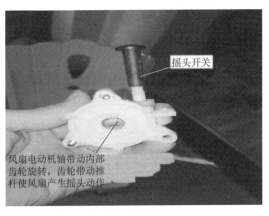

摇头开关

风扇电动机轴带动内部
齿轮旋转，齿轮带动推
杆使风扇产生摇头动作

图 16-3　电动机后面的摇头组件

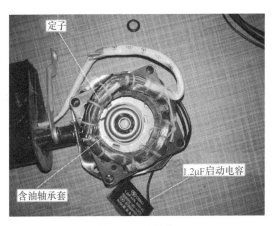

定子

含油轴承套

1.2μF启动电容

图 16-4　轴承套

定子超温熔断器
2A/250V,130℃

图 16-5　定子超温熔断器

第十七章　扫地机器人维修实用技能

—— 第一节　扫地机器人的结构组成与工作原理 ——

一、扫地机器人的结构组成

扫地机器人由主机、充电座、遥控器、虚拟墙、电源适配器等部件和扫刷、尘盒、水箱、拖布、清洁刷等耗材组成（图 17-1）。其中，主机是独立的扫地机器人，充电座、电源

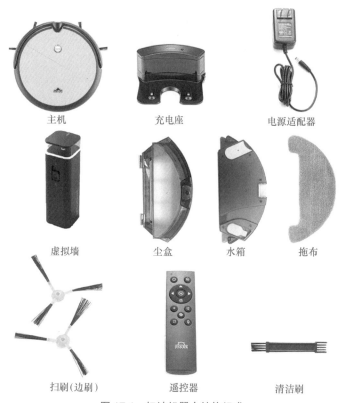

主机	充电座	电源适配器
虚拟墙	尘盒	水箱	拖布
扫刷（边刷）	遥控器	清洁刷

图 17-1　扫地机器人结构组成

适配器和虚拟墙是辅助扫地机器人工作的部件。

扫地机器人主机外形面部组成如图 17-2 所示，该部分主要包括扫地机器人的控制按钮、指示和传感装置等部件。主机底面组成如图 17-3 所示，该部分主要包括扫地机器人的扫刷、驱动轮、尘盒和传感装置等部件。

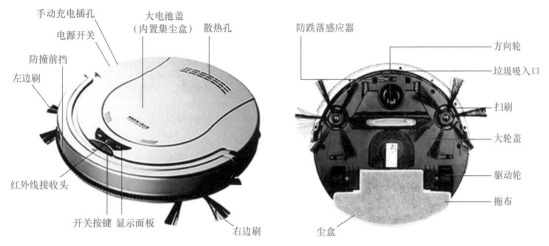

图 17-2　主机外形面部组成　　　　　　图 17-3　主机底面组成

扫地机器人的主机内部电路主要由以下几部分组成：MCU 及外围电路、电源、传感器（平衡、位置、角速度等）、电动机驱动及控制面板（图 17-4）。MCU 及外围电路是主板的核心，由一块 MCU 及外围电路组成，MCU 内存有扫地机器人的控制程序。电源部分包括供电电路、充电电路、电池保护电路、内部降压电路等，它为主板、外围传感器及电动机提供电源。传感器有很多种，不同的扫地机器人不尽相同，一般的扫地机器人均有位置传感器、平衡传感器和角速度传感器，有的还有激光传感器等。电动机驱动是扫地机器人的发动机，扫地机器人的行走、边扫、中扫、吸尘等均采用电动机驱动，在 MCU 的控制下驱动电动机旋转，从而完成各种动作。控制面板用来接收各种指令和人机交互信息，使用户通过控制面板来管理扫地机器人的动作；同时，扫地机器人的执行信息、障碍信息和故障信息等也通过控制面板呈现给用户。

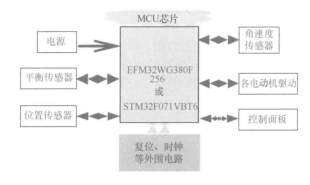

图 17-4　扫地机器人主机内部电路组成

扫地机器人的充电座外部组成如图 17-5 所示。不同品牌的扫地机器人，其充电座的形状和组成不尽相同。

二、扫地机器人的工作原理

扫地机器人是由主板（微电脑）控制，结合外部执行机构来进行工作的，可实现自动导航（激光导航传感器和陀螺仪控制，通过陀螺仪控制行走机构按直线行走）并对地面进行清扫和吸尘。通过碰撞头和测距仪实现对前方障碍物的躲避和绕道，通过底部的测距传感器可检测前方路段是否有悬空，可以使扫地机器人避开悬空；同时通过红外对

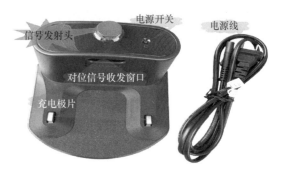

图 17-5　充电座外部组成

管（沿墙传感器）检测房屋的墙面和上部高度，可以使房屋的每个角落和低矮的箱柜底下都得到清洁；另外，还可通过安装在万向轮和驱动轮上的光电传感器，检测扫地机器人是否堵转或卡住，防止扫地机器人卡死，当扫地机器人被卡住时，轮速传感器发出信号，主板会控制执行机构，使扫地机器人自动后退或停止运行，并发出求救报警。在碰撞头上装有红外反射探测器，可自动判断前方是否有障碍，并自动绕开。当尘盒内的灰尘过满时，尘盒传感器发出信号给主板，主板发出相应的提示信息，提示用户尘盒已满，以便及时清理尘盒。扫地机器人控制传感器如图 17-6 所示。

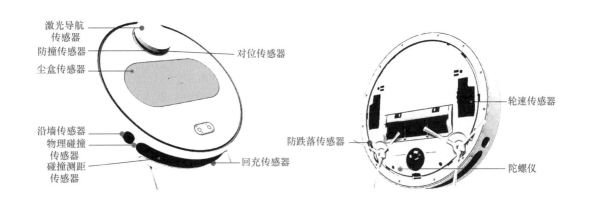

图 17-6　扫地机器人控制传感器工作原理

扫地机器人的控制是利用软硬件结合进行的。开机后，机器人先进行系统初始化，初始化之后执行主程序，进入主程序时先执行电压检测程序。如检测电池电压不足，则执行充电寻迹程序，此时对位传感器和回充传感器工作，使主机回到充电座上，上到充电座后主机执行充电程序。

当主机电池电压充满后再返回执行主程序，清扫、吸尘等子程序也同时启动；当发现前方有障碍物时，则执行避障子程序，避障执行机构动作，避开障碍物后继续执行清扫和吸尘子程序；当前面的碰撞板直接碰到障碍物时，物理碰撞传感器动作，主板发出指令，驱动轮反转或左右转向；当发现前面地面为悬空时，则执行防跌落子程序，避开悬空区域后继续执行清扫和吸尘子程序；当驱动轮卡阻堵转时，轮速传感器发出指令到主板，主板驱动左右驱动轮反转或停转，同时发出报警声。用户解除报警后，机器人重新启动工作。

第二节　扫地机器人的故障维修技能

一、扫地机器人的维修方法

维修扫地机器人时可通过看、听、闻、问、测、换等几种常用的诊断方法判断故障的部位。

1. 看

主要是看扫地机器人的左右驱动轮是否被异物卡死，电池排线与面壳连接排线、感应器的排线是否松动或脱落，感应器是否脏污，滚刷和边刷是否磨损严重或有异物缠绕，驱动轮处是否有脏物或有物体缠绕，主机与充电座的充电极片是否充分对接或脏污等。

2. 听

就是听扫地机器人有没有异响。若电动机转子与定子碰触、电动机轴承损坏，就会发出"嗒嗒"或"喀喀"等异响；若轮组吸入了异物，也会发出"嗒嗒"异响，此时应及时关机，取出异物；若风道被严重堵塞，就会发出变调的噪声或沉闷的"呜……"声，此时应立即关机，排除堵塞，否则电动机会因严重过载，迅速发热，时间一长就可能烧坏；若清扫时出现尖锐的声响，则查看尘盒是否装好、毛刷和尘盒是否太脏。

3. 闻

用鼻子闻闻有无烧焦气味，找到气味来源，故障可能出现在放出异味的地方。

4. 问

就是问一下用户，了解扫地机器人的使用时间、工作情况及故障发生前兆。

5. 测

若以上诊断方法仍发现不了问题，就要通过万用表（或示波器）对可疑元器件进行检测，从而判断故障的部位。如检查充电座的好坏，可用万用表测充电座的输出电压是否正常；如检查防撞电路时，可测防撞模块是否会向 CPU 发出相应的电平（当前方有障碍物时，相应的探头所连接的电路会发出一个低电平信号给 CPU）；用万用表检测主板上 CPU 及外围元器件是否有问题（图17-7）。用示波器测电路板上晶振是否有输出，若无输出，则说明问题可能出在晶振上。

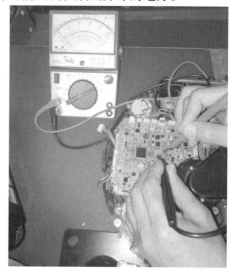

图 17-7　用万用表检测主板

6. 换（替换法）

就是采用已确定是好的器件来替换被怀疑有问题的器件，逐步缩小查找范围。

二、扫地机器人常见故障维修方法

1. 扫地机器人遥控器失灵的维修方法

引起扫地机器人遥控器失灵的原因如下。

① 检查遥控器电池电量是否不足。若是，更换新电池并正确安装。

② 主机电源开关未打开或主机电量不足。应确保主机电源开关已开启，并有充足电量

完成操作。

③ 检查遥控器或主机接收头本身的问题，可打开充电座，让主机转换到充电座模式跑动，看主机找充电座时能不能自动转圈；若能转圈，说明遥控器出现问题；若不能转圈，说明机器接收头出现问题。如遥控器红外线发射器或者主机红外接收器脏污，可用干净棉布擦拭；若主机接收头有问题，更换按键板（图 17-8）即可。

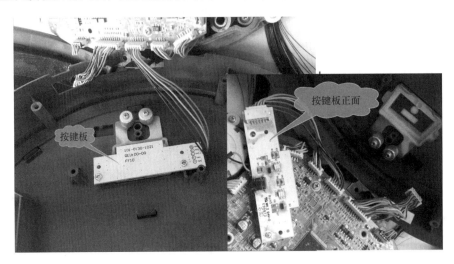

图 17-8　按键板

④ 主机附近有设备产生红外线干扰信号。应避免在其他红外线设备附近使用遥控器。

2. 扫地机器人按开机键后，不能开机的维修方法

引起扫地机器人不能开机的原因如下。

① 首先检查扫地机器人是否放置了较长时间，电池已无电。若是，用充电座或适配器进行充电即可。

② 检查电池与面壳连接插件（图 17-9）是否松动或脱落。若是，重新连接插件。

③ 检查是否频繁开关机而引起按键开关损坏。若是，更换按键开关。

④ 检查风机与主板是否有问题。若有，可拔掉风扇排线，按启动键，若没有报警就需要更换风机模块；若扫地机器人提示报警未检查出异常，则需要更换主板。

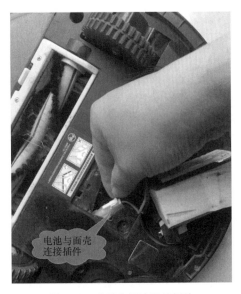

图 17-9　电池与面壳连接插件

3. 扫地机器人工作时噪声大的维修方法

引起扫地机器人工作时噪声大的原因如下。

① 检查边刷、滚刷是否有异物缠绕。若有，关闭电源开关，将扫地机器人底部朝上，检查并确保滚刷吸口处无脏物堵塞，清理滚刷（包括滚刷两端轴承处的毛发缠绕）、边刷。

② 检查尘盒是否安装好、毛刷和尘盒是否太脏，是否在清扫时出现尖锐的声响。应重新安装好尘盒，并清扫毛刷和尘盒。

③ 检查吸尘风机（图 17-10）是否有异物卡住。若有，清除异物或更换风机。

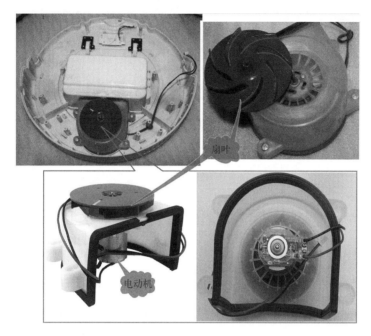

扇叶

电动机

图 17-10 吸尘风机

※ 知识链接 ※ 扫地机器人使用一段时间后应定期清理并消毒，以防细菌滋生，污染环境。

第十八章　净水器维修实用技能

第一节　家用净水器的结构组成与工作原理

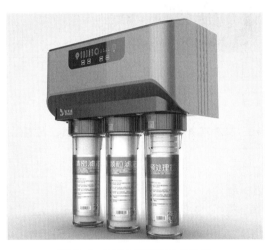

图 18-1　五级反渗透净水器外形

一、净水器的结构组成

净水器按外观形式可分为裸机和带壳机，不管是哪一种，其功能是一样的；按过滤级别通常有三级净水器、四级净水器和五级净水器，目前使用量最多是五级净水器；按工艺可分为活性炭净水器、陶瓷净水器、超滤机和反渗透净水器四种，目前使用量较大且较为理想的是反渗透净水器。本节重点介绍五级反渗透净水器的结构组成。

五级反渗透净水器外形如图 18-1 所示，有带储水桶和不带储水桶的两种，老式的大多带储水桶，新式的则取消了储水桶。其内部五个净水滤芯的关系和作用如图 18-2 所示。关键滤芯为第四级逆渗透膜（RO 膜）滤芯，它具有高压冲洗和逆渗透功能，孔径为 0.0001μm，可完全滤除水中的细菌、病毒、重金属离子和残留物。

二、净水器的工作原理

净水器在主板的控制下自动工作，由电源、主板、流量计、电磁阀、增压泵和高低压水开关等组成，如图 18-3 所示。电源电路将 220V 交流电转化成 24V 或 12V 直流电供主板和电磁阀使用，如图 18-4 所示为电源电路与用电器件之间的工作原理图。主板的主要功能是控制自动产水和自动冲洗，采用电磁阀自动进水、出水和冲洗。每次开机启动时，高压泵和电磁阀自动冲洗 RO 膜 60s；每次停机时，自动冲洗 RO 膜 60s；连续 24h 未产水也自动冲洗 RO 膜 60s。另外，其具有断电记忆功能，利用流量和时间结合计算，能自动提示滤芯的使用时间，以便及时更换滤芯。

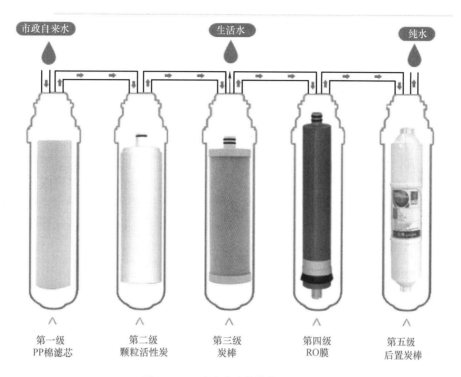

图 18-2　五个净水滤芯的关系和作用

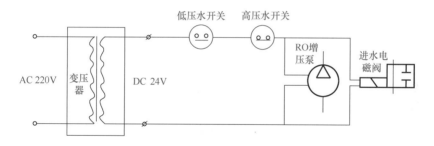

图 18-3　净水器电路组成

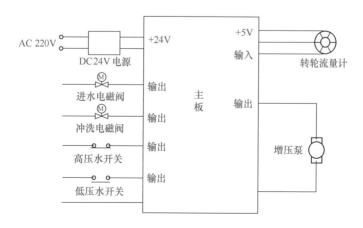

图 18-4　电源电路与用电器件之间的工作原理图

第二节 净水器的故障维修技能

一、净水器的维修方法

维修净水器的方法比较简单，通常采用感观检查法、替换检查法和万用表检查法。感观检查法就是直观查看净水器的水泵电动机是否正常，有没有烧焦异味，冲洗电磁阀和增压泵的声音是否正常，各接线和开关件有没有断线、烧坏、锈蚀、氧化的痕迹。替换检查法就是用正常的元器件直接代换被怀疑的元器件，例如漏水的接头、开关件、电磁阀等，若怀疑有故障则直接更换看故障能否排除。万用表检查法是用万用表测量电磁阀、水泵电动机是否正常，主板上的元器件是否正常等。实际维修中，电磁阀烧坏、主板上功率元器件损坏较为多见，直接更换同规格电磁阀或元器件即可。

二、净水器常见故障维修方法

1. 净水器不运行的维修方法

出现此类故障，应重点检查电源是否接通，电源开关是否打开。再检查高低压水开关是否能正常工作，进水球阀是否处在开启状态。打开进水球阀、电源开关和高低压水开关，净水器一般能正常运行。

2. 净水器不能自动运行的维修方法

出现此类故障，应检查电源电压是否正常、预滤芯是否堵塞使增压泵供水不足、增压泵是否出现故障。检修电源电压、更换预滤芯、检修增压泵即可排除故障。

3. 净水器运行过程中有异常噪声的维修方法

出现此类故障，先检查电源电压是否正常、增压泵是否有卡阻现象、紧固螺钉是否松动、预滤芯是否存在堵塞使增压泵供水不足。检修电源电压、增压泵、紧固螺钉和预滤芯即可排除故障。

4. 出水口感不理想的维修方法

出现此类故障，首先检查净水器是否接通电源、自来水是否有异味、颗粒活性炭滤芯和活性炭棒滤芯是否使用时间过长而失效、后置活性炭滤芯是否使用时间过长而失效。接通电源、检查自来水、更换滤芯即可排除故障。

5. 净水器接点处漏水的维修方法

此类故障较为多见，但容易处理。主要检查漏水处的零件是否松动、净水器上的零部件是否自行拆卸过、漏水处的橡胶密封圈是否老化或损坏。紧固松动的零件、更换密封圈即可排除故障。另外，当快速接头的水管未插到位或未卡入锁紧卡环时，也会出现漏水现象。

6. 产水量达不到要求的维修方法

引起该故障的原因主要有流量计损坏、芯片计算出错、水压太低、滤芯太脏（超出使用时间）、RO膜太脏反冲洗功能失效。检修流量计和主板、检查自来水水压、更换滤芯、检修RO膜冲洗电路和水泵。

第十九章　管线饮水机维修实用技能

第一节　管线饮水机的结构组成与工作原理

一、管线饮水机的结构组成

管线饮水机（又称智能净饮机），它是将净水器出来的水通过电控装置定量送到用户的饮水杯中，并可加热或制冷的净饮装置，通常有机械款（如图 19-1 所示为其外部结构图）和智能款（如图 19-2 所示为其外部结构图）两种。其实物图如图 19-3 所示。

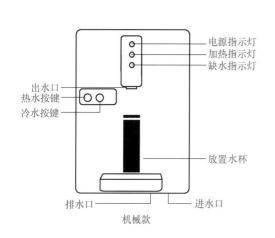

图 19-1　机械款外部结构图

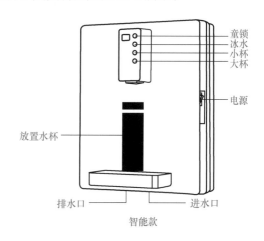

图 19-2　智能款外部结构图

管线饮水机的内部结构组成如图 19-4 所示，主要由电源板、主板、进水箱、加热器、蒸汽盒、制冷水箱等组成。

二、管线饮水机的工作原理

如图 19-5 所示为管线饮水机的工作原理，插上电源，电源指示灯点亮，主板得电工作。

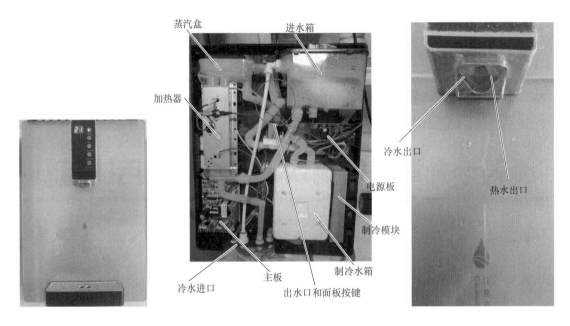

蒸汽盒　　　　进水箱

加热器

冷水出口

电源板

制冷模块

热水出口

主板

制冷水箱

冷水进口

出水口和面板按键

图 19-3　管线饮水机实物图　　　　　　　　图 19-4　管线饮水机的内部结构组成

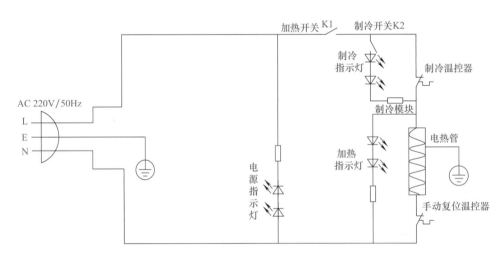

加热开关 K1　　制冷开关K2

制冷
指示灯

制冷温控器

制冷模块

AC 220V/50Hz

L

E

N

电源
指
示
灯

加热
指示灯

电热管

手动复位温控器

图 19-5　管线饮水机的工作原理

按下加热开关 K1，加热指示灯亮，电热管得电，可按主板指令进行工作，采用即热方式对冷水进行加热，当冷水沸腾时，体积膨胀的沸水自动溢出流入出水口。主板采用流量计算或加热时间计算方式进行计量，可对用户的水杯定量（150mL 或 300mL）加注沸水。K1 闭合后，电热管与电源就形成了回路，可在主板的控制下得电加热。但由于 K2 未闭合，制冷模块并未得电工作，制冷指示灯不亮。

当制冷开关 K2 闭合时，制冷指示灯点亮，制冷模块得电工作，当制冷水箱的温度达到设定温度时，制冷温控器自动断开，制冷模块停止工作，制冷指示灯熄灭。图中的手动复位温控器自动断开时，会出现饮水机不加热的现象，此时可采用手动按压的方式进行复位。

第二节　管线饮水机的故障维修技能

一、管线饮水机的维修方法

管线饮水机的维修方法与净水器的维修方法类似，除感观检查法、替换检查法和万用表检查法外，还有故障代码法。前几种方法已有相关介绍，此处不再赘述，下面介绍故障代码法。故障代码法是对送修的电器加电开机试验，看显示屏上显示的故障代码，根据故障代码表查询故障产生的部位，拆机直接替换故障元件的方法。这种方法简单明了，但只有电脑式管线饮水机才具有该功能。

二、管线饮水机常见故障维修方法

1. 管线饮水机不能制水的维修方法

此类情况一般是水箱缺水或水箱内的水位开关损坏。先检查缺水指示灯是否亮起，让水箱补水 2～3min，若缺水指示灯熄灭，则说明补水完成，故障即可排除。若水箱内的水位开关损坏，更换水位开关即可。

2. 管线饮水机不能制热水的维修方法

引起此类故障的原因主要有：一是制热开关未开启或损坏，二是温控开关跳起，三是加热器损坏。分别检查三种故障原因。更换温控开关，将温控传感器上面的开关按下去，更换加热器，故障即可排除。

3. 管线饮水机不能制冷水的维修方法

引起此类故障的原因主要有：一是制冷开关损坏，二是制冷模块损坏，三是温控传感器损坏。检查制冷开关和制冷模块，观察制冷模块上的风扇是否正常运转。若以上检查均正常，则进一步检查制冷模块上的温控传感器是否开路。

4. 缺水指示灯亮起的维修方法

引起此类故障的原因主要有：一是水箱缺水，二是水箱内的浮球损坏。先给水箱补水 2～3min，观察缺水指示灯是否熄灭；若缺水指示灯依然亮起，则更换水箱内的浮球。

5. 控制面板上的大容量按键失灵的维修方法

引起此类故障的原因主要是手指上的静电将按键电路上的元器件击穿。更换按键板即可。

6. 冷水正常，无热水或热水很少的维修方法

引起管线饮水机无热水或热水很少的主要原因有：一是加热器上的温控器过温跳开，二是加热器性能不良或局部损坏。按下温控器上的复位按键，看故障能否排除，若仍然不能排除，则直接更换加热器。

第二十章　空气加湿器维修实用技能

第一节　空气加湿器的结构组成与工作原理

空气加湿器有超声波加湿器（水喷雾式）、纯净型加湿器（汽化式）、电加热式加湿器（蒸汽吹出式）、冷雾加湿器等几种，其中超声波加湿器较为常见，本节着重介绍超声波加湿器的结构组成和工作原理。

一、空气加湿器的结构组成

超声波加湿器多种多样，但其结构一般由水箱、出雾口、底座、电路板、出水盖等组成，如图 20-1 所示。

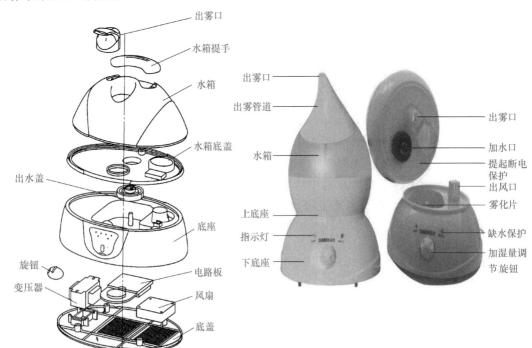

图 20-1　超声波加湿器结构组成

各种类型的家用空气加湿器所共有的系统包括电源系统、供水系统、水雾输送系统、人机交互系统这四个部分。另外，可根据不同的使用场所、不同形式、不同要求设计不锈钢机体、有机玻璃机体、塑料机体、陶瓷机体、玻璃机体等。

加湿器电路主要由电源电路、控制电路、振荡电路（含换能器）等组成，如图 20-2 所示。

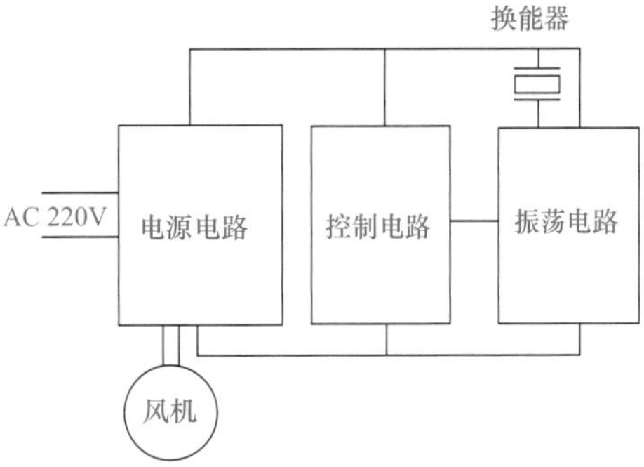

图 20-2　加湿器电路组成

二、空气加湿器的工作原理

超声波加湿器的工作原理是：利用每秒 200 万次的超声波高频振荡（1.7MHz 频率），将水打散成直径只有 1 ～ 5μm 的细小颗粒（这些小颗粒直观地看来就是水雾），通过风动装置，将水雾扩散到空气中，使空气湿润并伴生丰富的负氧离子，实现均匀加湿、清新空气、增进健康、营造舒适的环境。

目前大部分加湿器都采用该加湿方式，其具体加湿原理如图 20-3 所示。超声波加湿器工作时，控制阀将水箱内的水通过净水器净化后，注入雾化池；换能器将高频电能转换为机械振动能，把雾化池内的水雾化成超微粒子的雾气，风机产生的气流将该雾气吹入室内，即可实现为空气加湿的目的。

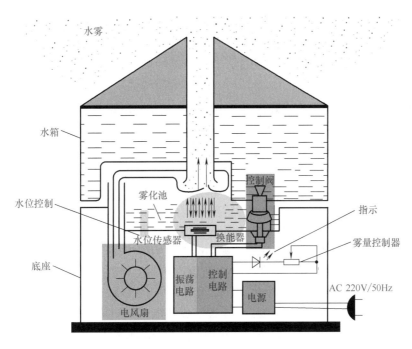

图 20-3　超声波加湿器加湿原理

超声波加湿器的核心部件是超声波雾化器，通过其中的振荡器和换能器及其他零件的协作，完成将水雾化为超微粒子的工作过程。

超声波加湿器的主要电路工作原理如下。

1. 电源电路工作原理

电源部分有两种供电方式：一种是变压器降压、整流滤波后为振荡电路供电；另一种是由开关电源供电。

第一种供电方式因变压器过载能力强，故被大多数机型采用，其工作原理如图 20-4 所示。旋转电位器 W1 使其触点接通，市电（220V）经熔断器 FU 输入后通过变压器 T 降压输出 72V、12 V 两种交流电压。其中，72V 交流电压经桥式整流器整流、C1 滤波后产生 72V 左右直流电压，分为两路，一路为换能器 X1 和振荡管 VT6 供电；另一路通过 R12 限流使指示灯 VD1 发光，表明电源电路已工作。12V 交流电压经桥式整流器整流、C7 滤波后，为直流电风扇电动机供电。

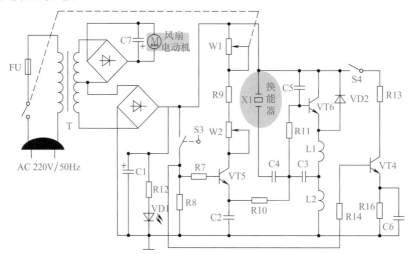

图 20-4　采用变压器供电方式的典型超声波加湿器电路图

2. 控制电路工作原理

控制电路包括缺水检测电路、缺水指示电路、雾量调整电路与喷雾控制电路。

① 缺水检测有两种方式：一种是干簧管配合漂浮磁环检测方式，目前大多数机型都采用此方式；另一种是水面探针检测方式。

② 缺水采用发光二极管点亮来指示。

③ 雾量调整电路在所有的加湿器电路中都是通过调整面板上设置的电位器（起可调电阻作用）来调节振荡管的偏置而实现的，这部分电路与缺水检测电路是串联的。如图 20-4 所示，调节电位器 W1 可改变振荡管 VT6 的 b 极电流，也就可以改变振荡器输入信号的放大倍数，控制了换能器 X1 的振荡幅度，实现加湿强弱的控制。

④ 喷雾控制电路工作原理：当旋转电位器 W1 使其触点接通，并且容器内的水位正常时，C1 两端的电压通过 S3、R7 使 VT5 导通，由 VT5 的 e 极输出的电压经 R10、R11 加到振荡管 VT6 的 b 极，使 VT6 在 L1、L2、C3 等组成的电感三点式振荡器起振，产生的脉冲电压使换能器 X1 产生高频振动，最终将水箱内的水雾化，在电风扇电动机的配合下吹向室内，实现加湿的目的。

3. 振荡电路工作原理

振荡电路是由功率三极管和外围电容、电感组成的三点式振荡电路。这部分电路在所有加湿器电路中几乎是一样的，电路振荡频率约 0.65MHz。

因换能器本身就是一个固有频率约 1.7MHz 的晶振，它通过耦合电容跨接在振荡管基极和电源之间，振荡电路的 6.5kHz 的振荡电压通过耦合电容加在换能器上。换能器受振荡电路激励后产生振荡信号，这个振荡信号又通过耦合电容反馈到振荡管基极，使振荡电路谐振在 1.7MHz，振荡幅度峰值达 200V 左右。强烈的超声波振荡电能经换能器转换成机械能，将表面的水打成水雾，由送风电风扇把水雾吹出，从而使室内空气增加湿度。加湿器的风机可采用 220V 罩极式异步电动机电风扇，也可采用 12V 直流电风扇，此处采用的是直流电风扇。

第二节　空气加湿器的故障维修技能

一、空气加湿器的维修方法

维修空气加湿器时可通过看、听、闻、问、测等几种常用的诊断方法判断故障的部位。

1. 看

当加湿器出现故障时，看是否有异常现象，如：雾化器电源指示灯亮但不喷雾时，观察水位感应开关和雾化换能片是否破裂、水面是否超过水位感应开关；雾化器电源指示灯不亮且不喷雾时，观察雾化器与变压器的电源插头是否没有正确对接等。

2. 听

当加湿器出现故障时，听机内是否有异声，如：加湿器在工作过程中，雾化板通过高频振动出雾，电风扇转动把雾吹出来，运输过程中可能电风扇移位了，所以产生轻微噪声；直流电风扇脏了或者电风扇轴承缺油引起加湿器发出异常噪声。

> ※ 知识链接 ※　加湿器使用时水箱内的水有给底部雾化区补水的过程，雾化片将水雾化成水雾送出机体外，雾化中细小的雾气吹出，较大的雾气凝结成水珠回落到水箱里，产生水声，在这个过程中有水声是正常现象。

3. 闻

用鼻子闻闻有无烧焦气味，找到气味来源，故障可能出现在放出异味的地方。

4. 问

就是问一下用户，了解加湿器的使用时间、工作情况及故障发生前兆。

5. 测

若以上诊断方法仍发现不了问题，就要通过万用表对可疑元器件进行检测，从而判断故障的部位。如：加湿器出现不出雾或雾小时，怀疑换能器（压电陶瓷片）有问题，此时可用绝缘电阻表或万用表 R×10k 挡测有无漏电或击穿（图 20-5）；加湿器不工作时，看电风扇有没有工作，用万用表检查振荡片、风机的工作电压，若振荡片、风机都没有电压，说明电路板有问题。

二、空气加湿器常见故障维修方法

1. 加湿器指示灯不亮、无风、无雾的维修方法

引起该故障的原因有：①电源插头未插好；②电源开关未打开。

处理：①插好电源插头；②打开电源开关。

2. 加湿器指示灯亮、有风、无雾的维修方法

引起该故障的原因有：①水箱无水；②自动恒湿旋钮未打开；③水位浮子压盖未压紧。

处理：①给水箱加满水；②顺时针旋转自动恒湿旋钮；③压紧浮子压盖。

3. 加湿器喷出的雾有异味的维修方法

引起该故障的原因有水箱内水不干净。

处理：清洗水箱，并更换一箱水。

4. 加湿器指示灯亮、无风、无雾的维修方法

引起该故障的原因有水箱内水位过高。

处理：将水箱内水倒出一些，拧紧水箱盖。

5. 加湿器雾量小的维修方法

引起该故障的原因：①换能器结垢（图20-6）；②水脏或存水时间太长；③换能器性能不良。

处理：①清洗换能器；②更换清洁的水；③更换同规格换能器（注意更换同规格的换能器，通常有直径20mm和25mm两种），如图20-7所示。

图 20-5　检测换能器

图 20-6　换能器结垢

图 20-7　更换同规格换能器（图中为25mm换能器）

第二十一章　消毒柜维修实用技能

───────── 第一节　消毒柜的结构组成与工作原理 ─────────

一、消毒柜的内部结构组成

消毒柜主要由箱体、消毒装置、烘干装置、控制器四大部分组成，其外形结构如图 21-1 所示。

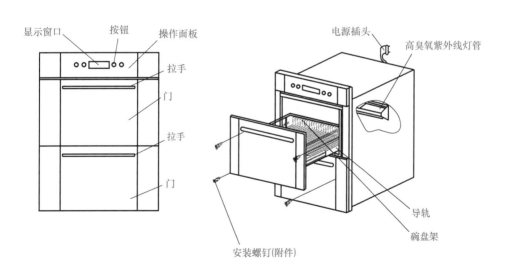

图 21-1　消毒柜外形结构

1. 箱体

箱体部分包括外箱体与内箱体、内胆、碗盘架、导轨及柜门。外箱体一般使用不锈钢或冷轧板喷涂材料，内箱体一般使用不锈钢；门体一般使用塑料件、铝型材、玻璃等材料；导轨用来连接门体和箱体，可起到支撑和储藏作用；碗盘架由上层架和下层架组成，主要用于存放碗、盘、筷子、勺子等餐具。

2. 消毒装置

消毒装置是消毒柜的核心部分，主要由消毒灯管（紫外线灯管）、荧光灯座、镇流器、启辉器等部分组成。

① 紫外线灯管可以产生两种不同波长的紫外线：一种是波长 254nm 的紫外线，这种波长的紫外线具有最强的杀菌能力，可直接照射杀菌；另一种是波长 185nm 的紫外线，它能将空气中的 O_2 分离成两个 O 原子，然后再与其他 O_2 分子结合成 O_3，这样就能产生纯净的臭氧。目前使用的有高硼紫外线灯管和石英紫外线灯管。石英紫外线灯管产生紫外线，使空气中的氧气发生化学变化，产生大量的臭氧。

② 镇流器可以分为电子镇流器和电感镇流器两种，电子镇流器是用半导体来升压的，电感镇流器是用电感来升压的。

3. 烘干装置

烘干装置的作用是：通过加热流动空气的方式，使柜内温度升高，达到烘干碗筷的目的。烘干装置由 PTC 加热器、温控器及风机等部分组成。

① PTC 加热器是一种新型热敏电阻材料，中文名称为"正温度系数的热敏陶瓷电阻"，其作用分为开关和发热两种，在消毒柜里用作发热元器件。PTC 加热器最突出的优点在于其工作的安全性上，即遇风机故障而停转时，PTC 加热器因得不到充分的散热，其功率会急剧下降，此时 PTC 加热器的表面温度维持在居里温度左右（一般在 250℃上下），不会产生燃烧危险。

② 温控器控制 PTC 加热器发热温度，起到安全保护作用。温控器是在消毒柜内温度超过 120℃时断开，远红外线灯管停止工作。当温度降到 120℃以下后温控器闭合，远红外线灯管又恢复工作，使柜内温度基本维持在 120℃，以此实现高温的消毒过程。

③ 风机也是消毒柜的主要功能部件之一，其质量直接决定着消毒柜的烘干效果和噪声指标。

风机是由风叶、电动机、风道组成的。其工作原理是：风叶固定在电动机轴上，当电动机在风道内通电旋转时，驱动风叶以一定的速度和方向旋转。由于离心力的作用，风叶的内外腔产生气压差，从而产生气流流动，以达到送风的功效。

4. 控制器

控制器由电源板和按键显示板、控制电路板等组成。可以按用户的意愿来要求消毒柜完成各项功能，其主要任务是选定功能。设定时间以及控制消毒柜的消毒、烘干状态。

二、消毒柜的工作原理

1. 高温型电子消毒柜的工作原理

高温型电子消毒柜主要由箱体、碗碟杯架、远红外线石英电热管、密封型碟式双金属片温控器、柜门、电源开关、指示灯、电源线等组成。它是利用远红外线石英电热管发热产生高温来进行消毒的。

远红外线是一种电磁波，它以辐射方式向外传播，热效应好，可达到 125℃左右的高温，且特别易被生物体如各种病菌吸收，当病菌吸收热能超过它的承受极限时，自然会被活活"热"死。电子消毒柜大多采用电脑控制，定时开关，并具有 VFD 动态显示等功能，按下电源按钮后，电路接通，开始消毒，若因某种原因使柜内非正常工作和温控器失灵超温，超温熔断器自动熔断，起到保护作用。

2. 双功能消毒柜的工作原理

双功能消毒柜是一种同时具有高温消毒和臭氧消毒功能的电子消毒柜。它分为两层，上层采用臭氧消毒，下层采用高温消毒。双功能消毒柜的上消毒室为臭氧（低温）消毒，可以对塑料制餐具、玻璃和纤维等不耐高温餐具进行消毒；下消毒室为远红外线发热元器件（高温）消毒，可以对不锈钢、陶瓷等耐高温的餐具进行消毒。

消毒柜的上层有一组升压电路，能将220V电压升压形成6000V以上的高压，使空气电离，产生臭氧。臭氧是一种强氧化剂和杀菌剂，它的原子结构很不稳定，极易逃逸出单个氧原子，充满在消毒柜空间。当单个氧原子碰到餐具上的细菌和病毒时，单个氧原子便迅速进入到细菌的细胞内部，使细菌体迅速氧化，起到杀菌消毒的作用。

消毒柜的下层有一组远红外线发热元器件。当电路通电后，远红外线发热元器件发热，最高温度可调到125℃。当散发的热能照射到餐具上时，使细菌和病毒受热而死亡，起到杀菌消毒的作用。

双功能消毒柜中的臭氧消毒电路和高温消毒电路合二为一，受控制按钮和控制继电器的控制。臭氧消毒和高温消毒的原理如下。

（1）臭氧紫外线杀菌原理　紫外线杀菌灯的发光谱线主要有254nm和185nm两条。254nm紫外线通过照射微生物的DNA来杀灭细菌；185nm紫外线可将空气中的O_2变成O_3（臭氧），臭氧具有强氧化作用，可有效地杀灭细菌，臭氧的弥散性恰好可弥补由于紫外线只沿直线传输、消毒有死角的缺点。臭氧紫外线杀菌原理如图21-2所示。

（2）高温消毒原理　远红外线消毒一般控制温度在120℃，持续20min，其通过常闭的温控器实现温度控制。高温消毒原理如图21-3所示。

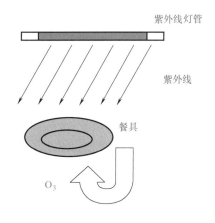

图 21-2　臭氧紫外线杀菌原理

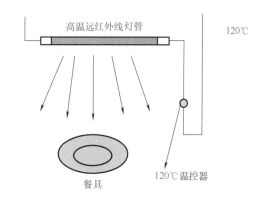

图 21-3　高温消毒原理

三、电子消毒柜的电路原理

家用电子消毒柜的型号和规格有多种，但其工作原理基本相同，如图21-4所示是一种常见的家用电子消毒柜电路原理参考图。

接通电源开关S1，将温控器选择至需要消毒的挡位，按下启动按钮SB1，继电器K得电吸合，常开触点K2闭合，加热指示灯亮，加热器EH通电加热。同时按下消毒定时开关

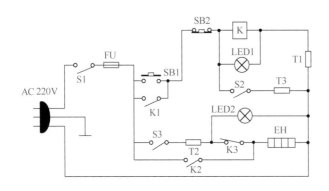

图 21-4　家用电子消毒柜电路原理参考图

S1—电源开关；S2—消毒定时开关；S3—保温开关；SB1—启动按钮；

SB2—停止按钮；K—继电器；EH—加热器；T3—臭氧发生器；T1—加热

温控器；LED1—加热指示灯；T2—保温温控器；LED2—保温指示灯

S2 选择合适的时间，S2 闭合。臭氧发生器 T3 得电产生臭氧，对柜内餐具进行消毒。当消毒时间达到定时时间后，S2 断开，臭氧发生器 T3 停止工作，消毒结束。但消毒柜内加热器仍继续加热，对餐具进行烘干。当柜内温度达到 120℃左右时，温控器 T1 动作，切断继电器 K 供电电源，继电器常开触点 K1、K2 断开，加热器 EH 停止加热，加热指示灯熄灭。由 S3、T2 及 K3 组成保温电路，当消毒结束后，保温开关 S3 接通，市电经 S3、T2 及 K3 加至 EH 一端，另一端直接接零线形成

回路，保温指示灯亮，加热器 EH 开始加热。当柜内温度上升到 60℃时，T2 动作断开电路，EH 停止加热。当柜内温度低于 60℃时，T2 又闭合接通电路，EH 又得电加热。如此反复，使柜内温度始终保持在 60℃左右。

第二节　消毒柜的故障维修技能

一、消毒柜的维修方法

维修消毒柜时可通过看、听、闻、问、测等几种常用的诊断方法，从而判断故障的部位。

1. 看

主要是看消毒柜显示屏上是否出现乱码、熔丝管是否烧坏、灯管是否烧黑、主板上是否有异常元器件等。

2. 听

就是听消毒柜有没有异响。如怀疑控制开关损坏，可先操作高温功能听有没有信号输出的提示音，若有信号输出提示音则说明开关是好，反之可判断开关损坏；当控制开关正常，但无继电器吸合声时，则可判定问题出在主板上。

另外，维修臭氧发生器（图 21-5）时，其好坏可根据柜内的声音和光线进行判断。若有高压放电的"嗞嗞"声，且可见放电的蓝光，则说明该臭氧发生器正常；若无高压放电声及蓝光，则说明该臭氧发生器工作异常，已经失去了消毒功能，需更换新的臭氧发生器。

3. 闻

用鼻子闻闻有无烧焦气味，找到气味来源，故障可能出现在放出异味的地方。

4. 问

就是问一下用户，了解消毒柜的使用时间、工作情况及故障发生前兆。

5. 测

若以上检查方法仍发现不了问题，就要通过万用表对可疑元器件进行检测，从而判断故障的部位。当消毒柜不能操作高温功能时，则最快捷的方法就是直接从主板上将下室高温功能的插头拔下，用万用表在插头上检测下室高温功能一整套电路是否导通，如不能导通，则用万用表检测高温发热管的通断、高温熔断器的通断等。

图 21-5　臭氧发生器

二、消毒柜常见故障维修方法

1. 插上电源后启动按键，灯不亮、不加热的维修方法

出现此故障应检查以下几个方面：①检查电源是否正常（可用万用表交流电压挡测电源插座上有没有 220V 电源或用试电笔测试插座有无电源）；②检查熔丝管是否损坏（可采用目视法或用万用表检测其通断的方法来判断）；③检查变压器是否损坏（用交流 25V 挡检测是否有电压输出，同颜色为一组，正常时应该有 12V 交流电压输出）；④检查电路板是否烧坏或电路板内铜线是否锈蚀断裂；⑤检查继电器是否失灵或接触不良。

※ 知识链接 ※　有些型号的变压器是集成在主板上的，检测起来需要一定的专业知识。若可以直接判断为主板故障，维修时只需更换主板即可。

2. 紫外线灯管不亮，但按键操作正常的维修方法

出现此故障时，首先打开上室拉门，用手按住门控开关，启动上室消毒功能，细听主板上继电器是否有"叭"的响声；如没有响声，则可能是主板或者显示板损坏（可采用替换法确定损坏部件）；若有响声，则用万用表检测是否有 220V 交流电压输出；若有 220V 交流电压输出，则检查紫外线灯管是否损坏（可直接观察灯丝是否断开或用万用表测量两端电压是否开路）；若灯管正常，则目测整流器是否变形或烧坏、镇流器连接处是否松脱或接触不良（镇流器检测时必须先断开电源，用万用表测其是否开路）、启辉器是否会闪光。

3. 消毒时间过长的维修方法

出现此类故障时，先检查柜内堆放餐具是否太多、太密；若否，则检查柜门是否关闭不严，或门封变形；若否，则检查石英发热管是否烧坏一支；若否，则检查温控器是否失灵；若否，则检查发热管电阻丝是否变细（在正常情况下背部发热管微红，底部发热管明红），使电阻增大、功率降低；若否，则用万用表测量主控电路板的发热管输出端是否有 220V 左右输出电压；若有 220V 电压输出，则检查发热管电阻丝是否炭化或发热管是否装错。

4. 臭氧发生器不工作的维修方法

出现此类故障时，首先检查柜门是否关好；若柜门关好，则用万用表检查门控开关是否通断正常；若门控开关接触不良，则更换门控开关；若门控开关正常，则检查连接线是否脱落或断裂；若连接线脱落或断裂，则重新接线；若连接线正常，则检查主控电路板臭氧发生器输出端是否有电流输出；若无电流输出，则检查电路板是否有问题；若电流输出正常，则检查臭氧发生器是否有输入，若异常则检查臭氧发生器是否损坏。

5. 消毒柜漏电的维修方法

消毒柜漏电的原因及维修方法如下。

① 用户电源线没有加地线，消毒柜裸露的金属表面有感应电。处理方法：增加地线。

② 消毒柜长期处于非常潮湿不通风的环境工作，柜内的线路、控制板、按键板受潮漏电。处理方法：更换消毒柜的安放位置。

③ 餐具未沥干水，消毒时水蒸气通过后壁排气孔进入背面夹层使线路、控制板等线路接头、电气元器件受潮漏电。处理方法：把消毒柜里的所有东西拿出来，让消毒柜空载运行两三个周期，再把餐具放进去消毒。

④ 若是新机出现漏电，一般是线路的绝缘层被破坏（线路被固定的螺钉钻破，控制板、按键板在安放时以金属面或点接触搭铁漏电）。处理方法：把线路破损的地方用绝缘胶布包好或调整控制板、按键板的安放位置并做绝缘处理。

6. 烘干效果不好的维修方法

出现此类故障时，首先检查餐具放置是否过密、过多；若否，则检查气温是否太低；若气温太低，则减少餐具数量，延长烘干时间。若以上检查均正常，则检查 PTC 加热元器件是否损坏；若 PTC 加热元器件正常，则检查温控器限温温度是否过低；若温控器限温温度正常，则检查热熔断器是否烧断；若热熔断器良好，则检查风机是否损坏。

7. 高温消毒时间短的维修方法

出现此类故障时，首先检查餐具堆积放置是否在靠门边位置；若是，则将餐具均匀放置在层架各处，互相留有空隙；若否，则检查上层温控器与下层温控器是否装错；若温控器装错，则调换温控器位置；若温控器安装正常，则检查上、下发热管是否装错。

三、消毒柜使用注意事项

消毒柜使用时应注意以下事项。

① 使用前，需确定消毒柜的安装螺钉拧入是否到位、正确、可靠。

② 存放餐具前必须将餐具上的水倒净后才能放进柜内，以确保杀菌、烘干充分。

③ 碗、碟、杯等餐具应竖直放在层架上，不要叠放，以便通气和尽快消毒。

④ 橡胶类、耐热欠佳的塑胶类及漆器类餐具和厚度变化大的冷态玻璃杯不可放入柜内，否则可能会发生变形或损坏。

⑤ 不能将非餐具（如毛巾、鞋）放入柜内。

⑥ 工作期间严禁打开柜门，在工作结束 20min 后才能打开柜门，以免臭氧泄漏或烫伤人。

⑦ 存放餐具时，不能长时间停机，应 2 ～ 3 天开机消毒烘干一次，避免霉菌生长。

⑧ 如在使用过程中发现臭氧泄漏或发现可以不经过任何透光物体直接看到紫外线灯管发出的光线时，应马上停止使用，并通知专业人员进行维修。

⑨ 由于臭氧紫外线灯管和远红外线灯管由玻璃制成，防撞击能力差，因此在使用时，应避免与硬物碰撞。当臭氧紫外线灯管和远红外线灯管损坏后，必须更换相同规格的灯管。

⑩ 使用时如发现发热管不发热，或听不到臭氧发生器高压放电产生的"嗞嗞"声，说明消毒柜出现故障，应停止使用，送去维修。

⑪ 在消毒柜存或使用过程中，电气元器件严禁进水，以防漏电。

第二十二章　洗碗机维修实用技能

第一节　洗碗机的结构组成与工作原理

一、洗碗机的结构组成

① 洗碗机外部结构主要由控制面板、盐投放盒、喷臂、过滤网等组成，如图 22-1 所示。

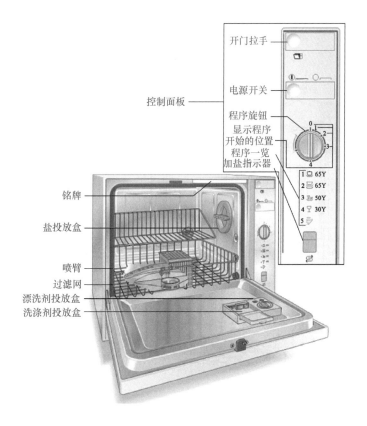

开门拉手

电源开关

控制面板

程序旋钮
显示程序
开始的位置
程序一览
加盐指示器

铭牌

盐投放盒

喷臂

过滤网

漂洗剂投放盒

洗涤剂投放盒

1	65Y
2	65Y
3	50Y
4	30Y
5	

图 22-1　洗碗机外部结构

② 洗碗机内部结构主要由上出水口、中喷淋器、下喷淋器、上搁物架、下搁物架、筷笼、滑道、过滤网、加盐口盖、洗涤剂投放盒、漂洗剂投放盒等组成，如图 22-2 所示。

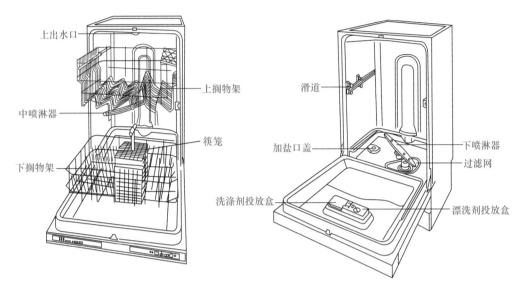

图 22-2　洗碗机内部结构

③ 洗碗机的爆炸图如图 22-3 ～图 22-5 所示（以海尔 WQP12 PFE2SS 洗碗机为例）。

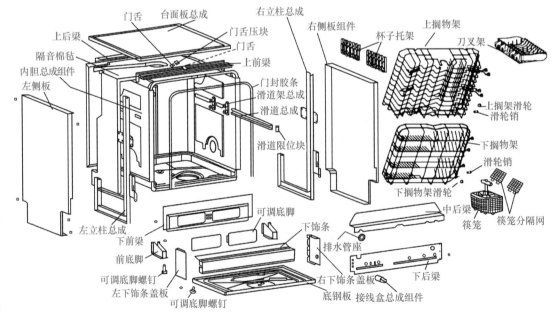

图 22-3　洗碗机爆炸图（一）

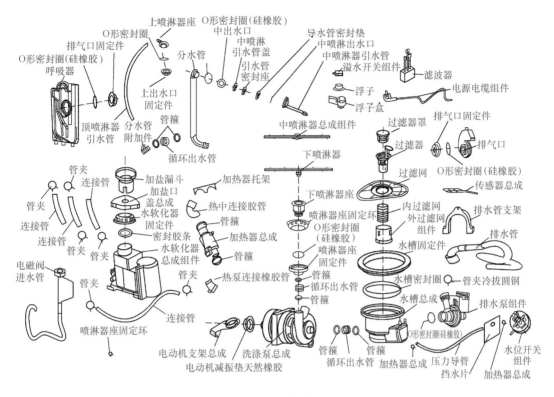

图 22-4　洗碗机爆炸图（二）

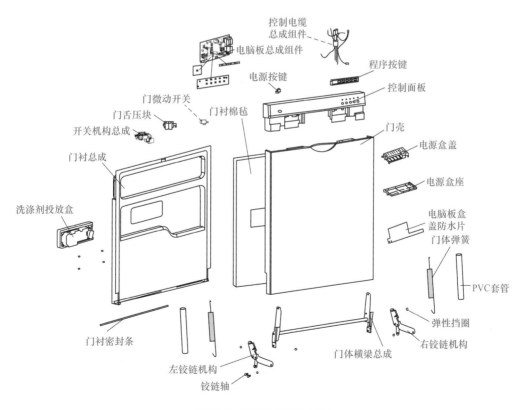

图 22-5　洗碗机爆炸图（三）

二、洗碗机的工作过程

洗碗机的工作过程即洗碗机完成一次餐具洗涤的过程，应根据不同功能的洗碗机进行理解。

1. 普通型洗碗机的工作过程

普通型洗碗机是利用水流的冲击去除脏物，完成一次餐具洗涤需经过以下两个工作过程。

① 洗涤（也称清洗）。利用 50～60℃ 热水加入清洁剂，洗涤水循环使用，强力冲洗餐具，去除餐具上的脏物和油腻。

② 喷淋（也称漂洗）。利用 82℃ 以上的热水清洗餐具，使用快干剂加快餐具的干燥速度，达到清洁和消毒的目的。

2. 红外线高温消毒、烘干洗碗机的工作过程

配备红外线高温消毒、烘干设备的洗碗机，也是利用水流的冲击去除脏污，完成一次餐具洗涤需经过以下三个过程。

① 洗涤。利用 50～60℃ 的热水加入清洁剂，洗涤水循环使用，强力冲洗餐具，去除餐具上的脏物和油腻。

② 喷淋。利用 82℃ 以上的热水清洗餐具，达到清洁和消毒的目的。

③ 烘干。利用红外加热器将烘干通道的温度加热至 120℃，经洗涤、喷淋后的餐具进入烘干通道，进行消毒、杀菌、干燥处理，使餐具上的水分蒸发，保持餐具干燥，达到消毒、灭菌的效果。

3. 小型喷淋式洗碗机的工作过程

小型喷淋式洗碗机使用时，先将需要洗涤的餐具放入洗碗机的碗篮内，关闭机门，打开进水阀，使水箱进水，再按下电热开关，电热元器件对水迅速加热，然后开启水泵，热水通过水泵进入喷水管，在喷水管盖帽的作用下使水形成细而急的热水流，去冲洗放在碗篮中的餐具，使附着在餐具上的油污和食物渣子与餐具脱离，并随水下落（其中，食物渣子被网挡住，水仍然落入水箱。漂浮在水面上的油渍，通过油污排泄口排出机外），热水再通过水泵排向喷水管，循环使用。

三、洗碗机的工作原理

将所洗餐具放入洗碗机网架上，选择好程序，并按下相应的选择开关，接通电源，程控器开始工作。通过机械程控器的凸轮转动或电脑程控器对继电器的控制，实现电路切换，通过清洗泵对水加压，加热器对水快速加热，水达到一定的温度并辅以洗涤消毒剂，经喷臂的喷水孔喷出，喷臂受喷水的反作用力而回转，不断将水喷射到餐具上，从而降低油脂的黏度和附着力，进而将污物喷洗干净，最后利用加热器的余热烘干餐具。

※ 知识链接 ※　按洗涤方式分，可将家用洗碗机分为喷淋式、涡流式。喷淋式采用高压水上下左右喷淋，以达到清洗效果（在家用洗碗机中较为少用）；涡流式常见于家用洗碗机以及超声波洗碗机。

1. 喷淋式（沐浴式）洗碗机的工作原理

喷淋式洗碗机主要利用高温高压的喷射水流对餐具进行机械式冲刷，同时运用洗涤剂

和热水来清洗油污和食物残渣。在洗碗机高温高压水柱和洗涤剂双重作用下，能够使有害的病菌脱离餐具，达到清洁和杀菌的效果。喷淋式洗碗机的工作主要通过机械作用和化学作用来达到对餐具的清洁。

（1）机械作用

① 在洗涤泵的驱动下，洗涤液呈喷射状态对餐具表面直接冲刷；洗涤液对餐具表面的直接冲刷作用，与从喷臂喷出射流水的压力、角度及速度有关。

② 洗涤液呈喷射状态对餐具表面间接冲刷。洗涤液喷射至餐具及内胆后反弹和喷射后回流的洗涤液对餐具表面进行冲刷。

（2）化学作用

① 含有离子交换树脂的软水器，有效除去影响皂化反应的钙、镁离子，改善水质，使洗涤剂充分发挥作用。

② 洗涤过程加入的洗涤剂与餐具上的油脂起良好的碱性皂化反应，使油污脱离餐具。当水温达到 45 ～ 50℃时，活性物质能发挥最大作用。

2. 水流式洗碗机的工作原理

这种洗碗机与普通的波轮式洗衣机工作原理基本相同，不同的是洗碗机的机槽下面装有波轮，电动机带动波轮盘高速运转，从而使机槽内的洗涤水旋转滚溅，以充分达到洗净的目的。

※ 知识链接 ※　这种洗碗机内部结构可分为上下回转喷嘴式、下回转喷嘴式、下回转喷嘴反射式、多孔管式、雨弹头式及旋转气缸式等。这种洗碗机的洗涤效果较好，目前大部分家用洗碗机采用这种洗涤方式。

3. 叶轮式洗碗机的工作原理

这种洗碗机的机槽架的下部设有叶轮，叶轮与电动机相连接。工作时，电动机带动叶轮高速运转，并将机槽内的洗涤水朝上随叶轮飞溅，以达到清洗的目的。

4. 超声波式洗碗机的工作原理

超声波式洗碗机结构简单，不需要电动机水泵和喷淋搅拌机构。它是依靠在机体底部和侧面的超声波振动元器件，发出 10 ～ 50kHz 的超声波，利用超声波洗涤原理，对餐具进行清洗的洗碗机。使用超声波式洗碗机洗餐具时，当超声波经过液体介质时，就会以一种高频率运动压迫液体介质产生振动，使液体的分子产生正负交变的冲击波。当超声波达到一定的数值时，液体中急剧生长的微小气泡突然破裂的瞬间能产生超过 1000 个大气压的压力，这种不断产生强烈的微爆炸和冲击波代替了人手搓洗餐具，使餐具表面的污物遭到破坏，并迅速脱落，达到清洗的效果。

第二节　洗碗机的故障维修技能

一、洗碗机的维修方法

维修洗碗机时可通过看、听、闻、问、测等几种常用的诊断方法判断故障的部位。

1. 看

主要是看餐具放置是否不当、进水阀过滤网是否堵塞、喷臂喷水孔是否被异物堵塞、供水软管是否弯曲或折叠、发热器 EH 引脚接插件是否氧化松动、操作面板上是否有故障代码显示等。

2. 听

就是听洗碗机有没有异响。如洗碗机有很大噪声时,判断是否为水泵中的各连接螺钉松动发出噪声(拧紧松动螺钉),是否为叶轮或喷臂与餐具发生碰撞产生(检查并重新摆放餐具,之间留有间隙,避开机体转动部位)。

3. 闻

用鼻子闻闻有无烧焦气味,找到气味来源,故障可能出现在放出异味的地方。

4. 问

就是问一下用户,了解洗碗机的使用时间、工作情况及故障发生前兆。

5. 测

若以上维修方法仍发现不了问题,就要通过万用表对可疑元器件进行检测,从而判断故障的部位。如怀疑发热器 EH 本身烧断,可用万用表 R×1 挡测量 EH 两引脚(正常电阻约为 60.5Ω),若为无穷大则说明 EH 已烧断;如出现进水故障,用万用表检测进水电磁阀两端电阻值(正常值为 2～8kΩ)与电压值(正常值 220～240V),当两端电阻值失常则说明进水电磁阀有问题,当两端电压值失常则检查电脑板。

二、洗碗机常见故障维修方法

1. 洗碗机插上电源,启动程序器后,不启动的维修方法

出现此类故障时,先检查是否停电;若有电,则检查电源插头与插座是否接触不良;若电源插头与插座接触良好,则检查水龙头是否打开;若水龙头打开,则检查机门是否关上;若机门关上,则检查电源开关是否打开;若电源开关打开,则检查程控器旋钮是否未打到开启状态或程控器是否损坏。

2. 洗碗机运转异常的维修方法

出现此类故障时,先检查是否停水或使用中途停水;若否,则检查供水水压是否过低;若否,则检查程控器输入电源触点是否氧化;若否,则检查过滤器是否堵塞;若否,则检查清洗泵是否堵塞。

3. 洗碗机洗涤效果差的维修方法

出现此类故障时,首先检查餐具是否放置不当,放入数量是否过多且有重叠,使喷水不能有效洗涤;若餐具放置正确,则检查洗碗水温是否过低;若洗碗水温正常,则检查喷臂转动是否受阻,不能进行均匀喷洗;若喷臂转动正常,则检查喷臂喷孔是否堵塞,致使喷水不畅;若喷臂喷孔未堵塞,则检查选用程序是否合适;若选用程序合适,则检查洗涤剂是否使用不当或用量是否过少。

4. 洗碗机不能进水的维修方法

出现此类故障时,先检查水龙头是否打开;若水龙头打开,则检查是否停水;若未停水,则检查水管是否堵塞;若水管未堵塞,则检查水压是否太低;若水压正常,则检查进水软管连接是否有误;若进水软管连接正常,则检查输入电源电压是否过低;若输入电源电压正常,则检查进水电磁阀是否故障;若进水电磁阀正常,则检查进水阀过滤网是否堵塞;若进水阀过滤网未堵塞,则检查水位开关是否损坏;若水位开关良好,则检查电路板是否有问题。

5. 洗碗机进水不止的维修方法

出现此类故障时，首先检查进水电磁阀是否损坏。若进水电磁阀良好，则检查水位开关常闭触点是否失灵；若水位开关常闭触点良好，则检查连接水位开关的气管是否漏气；若连接水位开关的气管未漏气，则检查程控器是否损坏。

6. 洗碗机喷臂不转的维修方法

出现此类故障时，首先检查餐具摆放是否适当，露出碗盘过多，挡住了喷臂转动；若餐具摆放适当，则检查喷臂转轴或喷孔是否被异物卡住；若喷臂转轴或喷孔未被异物卡住，则检查清洗泵是否被异物堵塞；若清洗泵未被异物堵塞，则检查叶轮是否变形受阻或泵电容、电动机绕组是否损坏。

7. 洗碗机餐具不能烘干的维修方法

出现此类故障时，先检查程控器加热器开关触点是否接触不良；若不是，则检查加热器接线端是否松脱；若不是，则检查电热管是否烧坏。

8. 洗碗机工作正常，但不能排水的维修方法

出现此类故障时，先检查排水管是否弯曲或堵塞；若排水管正常，则检查过滤网是否堵塞；若过滤网堵塞，则清理过滤网。

9. 洗碗机工作时，机内发出较大噪声的维修方法

出现此类故障时，先检查洗碗机是否放置平稳；若不是，则将洗碗机放置平稳；若洗碗机放置平稳，则检查喷淋器是否被餐具（如筷子）阻挡。

10. 洗碗机漏水的维修方法

出现此类故障时，先检查机门是否未关好而形成间隙；若不是，则检查机门密封件是否变形；若否，则检查进水管或排水管接头是否安装不良；若不是，则检查餐具是否放置有误；若餐具放置无误，则检查水位开关或进水电磁阀是否故障；若水位开关或进水电磁阀良好，则检查电路板是否损坏。

11. 洗碗机漏电的维修方法

出现此类故障时，先检查带电部件绝缘是否损坏；若不是，则检查门控开关是否被水淋湿；若不是，则检查电气部件是否受潮；若不是，则检查地线是否松脱或失效。

三、洗碗机维修注意事项

① 洗碗机的安装应靠近水龙头及下水道，接好进水管和排水管，并远离炉灶等热源。放好后调整底脚螺钉的相对高度，使整机符合水平的要求。使用洗碗机，切勿使用高于90℃的热水，以免塑料件、橡胶件变形或损坏。

② 洗碗机更换水管时要注意选用新的进水管，洗碗机允许的最大进水压力为1MPa，允许的最小进水压力为0.04MPa。对洗碗机进行维护前一定要将电源插头拔掉，以防触电。洗碗机维修后，放回原位置应重新调校水平和垂直方向的平衡。

③ 洗碗机分别与供水系统和电力系统相连，操作时必须同时考虑这两个系统。在对洗碗机的部件做任何修理之前，都应确保该部件没有连接电源，或关闭与之相连的电源，并拔掉主面板或分面板上的控制电路的熔丝或断电器，关闭位于地下室或者厨房下面的管路阀门，切断对洗碗机的供水。

④ 切勿随意拆卸机内各种电气零件，避免人为损坏。若出现故障，要及时修理好才能继续使用。

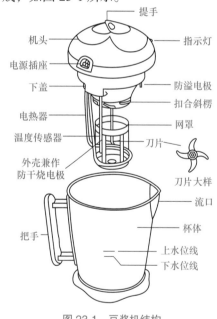

第二十三章 豆浆机维修实用技能

第一节 豆浆机的结构组成与工作原理

一、豆浆机的结构组成

豆浆机主要由杯体、机头、电热器、防溢电极、温度传感器、防干烧电极、刀片等组成，如图 23-1 所示。

图 23-1 中标注（从上到下、从左到右）：提手、机头、电源插座、下盖、电热器、温度传感器、外壳兼作防干烧电极、把手、指示灯、防溢电极、扣合斜楞、网罩、刀片、刀片大样、流口、杯体、上水位线、下水位线

图 23-1 豆浆机结构

1. 杯体

杯体主要用于盛水和豆或豆浆，有把手和流口。在杯体上标有"上水位线"和"下水位线"，以此规范杯体的加水量。杯体的上口沿恰好套住机头下盖，对机头起固定和支撑作用。

2. 机头

机头是豆浆机的总成，除杯体外，其余各部件都固定在机头上。机头外壳分上盖和下盖，上盖有提手、工作指示灯和电源插座；下盖用于安装各主要部件，在下盖上部（也即机头内部）安装有电脑板、变压器和打浆电动机。伸出下盖的下部有电热器、刀片、网罩、防溢电极、温度传感器以及防干烧电极。

3. 电热器

电热器用于加热和熬煮豆浆，加热功率从 800W 到 1100W 不等，采用不锈钢材质。

4. 防溢电极

防溢电极用于检测豆浆沸腾，防止豆浆益出。它的外径为 5mm，有效长度为 15mm，处在杯体上方。

5. 温度传感器

温度传感器用于检测"预热"时杯体内的水温，当水温达到 MCU（微控制器）设定温

度（一般要求 80℃左右）时，启动电动机开始打浆。

6. 防干烧电极

防干烧电极的作用是防止干烧。该电极并非独立部件，而是利用温度传感器的不锈钢外壳兼作的。防干烧电极的外壳外径为 6mm，有效长度为 89mm，长度比防溢电极长很多，插入杯体底部。杯体水位正常时，防干烧电极下端应当被浸泡在其中。当杯体中水位偏低或无水，或机头被提起，并使防干烧电极下端离开液面时，MCU 通过防干烧电极检测到这种状态后，为保安全，将禁止豆浆机工作。

7. 刀片

刀片用于粉碎豆粒。刀片具有一定的螺旋倾斜角度，这样刀片旋转起来后在一个立体空间碎豆，碎豆较彻底。一般豆浆机都配备多个刀片，刀片采用高硬度不锈钢材料制成。

二、豆浆机的工作原理

工作原理：先通过电动机带动刀片把豆打碎，磨成粉末状态；然后把水加热（豆浆机一般先把水温加热到至少 80℃再打浆熬浆），经过一段时间的加热煮制，即成熟豆浆。

豆浆机按制浆原理分为网罩式、无网式两种，如图 23-2 所示。网罩式制浆：旋转、涡流、切割、碰撞、回流、循环；无网式制浆：旋转、涡流、转动、反弹、切割、循环。

(a) 无网式　　(b) 网罩式

图 23-2　制浆原理

三、豆浆机的工作过程

工作过程：加入适量的水（温水或者凉水），通电后启动"制浆"功能，加热管开始加热，几十分钟后水温达到设定的温度。当水温达到设定温度时进入预打浆阶段，电动机开始工作，进行第一次预打浆，然后持续加热碰及防溢电极后达到打浆温度。在打浆／加热阶段，不停地打浆和加热，使得豆粒彻底地粉碎，豆浆初步煮沸。豆浆煮沸后，进入熬煮阶段，加热管反复地间隙加热，使豆浆充分煮熟。

------------ 第二节　豆浆机的故障维修技能 ------------

一、豆浆机的维修方法

维修豆浆机时可通过看、听、闻、问、测等几种常用的诊断方法判断故障的部位。

1. 看

主要观察网罩侧网或底网网孔是否干结堵死；观察电动机各绕组是否烧焦、短路和断路，电动机上及其周围是否有黑色粉末；用手转动电动机看是否灵活；观察变压器的外观是否有明显异常现象（如线圈引线是否断裂、脱焊，绝缘材料是否有烧焦痕迹，铁芯紧固螺杆是否有松动，硅钢片有无锈蚀，绕组线圈是否有外露等）。

2. 听

如接通或断开外加电源，应该听到继电器吸合与释放动作发出的声响；当开机电动机不转时，听开机时是否有异声，有异声一般是电动机坏，无异声一般是线路问题。

3. 闻

用鼻子闻闻有无烧焦气味，找到气味来源，故障可能出现在放出异味的地方。

4. 问

就是问一下用户，了解豆浆机的使用时间、工作情况及故障发生前兆。

5. 测

若采用以上维修方法仍发现不了问题，就要通过万用表对可疑元器件进行检测，从而判断故障的部位。对豆浆机关键件的检测方法如下。

（1）打浆电动机的检测　豆浆机的打浆电动机安装在机头下盖的下部，由于受体积的限制，一般打浆电动机制作得很小，其功率余量也就很小，使用时容易引起发热，如果受潮就会引起绕组烧毁。当打浆电动机不能运转时，首先应进行目测检查，如目测未见异常，再用万用表对电动机绕组进行检测。检测电动机绕组是否损坏的方法有多种，下面介绍一种不需拆开电动机，就可以检测绕组是否烧坏的方法。

按如图 23-3 所示，断开电动机与外部连线，将表笔夹分别与电刷后面的引线连接，用手转动电动机轴，测出每对换向片之间电阻值，并与正常值对比（正常时应为 500Ω 左右），若阻值很小，则表明连接在这一对换向片之间的绕组已烧毁或击穿，出现匝间短路。

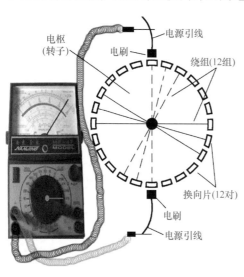

图 23-3　检测绕组是否烧坏

（2）电阻、电容、二极管、三极管的检测　这几种元器件的检测一般都是在路测量，必要时可取下单独测试。

（3）MCU 芯片的检测　全自动豆浆机的预热、打浆、煮浆等过程都是通过 MCU 有关引脚的控制来完成的，只要弄懂电路原理，就可以通过万用表测量各引脚的对地电阻值，判断 MCU 的好坏。如九阳 JYDZ-9 全自动豆浆机 MCU 芯片有四个控制引脚和两个检测引脚，四个控制引脚的正常阻值为 8kΩ 左右，两个检测引脚的正常阻值为 8.5kΩ 左右。如果实际测得阻值偏差较大，则表明 MCU 内部电路有问题，或所测引脚的外围元器件有故障。

（4）继电器的检测　豆浆机工作时，其功能转换是依靠继电器的吸合与释放，以接通或断开电路来实现的。一旦继电器线圈或触点烧坏，豆浆机就无法正常工作。但在整机带电状态下，对继电器检测难度较大，因此，可对继电器单独通电进行检测，方法如下。

① 电源要求。豆浆机所用继电器的工作电压多为 DC12V，触点额定电流为 10A（DC28V）。检测时，应使用 DC12V 的外加电源。

② 接线方法。使用万用表，按如图 23-4 所示进行接线，将电源的正极接在续流二极管（续流二极管的作用是防止电磁线圈产生浪涌）负极上，负极接在续流二极管正极上。正常情况下，当接通或断开外接电源时，应能听到继电器的吸合声或释放声，而且测量常开触点或常闭触点，也应有接通或断开的反应，若无反应，则表明继电器电磁线圈有

故障。

（5）加热管的检测　使用的加热管的额定功率为 1100W，为阻性负载，从插片测得发热丝的电阻约为 45Ω；若测得电阻值失常，则说明加热管有问题。

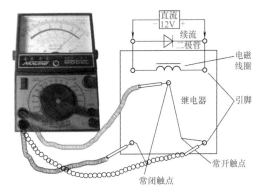

图 23-4　用万用表检测继电器

二、豆浆机常见故障维修方法

1. 工作时振动大、噪声大的维修方法

出现此类故障时首先检查豆浆机放水是否太少或放豆太多；若是，则按规定加水放豆；若不是，则检查网孔是否堵塞；若网孔堵塞，则用毛刷清洗网孔；若网孔无堵塞，则检查电动机是否有问题（如电动机轴承磨损、电动机电刷磨损、电动机或其他零件的螺钉松动）；若电动机有问题则进行处理（如更换电动机或电动机轴承、调节或更换电动机电刷、紧固螺钉）。

2. 豆浆溢出的维修方法

出现此类故障时，可检查以下几个部位。

① 防溢电极表面未清洗干净，无法获取信号。应将防溢电极表面清洗干净。

② 继电器吸合后不能复位，加热管一直加热。应更换继电器或电脑板。

③ 二极管击穿，熬煮时全功率加热。应更换电路板。

④ 电脑板受潮，芯片程序混乱。应用吹风机吹干电脑板及机内水分。

⑤ 使用不当导致机内进水，使电脑板局部短路。应更换电脑板。

⑥ 防溢电极插接信号端子松脱。应重新插牢信号端子。

3. 豆子打不碎的维修方法

出现此类故障时，先检查刀片是否磨损或放豆太多；若不是，则检查电脑板是否受潮，芯片程序混乱；若不是，则检查电源电压是否过低；若不是，则检查豆子浸泡时间是否过短；若不是，则检查网罩侧网或底部网孔是否糊死。

4. 豆浆太淡的维修方法

出现此类故障时，先检查加豆量是否过多或过少；若不是，则检查豆子是否完全打烂；若不是，则检查是否使因用时间长电动机动力减弱，刀片角度不对，造成碎豆不完全；若不是，则检查是否使用不当导致机内进水，使电脑板局部短路。

5. 豆浆机通电后，指示灯不亮，整机无反应的维修方法

出现此类故障时，先检查电路是否发生短路，造成熔丝管损坏；若不是，则检查电压是否过高或机内进水，变压器初级绕组是否损坏；若不是，则检查电脑板是否受潮，稳压管支脚生锈断裂或损坏；若不是，则检查电源开关或插头是否接触不良；若不是，则检查电脑板插接端子是否松动；若不是，则检查机头的位置是否放正。

6. 豆浆机通电后，指示灯亮，但整机不工作的维修方法

出现此类故障时，先检查电脑板是否受潮，造成继电器失灵；若不是，则检查是否使用不当导致机内进水，使电脑板局部短路；若不是，则检查杯体内是否未加水或加水过少。

7. 豆浆机通电后，不报警的维修方法

出现此类故障时，先检查蜂鸣器是否损坏；若蜂鸣器良好，则检查电脑板是否受潮，

芯片程序是否混乱；若不是，则检查是否使用不当导致机内进水，使电脑板局部短路；若不是，则检查蜂鸣器插座是否松脱或接触不良；若不是，则检查变压器次级端与电脑板连接是否可靠；若是，则检查变压器是否烧坏。

8. 豆浆机通电加热，但电动机不工作的维修方法

出现此类故障时，先检查串激电动机是否受潮，线圈是否短路；若不是，则检查继电器是否不能吸合或支脚断裂；若不是，则检查电脑板是否受潮，芯片程序是否混乱；若不是，则检查串激电动机温度是否过高，电动机过热保护，温控器动作；若不是，则检查是否使用不当导致机内进水，使电脑板局部短路。

9. 按键失控的维修方法

出现此类故障时，先检查灯板是否受潮，按键内部是否生锈或氧化，导致不能正常工作；若不是，则检查电脑板是否受潮，芯片程序是否混乱；若不是，则检查是否使用不当导致机内进水，使电脑板局部短路；若不是，则检查灯板数据线与电脑板接插口是否接触不良。

三、豆浆机维修注意事项

豆浆机维修时应注意以下事项。

① 维修豆浆机时注意 220V 交流电（豆浆机使用的晶闸管散热片带有 220V 交流电）。

② 维修过程中，维修人员应注意防静电（佩戴金属项链及金属手表时维修人员应摘掉，防止在通电测试时触及电网引起触电，特别注意在通电测试时禁止佩戴有线静电环进行作业）。

③ 整机主板和元器件上有防潮油，可以使用洗板水多洗几次，但是维修完之后需要重新刷上防潮油。

④ 为了确保操作安全，拆卸豆浆机时，必须将电源线插头拔出，断开电源。

⑤ 拆卸豆浆机时，使用电批（电动螺丝刀）和手批拆螺钉；装机时建议使用手批，以防止螺钉滑丝。

⑥ 拆卸刀片时，应将风叶紧固螺钉松开，且防止刀片变形；刀片装置锋利，在操作和清洗过程中注意安全。

⑦ 电动机更换时需要更换轴密封、密封油和润滑油。

⑧ 在拔 AC 线端子时，没有锁扣的端子需在拔出的垂直方向掰一下，以使端子压片和插片空出空隙，以方便拔出；有锁扣的需要将锁扣顶起，以方便拔出。拔出的端子再次使用时需用尖嘴钳加工以使压片空隙变小，使端子接触良好。

⑨ 装机前，应检查排线是否插到位、走线是否正确、各密封垫是否完好、散热片上螺钉是否拧到位、各元器件之间有无锡渣等。

⑩ 当需要更换元器件时，应使用同型号的元器件或所换的元器件应与原型号的规格一致。

⑪ 组装豆浆机时，要将电路连接线放回到原来位置。若因不慎造成线端脱落，要焊接好，并加以绝缘。

⑫ 组装豆浆机时，应注意使端盖与定子紧密配合；在旋紧固定端盖的螺钉或螺母时，应对角逐步拧紧，最好边拧边转动电动机轴。

第二十四章　吸油烟机维修实用技能

—— 第一节　吸油烟机的结构组成与工作原理 ——

一、吸油烟机的结构组成

吸油烟机的主要结构包括机壳、内壳、电动机、风扇、开关、照明灯、挡光罩、集油罩、集油盒、电源线等。这些部件可以分为箱体系统、控制系统、风机系统、排风系统、油路系统及附属功能部件。

1. 箱体系统

箱体系统简单地说就是吸油烟机的外壳和内壳，用以固定安装吸油烟机的各种零部件，形成容纳油烟排出的空间。箱体系统分成主机部分和集烟部分，一般的吸油烟机主机部分和集烟部分是连在一起的，但也有主机部分与集烟部分分离的吸油烟机（简称分体式吸油烟机）。

2. 控制系统

控制系统主要控制吸油烟机的整个工作过程，主要包括电源线、电路板、开关等。目前用于吸油烟机上的控制系统（开关）可分为两大类：一是机械式，二是电子式。

3. 风机系统

风机系统是吸油烟机的核心，也是吸油烟机的主要功能部件，它的好坏直接决定着吸油烟机的排风量、噪声指标。风机系统通常由电动机和风轮等组成。

4. 排风系统

排风系统的作用是将油烟排到室外或烟道中，它主要由风管、风管座（带止回阀）、排烟管、风柜、风轮等组成。简单地说，对于外排式吸油烟机，排风装置是一根风管；为了风管能与吸油烟机相连，必须有一个连接器，称为出风罩。考虑到为阻止室外或公共烟道中的风通过管道吹到室内，但又要保证室内油烟能顺利排出，所以在出风罩上设计了有活动门的阻挡装置，称为止回阀。

5. 油路系统

油路系统的作用是分离油烟、导油、盛接污油，它主要由油网、导油座、油管、油杯等组成。

6. 附属功能部件

附属功能部件主要指为了方便用户而在吸油烟机上安装的各种装置，如照明灯、燃气泄漏报警器、开关控制板、自动清洗叶轮装置等。由于这些功能对吸油烟机的基本结构及性能没有太直接的影响，所以称为附属功能部件。

　　侧吸式（近吸式）吸油烟机的分解图如图 24-1 所示，顶吸式（直吸式）吸油烟机的分解图如图 24-2 所示。

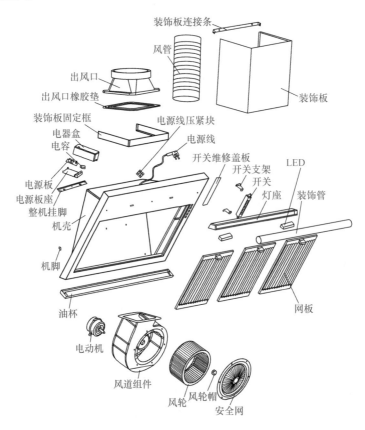

图 24-1　侧吸式（近吸式）吸油烟机的分解图

二、吸油烟机的工作原理

　　吸油烟机的工作原理图如图 24-3 所示，利用离心电动机的高速转动，带动涡轮转动，在集烟腔附近形成负压区域，将油烟吸入机体内部并排出室外，即：按下电动机控制开关，电动机带动风轮（叶轮）转动，在进风口、风柜内腔、出风口产生一个负压，即实现出风口、风柜内腔与进风口产生压力差，从而实现空气的快速流动（吸排）。吸油烟机在压力差的作用下实现高速吸排动作，当油烟经过进风口过滤油网时，油滴与过滤油网高速碰撞使部分油烟产生油污与烟气分离，经冷却凝聚的油污沿着导油系统导入油杯排出机体；其余部分的油烟通过过滤油网在涡壳内通过与风轮（叶轮）的高速碰撞又使部分油滴产生油污与烟气的分离，经离心力的作用，油污甩到涡壳内，在重力的作用下流入涡壳的最低点，最后沿油路系统导入油杯排出机体，分离后的烟气由烟道管排到室外或公共烟道中；与此同时，风轮（叶轮）中心进风口处，由于油烟不断地被吸入而形成一个负压区，进风口四周的油烟便在大气压强的作用下源源不断地被吸入进风口，然后又受到高速旋转的风轮作用，这样就形成了吸油烟机的连续吸排油烟。

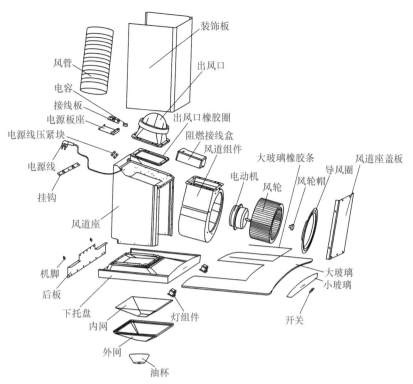

图 24-2　顶吸式（直吸式）吸油烟机的分解图

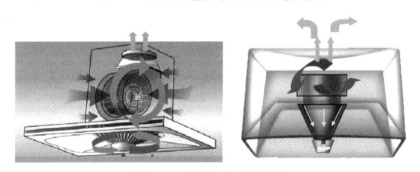

图 24-3　吸油烟机的工作原理图

1. 启动

接通电源，电动机开始带动风轮高速旋转，风轮将风柜内部的空气排出，形成负压真空区。

2. 吸烟

在大气压力的作用下，空气夹着油烟向着风柜内部流动，随着风轮旋转。

3. 油烟分离

在离心力的作用下，密度较大油滴被甩到风柜内壁，顺油路流回油杯。

4. 油烟排出

分离后的烟气从风管排到室外或公共烟道。

※ 知识链接 ※　目前吸油烟机结构一般分为顶吸式（直吸式）、侧吸式（近吸型）两大类型。

① 顶吸式（也称直吸式）吸油烟机是将风机系统放置在集烟内腔的顶部，进风口直接面对上升的油烟，通过减少油烟在集烟腔的涡流时间，实现快速排油烟。顶吸式是利用油烟自然上升原理，直接将烟气收集到垂直面的进风口过滤后排出机外。顶吸式的油网具有相当的密度，在油烟进入机体前，已将部分油滴直接过滤在油网上，所以直接接触到风轮的油滴相对少些，使风轮定期清洗的周期可以适当延长。因顶吸式吸油烟机多数安装在炉灶上方，炒菜时会带来碰头、滴油等诸多不便，以后会逐步被侧吸式替代。

② 侧吸式（也称近吸式）吸油烟机是风柜的进风口在箱体内腔的侧面，油烟通过侧面进风口进入风柜，然后进行油烟分离，将分离后的烟气通过风管排到室外。一般来说，侧吸式的集烟腔比较深，能形成巨大的油烟缓冲负压区，有效缓解油烟扩散的速度，增强吸烟能力。相对来说，侧吸式排烟比较彻底。但由于侧吸式没有过滤油网，油烟中的油滴进行分离的同时会有极少量黏附在风轮上，因此需要定期清洗。

第二节 吸油烟机的故障维修技能

一、吸油烟机的维修方法

维修吸油烟机时可通过看、听、闻、问、测等几种常用的诊断方法判断故障的部位。

1. 看

当电动机转速慢时，可拨动电动机的扇叶，看转动是否灵活，若不能灵活转动，则检查电动机的轴承等机构；当不能排烟时，看气敏传感器表面是否被油污污染，导致检测灵敏度下降；当怀疑启动电容有问题时，可看电容外观是否有烧焦的痕迹；当电动机时转时停时，看电动机接线是否松动、电动机接线器螺钉是否松动、琴键开关触片是否变形等。

2. 听

就是听吸油烟机有没有异响。若电动机不转且有"嗡嗡"声，一般是启动电容容量减小或短路所致；若不能排烟且电动机不转也无蜂鸣器叫声，此时应检查放大器、可调电阻及气敏传感器是否正常；若电动机能转动，但噪声很大（且外壳很烫），则多是电动机转子含油轴承严重缺油或磨损所致。

3. 闻

用鼻子闻闻有无烧焦气味，找到气味来源，故障可能出现在放出异味的地方。如电动机绕组短路时，通常会发出焦味并且电动机的表面温度较高。

4. 问

就是问一下用户，了解吸油烟机的使用时间、工作情况及故障发生前兆。

5. 测

若以上维修方法仍发现不了问题，就要通过万用表对可疑元器件进行检测从而判断故障的部位。如怀疑启动电容有问题，可用万用表测电容两端的阻值来判断（一般吸油烟机的电容是 $4\mu F$ 或是 $5\mu F$），当阻值偏小或趋近于零时说明电容可能被击穿，当阻值偏大或趋于无穷大时说明电容的电解质干涸或失去电容量。

二、吸油烟机常见故障维修方法

1. 吸油烟机运转时有异常噪声的维修方法

出现此类故障时，首先检查是否装配不当，使风轮（风叶）松动而碰导风框产生异声；若是装配不当，则重新正确装配、紧固风叶螺钉；若装配良好，则检查电动机是否有问题，如电动机轴承严重磨损、电动机装配不良等，电动机轴承磨损严重则更换同型号轴承，电动机装配不良则应校正电动机定子转子间隙使其均匀，如轴向有窜动应加适当垫圈；若电动机正常，则检查风叶是否变形；若风叶变形，则校正风叶，调风叶的动、静平衡。

2. 吸油烟机振动过大的维修方法

出现此类故障时，首先检查吸油烟机是否固定不结实或安装不良（风轮没有安装到位，重新安装；主机或挂板没有固定好，重新加固；电动机没有固定好，拧紧固定螺钉）；若安装正常，则检查叶片上是否有异物或内部积垢过厚；若有异物与积垢，则清除叶片上的异物及内部积垢；若叶片上无污物，则检查是否为主轴与风轮套筒偏心；若偏心则重新调整主轴与风轮套筒使其同心。若以上检查均正常，则检查电动机是否有问题，如电动机轴承磨损或轴承孔过大，则更换同规格的新轴承；如电动机绕组局部短路或断路，则更换绕组或电动机。

3. 吸油烟机通电后电动机不转动的维修方法

出现此类故障时，先检查电源插头与插座是否接触不良；若电源插头与插座接触良好，则检查开关是否损坏或触点接触不良；若开关正常，则检查熔断器是否熔断；若熔断器良好，则检查电源线是否断路；若电源线良好，则检查电动机启动电容是否有问题（如容量减小或短路、断路）；若启动电容有问题，则更换同规格的启动电容；若启动电容正常，则检查变速线圈是否断路或短路；若变速线圈有问题，则对变速线圈修补或更换；若变速线圈正常，则检查电动机是否有问题（轴承损坏而卡住转轴，必须更换轴承；定子绕组短路或连接线断路，对定子绕组修补或更换新品）。

更换电动机时一般是新旧电动机相同颜色线进行同样的连接（例如：红色线接电源火线、黑色线接电源零线、黄色线与蓝色线接启动电容），但也有按此方法连接后电动机不转或电动机反向转动的情况（不同的电动机生产厂家接线标准未统一）。若电动机不转，则调换电源火线与电动机的连接线，可采用线头触碰瞬间试机的方法；若电动机反向旋转，则调换启动电容两端的连线，可使电动机转为正向旋转。

对传感温度自动控制的吸油烟机除有以上原因外，还要对自动控制部分进行检查。如查交流电源（变压器、晶闸管）是否正常；若交流电源正常，则检查控制电路直流供电是否正常；若无直流供电，则逆向检查连接线整流元器件、变压器，找出断路点并排除。

※ 知识链接 ※　在有电压输入，且电容正常的情况下，电动机烧坏，可以测电阻判断，一般情况下烧坏的电动机快挡或慢挡与零线之间电阻不是无限大就是 0Ω。而正常的吸油烟机的快挡或慢挡与零线之间电阻为几十欧或 100Ω 左右。

---

4. 按任何键，吸油烟机不工作的维修方法

出现此类故障时，首先检查电源电压是否正常；若电源电压正常，则检查内部线路是否有问题；若内部线路正常，则检查开关是否有问题；若开关有问题，则更换开关；若开关正常，则检查主板是否有问题（如熔丝或变压器损坏）。对于有接线柱的吸油烟机，如果接线柱上线路没有接好，如固定线路的螺钉压到线路外面的胶皮上，对于插件接线的吸油烟机，由于长途运输可能会有插件脱落现象，应检查修复。

5. 吸油烟机漏油的维修方法

出现此类故障时，首先检查是否因为时间过久，导致吸油烟机安装结构变形、位置发生倾斜，使仰角不足发生漏油；若是安装不当，则重新安装使其保持一定的仰角，使吸出的油自然顺利流入油杯；若安装正常，则检查油盒是否有问题，如长时间未清理，废油溢出发生漏油，则清洗油盒，油盒错位则恢复错位的油盒；若油盒正常，则检查密封条是否日久失效；若密封条失效，则在密封处加垫胶皮或泡沫塑料条，压紧部件，提高密封水平；若密封条正常，则检查油管是否破裂导致漏油，是则更换油管。若以上检查均正常，则检查风柜和集烟罩的接合处是否没有密封好，若是，则需要重新密封；风柜和涡壳点是否焊接工艺差，若是，则更换或清洗擦干后打胶密封。

6. 吸油烟效果差的维修方法

出现此类故障时，首先检查安装位置是否离炉灶过高，是则适当降低安装位置；若安装位置正常，则检查排气管是否过长或出风口方向选择不当，是则适当缩短排气管或重新选择出风口方向；若排气管长度与出风口方向合适，则检查密封是否良好，包括吸油烟机周围及自身的密封条是否变形漏气，维修方法是堵塞吸油烟机周围的缝隙或更换密封条；若密封良好，则检查滤网是否太脏，影响吸烟效果，是则清洗滤网。若以上检查均正常，则检查电动机的转速和功率是否小于设计指标，是则更换转速和功率达到要求的新电动机；若电动机正常，则检查是否因叶轮的叶片在装配和运输过程变形，使叶轮在涡壳内工作时产生的压缩比达不到设计要求，是则在现场观察变形，能修复的修复，不能修复的更换新叶轮。

7. 吸油烟机琴键开关失灵的维修方法

出现此类故障时，首先按下琴键开关各挡来判断故障点：如按下琴键开关能锁住，各挡按下都不能启动电动机，则说明公共连线断路，查出并重新焊好；若仅按下其中一挡电动机不能运行，其他挡正常，则说明此挡的接点损坏或分挡连线断落，修复接点和连线；若按下琴键开关后电动机能运行，但松开后琴键锁不住，则检查开关中导电弹簧是否变形与导电片接触不上、开关弹簧片位移或脱落，是则调整弹簧片或更换新开关；若按下琴键开关两挡都锁住，则检查互锁弹簧是否被挤压变形、位移，是则应调整修理互锁弹簧。

8. 吸油烟机外壳漏电的维修方法

出现此类故障时，首先检查是否没有装设接地线或接地线接触不良（有时是感应电压），必要时重新装设接地线，并使其接触良好；若接地线正常，则检查内部线路或接头是否损坏造成外壳带电，是则检查内部线路及所有接头，必要时用绝缘胶带进行绝缘处理。若以上检查均正常，则检查电动机的定子绕组是否因局部绝缘老化导致外壳带电，必要时修复绕组或更换电动机。

9. 吸油烟机照明灯不亮，其他工作正常的维修方法

出现此类故障时，首先检查照明灯是否有输入电压，若输入电压正常，则检查照明灯是否损坏，必要时更换照明灯即可；若照明灯正常，则检查灯变压器与镇流器是否有问题，可测是否有电压输入到灯变压器或镇流器，没有电压输出则说明灯变压器或镇流器有故障，必要时更换灯变压器与镇流器。若以上检查均正常，则检查主板是否有电压输出；若没电压输出，则说明问题出在主板，必要时更换主板；若主板正常，则检查线路是否有问题，必要时重新接线；若线路正常，则检查开关是否有问题，必要时修复或更换开关。

10. 吸油烟机电动机时转时不转的维修方法

出现此类故障时，先检查电源线是否折断；若电源线良好，则检查电源插头与插座是

否接触不良；若电源插头与插座接触良好，则检查开关是否接触不良；若开关接触良好，则检查机内连接导线是否焊接不良；若机内连接导线焊接正常，则检查启动电容引线是否焊接不牢。

三、吸油烟机维修注意事项

吸油烟机维修时应注意以下事项。

① 如果电源软线损坏，必须用专用软线或专用组件来更换。

② 清洗时，应戴上橡胶手套，以防金属件伤人。拆下的零件要轻拿轻放，以免变形。

③ 清洗风轮时应特别小心，不可碰撞变形或挪动叶片的配重块，否则会造成整机振动，噪声增大。

④ 吸油烟机安装时应注意：吸油烟机安装位置周围应避免门窗过多，因为门窗过多时空气对流过大，使油烟上升未至 250mm 的有效吸力范围就已经扩散不少，吸排油烟的效果受到影响；吸油烟机应安装在产生油烟废气位置的正上方，高度为 650 ～ 700mm 较好；排风口到机体的距离不宜过长，转弯半径尽可能大且少转弯，否则影响排烟效果；排烟管伸出室外或通进共用吸冷风烟道，接口处要严密，不需将废气排到热烟道中。

第二十五章　吸尘器维修实用技能

―――――― 第一节　吸尘器的结构组成与工作原理 ――――――

一、吸尘器的结构组成

吸尘器的基本结构按功能分为五个部分（即动力部分、过滤集尘系统部分、功能性部分、保护措施部分及附件部分），一般包括前后盖、底座、卷线器、线路板、电源开关、开关按钮、收线按钮、调速按钮、提手、滚轮、串励换向器电动机、离心式风机、滤尘器（袋）等。

（1）动力部分　包括吸尘器电动机和调速器。调速器分手控式、机控式两种。机控式为电源式手持按键或红外线调节，手控式一般为风门调节。电动机有单相串励电动机（转速高，转矩大，具有软的机械特性，特别适用于真空吸尘器）、永磁式直流电动机（一般用于车用吸尘器和微型吸尘器）和异步电动机（用于工业用吸尘器）。

（2）过滤集尘系统部分　包括滤尘器、前过滤片、后过滤片。按过滤材料不同，滤尘器又分为纸质、布质、微孔滤网、滤栅、SMS、海帕等。滤尘器是吸尘器内用以储存尘埃的部分，分为卧式滤尘器、立式滤尘器、抽屉式滤尘器。

（3）功能性部分　包括收放线机构、尘满指示、按钮或滑动开关。收放线机构主要由盘线筒支架、轴杆、盘线筒、摩擦轮、发条和制动机构组成，是吸尘器的重要部件，需收放自如、方便收纳。其重要指标是弹簧弹力曲线平稳，回收速度平稳，防止收线过快造成人身、财产损害。

（4）保护措施部分　包括无滤尘器保护、真空度过高保护、抗干扰保护（软启动）、过热保护、防静电保护。当滤尘器已满或管路堵塞，没有足够的风量给电动机降温时，电动机过热保护起到及时切断电源的作用。当滤尘器已满或管路堵塞，吸尘器的进风量迅速降低，没有足够的风量给电动机降温时，安全放气阀打开，冷却电动机。

（5）附件　包括手柄和软管、接管、地刷、扁吸、圆刷、家具吸、挂钩、背带。

> ※ 知识链接 ※　目前市场上销售的吸尘器种类比较多，根据过滤原理、外形及适用范围的不同，主要有桶式吸尘器（适用于大型企事业单位、酒店、工厂、工地、办公室或其他公共场合）、卧式吸尘器（家居清洁或公司局部清洁时采用，其爆炸图如图25-1所示）和手提式吸尘器（可用于清洁书架、家具、衣柜、电器等处的灰尘）。

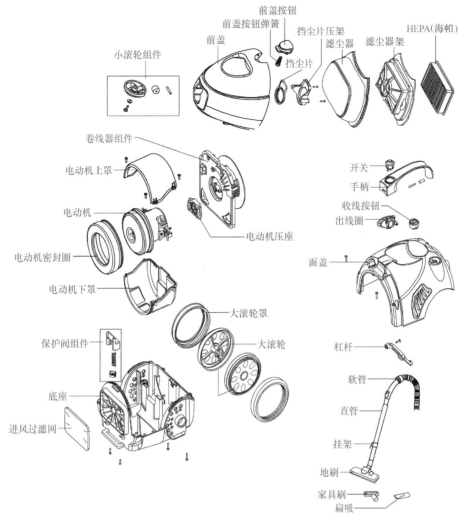

小滚轮组件

前盖按钮
前盖按钮弹簧
前盖
挡尘片压架
挡尘片
滤尘器
滤尘器架
HEPA(海帕)

卷线器组件
电动机上罩
电动机
电动机密封圈
电动机下罩
电动机压座

开关
手柄
收线按钮
出线圈
面盖

保护阀组件
底座
进风过滤网

大滚轮罩
大滚轮

杠杆
软管
直管
挂架
地刷
家具刷
扁吸

图 25-1　卧式吸尘器爆炸图

二、吸尘器的工作原理

　　家用吸尘器的工作原理分起尘、吸尘、滤尘和排尘四个过程（核心是吸尘和滤尘），具体工作过程如下：当吸尘器接通电源时，电动机直接驱动风机高速旋转，风机叶轮带动空气以极高的速度向机壳外排出，致使吸尘器内部产生瞬时真空，和外界大气压形成负压差使

风机前端吸尘部分的空气不断地补充风机中的空气，在此负压差的作用下，吸嘴近处的垃圾与灰尘随气流进入吸尘器的滤尘器内，在吸尘器内部经过过滤器过滤，使灰尘和脏物留在滤尘器内，而过滤后的清洁空气从风机的后部出气口排出，重新送入室内，达到吸尘的目的。如图 25-2 所示为吸尘器工作原

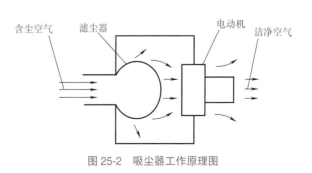

含尘空气　　滤尘器　　电动机　　洁净空气

图 25-2　吸尘器工作原理图

理图。

（1）起尘　吸尘器的起尘装置（也称吸头、吸嘴、吸尘座）把附着在地板、地毯、家具上的灰尘、脏物搅打起来，以利于抽吸。用于地板及地毯的起尘装置称为地刷；用于家具上的起尘装置称为家具刷；用于窄缝的起尘装置称为扁吸。

（2）吸尘　吸尘器的吸尘过程主要依靠高速风叶的强力抽吸。吸尘器接通工作电源后，风机叶轮在电动机高速驱动下，将叶轮中的空气高速排出，这样就与外界形成较高的压差，使吸尘部分空气不断地补充进风机，吸嘴的尘埃、脏物随空气被吸入吸尘部分，并经过滤器过滤，将尘埃、脏物收滤于滤尘器（筒）内。

（3）滤尘　滤尘是把带有灰尘和垃圾的空气通过滤尘器，使清洁空气排出，灰尘和垃圾被滤除，逐渐积存在滤尘器（筒）内。

（4）排尘　排尘是把存在滤尘器（筒）内的灰尘和垃圾排出滤尘器（筒），目前多是人工排尘（打开滤尘器或筒盖，扫除灰尘和垃圾）。

第二节　吸尘器的故障维修技能

一、吸尘器的维修方法

维修吸尘器时可通过看、听、闻、问、测等几种常用的诊断方法判断故障的部位。

1. 看

主要看吸尘器的各个固定部位是否松动、刷子是否磨损严重、吸头和排气口是否堵塞等。

2. 听

就是听吸尘器有没有异响。若电动机转子与定子碰触、电动机轴承损坏、叶轮变形与外壳等相碰，就会发出"嗒嗒"或"喀喀"等异响，此时应拆开电动机或叶轮罩，仔细查出碰壳之处，然后进行校正；若吸尘器吸入了豆子、米粒之类的颗粒状硬物，就会发出"嗒嗒"异响，此时应及时关机，取出异物，不然尖锐的硬物容易碰破滤尘罩或划伤塑料机壳；若风道被严重堵塞，就会发出变调的噪声或沉闷的"呜……"声，此时应立即关机，排除堵塞，否则电动机会因严重过荷，迅速发热，时间一长就可能烧坏。

3. 闻

用鼻子闻闻有无烧焦气味，找到气味来源，故障可能出现在放出异味的地方。

4. 问

就是问一下用户，了解吸尘器的使用时间、工作情况及故障发生前兆。

5. 测

若以上维修方法仍发现不了问题，就要通过万用表对可疑元器件进行检测，从而判断故障的部位。如怀疑电刷和换向器间接触不良造成电动机转速慢，此时可用万用表 R×1 挡测量电动机两端的电阻（正常时应为 $8 \sim 10\Omega$），若实测值远大于此，便可判断为接触不良；若实测值过大，甚至断路，那电动机就不会启动，而不是转速慢的问题了。

二、吸尘器常见故障维修方法

1. 启动后吸尘器不工作，也无嗡嗡声的维修方法

出现此类故障时，可检查以下几个部位。

① 检查电源熔丝是否熔断。如熔丝熔断，可能有短路故障，排除后再更换同规格的熔丝。

② 检查电源线或电源插头的接线端是否接触不良。如接触不良，则应调换新的电源线，焊接好插头。

③ 检查自动盘线机构内的弹簧片同金属圆环是否接触不良。如接触不良，则应拆开自动盘线机构，将弹簧片触点整形，使其与铜环通电片保持良好接触。

④ 检查电源开关是否损坏。若损坏，则拆开修理或更换电源开关。

⑤ 检查电刷条同刷握是否配合过紧，使电刷条不能自动伸出，以致接触不到换向器。若是过紧，则要磨修电刷条，使电刷条同刷握之间有 0.5 ～ 0.2mm 的间隙；如果电刷条磨到最低限度，需更换同规格电刷条。

⑥ 检查电动机两端是否通电，可用万用表的电阻挡进行检测，如所测的阻值为无穷大，则为电动机两端开路，此时检查电刷与换向器是否未接触、电枢绕组或定子绕组是否断路。

⑦ 检查电子板是否损坏（包括电子板上的元器件损坏、焊点脱落、导线柱接触不良等）。此时可仔细观察电子板各焊点，必要时用万用表进行测量。电子板可维修时，更换相应的元器件、补焊；如电子板无法维修，应更换新电子板。

⑧ 对装有保护电动机的热熔断器的吸尘器，应检查热熔断器是否有问题，可用万用表单独测量热熔断器的阻值，如阻值为无穷大，则说明热熔断器已烧坏，可更换相同的热熔断器。

2. 吸尘器不能启动运转，但有"嗡嗡"声的维修方法

出现此类故障时，可检查以下几个部位。

① 检查滤尘器或滤尘袋是否破损，使杂物吸入风叶或磁极与电枢的气隙间，电动机被卡住，使吸尘器不能启动。若是，则将卡住的杂物取出，并更换和修补滤尘器或滤尘袋即可。此故障出现概率较小。

② 检查电动机轴承是否因损坏或尘埃进入轴承孔使轴承过紧而卡住电枢转动。若是，则更换相同类型的电动机。

③ 检查电源电压是否过低。若电压过低，则停止使用，待电源恢复正常后使用。

④ 检查是否因电刷位置不在中心线上，使换向器工作不正常。若是，则调正电刷位置，使电刷位于中心线上。

⑤ 检查定子绕组是否短路、受潮或绝缘损坏。若定子绕组短路，则更换电动机；若受潮或绝缘损坏，则烤潮或重浸绝缘漆。

3. 吸尘器过热的维修方法

出现此类故障时，可检查以下几个部位。

① 检查滤尘器是否灰尘过多堵塞，致使通风不畅，造成电动机过热。处理：清除滤尘器中灰尘。

② 检查吸尘器是否使用时间过长，电动机散发的热量不能及时排出。处理：缩短吸尘器的使用时间。

③ 检查定子绕组或电枢绕组是否局部短路，或电枢绕组断路，使电动机转速减慢，电

流增大，造成电动机过热。处理：修复定子绕组、电枢绕组或更换电动机。

④ 检查轴承是否严重磨损，造成轴承过热。处理：更换轴承。

⑤ 检查电刷条是否严重磨损，产生过量电火花，造成局部过热。处理：更换电刷条。

4. 吸尘器维修吸力变小、吸尘效果差的维修方法

出现此类故障时，可检查以下几个部位。

① 吸尘器吸嘴或管道堵塞。处理：清除堵塞物。

② 滤尘器内灰尘已满、滤尘器潮湿或被灰尘堵塞使空气难以流通。处理：清除滤尘器内的灰尘并在阴凉处晾干。

③ 风道漏气。主要因壳体安装不严，或者滤尘器架上未装橡胶套，外界空气经缝隙进入风机，使风压下降。处理：旋紧各个紧固螺钉或装好滤尘器架上的橡胶套，如果壳体有破裂处则粘补好。

④ 定子绕组或电枢绕组局部短路，造成电动机转速下降。处理：修复或更换电动机。

⑤ 换向器表面因长期运转积累许多污垢，影响供电而使转速下降。处理：清除污垢。

⑥ 电刷内的弹簧弹力不足，电刷条与换向器之间的接触电阻增大，牵引力下降。处理：更换弹力适中的软弹簧。

⑦ 套在风机前面的防振橡胶套老化，造成密封不严重，使排出的风又回到风机中。处理：更换防振橡胶套。

⑧ 轴承严重磨损，使电动机转速下降。处理：更换轴承。

5. 吸尘器工作时，电动机电刷产生火花的维修方法

出现此类故障时，先检查电刷与换向器之间是否有污物，接触不良；若否，则检查换向器中间的云母是否凸出，表面不平整，引起换向器与电刷滑动受阻，产生摩擦而引起火花；若否，则检查电刷支架调整是否不当，引起电刷压力太大；若否，则检查电刷盒是否松动或装配不规范。

6. 吸尘器工作时产生振动及机械噪声的维修方法

出现此类故障时，先检查轴承内润滑油是否干涸，引起轴承干摩擦；若否，则检查电动机叶轮是否不平衡，运转不稳定而产生振动和噪声；若否，则检查叶轮与轴承配合是否过松或紧固件松动，使运转时发生窜动而产生噪声。

7. 吸尘器噪声大的维修方法

出现此类故障时，先检查紧固件是否松动，若紧固件未松动，则检查叶轮是否变形或叶轮碰壳；若是；卸下叶轮整形或更换叶轮；若否，则检查轴承是否严重磨损；若否，则检查电刷条同换向器是否因接触不良，引起较大火花，发出"噼啪"响声；若是，拆开电刷检查，更换合格的电刷条或软弹簧；若否，则检查电枢绕组维修后是否平衡性差，产生振动。

三、吸尘器维修注意事项

吸尘器维修时应注意以下事项。

① 当维修吸尘器时，应拔下电源插头，不要拉扯电源线。

② 检查吸尘器电源线有没有破烂，如果破烂导致漏电就很危险了。最重要的是看一下与吸尘器相接的接口电线有没有脱落。

③ 如果吸尘器在工作时有焦味散发出来或者有很大的噪声，应该第一时间断开电源，

噪声大时应该观察吸尘器有没有把硬物吸进发动机。而一般散发焦味的情况多半是电动机不能工作了。

④ 滤尘器一定要安装到位，否则可能会导致前盖无法扣紧或吸力变小等现象。

⑤ 家用吸尘器的密封件，多采用橡胶、橡塑以及软质塑料制成，用于机体密封、过滤器密封和主机密封等，一般不易损坏。只是在用蛮力强装、强折时，有可能使其撕裂、拉断，或者时间过长后老化。如果遇到密封件有细小的裂缝，可用 303 防水胶水黏合修复。其他情况的破损，均不能再使用，应立即更换新密封件，以保持吸尘器应有的吸力。

⑥ 如果熔丝管被熔断，一定要找出原因，并且排除后再换上同规格熔丝管，否则很可能再次烧断熔丝管或损伤电动机。如果再次换上熔丝管仍旧被烧断，则不要再换，更不要试换额定电流更大的熔丝管，因为这样容易损坏电动机。

第二十六章　洗脚器维修实用技能

────────── 第一节　洗脚器的结构组成与工作原理 ──────────

一、洗脚器的结构组成

洗脚器外部主要由盆座、盆体、控制面板、按摩滚轮、药盒装置、过滤网、挡位开关等组成，如图 26-1 所示。盆体内安装有主电路板（为整机各部分电路供电）、遥控板、水泵（用于带动水循环，使水温均匀并快速加热）、气泵、振动器（由电动机＋偏心轮组成）、臭氧发生器、温控器、加热管等（内部结构如图 26-2 所示，以目前市场上主要采用的玻璃管加热方式洗脚器为例）。

二、洗脚器的工作原理

盆体装入适量的冷水，通电，面板电源指示灯点亮，若此时将挡位开关置于"按摩"挡，装有偏心轮的电动机就会得电旋转，使盆体振动产生按摩效果。若置于"冲浪加热"挡，面板上加热冲浪指示灯点亮，水泵开始工作，使加热管里面的水流经缺水传感器，缺水传感器里面的磁铁被冲向上端向干簧管靠近，干簧管被接通内部触点。由于干簧管串联于调温电路晶闸管的门极，此时晶闸管导通，加热管得电发热。加热管内的水被加热并在水泵的作用下从盆体内的小孔冲出，产生冲浪效果，冷热水不断循环，使盆内的水温逐渐上升，并由水温传感器把当前温度送入主板的比较器电路。当水温超过预设温度时，比较器输出端会降低晶闸管的导通角，使加热管电压下降；当水温低于预设温度时，比较器会增加晶闸管的导通角，加热管电压上升，直到电压不再上升也不再下降，加热管被锁定在预设温度。当挡位开关旋至"冲浪；加热；按摩"挡时，水泵、加热管、偏心轮电动机同时得电工作，原理同上，不再介绍。

根据洗脚器（又称足浴器、洗脚盆、足浴盆）加热原理，大概分为四种加热方式。

1. 玻璃管（石英管）加热

玻璃管加热是通过水泵循环、玻璃管发热达到加热效果的。石英管加热方法是当前市

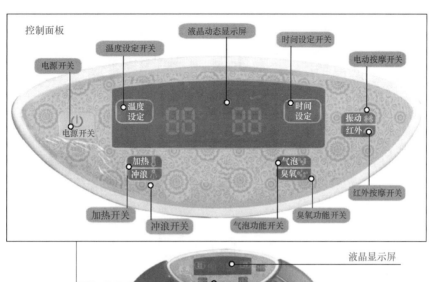

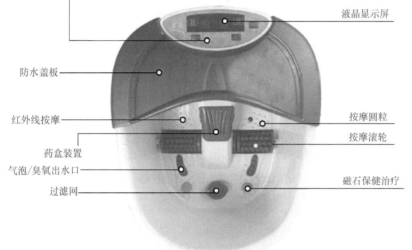

图 26-1　洗脚器外部组成

场上洗脚器首要的加热方法，其优点是加热速度快、时间短。但是质量不好的洗脚器玻璃管容易发生爆破事故，安全保障对技术的要求就很高了。

2. 蒸汽加热

蒸汽加热与澡堂的加热原理一样。它的加热速度比玻璃管稍慢，比 PTC 加热快。这种加热方式比较安全、卫生，有着更多的保健优势，但成本很高。

3. 热熔片加热

热熔片加热方法相对而言是最为传统的，其加热速度较慢，安全系数一般。

4. PTC 加热

PTC 加热又称水电分离组合加热，是最为领先的一种加热技术。这种加热方式是将发热管外套一绝缘体直接置于水中，通过 PTC 材料将水与加热元件彻底隔开。具体做法是：PTC 材料外层为绝缘石英层，密封性能和导热性能极好，PTC 材料与水管外壁紧密接触，通过水管外壁向内部水流传热。

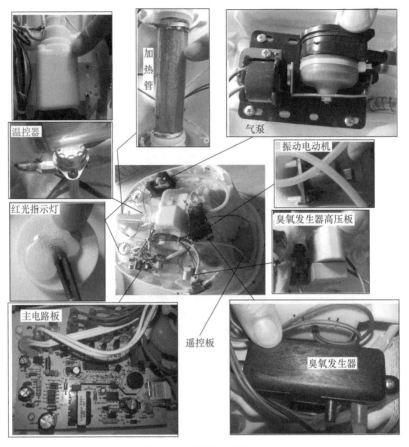

图 26-2　洗脚器内部组成

第二节　洗脚器的故障维修技能

一、洗脚器的维修方法

维修洗脚器时可通过看、听、闻、问、测等几种常用的诊断方法判断故障的部位。

1. 看

出现不加热时，观察加热管上是否有一圈被烧坏的断裂痕迹；如没有被烧坏的痕迹，出现按键失灵时，可观察面贴排线与控制板连接是否存在松动或脱落。

2. 听

就是听洗脚器有没有异响。冲浪加热时发出"咕咕"的声音，则检查水泵是否吸入杂质、水泵转子是否有问题。

3. 闻

用鼻子闻闻有无烧焦气味，找到气味来源，故障可能出现在放出异味的地方。

4. 问

就是问一下用户，了解洗脚器的使用时间、工作情况及故障发生前兆。

5. 测

若以上维修方法仍发现不了问题，就要通过万用表对可疑元器件进行检测，从而判断故障的部位。如怀疑加热管有问题，但外观不能判断时，可用万用表电阻挡接加热管测两端的阻值是否正常，无阻值显示说明加热管损坏。

二、洗脚器的常见故障维修方法

1. 市电正常，但整机不工作的维修方法

出现此类故障时，首先检查熔断器是否熔断；若熔断器正常，则检查整流桥中二极管是否损坏；若二极管正常，则检查稳压集成电路IC及外围元器件是否有问题；若稳压集成电路IC及外围元器件正常，则检查控制电路中IC、三极管、光电耦合器等元器件是否损坏。

【提示】 当熔断器熔断时，应查明熔断原因，如有短路故障，先消除后，再用同规格型号熔断器更换。

2. 冲浪加热时发出"咕咕"声音的维修方法

出现此类故障时，首先检查水泵是否吸入杂质，导致水泵转子由于反复的热胀冷缩使转子叶片变形。若拆开水泵取出水泵转子把吸入的杂质清洗干净重新装好后故障依旧，则说明水泵转子有问题，此时更换水泵转子即可。

3. 不加热，振动按摩气泡正常的维修方法

出现此类故障时，首先用肉眼观察加热管上是否有一圈被烧坏的断裂痕迹；若没有被烧坏的痕迹，可用万用表电阻挡接加热管两端测量阻值是否正常；若无阻值显示，则说明加热管损坏，更换加热管；若加热管正常，则检查驱动板上加热继电器、三极管及晶闸管是否有问题。

【提示】 当怀疑加热器有问题时，应先排除接线柱处氧化松动问题，若无效则换加热器。

4. 不冲浪的维修方法

出现此类故障时，首先检查过滤网是否堵住；若过滤网正常，则打开后盖检查水泵及进出水管内是否有异物堵住；若水泵及进出水管正常，则检查水泵是否工作；若水泵不工作，则检查水泵是否损坏；若水泵正常，则检查线路是否存在虚焊、掉线现象；若以上检查均正常，则检查水泵控制电路是否有问题。

【提示】 插电检查水泵是否工作时，不要打开调温开关，只打开功能开关即可。另外，带电脑板的洗脚器不能按加热或直接用220V电源接通水泵，则查看水泵是否工作，如不工作，则更换水泵。

5. 振动按摩无法进行，其他正常的维修方法

出现此类故障时，首先检查振动电动机是否有问题，可用万用表检测直流电阻，如为无穷大，可直接更换同规格电动机；若振动电动机正常，则检查电动机控制的三极管是否

正常；若三极管正常，则检查整流二极管是否损坏、晶闸管是否损坏开路、变压器是否损坏等。

6. 按键失灵的维修方法

出现此类故障时，首先检查柔性排线与电路板连接是否松动或脱落；若重新插好并补焊后故障依旧，则可能是由柔性排线断开或受潮引起的，此时更换柔性排线即可。

7. 不调温的维修方法

出现此类故障时，首先检查调温开关上的线头是否脱落；若线头正常，则检查调温开关是否损坏；若调温开关正常，则检查电路板上控制芯片是否损坏。

【提示】 出现超温故障的原因是：温控开关损坏、温控开关和加热管间距过大、传感器线断开或脱焊。

三、洗脚器维修注意事项

洗脚器维修时应注意以下事项。

① 当熔断器出现熔断时，应查明熔断原因。如有短路故障，先消除故障后，再用同规格熔断器更换。

② 不加水试机时，通电时间要很短，否则会再次烧熔丝。

③ 未装水的洗脚器不可加热，否则加热器干烧会损坏器件，或使固定加热板的塑料变形漏水，造成无法使用的后果。

第二十七章 空气净化器维修实用技能

第一节 空气净化器的结构组成与原理

一、空气净化器的结构组成

空气净化器的主要是由机箱外壳、过滤段（HEPA滤网、活性炭滤网等）、风道（进出风口）、电动机、电源、控制面板等组成的（图27-1）。决定其寿命的是电动机，决定净化效能的是过滤段，决定是否安静的是风道、机箱外壳、过滤段、电动机。

空气净化器内部主要由电动机、风扇、空气过滤网、智能监测系统组成，部分型号的空气净化器配有加湿的水箱，或是辅助净化装置，如负离子发生器、高压电路等。空气过滤网是其中的核心部件。其他的净化装置实际上起到的仅是辅助功能，所以空气过滤网的质量是直接影响空气净化器效果的最关键因素。

（1）电动机和风扇 电动机和风扇作为空气净化器最核心、必不可少的配件，其主要作用是控制空气循环流动，将带有污染物的空气吸入后经过滤吹出清洁的空气。

（2）空气过滤网（滤网） 大多数空气净化器主要通过滤网的过滤来实现净化空气的目的。滤网主要分为颗粒物滤网和有机物滤网。颗粒物滤网又分为粗颗粒物滤网和细颗粒物滤网；有机物滤网分为除甲醛滤网、除臭滤网、活性炭滤网等。每一种滤网针对的污染源不相同，过滤原理也不相同。HEPA滤网过滤粉尘颗粒物，活性炭滤网主要吸附有毒有害物质。

（3）水箱 随着空气净化器越来越受到消费者的关注，空气净化器的功能也不仅仅局限于空气净化，通过增加水箱，空气净化器在完成基本使命的同时还能够起到加湿空气的作用。

（4）智能监控系统 智能监控系统可简单地理解为是空气质量的监督员，通过内置的监测设备可以实时对空气的质量作出优、良、差的判断，消费者可以根据空气质量情况使用空气净化器。另外，智能监控系统还能对滤网的寿命、水箱的水位等进行监控，方便用户了解空气净化器的工作状态。

（5）负离子发生器与高压电路 一般作为辅助的净化功能，主要是将负离子随清洁的空气一起送出。负离子具有镇静、催眠、镇痛、增食欲、降血压等功能。雷雨过后，人们感到心情舒畅，就是空气中负离子增多的缘故。空气负离子能还原来自大气的污染物质、氮氧化物、香烟等产生的活性氧（氧自由基），减少过多活性氧对人体的危害。

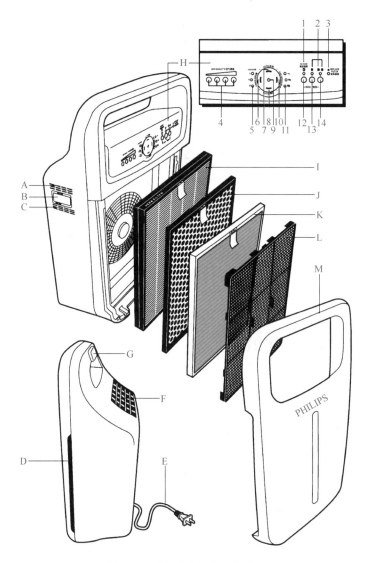

图 27-1　空气净化器结构组成

1—预过滤网清洁指示灯；2—过滤网更换指示灯；3—REPLACE FILTER（更换过滤网）指示灯持续亮起，
表示"产品已锁定"；4—AIR QUALITY 指示灯；5—HOUR（小时）指示灯；6—TIMER（定时开 / 关）按钮
（带指示灯）；7—AUTO（自动）按钮（带指示灯）；8—SLEEP（休眠）按钮（带指示灯）；9—电源开 / 关按钮（带指示灯）；
10—FAN SPEED(风速）按钮（带指示灯）；11—FAN SPEED（风速）指示灯；12—预过滤网 RESET（重置）按钮；
13—过滤网 2 RESET（重置）按钮；14—过滤网 3/4 RESET（重置）按钮；
A—空气质量传感器出风口；B—空气质量传感器；C—空气质量传感器进风口；D—进风口；E—电源线；F—出风口；
G—手柄；H—控制面板；I—过滤网 4（HEPA 过滤网）；J—过滤网 3（活性炭过滤网）；K—过滤网 2
（多功能过滤网）；L—过滤网 1（预过滤网）；M—前面板

【提示】　空气净化器一般有台壁式、吊挂式、吸顶式和落地式等类型；按空气净化
技术则分为 HEPA 空气净化器、活性炭空气净化器、电子空气净化器、紫外线空气净化
器、洁净室空气净化器、负离子空气净化器、离子风空气净化器、臭氧空气净化器等。

二、空气净化器的工作原理

空气净化器又称"空气清洁器、空气清新机",是指能够吸附、分解或转化各种空气污染物(一般包括粉尘、花粉、异味、甲醛之类的装修污染、细菌、过敏原等),有效提高空气清洁度的产品。负离子空气净化器工作原理为:空气净化器内的风扇(又称通风机)使室内空气循环流动,污染的空气通过机内的空气过滤网(两次过滤)后将各种污染物清除或吸附,然后经过装在出风口的负离子发生器(工作时负离子发生器中的高压产生直流负高压),将空气不断电离,产生大量负离子,被风扇送出,形成负离子气流,达到清洁、净化空气的目的,从而为人们提供一个类似大自然中新鲜空气的"微气候环境"。

空气净化器从原理上主要可分为被动吸附过滤式(滤网净化类)、主动式(无滤网型)两大类。

1. 被动吸附过滤式(滤网净化类)空气净化器的工作原理

工作原理是:利用风机将空气抽入空气净化器中,然后通过内置的滤网过滤空气,能够起到过滤粉尘、异味、消毒等作用。被动吸附过滤式空气净化器多采用 HEPA 滤网 + 活性炭滤网 + 光触媒(冷触媒、多远触媒)+ 紫外线杀菌消毒 + 静电吸附滤网等方法来处理空气(图 27-2)。

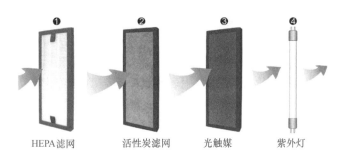

HEPA 滤网　　活性炭滤网　　光触媒　　紫外灯

图 27-2　被动式净化流程

2. 主动式(无滤网型)空气净化器的工作原理

主动式空气净化器摆脱了风机与滤网的限制,不用被动地等到空气被抽送进来过滤完之后再通过风机排出,而是有效、主动地向空气中释放净化灭菌的因子,通过在空气中弥漫、扩散的特点,到达室内的各个角落对空气进行无死角净化。

────── **第二节　空气净化器的故障维修技能** ──────

一、空气净化器的维修方法

维修空气净化器时可通过看、听、闻、问、测等几种常用的诊断方法判断故障的部位。

1. 看

可用肉眼观察熔丝是否熔断,扇叶是否被卡住,滤网及电极上是否尘埃、污垢过多,负极片是否弯曲变形。

2. 听

就是听空气净化器有没有异响，如风机轴承不稳发出异声，扇叶上有异物的异声等。

3. 闻

用鼻子闻闻有无烧焦气味，找到气味来源，故障可能出现在放出异味的地方。

4. 问

就是问一下用户，了解空气净化器的使用时间、工作情况及故障发生前兆。

5. 测

若以上方法仍发现不了问题，就要通过万用表对可疑元器件进行检测，从而判断故障的部位。如怀疑电动机绕组断路，可用万用表测量，若是，应更换同规格风扇电动机；升压变压器绕组烧坏，可用万用表测其阻值，若绕组开路或短路，应更换同型号变压器。

二、空气净化器常见故障维修方法

1. 电源指示灯不亮，风扇不转的维修方法

出现此类故障时，首先检查电源熔丝是否熔断，熔断则查明原因后再更换；若熔丝正常，则检查升压变压器绕组是否开路或短路，可用万用表测其阻值；若绕组开路或短路，应更换同型号变压器；若升压变压器正常，则检查倍压整流电路的整流管、电容是否损坏，振荡器是否停振，元器件损坏则予以更换。

2. 电源指示灯亮，但风扇不转的维修方法

出现此类故障时，首先检查扇叶中间有没有卡住异物，轴承是否严重磨损；若无异常，则检查电动机绕组是否断路或损坏，可用万用表测量；若电动机绕组断路或损坏，应更换同规格电动机。

3. 负离子发生器极间打火的维修方法

当环境空气的湿度太大，正负极片弯曲变形时，都会引起负离子发生器极间打火。维修时可用镊子校正极片，若仍打火，则将空气净化器移到空气干燥的地方短暂使用，一般可排除故障。

4. 负离子输出浓度低的维修方法

出现此类故障时，首先检查滤网及电极上是否尘埃、污垢过多，必要时清除滤网和电极上的尘埃、污垢；接着检查正负极片是否弯曲变形，必要时矫正正负极片；然后检测高压电路电压是否太低；若是，则用万用表检查高压电路中升压变压器、整流管、电容等元器件是否有问题。

三、空气净化器维修注意事项

空气净化器维修时注意事项如下。

① 在清理风扇、电动机、电极上的灰尘时，一定要切断电源。

② 负离子发生器的高压电极不要随便拆卸。

③ 用刷子清理极片时应避免硬物划伤极片。

④ 在将极片装入机体之前一定要将其晾干或者用电吹风吹干。用电吹风吹干时注意温度不要太高，以免极片上的塑料件变形。

第二十八章　手机维修实用技能

第一节　手机的结构组成与工作原理

一、手机的结构组成

从结构方面看，手机主要是由外壳、主板、屏幕构成的。其外部功能构造如图 28-1 所示。手机主要由扬声器、听筒、触摸屏、电源键、音量键、开始键、搜索键、返回键、传感器、前置与后置照相机镜头、闪光灯、距离 / 光线传感器、电池盖、耳机插口等组成。

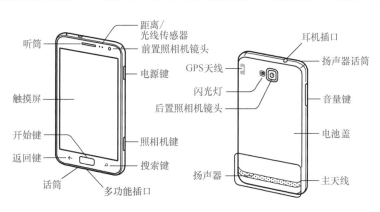

图 28-1　手机外部功能构造

各种品牌手机根据机型的不同，内部结构也有所不同。例如直板手机主要构件由本体上壳、本体下壳、LCD 镜片、按键、电池等组成；而翻盖手机主要构件则由翻盖顶盖、翻盖底盖、本体上壳、本体下壳、按键、侧按键、LCD 镜片、标牌、电池等组成。智能手机内部通常由主板正面、主板底面、辅板正面、辅板底面、触摸屏 FPCB、照相机 FPCB、LCD 等部件组成。

（1）主板正面　主板正面外形实物及元器件分布示意图如图 28-2 所示，上面分布的元器件主要有耳机、音频放大器、音频放大器 LDO、USB2.0 开关、电压过高保护、各类按键等的集成电路及与 LCD 相关的集成电路。

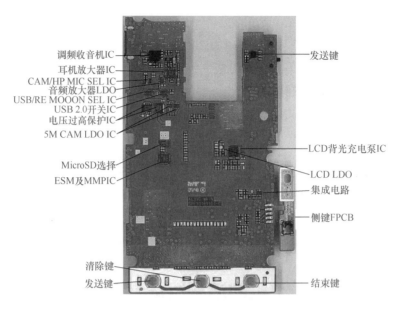

图 28-2　主板正面外形实物及元器件分布示意图

左侧标注（从上到下）：
- 调频收音机IC
- 耳机放大器IC
- CAM/HP MIC SEL IC
- 音频放大器LDO
- USB/RE MOOON SEL IC
- USB 2.0开关IC
- 电压过高保护IC
- 5M CAM LDO IC
- MicroSD选择
- ESM及MMPIC
- 清除键
- 发送键

右侧标注（从上到下）：
- 发送键
- LCD背光充电泵IC
- LCD LDO
- 集成电路
- 侧键FPCB
- 结束键

（2）主板底面　主板底面外形实物及元器件分布示意图如图 28-3 所示，上面分布的元器件主要有触摸屏 FPCB 连接器、模式开关、线性电动机驱动器集成电路、线性电动机控制器集成电路、LCD 连接器、晶体振荡器、射频集成电路、SIM 卡连接器、充电集成电路、电池连接器、存储器集成电路、天线开关模块、射频开关、麦克风（拾音器）等。

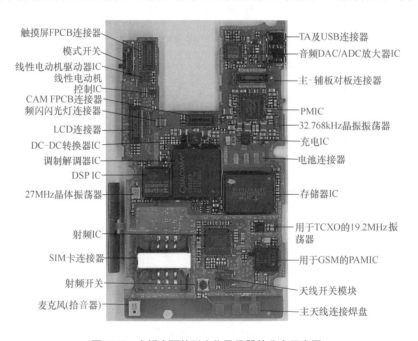

左侧标注（从上到下）：
- 触摸屏FPCB连接器
- 模式开关
- 线性电动机驱动器IC
- 线性电动机控制IC
- CAM FPCB连接器
- 频闪闪光灯连接器
- LCD连接器
- DC-DC转换器IC
- 调制解调器IC
- DSP IC
- 27MHz晶体振荡器
- 射频IC
- SIM卡连接器
- 射频开关
- 麦克风(拾音器)

右侧标注（从上到下）：
- TA及USB连接器
- 音频DAC/ADC放大器IC
- 主-辅板对板连接器
- PMIC
- 32.768kHz晶振振荡器
- 充电IC
- 电池连接器
- 存储器IC
- 用于TCXO的19.2MHz振荡器
- 用于GSM的PAMIC
- 天线开关模块
- 主天线连接焊盘

图 28-3　主板底面外形实物及元器件分布示意图

（3）辅板　辅板外形实物及元器件分布示意图如图 28-4 所示，上面分布的元器件主要有蓝牙天线焊盘、CAM MIC、照相机功率集成电路、蓝牙驱动集成电路、耳机开关集成电路、模块扬声器、T 闪存连接器、霍尔集成电路及备份电池等。

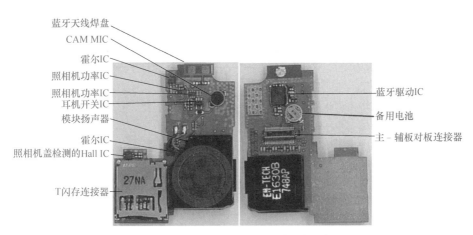

蓝牙天线焊盘
CAM MIC
霍尔IC
照相机功率IC
照相机功率IC
耳机开关IC
模块扬声器
霍尔IC
照相机盖检测的Hall IC
T闪存连接器

蓝牙驱动IC
备用电池
主 – 辅板对板连接器

图 28-4　辅板外形实物及元器件分布示意图

（4）触摸屏 FPCB　触摸屏 FPCB 主要由振动器焊盘、接收器焊盘、触摸屏连接器及主板对板连接器组成。其外形实物结构组成示意图如图 28-5 所示。

（5）照相机 FPCB　照相机 FPCB 通常由照相机模块连接器和主 PCB 连接器（FPCB 到主 PCB）组成。其外形实物结构组成示意图如图 28-6 所示。

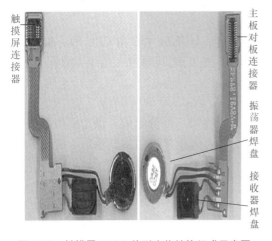

触摸屏连接器
主板对板连接器
振荡器焊盘
接收器焊盘

图 28-5　触摸屏 FPCB 外形实物结构组成示意图

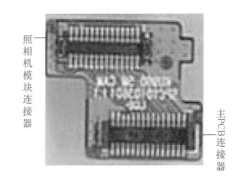

照相机模块连接器
主PCB连接器

图 28-6　照相机 FPCB 外形实物结构组成示意图

二、手机电路结构组成

手机的电路结构可分为三部分，即射频部分、逻辑 / 音频部分、输入 / 输出接口（界面）部分。手机原理方框图如图 28-7 所示。

1. 射频部分

射频部分由接收部分、发送部分和频率合成器组成。

接收部分完成接收信号的滤波、信号放大、解调等功能，它包括天线开关、射频滤波器、射频放大器、混频器、中频滤波器、中频放大器等；发送部分主要完成语音基带信号的调制、变频、功率放大等功能，它包括滤波器、调制器、射频功率放大器、天线开关等；频率合成器提供接收发送工作需要的本振频率信号，由于各种手机所采用的中频信号频率不相同，频率合成器提供的本振频率也不相同。

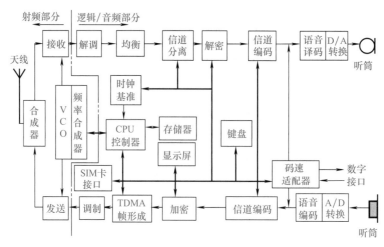

图 28-7　手机原理方框图

2. 逻辑 / 音频部分

逻辑 / 音频部分分为音频信号处理和系统逻辑控制两部分。

音频信号处理部分对数字信息进行一系列处理：发送通道的脉码调制、语音编码、信道编码、交织、加密、帧形成；接收通道的自适应信道均衡、信道分离、解密、信道解码和语音解码、音频放大等。

逻辑控制部分对整个手机的工作进行控制和管理。该部分主要由 CPU 和存储器（字库）组成。CPU 是控制中心，存储器存放程序和数据，它们之间通过三总线（数据、地址、控制）联系。

3. 输入 / 输出接口（界面）部分

输入 / 输出接口部分由模拟接口、数字接口、人机接口三部分组成。语音模拟接口包括 A/D、D/A 转换器等；数字接口主要是数字终端适配器；人机接口包括显示屏、键盘、振铃器、听筒、传声器等。

三、智能手机硬件组成

一部智能手机由手机系统、CPU、GPU、ROM、RAM、传感器、触摸屏、摄像头、传感器、射频芯片等组成。

1. 手机系统

手机（操作）系统一般应用在智能手机上，主要有以下几种系统。

（1）Symbian（塞班操作系统）　Symbian 是专门为诺基亚手机设计的移动设备系统，现已被市场淘汰。

（2）Android（安卓操作系统）　Android 是由谷歌公司开发推出的，目前应用在大部分智能手机上。Android 不仅能用在手机上，还能用在平板电脑上。

（3）iOS（苹果手机操作系统）　iOS 又称 iPhoneOS，是由苹果公司为 iPhone 开发的操作系统，主要给 iPhone、iPodTouch 以及 iPad 使用。

（4）BlackBerry（黑莓操作系统）　BlackBerry 是曾经风靡欧美的电子商务级别的移动操作系统，但是由于没有技术的革新和娱乐性差，渐渐地被淘汰。

（5）Windows Phone（微软操作系统）　Windows Phone 是由微软公司开发的一款智能手机操作系统。

（6）鸿蒙　HarmonyOS 是华为推出的一款面向万物互联的全场景分布式操作系统，可用于手机。

2. CPU

CPU（Central Processing Unit，中央处理器）是一台计算机的运算核心和控制核心。手机 CPU 如同电脑 CPU 一样，它是整部手机的控制中枢系统，也是计算中心。CPU 通过运行存储器内的软件及调用存储器内的数据，达到控制和计算目的。

目前主流的手机 CPU 可以分为单核（Cortex-A8）、双核（Cortex-A9）和多核。在同一工艺和主频下，双核 CPU 的性能一般均比单核 CPU 的强，同时在多任务方面的性能也是单核 CPU 所不能达到的。多核 CPU 是现阶段手机 CPU 的主流。

3. RAM

RAM（Random Access Memory，随机存储器）相当于电脑的内存，也称运行内存，简称运存。RAM 越大，手机运行速度越快，多任务机制越流畅，打开多个应用也不卡机。

4. ROM

ROM 是只读内存（Read-Only Memory）的简称，用来固化存储一些手机生产厂家写入的程序或数据，用于启动手机和控制手机的工作方式。一般等同于电脑硬盘，用于安装 Android 系统及存放照片、视频等文档。手机 ROM 越大，能存放的东西越多，就好像电脑硬盘越大存放的电影就越多一样。

5. GPU

手机 GPU（Graphic Processing Unit，图形处理器）等同于电脑的显卡。GPU 是相对于 CPU 的一个概念。由于在现代的计算机（特别是家用系统，游戏发烧友用机）图形处理功能变得越来越重要，需要一个专门以图形处理为核心工作的处理器。GPU 越好，高清电影、拍摄、游戏等效果会更好。

6. 触摸屏

触摸屏（touch panel）又称为触控面板，是个可接收触摸等输入信号的感应式液晶显示装置。当接触了屏幕上的图形按钮时，屏幕上的触觉反馈系统可根据预先编写的程序驱动各种连接装置，可用以取代机械式按钮面板，并借由液晶显示画面制造出生动的影音效果。

手机触摸屏分为电阻式触摸屏（俗称"软屏"）和电容式触摸屏（俗称"硬屏"）两种。通俗来说，电容式触摸屏就是支持多点触摸的人机交互方式，普通电阻式触摸屏只能进行单一点的触控。电阻式触摸屏由于采用压力控制，可以用手指任何部分按压操作，还可以使用如指甲、牙签等，只要可以对屏幕产生挤压的物品均可操作；电容式触摸屏可通过手指来感应，使用指甲或者牙签等操作就不起作用了，这主要是因为采用的是静电感应，只有导体接触才会有反应。

7. 摄像头

手机摄像头由 PCB、镜头、固定器和滤色片、DSP（CCD 用）、传感器等部件组成。其工作原理为：拍摄景物通过镜头，将生成的光学图像投射到传感器上，然后光学图像被转换成电信号，电信号再经过 A/D 转换变为数字信号，数字信号经过 DSP 加工处理，最后被送到手机 CPU 中进行处理，最终转换成手机屏幕上能够看到的图像。

摄像头有两个比较重要的参数，即像素数和光圈。现在主流手机后置摄像头千万级、亿级像素的都有；光圈越大，拍摄效果越好。

8. 电池

手机电池是为手机提供电力的储能工具，手机电池一般用的是锂电池和镍氢电池。

"mA·h"是电池容量的单位，中文名称是毫安·时。传统手机的充电电池容量在800mA·h左右，由于显示屏的大屏幕化，智能手机的电池容量已经增至4000mA·h左右。

9. 传感器

传感器就是手机的耳鼻眼手，能够采集周围环境的各种参数给CPU，使得手机具有真正的智能。现在手机中比较常见的传感器如下。

（1）距离传感器　距离传感器由一个红外LED和红外辐射光线探测器构成。距离传感器位于手机的听筒附近，当接电话时传感器会感应到距离，从而自动关掉屏幕，避免误操作。距离传感器的工作原理是：红外LED发出的不可见红外光由附近的物体反射后，被红外辐射光线探测器探测到。

（2）光线传感器　可根据外界光线来调节屏幕亮度。软件可以利用光线传感器的数据自动调节显示屏亮度，当环境亮度高时，显示屏亮度会相应调高；当环境亮度低时，显示屏亮度也会相应调低。

（3）重力传感器　有此传感器可以玩一些重力感应的游戏，屏幕上的图案可以自动旋转。

（4）加速度传感器　加速度传感器能测量手机的加速度。当手机下落时感应到加速度，就会自动关闭手机和存储卡，以保护手机。

（5）气压传感器　气压传感器可以用于测量实时的气压、温度。气压传感器的数据能用来判断手机所处位置的海拔高度，有助于提高GPS和北斗的定位精度。

（6）温度传感器　它用来监测手机内部以及电池的温度，如果发现某一部件温度过高，手机就会关机，防止手机损坏。

（7）磁力传感器　它能够检测磁场。磁力传感器是指南针类应用（用来判断地球北极）使用的传感器之一，也可以利用磁力传感器来检测金属材料。

10. 射频芯片

手机中有很多跟射频相关的芯片，主要包括射频发射芯片、导航天线芯片、Wi-Fi芯片、NFC芯片、蓝牙芯片等。这些芯片的数量和性能，决定了手机的通信手段和通信能力。

四、智能手机的工作原理

使用手机打电话时，首先人的声音通过麦克风转化成模拟的语音信号，模拟的语音信号转换成数字信号，通过内部电路再转换为射频信号，射频信号通过电磁波进行传输，在接收端将射频信号转换成数字信号，数字信号被还原成模拟的语音信号，模拟的语音信号通过扬声器转换成人能听到的声音。

智能手机的一个显著特点是支持第三方应用程序对手机功能的扩展。软件通过手机硬件中的逻辑单元实现了功能。

第二节　手机的故障维修技能

一、手机维修的基本原则

手机维修时遵从以下基本原则：应遵从先简后繁、先易后难、先软后硬的总原则。而具体到手机内部电路的检查时，通常遵从如下步骤：检查所有电源供电通路→检查主时钟信号及全部路径→检查单片机（逻辑电路）系统及软件→检查收信机电路→检查发信机电路→检查音频送受话及振铃通路。

二、手机维修的基本检测方法

手机维修过程中，有以下几个检测方法。

1. 询问法

当拿到一部故障手机时，首先询问用户一些基本情况，如产生故障的过程和原因、手机的使用年限及新旧程度等有关情况。针对用户反映的情况以及故障的现象，判断故障发生的部位。

2. 观察法

观察法就是用眼睛看，借此发现问题，如：看待机时的绿色 LED 状态指示灯是否闪烁、呼叫拨出时显示屏的信息；看主板上是否存在鼓包、裂纹、掉件及是否有元器件变色、过孔烂线等现象；主板屏蔽罩是否有凸凹变形或严重受损等故障。结合这些观察到的现象，进一步确定故障部位。

3. 耳听法

可以从待修手机的语音质量、音量情况、声音是否断续等现象初步判断故障。

4. 触摸法

触摸法简单、直观，它需要拆机并外加电源来操作，通过触摸感受贴片元器件表面温度变化来判断组件是否损坏。通常用触摸法来判断好坏的组件有 CPU、功率放大器、晶体管、集成电路、升压电容电感等。用手触摸可以感受到表面温度的高低，如用手触摸电源块发热烫手，则表明电源块已损坏。利用触摸法时应注意防止静电干扰。

5. 分析法

根据以前的观察，搜集到的资料，运用自己的维修经验，结合具体电路的工作原理，运用必要的测量手段，综合地进行分析、思考、判断，最后给出维修方案。只有了解手机的结构和工作原理，才能根据发生的故障现象进行分析、判断，很快找到故障部位。如果不懂手机的工作原理，全凭记忆和经验去维修手机，对故障不会分析和判断，必然会走不少弯路。

6. 自检法

大多数手机具有一定程度的自检和自我故障诊断功能，这对于快速地将故障定位到某一单元很有帮助。在采用自检法时，要求手机能正常开机，而且维修人员必须知道怎样进入诊断模式。另外，要求维修人员有相关手机的详细维修资料。

手机具有的自诊断功能，一方面能自动检测手机的工作状态，另一方面能检测某一元器件的工作状态。故障的自诊显示和元器件功能的检测均使用代码，前者为故障代码，后者为检测代码。故障代码直接告知故障的成因和有关部位，维修人员只要了解故障代码的含义，就可以直接找到故障部位和有关元器件；检测代码则通过操作按钮来输入，直接驱动某个元器件动作或某一电路工作，以此来判定某一元器件是否损坏、某一电路是否工作、某一信号是否正常，从而迅速找到故障部位和有关的元器件。

手机自诊断功能对迅速判定故障的部位十分有用，但必须指出，维修人员在维修时必须了解并掌握待维修手机的故障代码和检测代码的确切含义，并按照代码的要求正确地查找或输入，只有这样才能做到正确判断、快速维修。

7. 替换检查法

替换检查法是用好的元器件或印制电路板代换故障机中相应的元器件或印制电路板，以判断故障点的方法。当怀疑某个元器件有问题时，可以从正常手机上拆下相同的元器件装机试验。如果代替后故障排除，说明原元器件已损坏；如果代替后故障仍然存在，则说明问题不在此元器件，应继续查找。

替换检查法适用于手机中所有的元器件，在某些情况下可以用单频元器件代替双频元器件。如常用 14 系列单频功放代替日立公司的双频功放，但只适合仅有 GSM 频段的地区使用。

8. 电压检查法

对于正常的手机，电路相应点电压是一个固定的数值，一旦手机损坏，故障处的电压值必然发生变化。电压检查法就是通过检测关键点的电压值，然后根据关键点的电压情况来缩小故障范围，快速找出故障组件。

手机关键点的电压数据有：电源控制芯片相应的各种输出电压；各主要芯片及三极管各极上的电压；电子稳压管、电子开关的输入、输出及控制端的电压；SIM 卡及功放 IXVCO、RXVCO 的供电电压；显示屏的各脚控制电压；背景灯、键盘灯的控制电压；外设控制驱动芯片输入电压。如某处电压为零，说明供电电路有断路；某处电压比正常值低，只要供电正常，说明负载有问题。在测量电压时，还要注意是连续的直流供电，还是脉动的直流供电。

在实际测量中，电压检查法通常有静态测量和动态测量两种方式。静态测量是在手机不输入信号的情况下测量，动态测量是在手机接入信号时测量。

9. 电流检查法

维修电源时电流表显示的数值，是手机工作时各单元电路电流的总和，不同工作状态下的电流基本上是有规律的，如手机出现故障，电流必然发生变化。有经验的维修人员，通过不同的电流值，可以大致判断出故障的部位。

用 500mA 电流表（串接在稳压电源上）进行测试，测试的是 GSM 手机开机、待机、发射时的电源电流的变化情况，具体表现如下。

① 0mA。此时按下开关机键，电流表无任何反应，说明开机回路不正常，其主要原因有：电池触片损坏，使电流不能送到电源集成电路；开关机键接触不良；开关机键到电源集成电路触发脚之间的电路存在虚焊；电源集成电路损坏。

② 0～30mA 或 50mA。电源供电正常，此时应根据指针摆动情况来判断。若按开关机键，电流达 30～50mA，如果不摆动，则为时钟故障；如果摆动，则为硬件故障。

③ 50～100mA。指针停留不动或摆动异常，则故障在软件方面。

④ 超过 100mA 不能维持开机，说明硬件或软件故障。

⑤ 超过发射电流值，则故障系供电负载或供电管击穿所致。

⑥ 开机后自动关机，且有大电流，此时应检查软件、功放及电源部分。

⑦ 待机时，电流快速地在小范围内脉动，说明 GSM 手机接收正常。

⑧ 拨打紧急呼叫电话"112"时，电流向上快速脉动并维持在发射电流值范围，说明 GSM 手机发射正常。

⑨ 开机电源满偏，电源保护关机。此种情况是由于手机内部存在短路故障或电源漏电。正常情况下，开机瞬间电流为 200mA 左右，待机电流为 50～100mA，且指针不停地摆动，发射时电流约为 300mA，由待机到发射，电流有一个跳跃状态的变化。

※ 知识链接 ※ 　需指出的是，由于手机大多采用超小型 SMD 器件安装，在印制电路板上的元器件安装密度相当大，若要断开某处测量电流有一定的困难，一般采用测量电阻的端电压值再除以电阻值来间接测量电流。

10. 电阻检查法

电阻检查法就是借助万用表的电阻挡，断电测量某点对地电阻值的大小来判断故障。如某一点到地的正常电阻是 10kΩ，故障机此点的电阻远大于 10kΩ 或无穷大，说明此点已断路；如电阻为零，说明此点已对地短路。电阻检查法还用于判断线路之间有无断线以及元器件质量的好坏。

平时注意收集一些手机某些部位的对地电阻值，如电源簧片、供电滤波电容、SIM 卡座、芯片焊盘、集成电路引脚等对地电阻值。实际测量时，常采用万用表 R×1k 挡进行测试。

11. 信号注入法

信号注入法常用于维修手机射频电路，用信号发生器输入固定的频率，检测在信号通路上有无正常的波形数据，从而判断故障部位。如用导线在电源线上绕几圈，利用感应信号去碰触手机的天线，检测接收通道上有无杂波来判断故障。

采用信号注入法的前提是：维修人员必须懂得手机的电路结构、信号处理过程以及各处的信号特征（频率、幅度、相位、时序），并且能看懂电路图。实际测量时，常用示波器或频谱分析仪进行测试，测试点有：一、二本振信号；一、二中频基带信号；发射中频基带信号；射频信号；13MHz 系统时钟。

12. 温度检查法

温度检查法一般用于手机的电源部分、电子开关以及一些与温度相关的软故障的维修中，因为当这些部分出现问题时，它们的表面温升肯定是异常的。具体操作时，可通过手摸、酒精棉球降温、吹热风或自然风、喷专用的制冷剂等方法判断故障。

13. 假负载法

现在市场上手机电池的质量有很大的差别，当故障现象与电池相关时，可采用假负载法来判断故障点是在电池还是在电路部分。具体做法是：先将电池充足电，再用电池对一假负载供电（根据电池的标称电压，假负载可用 3V、4.5V、6V 电珠或外接串联一功率电阻），供电电流控制在 300mA 左右、时间为 5min 左右。若电池基本正常，则其端电压应不会下降。需指出的是，假负载连接到电池簧片的测量线只能采用机械压接而不能采用焊接，以免损坏电池或发生意外。

14. 对比检测法

维修手机时，若认为某些元器件的电压值、电流值和信号波形有问题，可用同型号的正常手机印制电路板相对应的部位进行比较。如双三极管、电阻、电容是否装错，阻值是否正常，某两点是否连接等，通过比较可很快查出故障。

15. 加压法

加压法就是对怀疑的组件进行压紧处理，同时观察故障有无变化，若有变化，则说明该组件存在问题。此方法常用于元器件接触不良或虚焊引起的各种故障，如手机有时开机有时不开机，怀疑字库或 CPU 虚焊，可用大拇指和食指对相应芯片两面适当用力按压，若按压某个芯片时可以开机，即为虚焊，补焊即可。

16. 短路检查法

短路检查法常用于缺少的某些元器件损坏时的应急检查。如天线开关、高放前后的滤波器、合路器、功放等元器件损坏时，手边暂时没有，可直接把输入端和输出端短路（天线开关短路后手机只能工作在一个频段），若短路后手机恢复正常，说明该元器件损坏。

17. 断路检查法

断路检查法是将怀疑的电路或元器件断开分离，若断开后故障消失，则说明问题就在断开的电路上。在按开关机键时，如果发现电流高于正常值，可将电源 IC 的输出脚全部挑开，再逐一焊上。当焊上某脚时，开机试验电流突然偏大，则表明该脚供电支路上的元器件存在漏电故障。

18. 波形法

手机在正常工作时，电路在不同工作状态下的信号波形也不同。在维修故障时，用示波器测信号波形是否正常，可很快判断出故障所发生的部位。如维修无信号时，先测量有无正常的接收基带信号来判断是射频电路还是逻辑电路的问题，若有正常的接收基带信号，说明射频电路正常，问题在逻辑电路。在维修不发射故障时，同样可以测量有无正常的发射基带信号，来判断故障是逻辑电路还是射频电路引起的。

19. 悬空法

悬空法主要用于检查手机的供电电路有无断路，具体做法是：维修电源的正极接到手机的地端（负极），维修电源的负极和手机的正电端悬空不用，电源的正极加到电路中所有能通过直流的电路上。此时，用示波器或万用表测量所怀疑断路的部位，若有电压说明没有断路；若测不到电压就是断路（或空点）。

三、手机常见故障维修方法

1. 手机不开机的维修方法

手机不开机故障应重点检查开关机键下是否有异物；FPCB 是否未装到位或是否焊好；主板开 / 关机键是否不良；软件是否存在问题；主板是否不良等。不开机故障维修流程方框图如图 28-8 所示。

2. 手机开机无音的维修方法

开机无音是指开机时，手机不能发出所设定的声音。此类故障应重点检查扬声器线是否焊好；扬声器是否不良；主板是否不良等。开机无音故障维修流程方框图如图 28-9 所示。

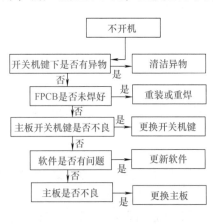

图 28-8　不开机故障维修流程方框图

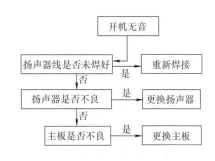

图 28-9　开机无音故障维修流程方框图

3. 手机音杂、音小的维修方法

音杂、音小是指手机所发出来的声音杂或是声音小。此类故障应重点检查扬声器线是否焊好；极性是否焊反；扬声器是否不良；扬声器线是否异常；主板是否不良等。音杂、音小维修流程方框图如图 28-10 所示。

4. 手机照相死机的维修方法

照相死机是指手机在拍照时，手机死机。此类故障应重点检查摄像头是否不良或是否插好，摄像头是否焊好、排线是否受折；软件是否存在问题；主板是否存在问题，如卡座是否虚焊、连焊，PIN 脚是否歪斜等。照相死机维修流程方框图如图 28-11 所示。

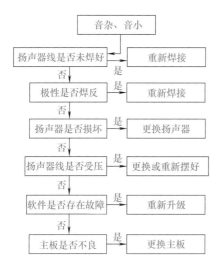

图 28-10　音杂、音小维修流程方框图

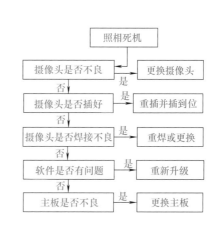

图 28-11　照相死机维修流程方框图

5. 手机背光暗的维修方法

背光暗是指屏显示的亮度不够。此类故障应重点检查 FPCB 是否焊好或扣好；主板的扣位是否不良；LCD 是否不良；软件是否存在问题；主板是否不良等。背光暗维修流程方框图如图 28-12 所示。

6. 手机不识别 SIM 卡的维修方法

造成手机不识别 SIM 卡故障的原因主要有：SIM 卡本身损坏；SIM 卡插座损坏或未与卡对正；键盘显示电路板存在故障；系统主电路板存在故障。此类故障应依次检查 SIM 卡接触点是否异常；SIM 卡本身是否损坏（替换新的 SIM 卡即可判断原 SIM 卡是否损坏）；SIM 卡插座是否损坏，两个卡座的转换开关是否异常；电源管理芯片是否异常。不识别 SIM 卡维修流程方框图如图 28-13 所示。

7. 手机无触摸、不能效准的维修方法

不触摸、不能效准是指手机在工作状态下，触摸屏无功能或者不能效准。此类故障应重点检查排线是否未焊好（屏为焊接或 TP 为焊接）；FPCB 是否插到位（屏和 TP 为插入式）；FPCB 是否损坏；装配是否不正确，导致触摸屏受压；触摸屏是否不良。无触摸、不能效准维修流程方框图如图 28-14 所示。

8. 手机开机白屏、花屏、黑屏的维修方法

开机白屏、花屏、黑屏是指手机在开机时，出现白屏、花屏及黑屏故障。此类故障应重点检查 LCD 排线是否焊好（屏为焊接的）；FPCB 是否插好或断裂（屏为插入式）；LCD

排线或背光线是否断裂；漏贴绝缘胶或导电布贴是否歪斜；软件是否异常；主板是否不良。开机白屏、花屏、黑屏维修流程方框图如图 28-15 所示。

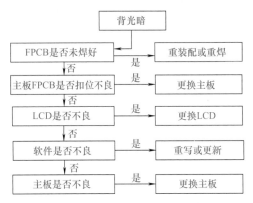

图 28-12　背光暗维修流程方框图

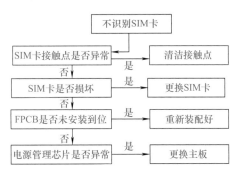

图 28-13　不识别 SIM 卡维修流程方框图

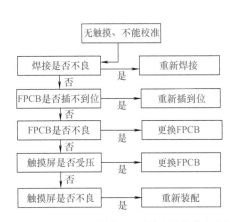

图 28-14　无触摸、不能效准维修流程方框图

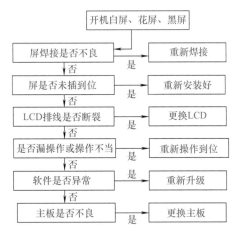

图 28-15　开机白屏、花屏、黑屏维修流程方框图

9. 手机无网络、T 值低的维修方法

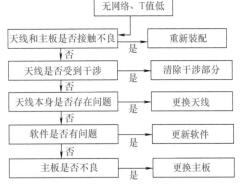

图 28-16　无网络、T 值低维修流程方框图

手机出现无网络、T 值低的不良现象应重点检查天线和主板接触是否不良；天线是否受到干涉；天线本身是否正常；软件是否存在问题；主板是否不良。无网络、T 值低维修流程方框图如图 28-16 所示。

10. 智能手机不能开机的维修方法

引起智能手机不能开机应检查以下几个方面。

① 检查开机时有无开机电流。若有开机电流，则检查电源开 / 关机键是否正常、后备电池是否正常、32.768kHz 信号是否正常。

② 若无开机电流，则检查电源开 / 关机键处是否有开机高电平。若没有开机高电平，则检查开机电路中的相关电阻和晶体管是否正常。

　对于新智能手机、升级后或恢复出厂设置后的手机，装上电池首次开机有时也出现不能开机现象，那是因为此时手机要做初始化操作，开机时间会较长，长时间后能开机。另外，当手机电池过度放电时，也会造成手机不能开机，此时连上电源充一会儿电，可正常开机。

11. 智能手机不能拨 GSM 卡号，也不能拨 4G 卡号的维修方法

引起该故障的原因及处理方法如下。

① 此故障为典型的射频公共电路故障。应重点检查射频处理器，看该处理器的供电电源是否正常，再检查其外围的电容、电阻、电感是否正常。

② 检查 26MHz 信号频率是否正常，若不正常，则检查相应的晶振。

③ 检查基带处理器是否正常。

12. 智能手机无声音的维修方法

引起该故障的原因及处理方法如下。

① 送话无声音，则检查麦克风是否正常。检查受话电路上有无音频信号，若无，则检查基带处理器。

② 耳机无声音，则重点检查耳机线、基带处理器外围相关元器件有无音频信号，音频功率放大器是否损坏。

　若送话无声音，则重点检查麦克风（MIC）是否正常，耳机是否正常，接口电路是否正常。

13. 智能手机发热量大的维修方法

这是因为智能手机 CPU 运行时间过长、运行程序较多引起的发热。这不是故障，只要停机休息或打开后盖散热即可排除故障。

　防止手机发热量大，可注意以下几个方面：一是避免在太阳光直射环境中充电或长时间使用；二是关闭不使用的后台程序；三是充电的同时，最好不要玩游戏；四是及时更新智能手机软件版本，提高运行速度。

14. 智能手机插上不标准的充电器时，触摸屏失效或翻滚的维修方法

这是因为所插入的充电器，特别是车载和非标准的大电流充电器的噪声信号与电容式触摸屏的信号频率冲突，导致手机 TP（检验点）失效。更换标准充电器后，按两次开 / 关机键即可排除故障。

　对于还不能消除故障的手机，使用标准充电器充一下电即可排除故障。

15. 智能手机安装第三方软件后，总是自动重启的维修方法

智能手机实际上就是一部小型电脑。当智能手机安装了某些不稳定的第三方软件后，有时会造成手机重启或自动关机故障。这是由于第三方软件与手机操作系统不兼容造成的，

解决方法是恢复手机出厂设置或卸载与手机不兼容的软件。

※ 知识链接 ※　　当智能手机受到振动时引起手机电池松动而接触不良，由此有可能造成手机的自动关机或自动重启。可重新换装电池解决这一问题。

四、手机维修注意事项

手机维修时应注意以下事项。

1. 更换手机主板应注意事项

① 更换新主板会造成手机 ROM 中的资料丢失，因此维修前应先向用户说明，询问是否备份了手机中重要的资料。

② 更换前，应先确定新主板与原手机品牌、主板型号一致。

③ 拆卸固定螺钉时应注意，有些螺钉的长短不一，通常其上面标注有颜色记号，因此安装时，应按原位置安装，以免给手机造成机械损坏。

④ 卸装主板各排线时，应谨慎操作，先小心地将排线卡子竖起呈 90°直角，再轻轻地取下排线。绝不能生拉硬扯，对排线造成损坏。

⑤ 卸下损坏主板时，必须先用电吹风将双面胶带充分加热，再小心地将主板与前壳分离，不要用力硬扳，以免损坏前壳上的显示屏。

2. 更换手机显示屏应注意事项

更换手机显示屏操作虽简单，但非常麻烦。手机为精密高集成电子产品，更换新显示屏过程中不允许多次操作，只允许一次成功，否则会对手机造成损坏。因此操作过程中应注意以下事项。

① 在取下外壳、主板或者内屏时，千万不要硬来，一定要仔细观察是否有未拆除的固定螺钉。

② 拆除主板时，应先取下触摸屏与主板以及显示屏与主板的排线。另外，拆除时，必须将固定排线的卡子扳成 90°直角，再卸下排线。

③ 内屏和外屏间有一层黏胶需要注意，安装过程中注意不要让灰尘进入内屏和外屏中间，从而影响显示效果。

④ 更换前，应先确定新显示屏与原机显示屏型号一致，或能通用。

⑤ 分离显示屏与前壳之前，使用电吹风给双面胶带加热非常重要。加热应充分，一定要使双面胶带达到溶解状态，才能将显示屏与前壳分离。另外，千万不能硬拆，否则会损坏显示屏和触摸屏。

3. 手机拆装应注意事项

拆卸与重装手机，必须按照一定的方法与步骤进行。具体应注意以下方面。

① 在拆卸或重装手机之前，应准备好防静电手腕带、接地线、防静电垫，做好防静电干扰，以免因静电而造成手机内部电路的损坏。

② 手机拆卸前应提前准备好拆卸工具，并掌握拆卸工具的使用方法。

③ 手机拆卸前应先取下电池、SIM 卡，然后再进行拆卸操作。

④ 养成良好的维修习惯，将拆卸下的元器件存放在专用的元器件盒内，以免丢失。

⑤ 于拆卸较为困难的手机，应先研究一下手机的外壳，弄清手机外壳的配合方式，然

后再进行拆卸。在未搞清楚之前，不能盲目乱拆，以免造成损坏。

⑥ 在拆卸过程中，螺钉的要防止滑丝，否则既拆不开又装不上；卡扣要防止硬撬，以免损坏不能重装复原。有些手机的固定螺钉十分隐蔽，拆卸前应仔细查找，在未全部拆卸下螺钉的情况下绝不能硬撬机壳，以免对机壳造成不可修复的损伤。

⑦ 手机的显示屏为易损元器件，对其拆装时要十分小心，要做到轻拿轻放，不能用力过大，以免损坏显示屏、灯板以及连接显示屏到主板的软连接带。对显示屏上的软连线不能折叠，更不能用清洗液清洗屏幕，否则会造成手机屏幕不显示的后果。

⑧ 在重装前板与主板无屏蔽罩的手机（例如三星系列手机）时，切莫忘记安装挡板，否则会造成手机加电时前后板元器件发生短路故障，甚至损坏手机。

第二十九章　家电换板维修实用技能

第一节　电视换板维修实用技能

一、主板换板维修实用技能

液晶电视不同系列的主板有比较大的区别，有些配双高频头，有些配单高频头；有些有 USB 功能，有些无 USB 功能。但同一系列、同一 PCB（印制电路板）号的主板基本都一样。同一系列、同一机心、同一 PCB 号的 LCD 数字板都可以互换。但在代换过程中必须要遵循以下原则：显示屏的工作电压应与显示屏的输出电压一致，显示屏的电压应与主板输出电压一致；主板的 LVDS 线插接口部分要与液晶屏的 LVDS 线的功能一一对应；更换主板后应重新抄写主板上的程序。

若无原型号主板，用结构和电路完全不同的信号处理板进行代换的难度较电源板的代换难度要大得多，通常要对电路组件板上的电路和输出接口电路进行改动，还要对信号处理板进行程序刷新或写入。目前市场上已有万能信号板进行代换，其优点是写入程序方便，但其缺点是用于代换的万能信号板的功能和信号输入接口与原机可能不符，需跳线。

二、背光驱动板（高压板）换板维修实用技能

液晶电视高压板主要分为两大类：一类是各个品牌液晶电视使用的专用高压板，一类是通用高压板。

由于专用高压板损坏后往往难以购买或价格昂贵，此时可选用通用高压板来进行代换（无论是专用高压板还是通用高压板，它们在电路结构和功能设计上并没有本质的不同，在供电电压一致、驱动能力相同的条件下，完全可以用通用高压板来代替专用高压板），但代换时应注意以下几点。

① 安装尺寸要合适。选用的高压板体积不能大于原机高压板，不然很难装下。

② 背光灯接口量和接口样式要一致。高压板接口一般有窄口（灯管输出接口的窄口是指一个输出插座仅连接一个背光灯灯管）与宽口（灯管输出接口的宽口是指一个输出插座可以连接两个以上背光灯灯管，例如输出接两灯）两大类，它们是指高压板与灯管连接的接口宽度，其区别又因灯管数量而异。

单灯高压板基本上都是窄口的，因购不到灯管接口为窄口的而用单灯高压板宽口的进行代换时，只需把灯管接口剪掉，将灯管接线直接焊在高压板宽口对应位置就可。

四灯高压板宽口和窄口的区别要大一些，一个宽口要接两个灯管，即有一根连线是共用的。用宽口高压板代换窄口高压板时，只需把原来一组两个灯管的细线（低压线）并联在一起接公共线，余下两根线分头连接即可；用窄口高压板代换宽口高压板时，由于一组两个灯管回路不同（只有少数高压板是相同的），故不能简单地将两个低压接口并联，需要视液晶屏灯管接线情况，将低压线分开，然后对应连接好，否则可能会引发故障。

③ 驱动功率要匹配。功率要相同或大于原高压板。如果代换高压板功率不足，将会使输出端发热量变大、使用寿命变短，甚至会导致有关元器件损坏。

④ 工作电压要一致。高压板型号不同，供电电压也有差异。例如：同样都是 4 只灯管的高压板，供电电压就有 12V、24V 或 28V 等多种。故在选择代换高压板时，应选择工作电压相同的。

> ※ 知识链接 ※ 　确定电压的最好方法是看滤波电容的标记的耐压值，假如滤波电容上标25V 左右，那么背光板就是 12V 供电；如电容上标 35V、50V，那么输入电压就是 24V。低于 24V 供电的背光板，可把电容上所标的电压值除以 2，最接近的电压值就是背光板的供电电压。

⑤ 灯管的数量要一致。一般而言，几灯的液晶屏就要用几灯的高压板代换。例如：4个灯管的液晶屏就要配 4 个灯管的高压板；6 个灯管的高压板，不能用来代换 8 个灯管的高压板。

> ※ 知识链接 ※ 　在维修或者组装电视机的过程中，需要进行不同灯数的高压板之间的代换时，用少灯的代换多灯的比较方便，如果用多灯的代换少灯的，则要修改电路，比较麻烦。

例如，原机的高压板为双灯高压板且体积非常小，此时选用单灯高压板（单灯高压板体积较小）代换，可以闲置一个灯管，只点亮其中一个（最好不要将两个灯管并联）。从理论上讲，这样代换因为灯管没完全点亮，亮度会降低约 25%，而且不均匀，但是实际上很难看出，对可视效果影响不大。一般来说，单灯高压板可以代换双灯高压板，双灯高压板可以代换四灯高压板。

⑥ 把通用板的接口正确连接到驱动板对应接口上。

⑦ 高压板一般都配有 1A 以上熔丝，不要将其直接短路，以免高压部分故障连带损坏电源电路。

⑧ 高压板代换后一定要经过至少 2h 的老化时间，这期间如果出现灯管闪烁、图像有滚动干扰条、间歇性暗屏等现象，就应该查找故障原因并排除故障。

三、电源板换板维修实用技能

① 大多数电源板会输出三组电压：+5V 供给待机 CPU 使用，+12V 输出到主板供主板使用，+24V 输出到背光板，还有些大功率电源板会多输出一组 +18V 供给伴音功放块使用。一般说来，只要电源板的输出电压相同、功率相差不多、插座各脚相对应（如不同，可以更

改各脚排列顺序），是可以互相代用的。

② 电源板不管是哪个厂家生产的，只要输出功率满足，甚至超出被代品的功率，就能保证整机背光电路、主板及液晶屏电路工作。但电源组件的代换还要考虑电源组件与原电源组件固定位置是否一致，不然无法安装固定。因此，液晶电视电源组件替换时要注意电源组件型号、电源组件输出电压及电流大小和电源组件螺钉固定位置的差异。

四、逻辑板换板维修实用技能

① 液晶屏上的逻辑板与液晶屏的型号完全对应，当判定液晶电视的故障在逻辑板时，若采取板级维修方式排除故障，应当用型号与原型号完全一致的逻辑板进行代换。

② 不同厂家生产的 LVDS 发送芯片，其输出数据排列方式可能是不同的。因此，液晶电视逻辑板上的 LVDS 发送芯片的输出数据格式必须与液晶面板 LVDS 接收芯片要求的数据格式相同，否则逻辑板与液晶面板不匹配。这是点屏配板时必须考虑的一个问题，也是点屏配板的重要资料。

第二节　空调器换板维修实用技能

当空调器的主板故障较多时，采用换板维修方便快捷，返修率低。一般采用原厂主板换板维修，这种换板维修相对简单，只要买到原厂板，将插头全部插上即可。在无法找到原厂板的情况下，通用板换板则有一定的技术含量，在实际维修中也经常采用。

通用控制板又称万能改装板，一般用于普通空调器的换板维修。如图 29-1 所示为壁挂式空调器万能改装板，主要由主板、电源变压器、显示板、室内温度 / 管温传感器、遥控器等组成。

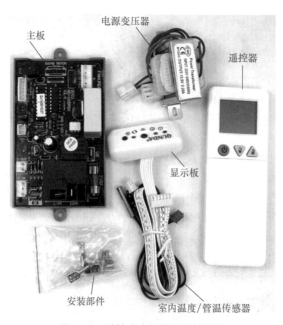

图 29-1　壁挂式空调器通用控制板

代换通用控制板之前，应注意连接端口匹配、换板型号匹配，一般在其包装盒上附有线路连接图和产品说明。如图 29-2 所示为某壁挂式空调器通用控制板电路连接图。

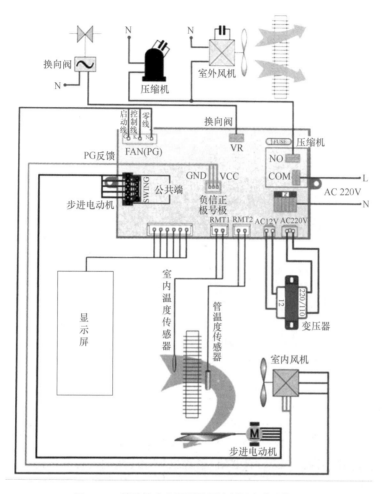

图 29-2　某壁挂式空调器通用控制板电路连接图

对于室内风机的风速，通用控制板是利用三个继电器来进行转换的。如果空调器风机是抽头式，三个抽头分别接在通用控制板的三个风速挡上即可。如果室内风机是电子变速式，就不能按照抽头电动机方式来改了，否则只有一个最高风速挡。

典型普通壁挂式空调器通用控制板的换板维修可参照如下操作方法。

①首先取下损坏的控制板。

②用万用表电阻挡测量室内风机的五根线。将阻值大的两根线接电容，并把这两根线并在一起，测其他三根线，阻值大的为低风速挡，阻值小的为高风速挡，剩下的为中风速挡。

③将高、中、低三根线分别插到控制板上，再从接电容的两根线中并入一根接电源。如果试机发现风机转向不正确，可调换之。

④步进电动机接线的公共端子必须与通用控制板插座的公共端子之一对正，风扇电动机才工作。如果电动机反转，则调换之。

⑤接好四通阀及室外机连线。

⑥恢复所有安装，若试机正常，则说明换板成功。

第三节 电磁炉换板维修实用技能

目前市面上的电磁炉维修板品种很多，价格在几十元不等。如图 29-3 所示为一款典型的电磁炉维修板，可将原电磁炉的电路板全部取代，只需要原电磁炉的锅底励磁线圈（含热敏电阻）、风扇及外壳，即可整机换修，十分方便快捷。

该电路板上有两个插针用来改变风扇供电电压和电磁炉整机输出功率，如图 29-3 所示。

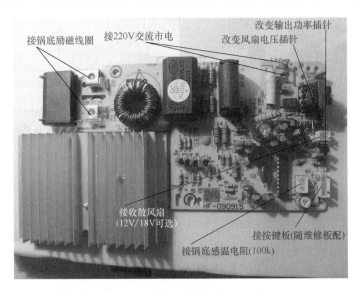

图 29-3 一款典型的电磁炉维修板

换板维修时，将原机上的主副电路板全部拆除，如图 29-4 所示，只保留加热线盘、锅底感温电阻、散热风扇即可。将维修板放入适当的位置固定后，插上锅底感温电阻、散热风扇插头及承板随送的按键板插头，再用螺钉紧固原加热线盘两个接头即可。全部连接好后，固定加热线盘和维修板。检查线路连接正确后，将输出功率插针和风扇电压插针插到合适的插脚上（看风扇上的电压标签，输出功率则根据使用需要来定），再装上面板即可通电试机。如图 29-5 所示为连接好的维修板实物图。

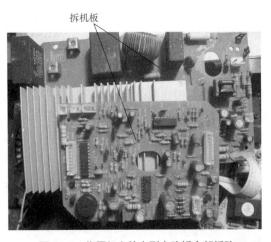

图 29-4 将原机上的主副电路板全部拆除

图 29-5 连接好的维修板实物图

第四节　洗衣机换板维修实用技能

洗衣机换板维修有原厂板换板维修和通用板换板维修两种。原厂板换板维修相对简单，只要按原有的插座插好装上即可，通用板换板则相对复杂。

通用板（又称万能板，如图29-6所示）换板相对复杂一些，当买不到原板进行代换时，可购买通用板进行代换，特别对使用年限较长的洗衣机，用通用板代换性价比更高。但用通用板代换之前一定要搞清楚原洗衣机的进水方式（单电磁阀还是多电磁阀，直流电磁阀还是交流电磁阀等）、排水方式（上排水还是下排水，牵引器排水还是电磁阀排水）、洗/脱电动机类别（有没有启动电容，交流电动机还是直流电动机，定频电动机还是变频电动机）、水位传感器类别（传感器频率要与通用板一致）等。通用板外接端子上的配件要与原板相匹配，否则不能代换，或者将配件一并代换。大多数通用板会将水位传感器一并代换（即买通用板时附送了水位传感器），这样才能保证水位传感器的频率与原板的频率相匹配，否则会出现只洗衣不干衣、长时间加水或水位不准确的问题。

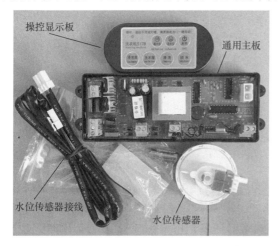

图 29-6　洗衣机通用板

所以更换通用板时，首要考虑洗衣机的类别（波轮式还是滚筒式、全自动的还是智能变频的等）和通用板外接端子上的配件类别。原装水位传感器与通用板的水位传感器一般很难匹配，所以通用板一般配备了水位传感器。另外，原装显示板与通用板也很难匹配，所以通用板一般配备了操控显示板。通用板的接线是换板维修的关键，一定要在搞清楚原板接线端子功能和新板接线方法的基础上连接（如图29-7所示为某通用板接线端子的连接方法），不得接错，否则可能烧坏通用板。

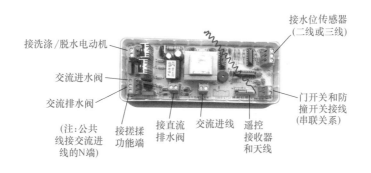

图 29-7　某通用板接线端子的连接方法

从图29-7中可以看出，该通用板只适合带启动电容的洗涤/脱水电动机、二线或三线电子式水位传感器、交流进水电磁阀的全自动洗衣机。具体到通用板上的接线，一般在通用板的外包装上或通用板本身上有字符标注，根据字符连接即可，如图29-8所示。

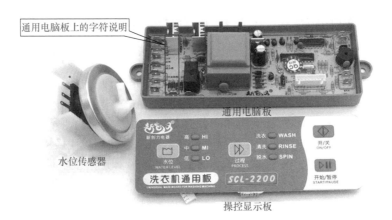

通用电脑板上的字符说明

水位传感器

通用电脑板

操控显示板

图 29-8　通用电脑板上的字符标注

第五节　开关电源换板维修实用技能

由于开关电源的带负载能力较好，能随负载大小进行调节，大部分家用电器均采用开关电源供电。开关电源的故障率较高，对于初学者来说，有时候维修起来并不是特别容易。特别是上门维修，维修条件不是特别方便，为加快维修速度，可采用开关电源通用维修模块进行代换。只要原开关电源的开关变压器正常，+300V 供电也正常，开关变压器的次级整流/滤波电路、续流二极管无问题，均能采用开关电源维修模块修复原开关电源，而且接线简单，性能稳定。广大维修人员在维修电视、机顶盒等的开关电源（特别是焊板损坏较为严重的开关电源）时不妨试一试。

一、串联型开关电源的换板维修

① 对于串联型开关电源，应选用串联型代用开关电源模块。目前此类模块不多，可选用串并联通用型开关电源模块进行代换。如图 29-9 所示为一款三线串并联通用型开关电源维修模块（V3），此模块只有红黑蓝三根线。

② 将原机已损坏的开关电源的开关管或厚膜块拆下后，按如图 29-10 所示进行连接。将代换模块固定到原机开关管的散热片上。将红线接原开关管 C 极（或场效应管的 D 极），即开关变压器的初级绕组；黑线接原开关管的 E 极，即开关电源的次级绕组；蓝线接原机光电耦合器的 C 极。

图 29-9　三线串并联通用型开关电源维修模块

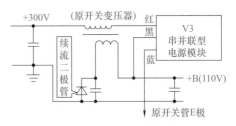

图 29-10　串联型开关电源代换

二、并联型开关电源的换板维修

① 以 TKM-3B 型并联型开关电源模块为例进行介绍。该开关电源模块适用于使用并联型开关电源的机型，只需要原机的整流滤波电路和开关变压器良好即可。该模块设有 5 根外接线，分别为红、黑、黄、蓝、灰线，其中灰色为开关机的控制线，如图 29-11 所示。如原开关电源是继电器或手动控制开关机的类型，该线可不接入。

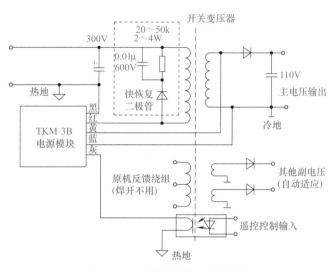

图 29-11　并联型开关电源的代换

对于采用三线开关电源模块代换，一般只连接红、黑、蓝三线即可，如图 29-12 所示。

② 拆除原开关管，用红线接原机开关管的 C 极，如原机采用厚膜块的，则将红线接在厚膜块的内部开关管的 C 极脚位上，即开关变压器与 300V 正端相连于绕组的另一端。黑线直接接在 300V 负极的地线上（即热地，应直接接地，若中间有电阻则去掉）。黄线接次级主电源（110V）整流管的二极管正端。蓝线接开关变压器次级地线上（即冷地）。灰线接光电耦合器的 C 极。

图 29-12　三线开关电源模块代换

三、开关电源换板维修注意事项

① 有些原机开关电源的开关管 C 极与 +300V 之间有反峰电压吸收回路，代换前应检查该回路是否完好，如图 29-13 所示为 RC 吸收回路。没有吸收回路的并联型开关电源则按照图中加装一套，以保证开关电源长期稳定地工作。串联型开关电源可不加。

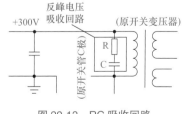

图 29-13　RC 吸收回路

② 加装模块的开关管应安装在散热片上，各连线应尽量短，以免产生干扰和啸叫等现象。

③ 原机光电耦合器的输入端如带有稳压电路，应将其拆掉，只保留 CPU 的控制电路；如果原机有两个光电耦合器，可去掉一个，只保留 CPU 控制的那一个。

④ 模块电压是可调的，实物中有可调电位器。调整模

块的电位器，并接上假负载，使主电压和原机电压（一般为110V）相同，其他各组电压则会自动匹配。

⑤ 如果原机电源上有多个光电耦合器，其作用分别是关机、稳压或保护，可只保留蓝线接到关机作用的那个。也可将多个光电耦合器的C、E极并联起来接蓝线（或灰线）、黑线，以达到多重保护的目的。

⑥ 蓝线为遥控关机多功能控制线。如果原机是利用光电耦合器的导通降低主电压进行遥控关机的，可在蓝线与光电耦合器的C极之间串入一只680Ω左右的电阻以实现降压关机。

⑦ 开关电源代换后，若出现不能启动或输出电压过低，则首先断开蓝线试机（降压关机型开关电源断开蓝线时要把CPU供电的整流二极管挑开，以防不测，如采用STR6309的电源）；若能启动且输出电压正常，则检查光电耦合器控制电路；若不能正常启动，则说明有电路元器件存在隐性故障，应重新检查是否存在软故障。

⑧ 开关电源代换后，若出现啸叫、干扰、过热，应重点检查主电压整流二极管上并联的瓷片电容是否容量过大、吸收回路是否不良或引线干扰是否过大。

⑨ 接有假负载时工作正常，拆除假负载后接原机则不工作，可在+B输出端与其负极之间并上一只5～10kΩ（3～5W）的电阻应急解决。

⑩ 不同的电源模块有不同的应用范围，购买时应看清楚。由于某些机型的开关变压器与模块不匹配，出现输出电压达不到要求、叫声严重现象，则不宜代换模块。

第六节　手机换板维修实用技能

手机换板维修只能采用同型号板进行代换，因为不同手机主板的接口是不一样的。一般是从旧机上拆板换到另一部同型号的手机上。不管怎么换板，主板是哪个手机的板子，换板后的手机就是这块主板对应的手机，也就是说主板决定了手机系统参数、内容和用户数据。手机换板的重点是换板之前先断电，再精细化操作，不得损坏手机主板的接插件。

新型智能手机更换主板时不可拆卸电池、尾板、触摸显示屏等板件，关键操作是拆装机和各接口件的拆卸，步骤要注意先后顺序，动作要轻拿轻放，操作要精细，先想清楚再动手。

※ 知识链接 ※　电器通用板换板维修时，由于接线端子不一定与原板相同，会出现连接不上的情况，这时就需要将原机的接线插头改为与通用板相对应的插头，一般是将原机插头形式改为插簧式的情况较多，要注意掌握自制插簧冷压端子的方法。

附录一 家电通用单片机 IC 内部框图及参考应用电路图

一、8051 单片机（引脚封装与应用在吸尘器上框图）

附图 1 为 8051 单片机引脚与应用在吸尘器上框图

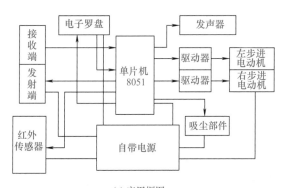

(a) 应用框图

```
  1   P1.0          P0.0   39
  2   P1.1          P0.1   38
  3   P1.2          P0.2   37
  4   P1.3          P0.3   36
  5   P1.4          P0.4   35
  6   P1.5          P0.5   34
  7   P1.6          P0.6   33
  8   P1.7          P0.7   32

 13   INT1          P2.0   21
 12   INT0          P2.1   22
                    P2.2   23
 15   T1            P2.3   24
 14   T0            P2.4   25
                    P2.5   26
 31   EA/VP         P2.6   27
                    P2.7   28

 19   X1
 18   X2

  9   RESET         RXD    10
                    TXD    11
 17   RD            ALE/P  30
 16   WR            PSEN   29
```

(b) 8051 单片机引脚封装

附图 1　8051 单片机引脚封装与应用在吸尘器上框图

二、AD6905 基带处理器与数据调制解调器（由 AD6905 组成 4G 手机典型框图）

附图 2 为 AD6905 组成 4G 手机典型框图。该集成电路为 TD-HSDPA、TD-SCDMA、GSM、GPRS、EGPRS 基带处理器与数据调制解调器，采用 BGA 封装。

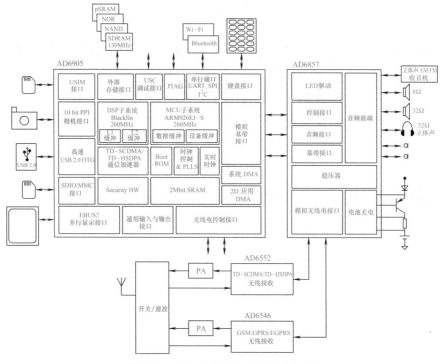

附图 2　AD6905 组成 4G 手机典型框图

三、AT89C51 单片机（引脚封装与应用在电冰箱上框图）

附图 3 为 AT89C51 引脚封装与应用框图。

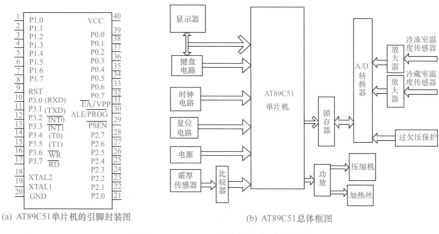

(a) AT89C51 单片机的引脚封装图　　　　(b) AT89C51 总体框图

附图 3　AT89C51 引脚封装与应用框图

四、AT89C52 单片机（以应用在洗衣机上为例）

附图 4 为 AT89C52 单片机应用电路图。

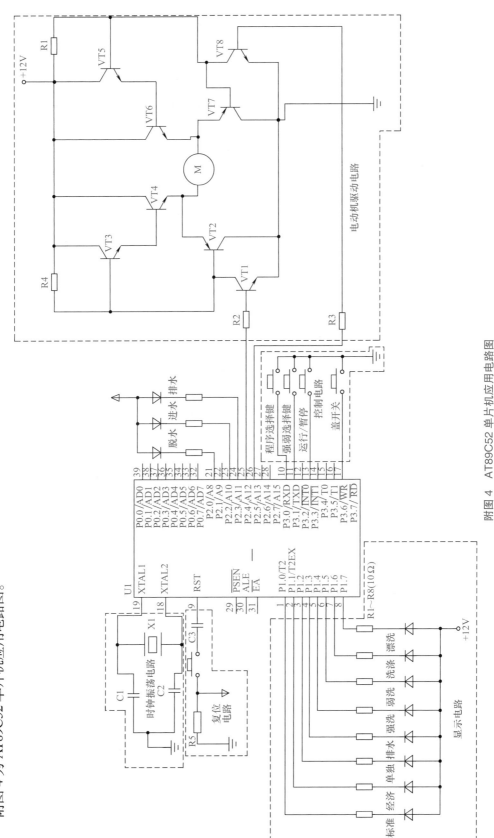

附图 4　AT89C52 单片机应用电路图

五、AT89S52 单片机（应用在洗碗机上）

附图 5 为 AT89S52 应用框图与电路图。

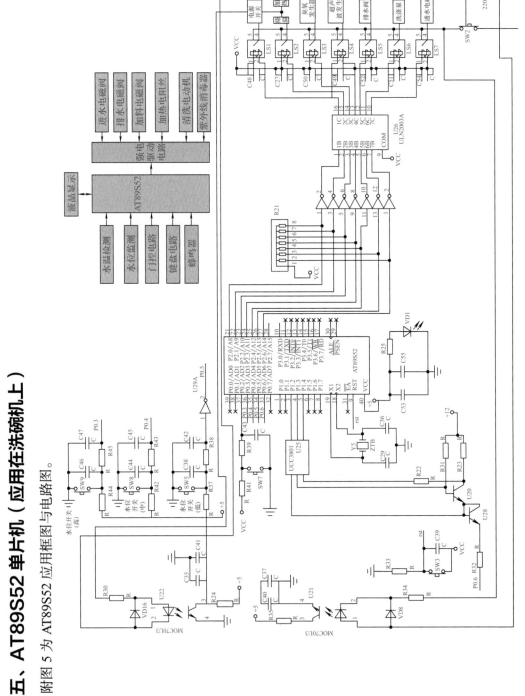

附图 5 AT89S52 应用框图与电路图

六、HT46R22 单片机（引脚封装与应用在电磁炉上框图）

附图 6 为 HT46R22 引脚封装与应用电路框图。

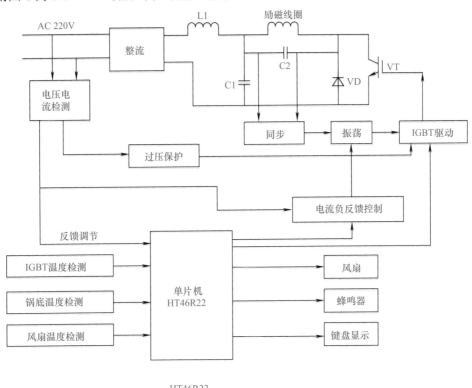

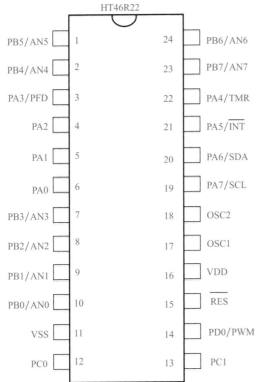

附图 6　HT46R22 引脚封装与应用电路框图

七、MST6M48RXS 微处理器（以应用在长虹 LS30 机心液晶电视上为例）

附图 7 为 MST6M48RXS 应用电路。

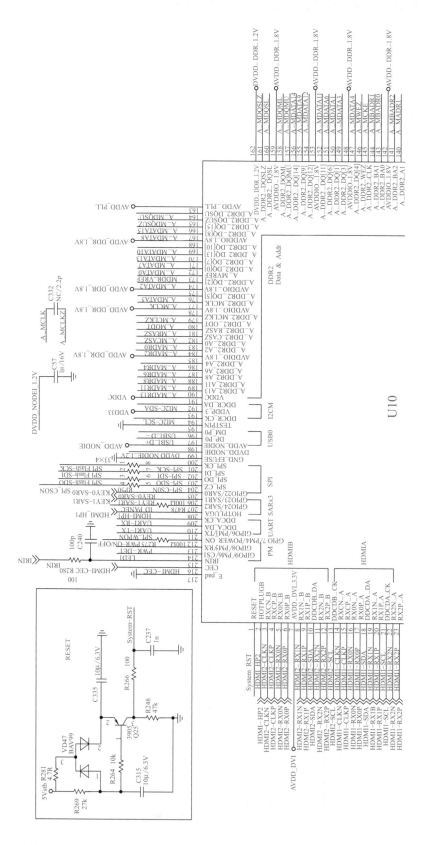

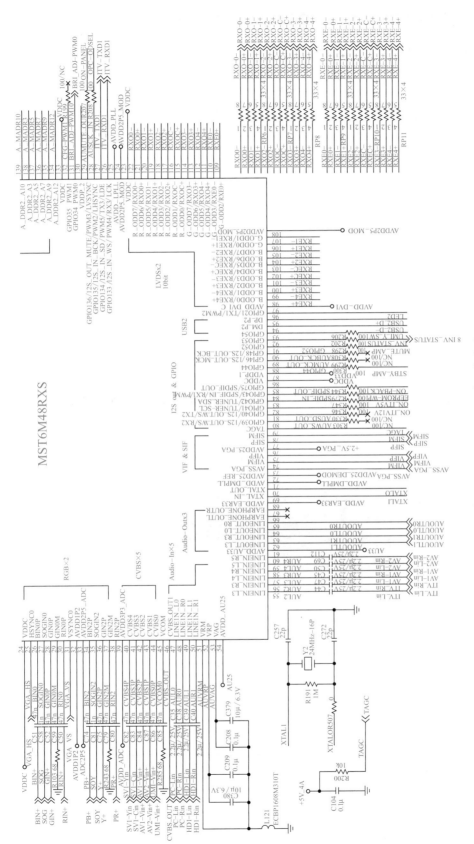

附图 7　MST6M48RXS 应用电路图

八、PIC16C54 单片机（在消毒柜中的应用）

附图 8 为 PIC16C54 单片机应用电路图。

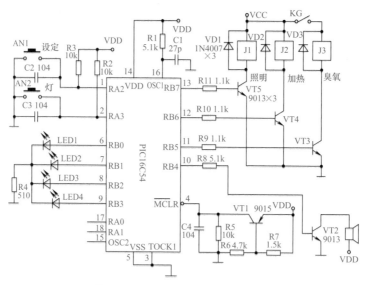

附图 8　PIC16C54 单片机应用电路图

九、S3F9454BZZ-DK94 单片机（应用在即热式电热水器上电路图与实物图）

附图 9 为 S3F9454BZZ-DK94 应用在即热式电热水器上电路图与实物图。

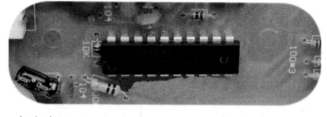

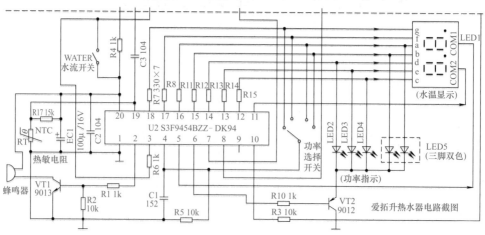

附图 9　S3F9454BZZ-DK94 应用在即热式电热水器上电路图与实物图

十、SH69P42 微控制器（以应用在豆浆机上为例）

附图 10 为 SH69P42 应用电路图与框图。

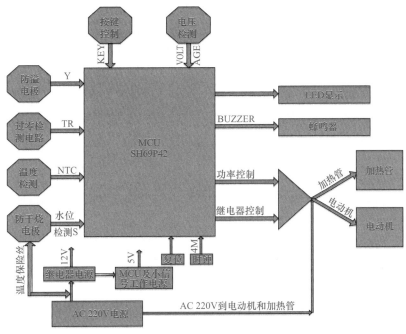

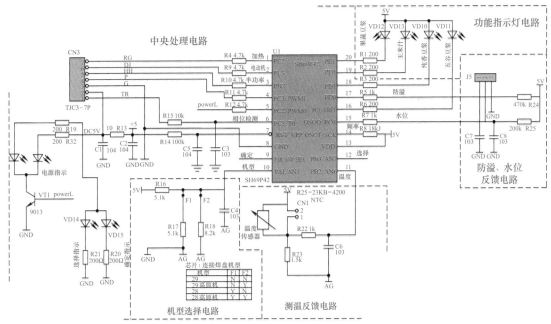

附图 10　SH69P42 应用电路图与框图

十一、SN8P1706 微控制器（以应用在太阳能热水器上为例）

附图 11 为 SN8P1706 应用电路。

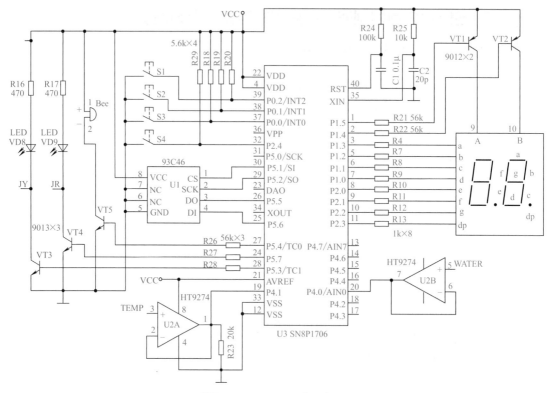

附图 11　SN8P1706 应用电路图

十二、SPMC65P2404A 单片机（以应用管线饮水机上控制系统原理框图与电路图）

附图 12 为 SPMC65P2404A 应用在管线饮水机上控制系统原理框图与电路图。

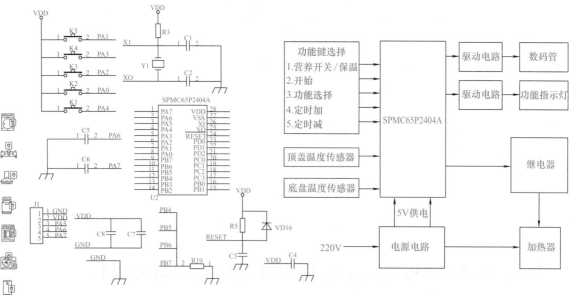

附图 12　SPMC65P2404A 应用在管线饮水机上控制系统原理框图与电路图

十三、STC89C52RC 单片机（以应用在电热水器上为例）

附图 13 为 STC89C52RC 应用电路。

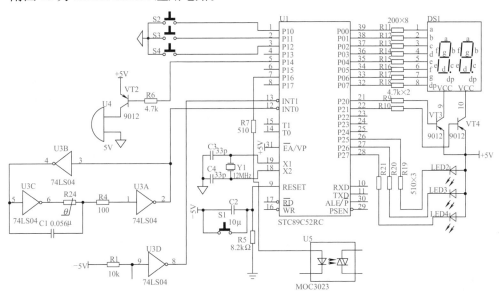

附图 13　STC89C52RC 应用电路图

十四、TMP87C809 微控制器（以应用在美的 KFR-26GW/BPY-R 空调器上为例）

附图 14 为 TMP87C809 应用电路图。

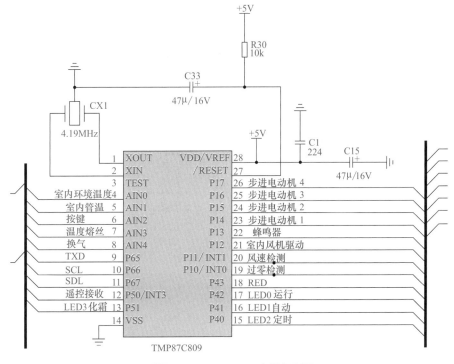

附图 14　TMP87C809 应用电路图

十五、TMP87C814N 微控制器（以应用在美的 KD21/25 微波炉上为例）

附图 15 为 TMP87C814N 应用电路图。

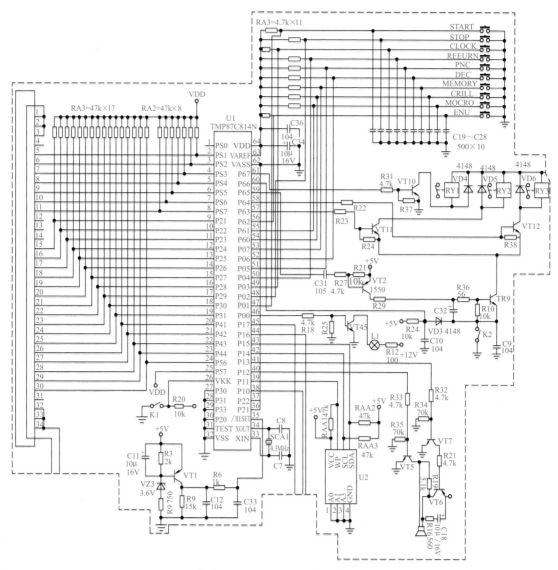

附图 15　TMP87C814N 应用电路图

附录二 二维码视频讲解

指针式万用表的使用 　数字式万用表的使用 　磁控管检测 　检测变压器 　液晶电视主板及逻辑板原理 　液晶电视拆机

液晶电视装机 　电冰箱制冷系统组成 　检测电冰箱 PTC 启动器 　检测重锤式启动器 　检测电冰箱过载保护器 　空调收氟移机操作

钳形表测外机电流 　全直流变频空调室内机组成及原理 　全直流变频空调外机主板组成及原理 　波轮洗衣机组成 　滚筒洗衣机拆装过程 　拆卸洗衣机门密封圈和门开关

检测电磁炉线盘 　检测高压变压器 　磁控管检测 　燃气热水器结构组成 　安装太阳能热水器 　调节风压开关

太阳能智能控制器	拆卸电热水器	更换熔断器	检测电压力锅定时器	更换开水器温控开关	饮水机组成
风扇摇头步进电机	扫地机器人消毒	净水器组成	换净水器滤芯	快速接头拆装	拆卸管线机
管线饮水机工作原理	更换饮水机加热器	加湿器实物拆机	拆消毒柜	豆浆机拆装	更换油烟机电机
吸尘器拆机	洗脚器拆机与原理解说	空气净化器拆机及实物解说	智能手机拆机及实物解说	空调通用板换板	手机换主板

自制冷压端子